Fundamentals of Fluid Mechanics

기초유체역학

정우창 저

도서출판
구미서관

Preface

머리말

유체역학은 이동 상태에 있거나 정지 상태에 있는 모든 유체를 다루는 응용과학의 한 분야로 토목공학, 기계공학, 항공우주공학, 화학공학, 조선해양공학, 환경공학, 지구물리학, 기상학, 천체물리학 등 다양한 공학 및 자연과학 분야에서 폭 넓게 응용되고 있다.

유체역학의 원리(특히, 베르누이 법칙)를 통해 우리 생활 속 일어나는 다양한 자연 현상 즉, 야구에서 투수가 구사하는 커브, 싱크 등과 같은 다양한 변화구 및 축구에서의 바나나 킥 또는 스핀킥, 목욕실에서 샤워커튼이 안쪽으로 휘는 현상 그리고 외풍의 발생원인 등에 대해서도 과학적인 설명이 가능하다. 또한 비행기 날개 그리고 자동차의 스포일러 그리고 날개 없는 선풍기 등도 유체역학의 원리를 적용하여 이용하고 있다. 따라서 유체역학은 인간이 물과 공기와 같은 유체의 거동을 이해하고 이를 인간이 보다 편리한 생활을 위해 이용하기 위해서는 반드시 필요한 학문이라 할 수 있다.

이러한 관점에서 본서는 유체를 이용한 다양한 분야에서 적용할 수 있도록 유체역학에 대한 기본적인 이론과 이에 대한 응용을 다루고자 하였다. 본서는 총 12장으로 구성되어 있다. **제1장 개요**에서는 유체역학의 정의 및 역사 그리고 생활 속에서 접할 수 있는 몇 가지 사례를 통해 유체역학의 원리에 대해 설명하였고, **제2장 유체의 특성**에서는 유체의 물리적 특성을 결정하기 위한 밀도, 단위중량, 점성, 표면장력 등과 같은 다양한 물리량을 산정하는 방법에 대해 설명하였으며, **제3장 유체 정역학**에서는 정지 상태에 있는 유체에 작용하는 힘의 균형과 이로 인한 정적 평형 상태를 분석하는 방법에 대해 설명하였다. **제4장 유체 흐름의 일반적인 특성**에서는 유체의 흐름을 분석하기 위해 적용되는 다양한 방법들을 설명하였으며, **제5장 비점성 유체의 흐름(일과 에너지)**에서는 비점성 유체의 흐름에 대한 질량 보존의 법칙과 에너지 보존의 법칙 그리고 운동량 보존의 법칙을 이용하여 베르누이 법칙, 일과 에너지 그리고 운동량을 유도하는 방법에 대해 설명하였다. **제6장 점성 유체의 흐름**에서는 점성 유체의 흐름에 발생되는 압력 손실, 물체에 작용하는 힘 및 박리 현상 등에 대해 다루었으며, **제7장 관수로 흐름**에서는 관로 내 만관 형태로 흐르는 비압축성 유체에 대해 실무적인 관점에서 분석하는 방법에 대해 설명하였으며, **제8장 개수로 흐름**에서는 자유 수면을 가진 비압축성 유체 흐름을 분석하기 위해 적용되는 다양한 물리량을 산정하는 방법에 대해 다루었다. 또한 **제9장 물체의 항력과 양력**에서는 야구공이나 골프공의 비행, 자동차의 이동 또는 비행가가 날아오르는 경우 발생하는 외부흐름에 대한 설명을 하였으며, **제10장 차원해석과 상사법칙**에서는 유체역학 원리를 통해 유도된 방정식의 물리적 관계를 결정하기 위한 차원해석과 모형과 원형 사이의 물리적 상호관계를 결정하기 위한 상사법칙에 대해 설명하였다. **제11장 유속과 유량 측정**에서는 유체의 흐름에 대해 압력, 유속 그리고 유량과 같은 물리량을 실제 측정하는 방법을 소개하였다. 마지막 **제12장 포텐셜 흐름**에서는 액체저장탱크 내 액체의 슬로싱이나 배 주위의 바닷물의 흐름, 지하수 흐름 등과 같이 유체 흐름의 양상이 복잡하지 않으며, 유속이 완만한 경우에 적용되는 해석 방법에 대해 설명하였다.

본서를 작성하면서 저자 자신의 유체역학에 대한 부족한 경험과 지식으로 인해 그동안 유체역학 발전을 위해 크게 공헌해 오신 많은 분들에게 누가 되지 않을까하는 걱정이 앞선다. 본서를 완성하기까지 많은 분들의 도움이 있었다. 특히 저자가 학부과정에 있을 때 유체역학이라는 학문분야를 처음 소개해주시고 지금까지 물과 관련된 일에 종사하게끔 물심양면으로 이끌어 주신 송재우 교수님께 깊은 감사의 말씀을 전하고 싶다. 본서를 작성하는데 누구보다도 힘이 되어 준 한양대학교 건축학과 교수이자 형님이신 정진국 교수님께 큰 고마움을 느낀다. 본서를 완성하는데 있어 처음부터 끝까지 돌봐주신 도서출판 구미서관 관계자 여러분께도 큰 감사를 드린다. 그리고 프랑스 앙제에서 연구년을 보낼 수 있도록 기회를 제공해 주었으며, 본서를 작성하는데 있어 아낌없는 조언을 해준 앙제대학교 Cyril Fleurant 교수에게도 감사의 마음을 전한다.

저자 **정 우 창**

Contents

목 차

Contents

목 차

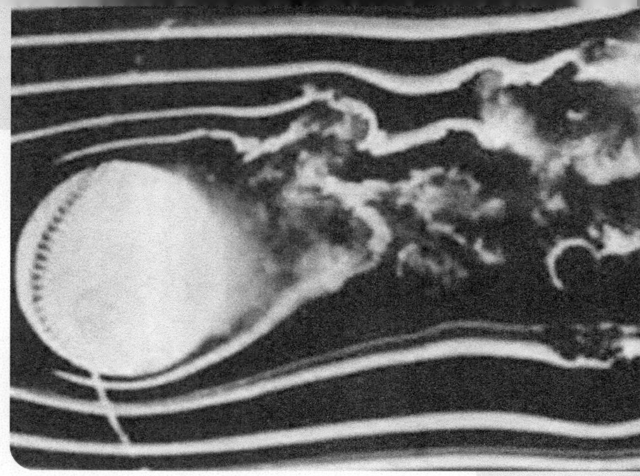

제1장

개 요

제1장

개 요

1.1 유체역학의 정의

유체역학은 이동 상태(유체 동역학, fluid dynamics)에 있거나 또는 정지 상태(유체 정역학, fluid statics)에 있는 모든 유체를 다루는 응용과학(applied science)의 한 분야로 유체의 운동이나 유체와 물체 간의 상호작용하는 힘의 관계를 역학의 원리를 통해 해결하는 학문이다.

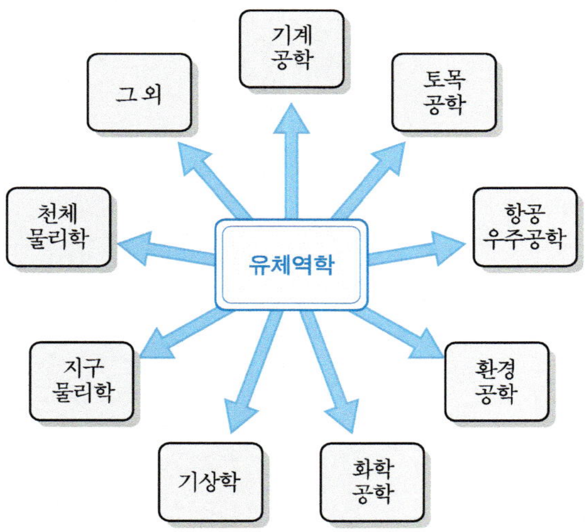

그림 1.1 유체역학의 응용분야

유체역학은 그림 1.1과 같이 기계공학, 토목공학, 화학공학, 항공우주공학, 생체공학, 지구물리학, 천체물리학, 기상학 및 의학 등 매우 광범위한 응용 분야를 포함하고 있다. 예를 들면, 항공우주공학자들은 낮은 저항력과 동시에 비행기의 무게를 지탱하는 높은 양력을 가진 비행기를 설계하는데 관심이 있을 것이며, 토목공학자들은 관개 수로, 댐 및 급수 시스템, 수자원 개발 등을 설계하는데 관심이 있을 것이다. 또한 기계공학자는 터빈, 열교환

※ 제1장 장간지(p. 1) 사진 출처: Mehta R., Annual Review of Fluid Mechanics, Vol. 17, p. 151 (1989)

기 및 유체 냉각 장치 등의 설계 그리고 환경공학자는 산업 폐수에 의한 하천 및 해양 수질 오염 그리고 황사와 먼지 등으로 인한 대기오염 저감 기술 등에 관심이 있을 것이다. 또한 화학공학자들은 산업용 화학물질을 혼합하기 위한 효율적 장치를 설계하는데 관심이 있을 것이다. 그밖에 유체역학은 공학 분야 이외에도 사람 신체 내 혈류 순환 시스템, 소화 시스템 그리고 호흡기 시스템 등을 다루는 생체공학 분야와 대기의 순환, 토네이도 및 태풍의 운동 및 영향을 연구하는 기상학 분야에서도 이용된다.

1.2 유체역학의 역사

대부분의 과학 분야와 마찬가지로 유체역학은 매우 이른 시기에 놀라운 업적을 기록한 역사를 가지고 있다. 고대 문명은 특정한 흐름 문제를 해결하기 위한 충분한 유체역학적 지식을 가지고 있었다. 선사시대에는 노와 관개 시스템을 갖춘 범선이 발명되었으며(그림 1.2), 그리스인들은 방대한 유체역학에 대한 지식을 생산하였다. 예를 들면, 아르키메데스(Archimedes, B.C. 287 ~ B.C. 212)는 부력의 법칙을 정립하였으며(그림 1.3), 이를 부유된 그리고 잠수된 물체에 적용하였다. 또한 적용결과에 대한 분석의 일환으로 수학적 미적분의 한 형태를 유도했다. 로마인들은 기원전 4세기에 광범위한 수로 체계를 건설하였으나(그림 1.4), 이에 대한 설계 원리의 정량적 지식을 보여주는 어떠한 기록도 남기지 않았다.

그림 1.2 선사시대의 범선

그림 1.3 아르키메데스의 부력 발견

그림 1.4 로마시대의 수로

그리스도의 탄생에서부터 르네상스에 이르기까지 배와 운하 그리고 수도관과 같은 유체 흐름과 관련된 다양한 시스템의 설계가 꾸준히 개선되었으나 이러한 흐름 분석 방법 등에 관한 근본적인 개선이 있었다는 증거는 아직까지 발견되지 않았다. 레오나르도 다 빈치[1] (Leonardo da Vinci, 1452 ~ 1519)는 일차원 정상류(시간에 따라 수심과 유속 같은 물리량이 변하지 않는 흐름)에서의 질량 보존 방정식을 유도했다. 그는 뛰어난 실험가였으며 그의 노트에는 파도, 제트기, 유압 점프, 와류 형성 및 낮은 항력(유선형)과 높은 항력(낙하산) 설계에 대한 정확한 설명이 포함되어 있다(그림 1.5). 프랑스인 에드메 마리오뜨[2](Edmé Mariotte, 1620 ~ 1684)는 최초로 풍동을 제작하고 모형실험을 수행하였다.

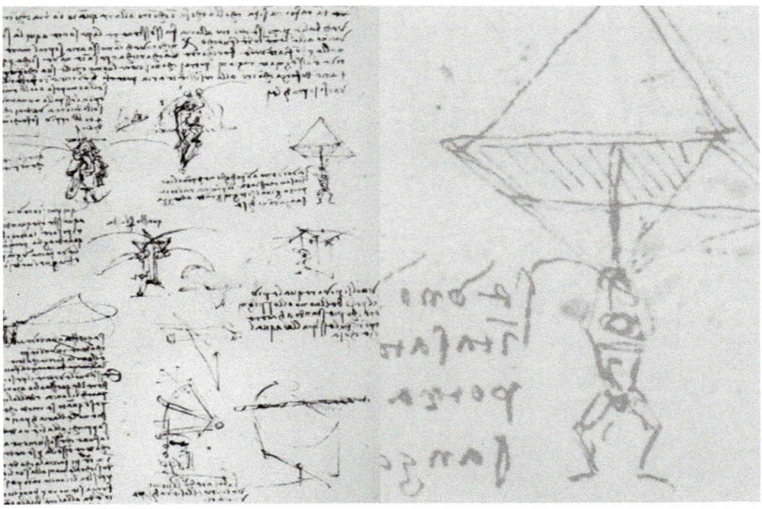

그림 1.5 다빈치의 낙하산 설계

1) Leonardo da Vinci (1452-1519): 르네상스 시대 이탈리아의 화가, 조각가, 발명가, 건축가, 과학자, 음악가, 공학자, 문학가, 해부학자, 지질학자, 천문학자, 식물학자, 역사가, 지리학자, 도시계획가, 집필가, 기술자, 요리사 및 수학자. 그는 유체역학 분야에서 파동 운동 이론, 연통관 내의 압력, 유체에 미치는 압력의 발견자이기도 하다. 또한 양수기와 수압의 원리를 발견하였으며, 새가 비행하는 방법에 대한 연구로 비행기의 원리를 발견하였으며, 공기 이동에 대한 연구로 바람의 발생과 구름과 비의 발생에 대해서도 이론적 접근을 시도하였다. 또한 공기 역학, 조류의 비행 등 그의 연구 노트에는 낙하산, 헬리콥터, 플레이트 날개 등이 기록되어 있다.

2) Edmé Mariotte (1620-1684): 프랑스의 물리학자. 그는 로마 가톨릭 사제이자 생 마르탱 수본의 부수도원장이었으며, 1666년에 파리에 세워진 과학 아카데미의 창립 회원이기도 한 프랑스의 물리학자이다. 로버트 보일과는 별개로 기체의 부피가 압력에 반비례한다는 것을 1676년에 발표한 『공기의 성질에 관한 논고(Discours de la nature de l'air)』 라는 책에서 설명하였다. 또한 그는 보일의 법칙과 같은 내용을 설명한 것뿐만 아니라, 더 나아가 온도가 일정할 때만 기체의 부피와 압력 사이의 관계가 성립한다고 밝혔다.

유체의 운동량과 관련된 문제는 뉴톤(Isaac Newton, 1642 ~ 1727)이 그의 운동 법칙과 유체에 점성 법칙을 도입한 이후에 마침내 분석될 수 있었다. 이 법칙은 처음으로 완전유체(perfect fluid 또는 이상유체 ideal fluid) 또는 마찰이 없는 유체(비점성 유체)의 가정을 도입하게 하였으며, 베르누이(Daniel Bernouill, 1700 ~ 1782), 오일러(Leonhard Euler, 1707 ~ 1783), 달랑베르(Jean le Rond d'Alembert, 1717 ~ 1783), 라그랑쥐(Joseph-Louis Lagrange, 1736 ~ 1813) 그리고 라플라스(Pierre-Simon Laplace, 1749~1827)와 같은 18세기 수학자들은 마찰이 없는 흐름 문제에 대해 많은 고귀한 해법들을 발견하였다. 특히 오일러는 유체 운동의 미분 방정식과 현재 베르누이 방정식이라고 불리는 적분 형태를 유도하였으며, 달랑베르는 "마찰이 없는 유체에 잠긴 물체는 항력(저항)이 없다"라는 그의 유명한 패러독스를 보여주기 위해 다양한 수학적 기법들을 이용하였다(그림 1.6).

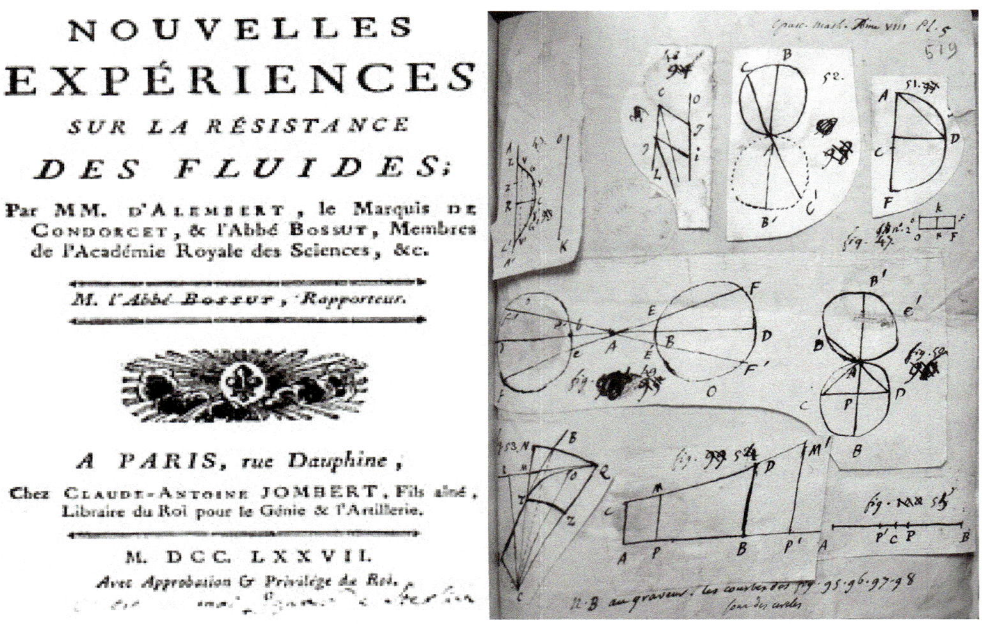

그림 1.6 달랑베르의 유체 저항 논문

완전유체(perfect fluid)라는 가정은 실제 유체 흐름 문제에 적용하는데 매우 제한적이며, 대부분의 공학적 유체 흐름은 점성에 의해 지배되기 때문에 오일러에 의해 유도된 수학식들로부터의 결과들은 모두 과대 산정되는 경향이 있었다(그림 1.7). 이에 따라 유체역학자들은 완전유체라는 가정을 통해 개발된 이론들을 완전히 비현실적인 이론으로 간주하기 시작했으며, 거의 전적으로 실험에 의존하는 수리학(hydraulics)이라는 학문을 개척하였다. 쉐지(Antoine de Chézy, 1718 ~ 1798), 피토(Henri Pitot, 1695 ~ 1771), 보르다(Jean-Charles Borda, 1733 ~ 1799), 웨버(Moritz Weber, 1871 ~ 1951), 프란시스(James B. Francis, 1815 ~ 1892), 하겐(Gotthilf Hagen, 1797 ~ 1884), 포와쥐이으(Jean Léonard Marie Poiseuille, 1797 ~ 1869), 다르시[3](Henry Darcy, 1803 ~ 1858, 그림 1.8), 매닝(Robert Manning, 1816 ~ 1897), 바쟁(Henry Bazin, 1829 ~ 1917) 그리고 바이스바흐(Julius Weisbach, 1806 ~ 1871)와 같은 수리학자들은 개수로, 선박 저항, 관 흐름, 파랑 및 터빈과 같은 다양한 유체 흐름에 대한 실험을 수행하였으며, 이에 대한 방대한 양의 측정 자료들을 구축하였다.

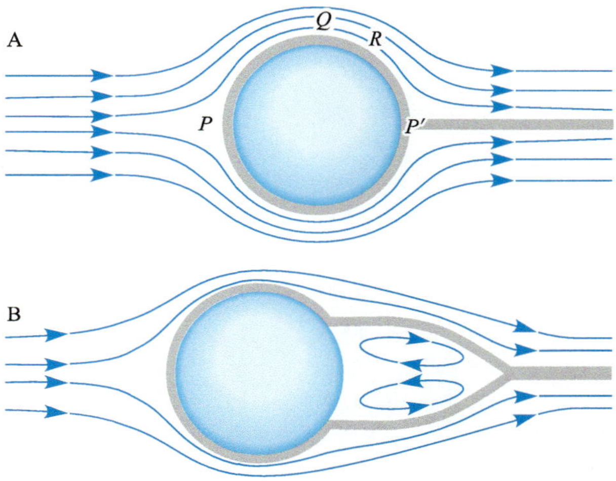

그림 1.7 이상유체(A)와 실제유체(B) 차이

3) Henry Philibert Gaspard Darcy (1803-1858): 프랑스 유체역학 공학자. 그는 프랑스 최고 명문대학인 에콜 폴리테크니크(Ecole Polytécnique)에서 수학하였다. 그는 현대적인 피토튜브를 개발했고 유체 흐름에 있어 경계층의 존재에 대해 의문을 가진 최초의 연구자로 알려져 있으며, 관수로 흐름에 있어 다르시-바이스바흐식 개발과 개수로 흐름에 관한 연구에 기여했다. 또한 다공성 매질에서의 흐름에 관한 다르시 법칙을 개발해 지하수 흐름의 이론적 정립을 위한 초석을 놓았다.

(a) (b)

그림 1.8 (a) 다르시의 다공성 매질 실험장치 및 (b) 다르시가 설계한 프랑스 디종시 분수

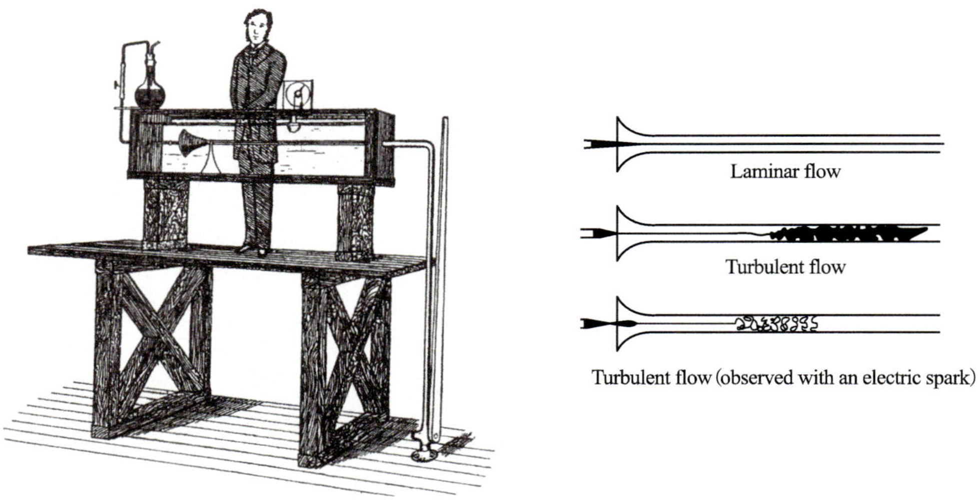

그림 1.9 레이놀즈의 관수로 실험

19세기 말 실험에 바탕을 둔 수리학과 이론적인 유체역학의 통합이 마침내 시작되었다. 프루드(William Froude, 1810 ~ 1879)와 그의 아들은 실제 원형과 모형 간의 상사 법칙을 개발했다. 레일리(Lord Rayleigh, 1842 ~ 1919)는 차원해석 기법을 제안했으며, 레이놀즈(Osborne Reynolds, 1842 ~ 1912)는 1883년 고전적인 관수로 흐름에 대한 실험을 발표했다(그림 1.9). 이 실험을 통해 그의 이름으로 명명된 무차원 레이놀즈 수(non-dimensional Reynolds number)가 유체 흐름의 특성을 분석하는데 중요하다는 것을 보여주었다. 한편 나비에(Claude-Louis Navier, 1785 ~ 1836)와 스톡스(George Gabriel Stokes, 1819 ~ 1903)는 유체의 운동방정식에 뉴토니안 점성항을 성공적으로 추가함에 의해 유명한 나비에-스톡스(Navier-Stokes) 방정식을 유도하였으며, 이를 통해 점성흐름에 대한 이론적 접근이 가능하도록 하였다. 그러나 그 당시에는 이 방정식을 이용하여 임의의 흐름에 대해 분석하는 것이 매우 어려워서 빈번하게 사용하지는 않았다.

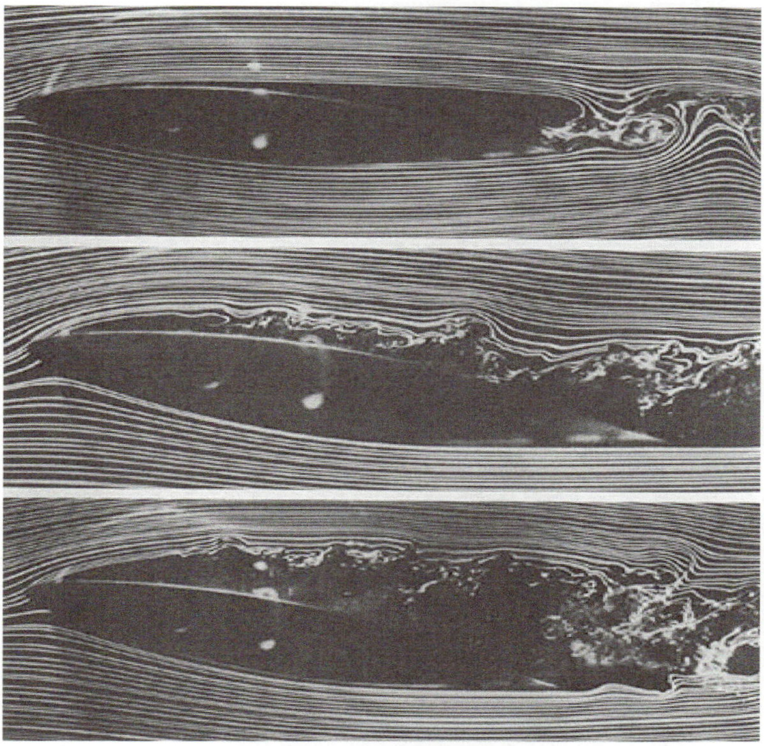

그림 1.10 비행기 날개 표면 위의 경계층

출처 : NASA Langley Research Center (LARC), (1949)

그림 1.11 카르만 보텍스(제주도 남부 연안)
출처 : NASA Asia Pacific Future Government, (2013)

1904년 독일의 공학자 프란틀(Ludwig Prandtl, 1875 ~ 1953)은 유체역학에 관한 가장 중요한 논문을 발표했다. 프란틀은 물과 공기의 흐름과 같이 점성이 작은 유체의 흐름이 고체 표면 근처의 얇은 점성층 또는 경계층을 통해 유체와 고체의 경계면으로 나누어지며 (그림 1.10), 오일러와 베르누이 방정식이 적용되는 비점성 외부층으로 인식될 수 있다는 것을 지적하였다. 경계층 이론은 현대 유체 흐름에 대한 분석에서 매우 중요한 도구임이 입증되었다. 유체역학 분야에서 현재의 최첨단 기술에 큰 공헌을 한 20세기 초반의 성과는 프란틀과 두 명의 우호적 경쟁자인 카르만(Theodore von Kármán, 1881 ~ 1963, 그림 1.11)과 테일러(Geoffrey I. Taylor, 1886 ~ 1975)에 의한 일련의 광범위한 실험과 이론에 기반을 두고 있다.

그림 1.12 비행기 주변 공기흐름 모의결과

출처 : http://www.cfdflow.com

20세기 후반에는 전산유체역학(Computational Fluid Dynamics, CFD, 그림 1.12)이라는 새로운 도구가 도입되었다. 상용 디지털 컴퓨터는 1950년대에 사용이 가능해졌고, 1970년대에는 개인용 컴퓨터가 사용되기 시작하여 CFD 기법의 활용이 급격히 증가되었다. 컴퓨터 속도와 메모리 기술이 급속도로 발전함에 따라 현재는 거의 모든 종류의 층류(laminar flow, 그림 1.13(a))가 정확하게 모의될 수 있는 반면 난류(turbulent flow, 그림 1.13(b))에 대해서는 현재까지 여전히 경험적 모델을 사용하여 계산되지만, 직접수치모의(Direct Numerical Simulation, DNS) 기법을 통해 낮은 레이놀즈 수에 대해 모의가 가능해졌다.

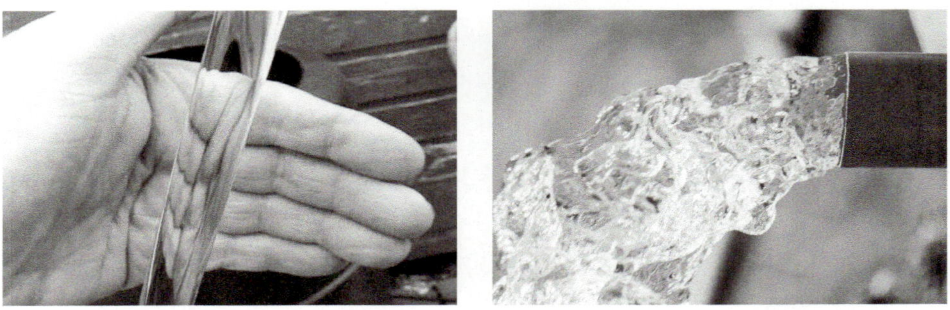

(a) (b)

그림 1.13 실생활에서의 (a) 층류와 (b) 난류

1.3 생활 속에서의 유체역학

1.3.1 베르누이의 원리

그림 1.14에서처럼 유체가 직경이 큰 관에서 작은 관으로 이동할 때 주어진 시간 내에 주어진 거리를 이동하는 동안 유체의 부피는 변하지 않는다. 그러나 직경이 작은 관은 단면적이 상대적으로 작기 때문에 큰 관에서와 같이 동일한 양을 동일한 시간 내에 동일한 거리만큼 이동시키기 위해서는 유체가 더욱 빠르게 이동해야 한다.

그림 1.14 다양한 직경의 관으로 연결된 관로 시스템

베르누이의 원리(5.2절 참조)는 비행기의 날개 설계 시 중요하게 고려되는 익형(airfoil)의 기본 이론적 지식이다. 익형은 그림 1.15와 같이 공기가 이동하는 방향으로 전방이 두꺼운 형태로 이루어져 있는 비대칭형 눈물방울 모양이다. 공기가 익형의 전방에 닿으면 공기 흐름은 갈라지면서 공기의 일부는 익형의 윗부분으로 다른 일부분은 아랫부분으로 통과한다. 그러나 익형의 윗부분의 표면은 크게 굴곡 되어 있는 반면 아랫부분의 표면은 훨씬 덜 굴곡 되어 있다.

익형의 윗부분을 통과하면서 흐르는 공기는 아랫부분을 통과하면서 흐르는 공기보다 더 먼 거리를 이동한다. 따라서 익형 윗부분과 아랫부분을 통과하는 공기가 익형 후방 끝에 동시에 도달하기 위해서는 아랫부분의 공기가 윗부분의 공기보다 더 빨리 이동해야 한다.

베르누이 원리는 상대적으로 빠른 공기 흐름으로 인해 낮은 압력을 나타내는 윗부분과 느린 공기 흐름으로 인해 압력이 큰 아랫부분 사이의 압력차로 인해 비행기를 공중으로 뜨게 한다는 것을 의미한다.

그림 1.15 익형 모형실험

1.3.2 외풍의 발생

베르누이의 원리는 샤워기에서 찬물 또는 더운 물이 흘러나올 때 주변의 샤워커튼이 왜 안쪽으로 휘어지는 경향이 있는지를 설명해주며, 그림 1.16은 이러한 현상에 대한 이론을 나타낸 것이다.

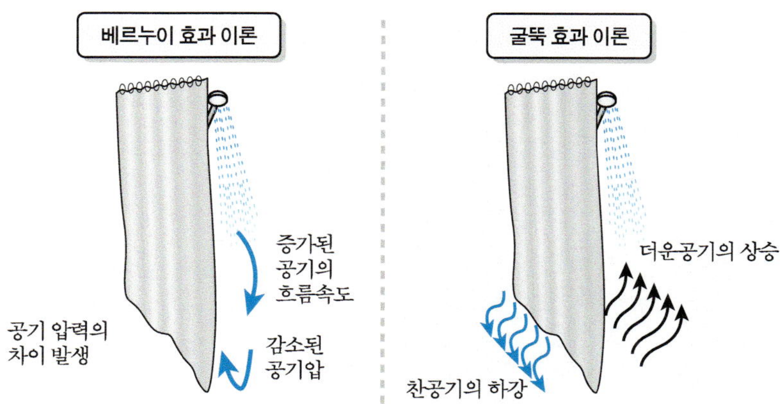

그림 1.16 베르누이 효과 이론과 굴뚝 효과 이론

또한 창문과 방문이 함께 열릴 때 외풍이 왜 발생하는지에 대한 이유를 베르누이의 원리를 통해 설명할 수 있다. 예를 들어 온도조절장치가 고장 나 온도가 너무 높은 호텔 방에 있다고 가정하자. 호텔 방 외부에는 찬 공기가 집중되어 있어 방문을 열면 온도를 낮출 수 있다. 그러나 창문만을 열었을 때는 온도 변화는 거의 없다. 호텔 방 공기의 온도를 낮출 수 있는 유일한 방법은 창문 바로 옆에 서 있는 것이다. 그러나 호텔 복도와 연결된 방문을 열면 시원한 바람이 호텔 방안으로 유입된다. 이러한 현상은 왜 발생하는 것일까?

호텔 방문이 닫혀 있는 경우 호텔 방 내부의 공기 압력은 창문 밖의 외부의 공기 압력에 비해 상대적으로 높은 상태를 유지한다. 공기는 유체이기 때문에 호텔 방 내로 유입되는 경향이 있지만 호텔 방 내부의 압력이 어떤 수준에 도달할 때부터는 공기가 더 이상 유입되지 않는다. 유체는 상대적으로 높은 압력에서 낮은 압력으로 이동하지 역으로는 이동하지 않는 경향이 있기 때문에 그 결과 호텔 방문이 열리는 순간 호텔 방 내부의 상대적으로 높은 압력을 가진 공기가 호텔 복도의 낮은 압력 영역으로 흘러 나가게 되며, 그 즉시 바람이 호텔 방을 통해 불기 시작한다. 그림 1.17은 실내 공간에서 외풍이 발생하는 원인을 나타낸 것이다.

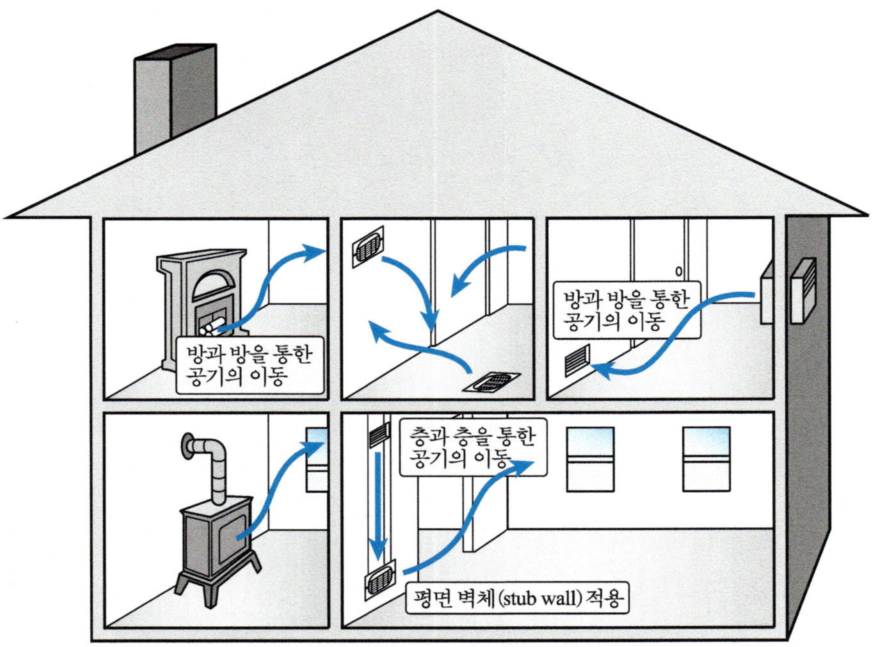

그림 1.17 실내 공간에서의 외풍 발생원인

1.3.3 요트의 항해

요트는 돛(sail)에 바람을 받아서 바람의 힘으로 바다 위나 강 위를 이동할 수 있다. 요트가 바람을 거슬러 올라가는 경우에는 비행기 날개에서 양력(베르누이의 정리)이 발생하여 비행기가 뜨게 되는 원리와 동일한 원리에 의하여 요트가 추진하게 된다.

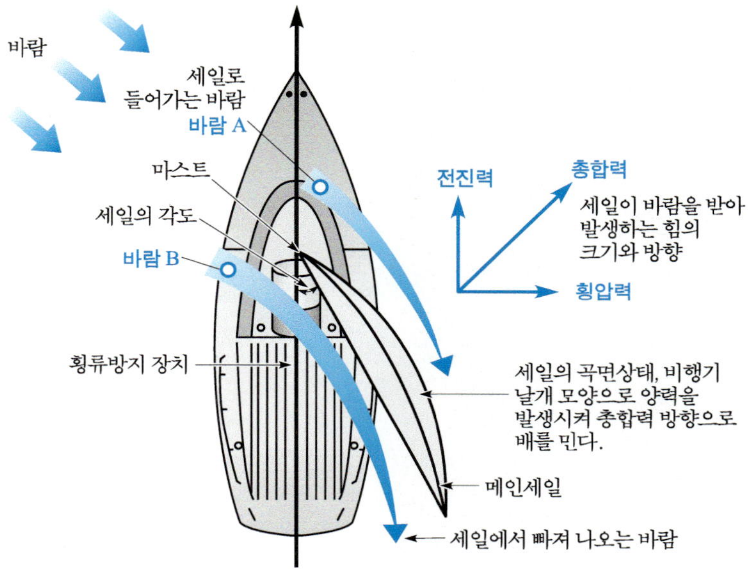

그림 1.18 요트의 항해 방법 (대한요트협회)

그림 1.18과 같이 비행기 날개와 비슷한 모양을 하고 있는 돛 주위에 공기가 흐를 때 주 돛면을 경계로 하여 바람 A의 속도는 빠르고 바람 B의 속도는 상대적으로 느려진다. 이러한 현상은 베르누이의 원리에 따라 총합력이 발생된다. 이 총합력은 전진력과 횡류력으로 분해되며, 횡류력은 요트를 옆방향으로 미는 힘으로서 센터보드와 같은 횡류방지장치에 의하여 상쇄된다. 따라서 요트는 전진력에 의하여 앞으로 나아갈 수 있게 된다.

제1장 연습문제

1. 유체역학의 정의에 대해 기술하라.

2. 샤워기에서 찬물 또는 더운 물이 흘러나올 때 주변의 샤워커튼이 왜 안쪽으로 휘어지는 현상이 발생되는지를 설명하라.

3. 날개 없는 선풍기의 작동원리를 설명하고 장단점을 기술하라.

제2장

유체의 특성

제2장

유체의 특성

2.1 유체의 정의

유체는 액체와 기체로 분류된다. 액체는 거의 압축이 되지 않으며[4], 그림 2.1(a)에서처럼 공기와 접하는 경계를 나타내는 자유 수면(free water surface)을 보이면서 용기의 형태에 따라 액체의 형상이 변형된다. 이 와는 반대로 기체는 압축되기 쉬우며, 용기를 완전하게 채우면서 확장된다(그림 2.1(b)). 그러나 액체와는 달리 자유수면은 존재하지 않는다.

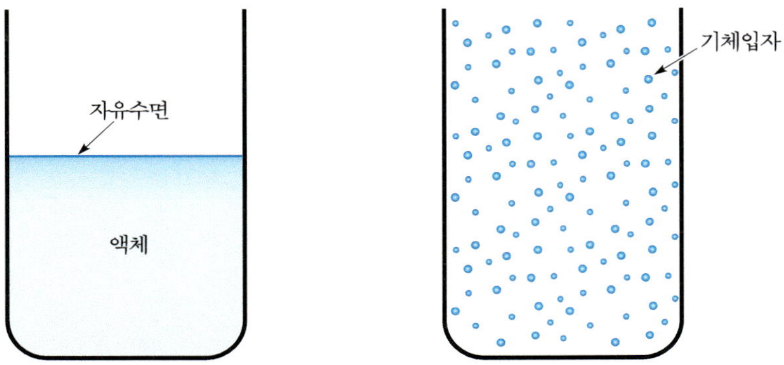

그림 2.1 액체와 기체

유체역학적 관점에서 유체의 중요한 특성은 **압축성**(compressibility)과 **점성**(viscosity)이다. 고체는 인장력, 압축응력 또는 전단응력에 대해 탄성적 특성을 보이는 반면 유체는 단지 압축응력에 대해서만 탄성적 특성을 나타낸다. 달리 말하면, 유체는 압축응력에 대해 원래의 체적을 유지하기 위해 자체적으로 압력을 증가시키며, 이러한 현상을 압축성이라

4) 액체도 압축이 된다. 그러나 압축되는 정도가 워낙 미세하기 때문에 사람이 느끼기에는 압축되지 않는 것처럼 보일 뿐이다. "일정 부피를 변화시키기 위해서는 얼마만큼의 압력을 가해야 하는가"를 체적탄성율이라 하며, 압축이 전혀 되지 않기 위해서는 이 체적탄성율이 무한대로 커져야 한다. 물과 같은 액체의 경우 체적탄성율이 대단히 크기는 하지만 무한대는 아니다. 따라서 결국 액체도 압력을 가해지면 부피가 줄어들어 압축이 된다는 것을 의미한다.

한다. 또한 유체는 두 개의 층이 서로 활동(sliding)을 할 때마다 유속 차이로 인한 저항을 나타내며, 이러한 특성을 점성이라 한다.

일반적으로 액체는 **비압축성 유체**(incompressible fluid) 그리고 기체는 **압축성 유체**(compressible fluid)로 고려된다. 그러나 액체의 경우 매우 높은 압력 상태에 놓이게 되면 압축성 유체로 고려할 필요가 있으며, 기체의 경우 압력의 변화가 작은 경우 압축성은 무시된다. 유체가 일정한 운동 상태에 있는 분자들의 집합이라 할지라도 이러한 분자들의 평균자유이동경로는 매우 작으며, 대략 0.06 μm 정도이다. 따라서 유체는 연속적인 등방성[5](isotropy)의 물질로 고려될 수 있다.

점성이나 압축성을 보이지 않으며, 실제로 존재하지 않은 유체를 **이상유체**(ideal fluid)라 하며, 압축성은 있으나 점성이 없는 유체를 **완전유체**(perfect fluid)라 한다. 또한 **보일–샤를르**(Boyle–Charles) **법칙**[6]에 의해 지배되는 기체를 **완전기체**(perfect gas) 또는 **이상기체**(ideal gas)라 한다.

2.2 단위와 차원

모든 물리량은 몇 가지 기본적인 물리량 또는 이들의 조합에 의해 표시될 수 있다. 이러한 기본적인 물리량의 단위를 **기초 단위**(basic unit)라 하며, 길이(length), 질량(mass) 그리고 시간(time)이 이에 해당된다. 길이, 질량 그리고 시간과 같은 기초 단위로 표시된 계(system)를 **절대 단위계**(absolute unit system)라 하며, 길이, 힘(force) 그리고 시간과 같은 기초 단위로 표시된 계를 **중력 단위계**(gravitational unit system)라고 한다.

2.2.1 절대 단위계

MKS(Meter, Kilogram, Second) 단위계

MKS 단위계는 기초 단위로 길이의 단위는 미터(meter, m), 질량의 단위는 킬로그램(kilogram, kg) 그리고 시간의 단위는 초(second, s)를 사용하는 단위계이다.

---

5) 모든 방향에서 물리적 성질이 같은 특성을 갖는 것을 의미하며, 이에 반대되는 용어는 비등방성이다.

6) 이 법칙은 기체의 압력–온도–부피 사이의 관계를 나타내는 기체 법칙으로 보일(Boyle)의 법칙과 샤를르(Charles)의 법칙 그리고 게이뤼삭의 법칙을 종합한 것으로 다음과 같은 식으로 표현된다. $\frac{P_1V_1}{T_1}=\frac{P_2V_2}{T_2}$, 여기서 P는 압력, T는 온도 그리고 V는 부피이다.

CGS(Centimeter, Gram, Second) 단위계

CGS 단위계는 기초 단위로 길이의 단위는 센티미터(centimeter, cm), 질량의 단위는 그램(gram, gr) 그리고 시간의 단위는 초(second, s)를 사용하는 단위계이다.

SI 단위계

SI 단위계는 프랑스어로 La Système Internationale d'Unités의 약자로 MKS 단위계로부터 발전된 단위계이다. 과학, 교육 그리고 산업과 같은 분야에서 사용되는 다양한 물리량 각각에 대해 단 하나의 단위로 표시할 수 있는 일관성 있고 합리적인 단위계로 알려져 있다.

SI 단위계에는 7개의 기초 단위가 있다. 즉, 길이에 대해서는 미터(m), 질량에 대해서는 킬로그램(kg), 시간에 대해서는 초(s), 전류에 대해서는 암페어(Ampere, A), 절대온도에 대해서는 캘빈(Kelvin, K), 분자의 질량에 대해서는 몰(mol), 빛의 강도에 대해서는 캔델라(Candela, cd)로 표시한다.

2.2.2 중력 단위계

중력 단위계는 앞에서 기술한 바와 같이 길이, 힘, 시간을 기초 단위로 하고 이를 이용하여 물리량의 단위를 표시한다. 힘의 단위는 중력에 의한 물체의 무게(weight, W) 또는 중량 즉, 질량(m) 1 kg인 물체에 영향을 미치는 중력가속도 $g = 9.81\ m/s^2$를 곱한 것으로 이에 대한 단위를 1 kgf로 표시한다. 1 kgf는 9.81 $N(= 1\ kg \times 9.81\ m/s^2$, Newton, 뉴톤)이 된다. 또한 질량 1 g의 물체의 무게를 1 gf이라 하며 981 $dyne(= 1g \times 981\ cm/s^2$, 다인)이 된다.

예제 2.1

어떤 질량 10 kg의 물체의 무게를 구하라.

[풀이]

물체의 무게 $W = mg$이므로 $W = 10\ kg \times 9.81\ m/s^2 = 98.1\ kgm/s^2 = 98.1\ N$이다.

2.2.3 차원

모든 물리량의 단위는 기초 단위의 조합으로 표시되며, 어떤 물리량을 표현하는 기초 단위의 조합에 대한 지수를 **차원**(dimension)이라 한다.

절대 단위계에서 길이, 질량 그리고 시간은 각각 L, M 그리고 T로 표시된다. Θ를 어떤 물리량이라 하고 c를 비례상수라 할 경우, 물리량 Θ는 다음과 같은 일반화된 식으로 표현될 수 있다:

$$\Theta = cL^{\alpha}M^{\beta}T^{\gamma} \tag{2.1}$$

여기서, α, β 그리고 γ는 L, M 그리고 각각에 대한 물리량 Θ의 차원이라 하며, 표 2.1에는 다양한 물리량의 차원에 대한 값이 제시되어 있다.

표 2.1 절대 단위계에서의 차원과 단위

물리량	절대 단위계			
	차원			단위
	α	β	γ	
길이	1	0	0	m
질량	0	1	0	kg
시간	0	0	1	s
속도	1	0	−1	m/s
가속도	1	0	−2	m/s^2
밀도	−3	1	0	kg/m^3
힘	1	1	−2	$N = kg \cdot m/s^2$
압력, 응력	−1	1	−2	$P_a = N/m^2$
에너지, 일	2	1	−2	J
점성계수	−1	1	−1	$Pa \cdot s$
동점성계수	2	0	−1	m^2/s

2.3 밀도, 비중, 비체적 및 단위중량(비중량)

어떤 물질의 단위 체적당 질량을 **밀도**(density)라 하며, 일반적으로 ρ로 표시한다. 기체의 밀도는 압력에 따라 변화되지만 액체의 밀도는 일반적으로 압력에 따라 변화되지 않는 것으로 고려된다. 밀도의 단위는 SI 단위계에서 kg/m^3으로 표시된다. 온도 4 ℃와 1 기압(101,325 P_a, 표준대기압, 3.1.1절 참조)에서의 물의 밀도 ρ_w는 1,000 kg/m^3이다.

물의 밀도 ρ_w와 어떤 물질의 밀도 ρ 사이의 비를 **비중**(specific weight)이라 하며, s로 표시된다:

$$s = \frac{\rho}{\rho_w} \tag{2.2}$$

밀도의 역수 즉, 단위 질량당 체적을 **비체적**(specific volume, m^3/kg)이라 하며, υ으로 표시한다:

$$\upsilon = \frac{1}{\rho} \tag{2.3}$$

표준대기압에서 온도에 따라 변화되는 물과 공기의 밀도에 대한 값이 표 2.2에 제시되어 있다.

표 2.2 표준대기압에서 물과 공기의 밀도

온도(℃)		0	10	15	20	40	60	80	100
밀도	물	999.8	997.7	999.1	998.2	992.2	983.2	971.8	958.4
(kg/m^3)	공기	1.293	1.247	1.226	1.205	1.128	1.060	1.000	0.946

어떤 물질의 밀도 ρ에 중력가속도 g를 곱한 물리량을 **단위중량**(specific weight, 또는 **비중량**)이라 하며, γ로 표시된다. 단위중량 γ는 다음과 같은 식으로 표현된다:

$$\gamma = \rho g \tag{2.4}$$

SI 단위계에서 단위중량 γ는 N/m^3의 단위를 가지며, 순수한 물의 경우 단위중량 $\gamma = 1{,}000\ kg/m^3 \times 9.81\ m/s^2 = 9{,}810\ N/m^3$이 된다.

예제 2.2

어떤 액체의 비중 s가 0.7일 때 단위중량 γ 를 계산하라.

[풀이]

중력가속도 $g = 9.81\ m/s^2$이며, 액체의 밀도 ρ는 $0.7 \times 1{,}000\ kg/m^3 = 700\ kg/m^3$이다.
이를 식 (2.4)에 대입하면 단위중량 $\gamma = \rho g = 700\ kg/m^3 \times 9.81\ m/s^2 = 6{,}867\ N/m^3$이 된다.

예제 2.3

체적 V가 $14\ m^3$이고 질량 m이 $1{,}200\ kg$인 기름의 밀도 ρ, 비체적 v 그리고 비중 s를 계산하라.

[풀이]

밀도 $\rho = m/V = 1{,}200\,kg/14\,m^3 = 85.7\,kg/m^3$이며,
비체적 $v = 1/\rho = 1/85.7\,kg/m^3 = 0.012\,m^3/kg$이다.
그리고 비중 $s = \rho/\rho_w = (85.7\,kg/m^3)/(1{,}000\,kg/m^3) = 0.0857$이다.

예제 2.4

비중 s가 0.65인 액체의 질량 m이 $200\ kg$일 때 이에 대한 체적을 m^3으로 계산하라.

[풀이]

비중이 0.65인 액체의 밀도 ρ는 $650\ kg/m^3$이며, 밀도 ρ = 질량/체적 = m/V이므로
$V = m/\rho = 200\,kg/(650\,kg/m^3) = 0.308\,m^3$이다.

2.4 점성(viscosity)

그림 2.2에서와 같이 동일한 면적 A를 가진 두 개의 평행한 평판 사이에 유체가 채워져 있다고 가정하자. 두 평판 사이의 간격은 h이며, 하부 평판은 고정되어 있다. 상부 평판은 힘 F가 작용할 때 속도 U로 이동한다. 레이놀즈 수 $R_e = Uh/\nu(\nu = \mu/\rho$, 동점성계수) $<$ 1,500일 때 층류(4.4절 참조)가 유지되며, 일정한 속도경사를 가진 평행한 흐름을 **쿠에트**[7] **흐름**(Couette flow)이라 한다.

평판을 움직이는데 필요한 단위 면적당 힘 즉, **전단응력**(shear stress) τ는 속도 U에 비례하고 간격 h에 반비례한다. 비례상수 μ를 이용하면 다음과 같은 관계가 성립된다:

$$\tau = \frac{F}{A} = \mu\frac{U}{h} \tag{2.5}$$

여기서, 비례상수 μ를 **점성계수**(coefficient of viscosity) 또는 **역학적 점성**(dynamic viscosity)이라 한다.

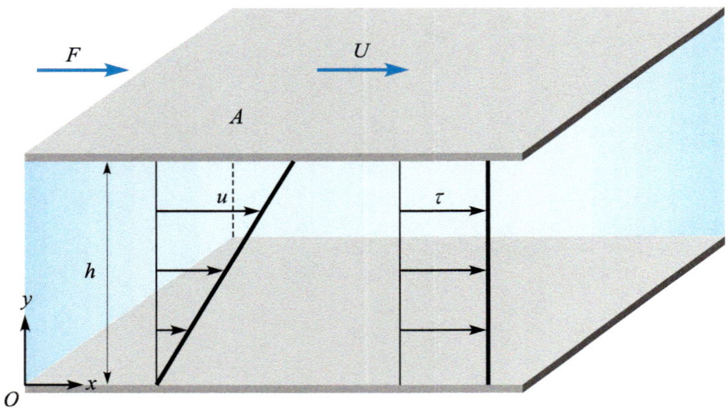

그림 2.2 쿠에트(Couette) 흐름

그림 2.2에서처럼 x 방향으로 이동하는 유체의 유속 u가 y 방향을 따라 변하는 흐름을 **전단흐름**(shear flow)이라 한다. 두 평판 사이의 유체는 자체적으로 흐르는 것이 아니라 상

---

7) Maurice Marie Alfred Couette (1858–1943): 유동성(fluidity) 연구로 유명한 프랑스 물리학자. 유동학(rheology)과 유체역학 이론 발전에 많은 공헌을 하였다. 유체의 점도를 정확하게 측정하는데 사용되는 동심원 점도계를 개발하였다.

부 평판에 힘을 가할 때 유체의 형태가 변하는 것이다. 그러나 유체 자체가 흐르는 경우 유속분포는 그림 2.3에서처럼 상부 평판의 이동 속도 $U=0$의 경우에 해당된다(굵은 파선).

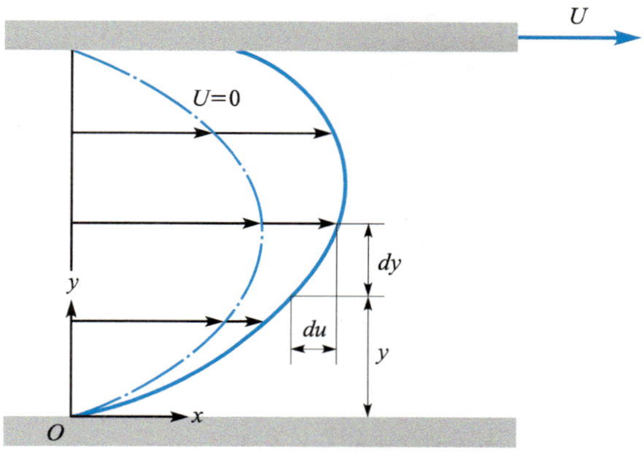

그림 2.3 평행한 두 평판 사이에서의 흐름

그림 2.3에서 두 평판 사이의 유체에 대해 미소단면적 $dy \times$ 단위폭 그리고 미소유속변화 du를 고려하여 평판 벽으로부터의 거리 y 만큼 떨어진 지점에서의 전단응력 τ는 식 (2.4)로부터 다음과 같은 식으로 표현된다:

$$\tau = \mu \frac{du}{dy} \tag{2.6}$$

뉴튼(Isaac Newton)[8]은 식 (2.6)을 실험을 통해 입증하였으며, 이를 **뉴튼의 점성법칙**이라 한다.

기체의 경우 온도가 증가하면 분자 운동이 더욱 활발해진다. 이로 인해 분자의 섞임(mixing) 현상이 증가되며, 기체 분자들 간의 충돌 강도가 커짐에 따라 점성도 증가하게 된다. 이와는 반대로 액체의 경우 온도가 증가하면 분자들 간에 서로 분리되는 현상이 증가되어 분자들 간의 인력과 점성이 감소한다. 따라서 온도와 점성 사이의 관계는 액체와

8) Isaac Newton (1642-1727): 영국의 수학자, 물리학자 및 천문학자: 1687년 발간된 자연철학의 수학적 원리(프린키피아, "Principia")는 고전역학과 만유인력의 기본 바탕을 제시하며, 과학사에서 가장 영향력 있는 저서 중의 하나로 꼽힌다. 이 저서에서 뉴튼은 다음 3세기 동안 우주의 과학적 관점에서 절대적이었던 만유인력과 3가지의 뉴튼 운동 법칙을 저술했다. 뉴튼은 첫 번째 실용적 반사 망원경을 제작했고, 프리즘이 흰 빛을 가시광선으로 분해시키는 스펙트럼을 관찰한 결과를 바탕으로 빛의 분광이론도 발달시켰다. 또한 그는 실험에 의거한 뉴튼의 냉각 법칙을 발명하고 음속에 대해서 연구했으며, 뉴튼 유체 개념을 고안하였다.

기체에 대해 서로 반대가 된다. 그림 2.4는 공기와 물에 대해 온도에 따른 점성의 변화를 나타낸 것이다.

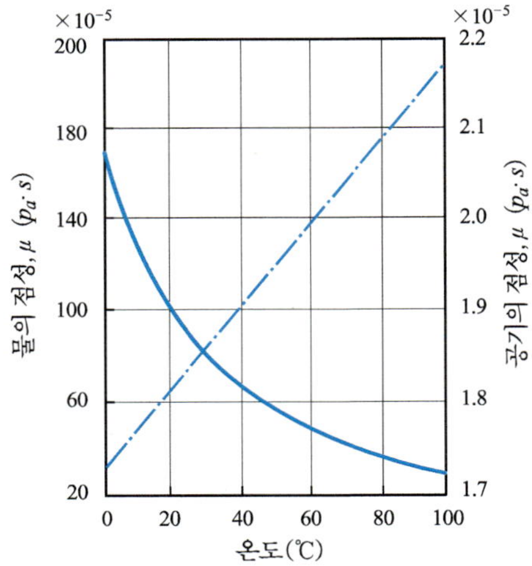

그림 2.4 표준대기압에서 공기와 물의 온도에 따른 점성의 변화

점성계수의 단위로 SI 단위계에서는 $P_a \cdot s$ 그리고 MKS와 CGS 절대 단위계에서는 각각 $kg/(m \cdot s)$와 $g/(cm \cdot s)$로 표현된다. 중력 단위계에서는 1 $dyne \cdot \mathrm{sec}/cm^2$로 표현되며, 이를 1 P(poise, **포와즈**)라 한다. 1 P의 100분의 1을 1 cP(centipose, **센티포와즈**)라 하며, 이들 관계는 다음과 같다:

$$1\ P = 100\ cP = 0.1\ P_a \cdot s$$

점성계수 μ를 밀도 ρ로 나누면 **동점성계수**(coefficient of kinematic viscosity) ν가 되며, 다음과 같이 식으로 표현된다:

$$\nu = \frac{\mu}{\rho} \tag{2.7}$$

동점성계수의 단위는 m^2/s이다. CGS 절대 단위계에서는 1 cm^2/s로 표현되며, 이를 1 St(stocks, **스톡스**)라 한다. 1 St의 100분의 1을 1 cSt(centistokes, **센티스톡스**)라 하며, 이들 사이의 관계는 다음과 같다:

$$1\ St = 1 \times 10^{-4}\ m^2/s$$

$$1\ cSt = 1 \times 10^{-6}\ m^2/s$$

표준대기압에서 온도의 변화에 따른 물과 공기의 점성계수 μ와 동점성계수 ν는 표 2.3에 요약되어 있다.

표 2.3 표준대기압에서 물과 공기의 점성계수와 동점성계수

온도 (℃)	물		공기	
	점성계수, μ $(Pa \cdot s \times 10^{-5})$	동점성계수, ν $(m^2/s \times 10^{-6})$	점성계수, μ $(Pa \cdot s \times 10^{-5})$	동점성계수, ν $(m^2/s \times 10^{-6})$
0	179.2	1.792	1.724	13.33
10	130.7	1.307	1.773	14.21
20	100.2	1.004	1.822	15.12
30	79.7	0.801	1.869	16.04
40	65.3	0.658	13915	16.98

예제 2.5

길이 2 m 그리고 폭 0.5 m인 두 평판의 간격이 2 mm로 평행하게 놓여져 있다. 두 평판 사이에 점성계수가 16 포와즈의 기름에 의해 채워져 있다. 상부평판이 5 m/s의 속도로 이동할 경우 상부평판에 발생되는 전단응력 τ과 힘 F를 구하라.

[풀이]

전단응력 $\tau = \mu du/dy = \mu U/h$ 이므로

$\tau = 16\ dyne \cdot s/cm^2 \times (50\ cm/s / 0.2\ cm) = 40{,}000\ dyne/cm^2$ 이며,

힘 $F = \tau A$ 이므로 힘 $F = 40{,}000\ dyne/cm^2 \times 200\ cm \times 50\ cm = 4.0 \times 10^6\ dyne = 4{,}000\ N$ 이 된다.

예제 2.6

비중 $s = 0.918$ 그리고 동점성계수 $\nu = 1.089\ St$를 가진 올리브 기름의 점성계수 μ를 구하라.

[풀이]

식 (2.7)로부터 점성계수 $\mu = \nu \times \rho$이며, 1 St는 $1 \times 10^{-4}\ m^2/s$이다.

따라서 점성계수 $\mu = 0.918 \times 1{,}000\ kg/m^3 \times 1{,}089\ 10^{-4}\ m^2/s = 0.1\ P_a \cdot s$이다.

예제 2.7

온도 $T = 20℃$ 인 기름의 점성계수 $\mu = 95.0\ 10^{-3}\ P_a \cdot s$ 이다. 기름의 비중 $s = 0.95$ 일 때 동점성계수 ν를 구하라.

[풀이]

식 (2.7)로부터 동점성계수 $\nu = \mu/\rho$이며, 기름의 밀도 $\rho = 0.95 \times 1{,}000\ kg/m^3 = 950\ kg/m^3$이다. 따라서 동점성계수 $\nu = 95.0\ 10^{-3} P_a \cdot s/(950\ kg/m^3) = 1 \times 10^{-4}\ m^2/s = 1\ St$이다.

물, 기름 또는 공기의 경우 전단응력 τ는 속도경사 du/dy에 비례하며, 이러한 유체를 **뉴토니언 유체**(Newtonian fluid)라 한다. 반면 액상 펄프, 고분자 용액 또는 아스팔트와 같은 유체는 뉴톤의 점성법칙을 따르지 않으며, 이러한 유체를 **비뉴토니언 유체**(non-Newtonian fluid)라 한다. 그림 2.5는 전단응력 τ와 속도경사 du/dy 사이의 관계에 의해 분류된 유체의 **유동 다이아그램**(rheological diagram)을 나타낸 것이다.

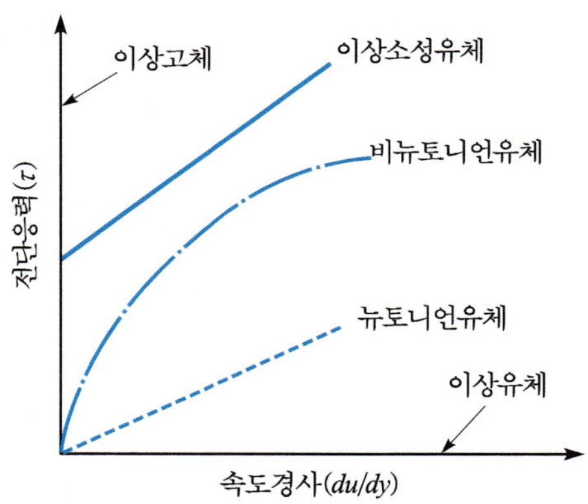

그림 2.5 전단응력과 속도경사와의 관계에 따른 유체의 유동 다이아그램

2.5 표면장력

유체 중 액체의 표면은 스스로 쉽게 수축되며, 자유 수면은 마치 탄성 필름이 늘어나는 것처럼 한 부분이 다른 부분을 잡아당기면서 되도록 작은 면적을 취하려는 상태에 있게 된다. 자유 수면 위에 어떤 단면의 단위길이 당 인장강도(tensile strength)를 **표면장력**(surface tension)이라 한다. 온도 20°C일 때 다양한 종류의 액체에 대한 표면장력이 표 2.4에 나와 있다.

표 2.4 액체의 종류에 따른 표면장력(20 ℃)

액체	접촉하고 있는 액체	표면장력 (N/m)
물	공기	0.0728
수은	공기	0.476
수은	물	0.373
메칠 알코올	공기	0.023

그림 2.6에서처럼 식물의 잎 표면 위에 발생된 물방울은 거의 구(sphere) 형태를 띠며, 이러한 현상은 표면장력 때문에 발생하는 것이다. 이 때 물방울 내부의 압력은 주변의 압력보다 높다.

그림 2.6 식물의 잎 표면의 물방울

물방울의 지름을 d, 표면장력을 σ 그리고 내부와 외부 압력의 차이를 Δp라 하면 그림 2.7에서처럼 힘의 균형에 의해 다음과 같은 식이 얻어진다:

$$\pi d\sigma = \frac{\pi d^2}{4}\Delta p$$

또는

$$\Delta p = 4\sigma/d \tag{2.8}$$

식 (2.8)은 액체 내의 작은 거품의 경우에도 적용할 수 있다.

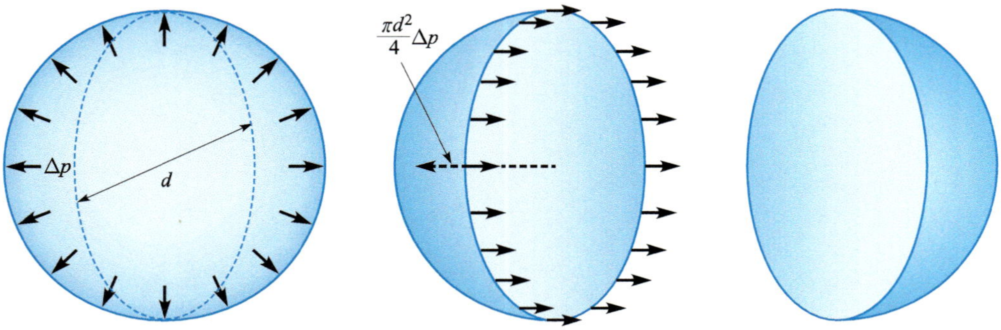

그림 2.7 물방울 내의 압력의 증가와 표면장력 사이의 힘의 균형

직경이 매우 작은 미세한 관에 있는 액체는 표면장력과 액체와 고체(관 벽) 사이에서 발생되는 접착력의 작용 때문에 그림 2.8에서 보는 바와 같이 액체가 관에서 상승하거나 하강을 하며, 이러한 현상을 **모세관 현상**(capillary phenomenon)이라 한다.

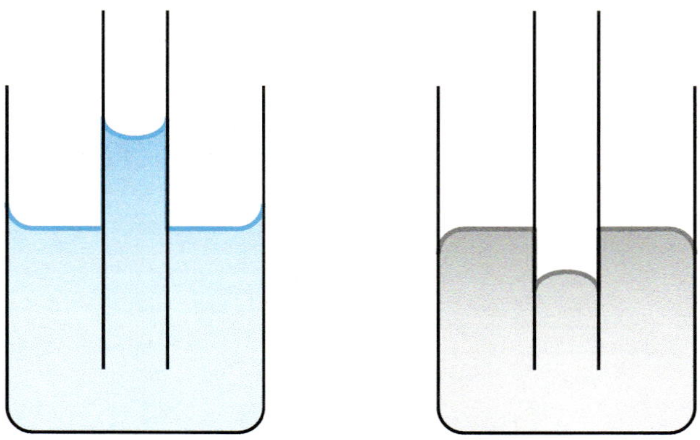

(a) 물　　(b) 수은

그림 2.8 모세관 현상에 때문에 발생하는 액체 표면의 변화

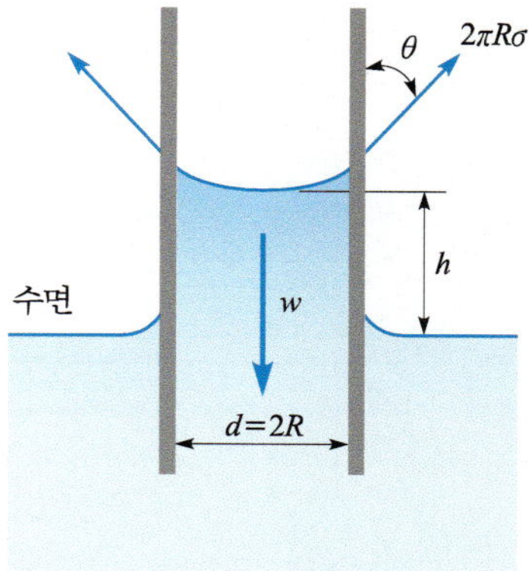

그림 2.9 모세관 현상

그림 2.9에서처럼 미세한 관의 반경을 R, 액체와 관 벽과의 접촉각을 θ, 액체의 밀도를 ρ 그리고 액체 표면의 평균 높이를 h라 할 때 관 벽에 붙어있는 액체와 관 벽 사이의 접착력 그리고 표면장력에 의해 관내의 액체를 끌어 올리려고 하는 힘 그리고 관내의 액체 무게 사이의 힘의 균형을 고려하면 다음과 같은 식이 얻어진다:

$$2\pi R\sigma\cos\theta = \pi R^2 \rho g h$$

또는

$$h = \frac{2\sigma\cos\theta}{\rho g R} = \frac{4\sigma\cos\theta}{\rho g d}, \quad d = 2R \tag{2.9}$$

물과 알코올이 상온에서 공기가 들어있는 유리관 내벽에 직접적으로 접촉할 때마다 접촉각 θ는 0°가 되며, 수은의 경우 접촉각 θ는 130° ~ 150°가 된다. 유리관이 액체 내에 놓인 경우 모세관 내 상승고 h는 다양한 액체에 대해 다음과 같은 관계식을 통해 산정된다:

물의 경우 : $h = 30/d$ (mm)

알코올의 경우 : $h = 11.6/d$ (mm)

수은의 경우 : $h = -10/d$ (mm)

예제 2.8

지름이 30 mm인 비누방울의 내부압력의 증가인 Δp가 20 N/m^2일 때 표면장력 σ는 얼마인가를 계산하라.

[풀이]
식 (2.8)로부터 표면장력 $\sigma = \Delta pd/4$이므로 $\sigma = 20\ N/m^2 \times 0.03\ m/4 = 0.15\ N/m$이다.

예제 2.9

지름 0.5 mm의 모세관에서 물의 최대 상승 높이는 얼마인지를 계산하라. 단, $\theta = 0^\circ$이며, 표면장력 $\sigma = 7.41 \times 10^{-2}\ N/m$이다.

[풀이]
식 (2.9)로부터 $h = 4\sigma\cos\theta/\rho g d$이므로
물의 최대 상승 높이 $h = 4 \times 7.41\ 10^{-2} N/m \times \cos 0/(1{,}000\ kg/m^3 \times 9{,}81\ m/s^2 \times 0.0005\ m)$
$= 0.015\ m = 1.5\ cm$이다.

2.6 압축성

그림 2.10에서처럼 압력 p_1을 받고 있는 체적 V_1을 가진 유체가 추가적인 압력 $\Delta p(= p_2 - p_1)$에 의해 $\Delta V(= V_1 - V_2)$만큼 체적이 감소하였다고 가정하자. 이러한 경우 체적의 변화 $\Delta V/V_1$와 **체적탄성계수**(bulk modulus) E와의 관계는 다음과 같은 식으로 표현된다:

$$E = -\frac{\Delta p}{\Delta V/V} = -V\frac{dp}{dV} \tag{2.10}$$

식 (2.10)의 역수인 β는 **압축율**(compressibility)이라 하며, 유체가 얼마큼 압축될 수 있는지를 나타내는 직접적인 지표가 된다:

$$\beta = 1/E \tag{2.11}$$

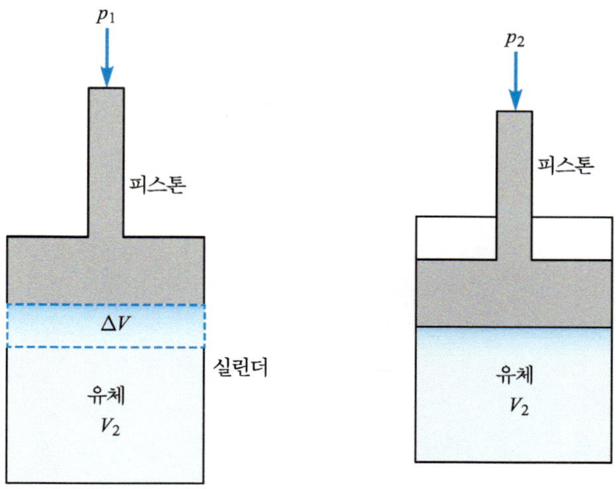

그림 2.10 압력의 변화에 따른 체적의 변화

단열변화[9](adiabatic change)를 가정할 때 상온과 표준압력 하에서 물의 체적탄성계수 E_w는 2.06×10^9 P_a이며, 동일한 조건에서 공기의 체적탄성계수 E_a는 1.4×10^{-10} P_a이다. 물의 압축성 계수 β_w는 4.85×10^{-10} $1/P_a$이며, 이는 대기압이 1기압 증가한다 할지라도 대략 0.005 % 정도 압축된다는 것을 의미한다.

어떤 유체의 밀도를 ρ 그리고 유체의 질량을 m이라 할 때, $\rho V = m =$일정이기 때문에 체적이 ΔV만큼 감소할 때마다 밀도는 $\Delta\rho$만큼 증가한다고 가정할 경우 다음의 관계가 성립된다:

$$E = \rho \frac{\Delta p}{\Delta \rho} = \rho \frac{dp}{d\rho} \tag{2.12}$$

9) 지상에서 높이 올라갈수록 주변 기압이 낮아지므로 상승하는 공기 덩어리는 팽창하고, 하강하는 공기 덩어리는 압축된다. 이 때, 팽창하는 공기 덩어리는 주위의 공기에 대하여 일을 하므로 일한 만큼 열에너지를 소모하여 온도가 내려가고, 하강하는 공기 덩어리는 주위 공기로부터 압축되어 온도가 올라가게 된다. 이와 같이 상승 또는 하강하는 공기 덩어리가 주위 공기와 열 교환 없이 팽창과 수축이 일어나는 현상을 단열팽창 또는 단열압축이라고 하며, 단열팽창과 단열압축에 의하여 공기 덩어리의 온도가 변하는 과정을 단열변화라 한다.

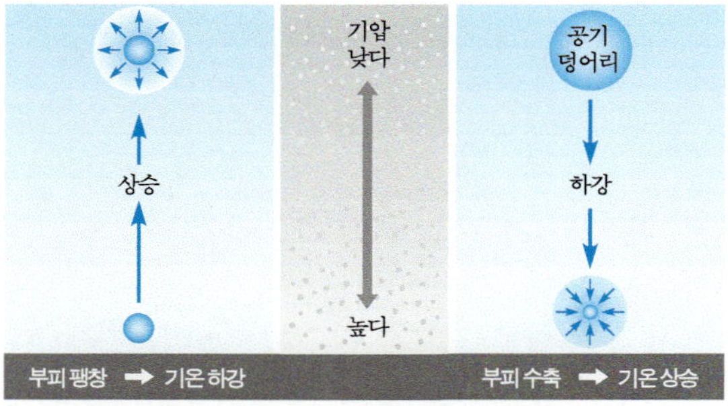

체적탄성계수 E는 액체 내에서 전파되는 압력파의 속도 a와 밀접한 관계가 있으며, 다음과 같은 식으로 표현된다:

$$a = \sqrt{\frac{dp}{d\rho}} = \sqrt{\frac{E}{\rho}} \tag{2.13}$$

예제 2.10

원통 내에서 100 $kg\,f/cm^2$의 압력을 받고 있는 어떤 액체의 부피가 2.5 cm^3이다. 원통의 압력을 300 kg/cm^2을 증가시켰을 때 액체의 부피가 2.0 cm^3으로 줄어들었다면 이 액체의 체적탄성계수 E와 압축률 β를 구하라.

[풀이]

식 (2.10)으로부터 체적탄성계수 $E = -\Delta p/(\Delta V/V) = -(100\,kgf/cm^2 - 300\,kgf/cm^2)$
$/((2.5\,cm^3 - 2.0\,cm^3)/2.5\,cm^3) = 1{,}000\,kgf/cm^2$이다.

압축율 $\beta = 1/E$이므로 $\beta = 1/1{,}000\,kgf/cm^2 = 0.001\,cm^2/kgf$이다.

2.7 완전기체의 특성

기체의 압력을 p, 기체의 밀도를 ρ, 절대온도를 T 그리고 기체상수를 R이라 할 때, Boyle-Charles의 법칙으로부터 다음과 같은 관계가 성립된다:

$$p = \rho RT \tag{2.14}$$

식 (2.14)를 **기체상태방정식**이라 하며, 기체상수 R의 값과 단위가 표 2.5에 요약되어 있다.

표 2.5 기체상수 R과 비열비 κ

기체	화학기호	밀도 ρ (kg/m^3) $(0\,^oC,\ 760\ mmHg)$	$R\,(SI)\,(m^2/(s^2K))$	$\kappa = c_p/c_v$
헬륨	H_e	0.1785	2,078.1	1.660
공기	-	1.293	287.1	1.402
일산화탄소	CO	1.250	296.9	1.400
산소	O_2	0.0899	4,124.8	1.409
수소	H_2	1.429	259.8	1.399
이산화탄소	CO_2	1.977	189.0	1.301
메탄	CH_4	0.717	518.7	1.319

식 (2.14)에 의해 지배받는 기체를 **완전기체**(perfect gas) 또는 **이상기체**(ideal gas)고 하나 실제 모든 기체는 완전기체가 아니다. 그러나 액화온도(liquefied temperature, 또는 임계온도[10])보다 상당히 높은 온도에서의 기체는 완전기체라 간주될 수 있다.

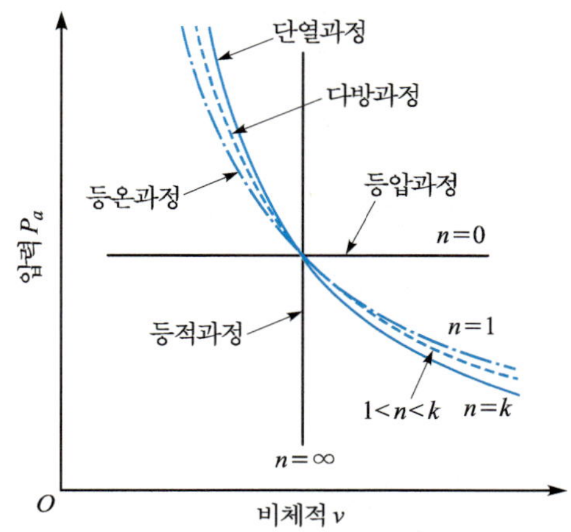

그림 2.11 완전기체의 상태 변화

완전기체의 상태 변화는 다음과 같은 식을 통해 표현된다:

$$pv^n = C \tag{2.15}$$

여기서 n은 **다방지수**(polytropic exponent)이며, C는 상수이다.

그림 2.11에서처럼 식 (2.15)의 값이 0에서부터 ∞까지 변화될 때 기체의 상태는 등압(isobaric), 등온(isothermal), 다방(polytropic), 단열(adiabatic) 그리고 등적(isochoric) 변화와 같이 5가지의 상태 변화를 겪는다. 특히 단열변화의 경우에서는 $n = \kappa$가 된다. 여기서 κ는 일정한 압력 하에서의 비열 c_p와 일정한 체적에서의 비열 c_v 사이의 비를 의미하며, **비열비**(또는 **등엔트로피**(isentropic) 지수)라 한다. 다양한 기체에 대한 기체상수 R과 비열비 κ에 대한 값이 표 2.5에 나와 있다.

10) 기체상과 액체상, 고체상의 상전이 현상에서 나타나는 특이점인 임계점(critical point)의 온도를 말한다. 임계점의 온도보다 낮은 상태의 기체는 적당한 압력을 가하면 액체로 상태변화가 일어나지만, 반대로 임계점의 온도보다 높을 경우, 액화되지 않는다. 열역학적으로는 온도와 압력, 부피 등을 변화시켜도 상태변화가 일어나지 않는 온도를 뜻한다.

예제 2.11

표준 해수면 기압($p=101.3\,kN/m^2$) 하에 있는 공기의 온도는 $4\,^{o}C$ 이다. 이때 공기의 밀도는 얼마인가?

[풀이]

식 (2.14)를 밀도에 대한 식으로 변화하면, $\rho = p/RT$가 된다.

따라서 밀도 $\rho = 101.3 \times 10^3 N/m^2 / [287\,J/kgK \times (273+4)K] = 1.27\,kg/m^3$이다.

예제 2.12

온도가 $20\,^{o}C$ 그리고 압력이 760 $mmHg$ 상태에 있는 공기의 밀도를 구하라. 단 수은의 비중은 13.6이며 공기의 기체상수 R은 29.27 m/K이다.

[풀이]

식 (2.14)를 밀도에 대한 식으로 변환하면 밀도 $\rho = p/RT$가 된다. 수은주에 대한 압력 760 $mmHg$를 물기둥의 높이로 환산하면 $p=760\ mmHg = 0.76\,m \times 13.6 = 10.336\,mH_2O$가 된다. 물기둥의 높이를 압력의 단위로 환산하기 위해서는 단위중량을 곱한다.

즉 $p = 10.336\,mH_2O \times 1{,}000\,kgf/m^3 = 10{,}336\,kgf/m^2$가 된다. 이를 밀도에 대한 식 $\rho = p/RT$에 대입하면 밀도 $\rho = 10{,}336\,kgf/m^2 / [29.27\,m/K \times (273+20)K] = 1.21\,kgf/m^3$이다.

예제 2.13

물속에서 작은 압축파의 속도는 얼마인지 계산하라. 단, 물의 체적탄성계수 $E_w = 2.03 \times 10^8\,P_a$이다.

[풀이]

식 (2.13)을 이용하여 계산하면 $a = \sqrt{E_w/\rho} = \sqrt{2.03 \times 10^9\,P_a / 1{,}000\,kg/m^3} = 1425.0\,m/s$이다.

제2장 연습문제

1. 유체를 정의하고 액체와 기체의 차이점을 기술하라.

2. 체적이 5 m^3인 유체의 무게가 3,500 kgf일 때 단위중량, 밀도 그리고 비중을 SI 단위로 표시하라.

답 단위중량 $\gamma = 700.04\, N/m^3$, 밀도 $\rho = 71.36\, kg/m^3$, 비중 $s = 0.071$

3. 기초 단위를 이용하여 힘을 SI 단위를 유도하라.

답 $kg \cdot m/s^2$

4. 점성계수와 동점성계수를 SI 단위로 표현하라.

답 점성계수 μ: $Pa \cdot s$, 동점성계수 ν: m^2/s

5. 4 ℃와 1 기압에서의 물의 밀도는 1,000 kg/m^3이다. 이러한 조건에서 비체적 v를 계산하라.

답 $v = 0.001\, m^3/kg$

6. 상온과 정상 압력에서 물의 체적이 1 % 압축하기 위해 필요한 압력을 계산하고 SI (P_a) 단위로 표현하라. 단, 물의 압축율 β를 4.85 × 10^{-10} $1/P_a$로 가정하라.

답 $p = 2.06 \times 10^7\, Pa$

7. 어떤 유체의 점성계수가 25 $^\circ C$에서 1.2 cP이다. 이 값을 $kg/(m \cdot s)$ 단위로 환산하라.

답 $1.2 \times 10^{-3}\, kg/(m \cdot s)$

8. 바다 수심 8 km에서의 압력은 81.8 MPa이고, 바다 표면에서 해수의 단위중량 γ는 10.05 kN/m^3그리고 체적탄성계수 E는 $2.34 \times 10^9\ N/m^2$일 때 다음 물음에 답하라.

(a) 수심 8 km에서의 비체적 v를 계산하라.

(b) 바다 표면과 수심 8 km 사이의 비체적 v의 변화를 계산하라.

(c) 수심 8 km에서의 단위중량 γ를 계산하라.

답 $v_{8km} = 0.000962\,m^3/kg$

$v_{0km} - v_{8km} = 0.0000141\,m^3/kg$

$\gamma_{8km} = 10,200\ N/m^3$

9. 두 개의 평판이 그림 2.12에서처럼 액체 위에 수직으로 배열되어 있을 때 모세관 현상에 의해 발생되는 두 평판 사이의 액체 표면이 증가된 높이를 보여주는 식을 유도하라.

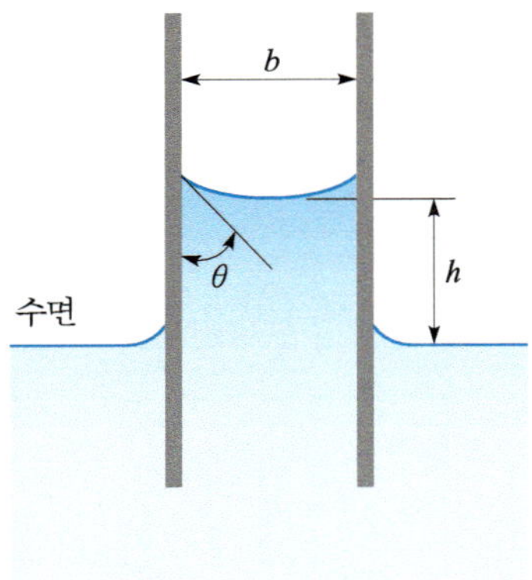

그림 2.12

답 $h = \dfrac{2\sigma\cos\theta}{\gamma b}$

10. 수직으로 세워져 있는 직경 3 mm의 유리관 내에 물이 6 mm 상승했을 때 접촉각 θ가 얼마인지 계산하라. 단, 물의 표면장력은 0.4 N/m이다.

답 $\theta = 83.7^o$

11. 20 $^{\circ}C$에서의 물이 지름 1 mm의 거품을 포함하고 있다. 거품의 외부 압력과 비교할 때 거품의 내부 압력이 얼마나 더 큰 지를 계산하라.

답 291 Pa

12. 지름 3 mm인 물방울의 내부 압력은 얼마인지 계산하라. 단, 물의 표면장력은 $7.5 \times 10^{-2}\ kgf/m$로 가정한다.

답 100 kgf/m^2

13. 직경 2 mm 그리고 높이 35 mm의 깨끗한 유리관 내에 10 ℃의 물이 채워져 있다. 이때 모세관 높이는 얼마인지를 계산하라. 단, 10 $^{\circ}C$ 물의 단위중량 γ는 9,804 N/m^3 그리고 표면장력 σ는 0.0742 N/m이며, $\theta = 0^{\circ}$이다.

답 $0.015\,m = 1.5\,cm$

14. 그림 2.13에서처럼 지름 122 mm와 길이 200 mm의 실린더가 지름 125 mm의 관 내부에 축방향으로 위치해 있다. 실린더와 관 사이에 기름막이 형성되어 있을 때 실린더가 1 m/s로 이동하기 위해 필요한 힘을 계산하라. 단, 기름의 점성계수는 20 cSt이며 비중은 0.9이다.

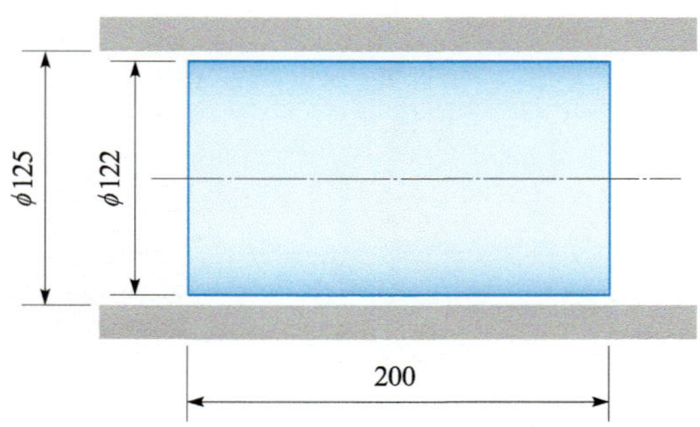

그림 2.13

답 1.38 N

15. 20 ℃의 물 속에서 전파되는 음속을 계산하라. 단, 물의 체적탄성계수 E는 $2.2\times10^9\ P_a$로 가정하라.

답 $1{,}461\,m/s$

16. 온도 4.5 ℃의 이산화탄소 2.3 kg이 체적 0.283 m^3의 용기에 가득 차 있다. 이때 가스의 압력은 얼마인지 계산하라.

답 $4.26\times10^5\,N/m^2$

제3장

유체 정역학

3.1 압력

3.2 수중의 평면에 작용하는 힘

3.3 수중의 곡면에 작용하는 힘

3.4 부력: 아르키메데스의 원리

3.5 상대적 정지 평형(relatively stationary equilibrium)

- 연습문제

제3장

유체 정역학

유체 정역학(fluid statics)은 정지 상태에 있는 유체에 작용하는 힘의 균형과 이로 인한 정적 평형 상태의 시스템을 분석하는 것과 관련이 있다. 유체를 구성하는 모든 미소 입자에 작용하는 힘은 크기가 같고 방향이 반대인 힘과 서로 상쇄될 때 정지한 상태가 된다. 이러한 개념은 1647년 프랑스의 수학자이자 철학자인 블레즈 파스칼[11](Blaise Pascal, 1623~1662)에 의해 정립되었으며, **파스칼의 법칙**으로도 잘 알려져 있다.

정지 상태에 있는 액체에 작용하는 압력은 깊이에 따라 변하기 때문에 이에 대한 영향을 고려할 필요가 있다. 또한 유체가 상대적으로 정지해 있는 경우(예를 들어, 유체를 담고 있는 용기가 고속으로 회전 또는 이동할 때 유체가 용기에 비해 상대적으로 안정된 경우), 유체의 이동이 용기의 고정된 좌표에서 관찰되는 경우 유체는 정지 상태에 있다고 간주될 수 있다.

3.1 압력

그림 3.1에서처럼 **압력**(pressure)이 면적 A를 가진 평면에 균일하게 분포되어 작용하고, 힘 F가 평면의 한 점에 작용하는 경우를 고려할 때 압력과 힘의 관계는 다음과 같이 표현된다:

$$p = F/A \tag{3.1}$$

압력이 균일하지 않을 경우 미소면적 ΔA에 작용하는 압력은 다음과 같이 표현된다:

$$p = \lim_{\Delta A \to 0} \frac{\Delta F}{\Delta A} = \frac{dF}{dA} \tag{3.2}$$

11) Blaise Pascal (1623~1662): 프랑스의 심리학자, 수학자, 과학자, 신학자, 발명가 및 작가. 유체역학 분야에서 그는 토리첼리의 실험을 이용해 진공뿐만 아니라 유체정역학의 문제들을 연구했고 중요한 업적을 남겼다. 유체정역학 분야에서 밀폐용기 내부의 움직이지 않는 유체의 일부에 압력을 가하면 그 압력이 유체 내의 모든 곳에 같은 크기로 전달된다는 파스칼의 원리를 정립하였다. 유체정역학의 기초를 닦은 파스칼의 업적은 후세에 인정받아 압력의 SI단위가 그의 이름을 따라 파스칼(pascal, Pa)이라고 이름 붙여졌다.

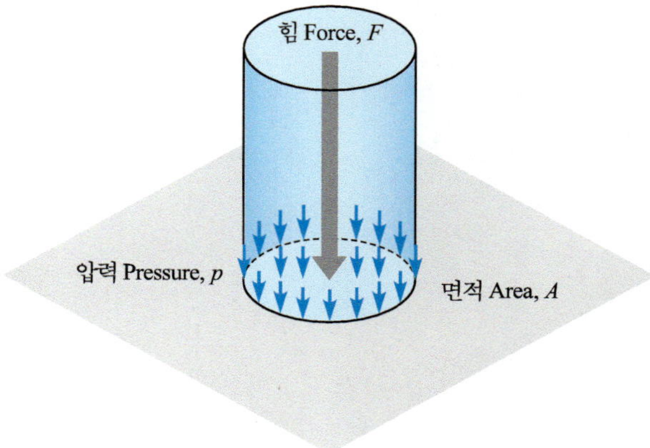

그림 3.1 압력과 힘의 관계

3.1.1 압력의 단위

압력의 단위는 파스칼(Pascal, P_a), 바(bar), 물기둥의 높이(mH_2O) 그리고 수은주($mmHg$)가 사용된다. 다양한 압력의 단위를 변환하는데 사용되는 변환표가 표 3.1에 요약되어 있다. 대기압에 대해서는 다음과 같은 단위가 사용된다:

$$\begin{aligned} 1\ atm &= 760\ mmHg(\text{절대온도 } K=273.15,\ \text{중력가속도 } g=9.80665\ \mathrm{m/s^2}) \\ &= 101{,}325\ P_a \end{aligned} \tag{3.3}$$

1 atm은 기상학에서 표준 1 대기압을 나타낼 때 사용되며, 표준대기압이라고도 한다.

표 3.1 압력 단위의 변환

단위	단위	변환
파스칼(Pascal)	P_a	$1\ P_a = 1\ N/m^2$
바(bar)	bar	$1\ bar = 0.1\ MP_a$
물기둥	mH_2O	$1\ mH_2O = 9{,}806.65\ P_a$
대기압	atm	$1\ atm = 101{,}325\ P_a$
수은기둥	mHg	$1\ mHg = 1/0.76\ atm$
토르(Torr)	$torr$	$1\ torr = 1\ mmHg$

3.1.2 절대압력과 게이지압력

압력을 표현하는데 사용되는 방법은 두 가지 있다: 하나는 완전한 진공상태를 기준으로 하는 것이며, 또 다른 하나는 대기압을 기준으로 하는 것이다. 전자를 **절대압력**(absolute pressure) P_{abs}이라 하며, 후자를 **게이지압력**(또는 계기압력, gauge pressure) P_g이라 한다. 두 압력 사이에는 다음과 같은 관계가 있다:

$$P_g = P_{abs} - P_{atm}$$

게이지압력에서 대기압 이하의 압력을 **부압** 또는 **음의 압력**(negative pressure)이라 한다. 게이지압력, 절대압력 그리고 대기압과의 관계가 그림 3.2에 나와 있다.

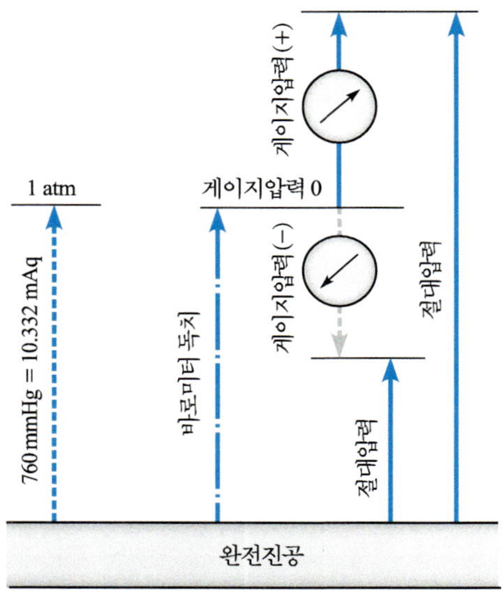

그림 3.2 절대 압력과 게이지 압력

예제 3.1

국지대기압이 760 $mmHg$이고 게이지압력이 3 $kg\,f/cm^2$일 때 이를 절대압력으로 나타내고 bar, mb, hP_a 그리고 kP_a 단위로 표시하라.

[풀이]

국지대기압 $P_{atm} = 0.76 \times 1{,}000\,kg/m^3 \times 13.6 = 10{,}336\,kg\,f/m^2 = 1.034\,kg/cm^2$이다.

따라서 절대압력은 대기압과 게이지압력의 합이므로

$P_{abs} = P_{atm} + P_g = 1.034\,kg/cm^2 + 3\,kg/cm^2 = 4.03\,kg/cm^2$이다.

1 $bar = 10^5\,N/m^2$이고 1 $kg = 9.8\,N$이므로 절대압력 $P_{abs} = 4.034\,kg/cm^2 = 395{,}300\,N/m^2$

$= 3.953\,bar = 3{,}953\,mb = 3{,}953\,hP_a = 395.3\,kPa$이다.

3.1.3 압력의 특성

유체에 작용하는 압력은 다음과 같이 세 가지 특성을 가지고 있다.

1. 유체의 압력은 그림 3.3에서처럼 항상 유체와 접촉되어 있는 벽에 수직으로 작용한다.

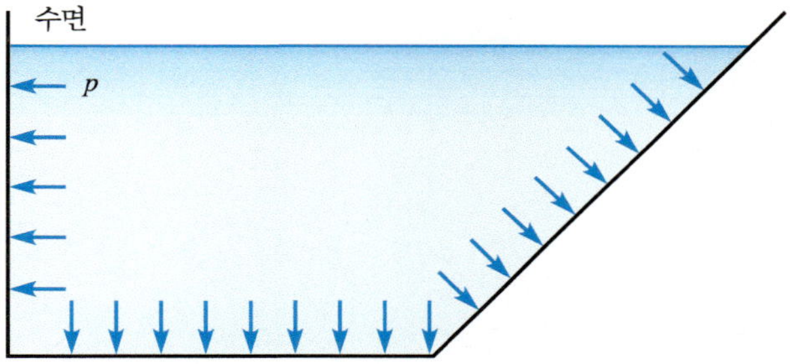

그림 3.3 벽에 항상 수직으로 작용하는 압력

2. 정지 상태에 있는 유체의 한 점에 작용하는 압력은 작용하는 방향이 서로 다름에도 불구하고 모두 동일하다. 그림 3.4에서와 같이 정지 상태에 있는 유체 내에 단위 폭을 가진 미소 삼각 프리즘을 고려하자. 미소면적 dA_1, dA_2 그리고 dA에 작용하는 각각의 압력을 p_1, p_2 그리고 p라 할 때 수평과 수직 방향에 대해 힘의 균형을 고려하면 다음과 같은 식이 얻어진다:

$$\sum F_x = 0 \ : \ p_1\,dA_1 = p\,dA \sin\theta \tag{3.4}$$

$$\sum F_z = 0 \ : \ p_2\,dA_2 = p\,dA \cos\theta + \frac{1}{2}\,dA_1\,dA_2\,\rho g \tag{3.5}$$

미소 삼각 프리즘의 무게는 매우 작기 때문에 무시할 수 있으며, 그림 3.4의 기하학적 특성을 고려하면 다음과 같은 식이 얻어진다:

$$dA \sin\theta = dA_1 \tag{3.6}$$

$$dA \cos\theta = dA_2 \tag{3.7}$$

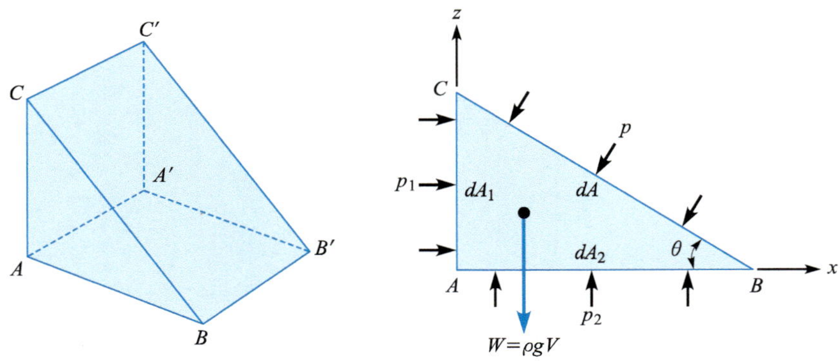

그림 3.4 미소 삼각 프리즘에 작용하는 압력

따라서 식 (3.6)와 (3.7)을 각각 식 (3.4)와 (3.5)에 대입하면 다음과 같은 힘의 관계가 얻어진다:

$$p_1 = p_2 = p \tag{3.8}$$

식 (3.8)은 그림 3.4에서 각 θ가 어떤 값이 주어진다 할지라도 정지하고 있는 유체 내 한 점에 작용하는 압력의 값은 서로 방향이 다르게 작용함에도 불구하고 항상 동일하다는 것을 의미한다.

3. 밀봉된 용기 내에 담겨져 있는 유체에 작용하는 압력은 작용된 압력만큼 용기 내 모든 지점에 동일한 압력 값이 전달된다(**파스칼의 법칙**, Pascal's law).
그림 3.5에서처럼 면적 A_1를 가진 작은 피스톤이 힘 F_1에 의해 눌려질 때 유체의 압력 $p = F_1/A_1$이 발생되며, 큰 피스톤은 힘 $F_2 = pA_2$에 의해 밀려 올라간다. 이러한 관계를 식으로 표현하면 다음과 같다:

$$F_2 = F_1 \frac{A_2}{A_1} \tag{3.9}$$

따라서 식 (3.9)는 작은 힘 F_1으로부터 큰 힘 F_2를 발생시킬 수 있다는 것을 의미하며, 이것을 **유압의 원리**(principle of hydraulic press)라 한다. 그림 3.6은 유압의 원리를 이용한 자동차 정비소의 유압기를 예로든 것이다.

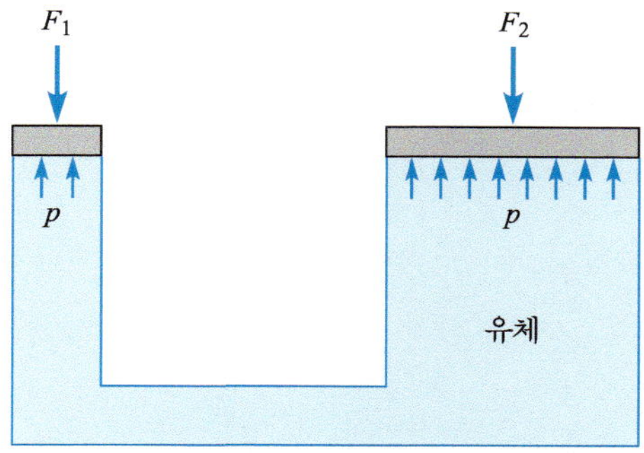

그림 3.5 압력의 전달

그림 3.6 유압의 원리의 적용 예: 자동차 정비소 유압기

예제 3.2

그림 3.6에서처럼 자동차 정비 공장에서 사용하는 유압기는 대부분 압축 공기를 사용한다. 직경이 10 cm인 첫 번째 원형 피스톤으로 압축 공기를 밀어 넣어 직경 30 cm인 두 번째 피스톤에 압력을 전달하는 유압기가 있다. 무게가 14,000 N인 차를 들어올리기 위해 압축 공기가 가해야 할 힘은 얼마인지 유압의 원리를 이용하여 계산하라.

[풀이]

첫 번째 원형 피스톤의 단면적 $A_1 = [\pi \times (0.1\,m)^2]/4 = 0.00785\,m^2$ 그리고 두 번째 원형 피스톤의 단면적 $A_2 = [\pi \times (0.3\,m)^2]/4 = 0.0707\,m^2$이다. 식 (3.7)을 이용하여 첫 번째 원통 피스톤에 가해야 할 힘 $F_1 = (A_1/A_2)F_2 = (0.00758\,m^2/0.0707\,m^2) \times 14{,}000\,N = 1{,}500.99\,N$이다.

3.1.4 정지 상태에서의 유체 압력

일반적으로 정지 상태에 있는 유체의 압력은 깊이에 따라 변화한다. 그림 3.7에서처럼 액체로 채워진 미소 원통을 고려하자. 단면적은 dA이며, 원통 하부 표면에서 상부방향으로 작용하는 압력은 p 그리고 상부 표면에서 하부방향으로 작용하는 압력은 $p+(dp/dz)dz$라 가정할 때 원통에 작용하는 힘의 균형은 다음과 같은 식으로 표현된다:

$$pdA-\left(p+\frac{dp}{dz}\right)dA-\rho gdAdz=0$$

위의 식을 정리하면 다음과 같다:

$$\frac{dp}{dz}=-\rho g \tag{3.10}$$

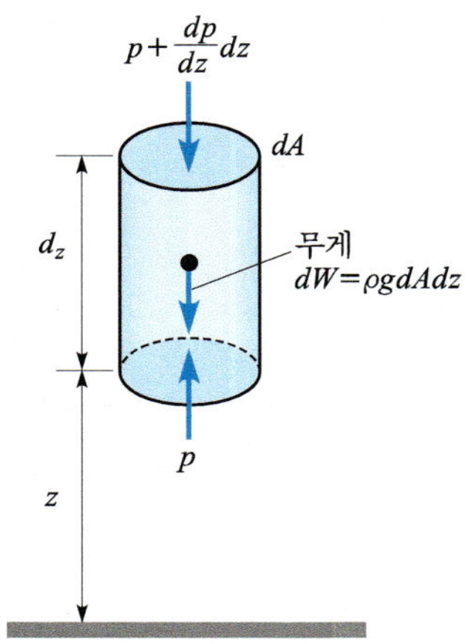

그림 3.7 미소 실린더 내 힘의 균형

유체의 밀도 ρ는 원통 내 액체에 대해 동일하므로 중력가속도 g와 같이 상수로 취급될 수 있으며, 식 (3.10)을 부분적분하면 다음과 같은 식이 된다:

$$p=-\rho g\int dz=-\rho gz+C \tag{3.11}$$

식 (3.11)에서 적분상수 C를 구하기 위해 그림 3.8에서처럼 바닥 기준점으로부터 수면까지를 z_0라 하고 p_0는 수면에 작용하는 압력이라 하면, $z=z_0$인 경우 $p=p_0$가 된다. 따라서 적분상수 C는 다음과 같다:

$$C=p_0+\rho gz \tag{3.12}$$

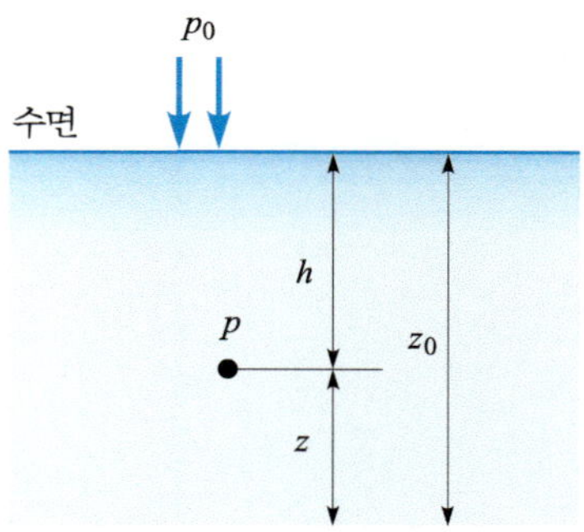

그림 3.8 유체 내의 압력

식 (3.12)를 식 (3.11)에 대입하여 정리하면 다음과 같은 식으로 표현되며, 액체 내의 압력은 깊이에 비례한다는 것을 의미한다:

$$p = p_0 + (z_0 - z)\rho g = p_0 + \rho g h \tag{3.13}$$

예제 3.3

지하의 기름저장 수조에 누수가 발생하여 1 m 깊이의 물이 스며들었다. 물 위로 기름이 5 m 깊이로 떠 있을 때 물과 기름의 접촉면(①) 및 수조 바닥(②)에서의 압력을 계산하라. 단, 기름의 비중은 0.8이며, 물의 밀도를 1,000 kg/m^3이다.

[풀이]

물과 기름의 접촉면에서는 기름에 의한 압력만이 작용하므로

$p_1 = \rho_{oil} gh = 0.7 \times 1{,}000\, kg/m^3 \times 9.81\, m/s^2 = 6{,}867\, N/m^3$이다.

수조 바닥에서는 기름에 의한 압력과 물에 의한 압력이 함께 작용하므로

$p_2 = 6{,}867\, N/m^2 + 1{,}000\, kg/m^3 \times 9.81\, m/s^2 = 16{,}677\, N/m^2$이다.

기체의 경우에 대해서는 우선 압력과 지구를 둘러싸고 있는 대기의 높이 사이의 관계를 알아볼 필요가 있다. 기체의 밀도는 압력과 온도에 따라 변하기 때문에 액체의 경우처럼 단순하게 적분하는 것은 불가능하다. 지표면으로부터 고도가 증가할 때 온도는 감소한다. 이러한 온도변화가 **다방지수**(polytropic exponent)적으로 변한다고 가정하면, $pv^n = C$(여기서, v은 비체적이다)라는 관계식이 성립된다. $z = 0$(평균 해수면)에서 기체의 압력과 밀도를 각각 p_0와 ρ_0라 하면 다음과 같다:

$$\frac{p}{\rho^n} = \frac{p_0}{\rho_0^n} \tag{3.14}$$

식 (3.14)에서의 밀도 ρ에 대해 식 (3.10)에 대입하면,

$$dz = -\frac{dp}{\rho g} = -\frac{1}{g}\frac{p_0^{1/n}}{\rho_0}p^{-1/n}dp = -\frac{1}{g}\frac{p_0}{\rho_0}\left(\frac{p_0}{p}\right)^{1/n} d\left(\frac{p}{p_0}\right) \tag{3.15}$$

식 (3.15)를 $z = 0$부터 $z = z$까지의 범위에 대해 적분을 하면,

$$z = \int_0^z dz = \frac{1}{g}\frac{n}{n-1}\frac{p_0}{\rho_0}\left[1 - \left(\frac{p}{p_0}\right)^{(n-1)/n}\right] \tag{3.16}$$

식 (3.16)을 정리하면 다음 식과 같이 고도에 따른 압력과 대기압 사이의 관계식이 얻어진다:

$$\frac{p(z)}{p_0} = \left(1 - \frac{n-1}{n}\frac{\rho_0 g}{p_0}z\right)^{n/(n-1)} \tag{3.17}$$

또한 평균 해수면과 고도 z에서의 밀도에 대해서는 식 (3.14)와 (3.17)로부터 다음과 같은 식으로 표현된다:

$$\frac{\rho(z)}{\rho_0} = \left(1 - \frac{n-1}{n}\frac{\rho_0 g}{p_0}z\right)^{1/(n-1)} \tag{3.18}$$

평균 해수면과 고도 z에서의 절대온도가 각각 T_0와 T라 할 때, 식 (2.14)로부터 다음과 같은 식이 얻어진다:

$$\frac{p}{\rho T} = \frac{p_0}{\rho_0 T_0} = R \tag{3.19}$$

식 (3.17)~(3.19)를 이용하여 평균 해수면과 고도 z에서의 온도에 대해 정리하면 다음과 같은 관계식이 얻어진다:

$$\frac{T(z)}{T_0} = 1 - \frac{n-1}{n}\frac{\rho_0 g}{p_0}z \tag{3.20}$$

식 (3.20)을 고도 z에 대해 미분을 하면 다음과 같다:

$$\frac{dT}{dz} = -\frac{n-1}{n}\frac{\rho_0 g}{p_0}T_0 = -\frac{n-1}{n}\frac{g}{R} \tag{3.21}$$

평균 해수면의 표준대기조건은 $p_0 = 101.325\ kPa$, $T_0 = 288.15\ K$ 그리고 $\rho_0 = 1.225\ kg/m^3$으로 알려져 있다. 기온은 평균 해수면에서 대략 고도가 1 km까지 100 m마다 0.65 ℃ 씩 감소한다. 그러나 고도 1 km에서 10 km까지는 −50.5 ℃ 로 일정하다. 대류권의 경우 식

(3.14)의 n의 값을 구하기 위해 p_0, T_0 그리고 ρ_0에 대해 앞에 기술된 표준대기조건을 고려할 경우 1.235가 된다.

3.1.5 압력의 측정

액주계

액체 기둥의 높이의 변화를 통해 유체의 압력을 측정하는 기구를 **액주계**(manometer)라 한다. 예를 들면 관내를 흐르는 액체의 압력을 측정하는 경우 압력 p는 그림 3.9(a)에서와 같이 수직으로 세워진 액주계를 이용하여 상승하는 액체의 높이 H를 측정함으로써 얻어질 수 있다. p_0가 대기압이고 ρ가 관 내 액체의 밀도일 때, 다음과 같은 식이 얻어진다:

$$p = p_0 + \rho g H = p_0 + \gamma H \tag{3.22}$$

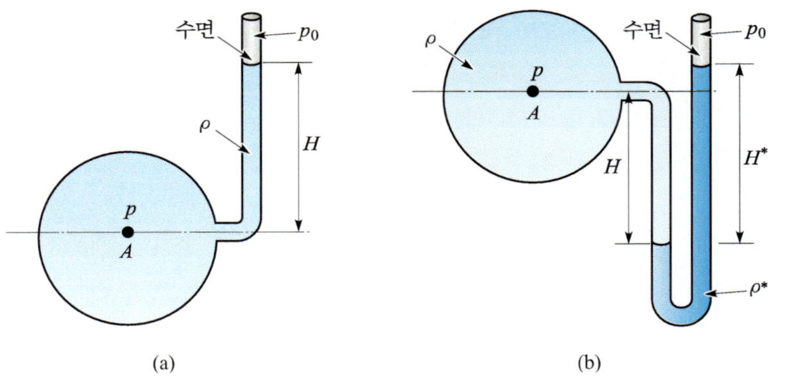

그림 3.9 액주계

예제 3.4

그림 3.9(a)에서 $H = 50\ cm$일 때 A에서의 압력 p_A를 계산하라. 단, 물의 밀도는 $1\ g/cm^3$로 가정한다.

[풀이]

A에서의 압력은 식 (3.22)를 이용하여 계산할 수 있으며, p_0는 대기압이므로 $0\ dyne/cm^2$이다. 따라서 A에서의 압력은 $p_A = p_0 + \rho g h = p_0 + \gamma h = 0\, g/cm^2 + 1\, g/cm^3 \times 981\, cm/s^2 \times 50\, cm$ $= 49{,}050\, dyne/cm^2$이다.

관내의 압력 p가 클 때, 액주계 내 액체의 높이 H가 너무 커지기 때문에 압력을 정확하게 측정할 수가 없다. 이러한 문제를 해결하기 위해 그림 3.9(b)에서처럼 수은과 같이 매우 큰 밀도 ρ^*을 가진 액체가 채워져 있는 **U-튜브 액주계**(U-tube manometer)를 사용하며, 다음과 같은 식을 통해 압력을 산정한다:

$$p + \rho g H = p_0 + \rho^* g H^*$$

또는

$$p = p_0 + \rho^* g H^* - \rho g H \tag{3.23}$$

예제 3.5

그림 3.9(b)의 U-튜브 액주계에서 수은의 높이 $H^* = 50\ cm$일 때 A에서의 압력 p_A를 계산하라. 단, 수은의 밀도는 13.6 g/cm^3이며, H의 높이는 45 cm이며, 물로 채워져 있다고 가정한다.

[풀이]

A에서의 압력은 식 (3.23)을 이용하여 계산할 수 있으며, p_0는 대기압이므로 0 $dyne/cm^2$이다. 따라서 A에서의 압력은 $p_A = p_0 + \rho^* g H^* - \rho g H = 0\,dyne/cm^2 + 13.6\,g/cm^3 \times 981\,cm/s^2 \times 50\,cm - 1\,g/cm^3 \times 981\,cm/s^2 \times 45\,cm = 622{,}935\,dyne/cm^2$이다.

공기의 압력을 측정하는 경우에는 액주계에 채워져 있는 액체의 밀도 ρ^*가 관내를 흐르는 공기의 밀도 ρ보다 매우 작으므로 식 (3.23)에서의 $\rho g H$는 무시될 수 있다.

밀도 ρ를 가진 액체가 흐르는 두 관 사이의 압력의 차이를 측정하는 경우 그림 3.10에서처럼 **시차액주계**(differential manometer)가 사용된다. 두 관 사이의 압력의 차이가 작은 경우 그림 3.10(a)에서처럼 측정되는 액체의 밀도 ρ보다 작은 밀도 ρ'를 가진 액체 또는 기체를 시차액주계 상부에 채워서 압력의 차이를 측정하며, 다음과 같은 식을 이용하여 산정된다:

$$p_1 - p_2 = (\rho - \rho')gH \tag{3.24}$$

그리고 기체인 경우 작은 밀도 ρ'은 무시될 수 있으며, 식 (3.25)와 같은 식을 통해 산정된다:

$$p_1 - p_2 = \rho g H \tag{3.25}$$

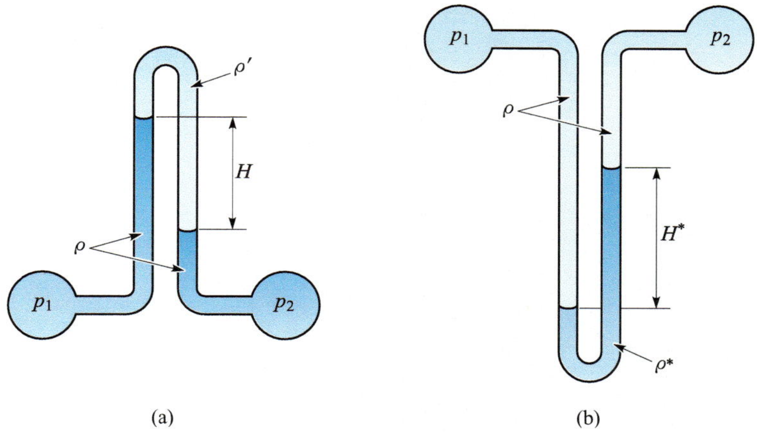

그림 3.10 시차액주계

그림 3.10(b)는 두 관 사이의 압력의 차가 큰 경우에 사용되는 시차액주계를 나타낸 것이며, 측정하려는 액체보다 큰 밀도 ρ^*를 가진 액체가 사용되며, 다음과 같은 식을 통해 산정된다:

$$p_1 - p_2 = (\rho^* - \rho) g H^* \tag{3.26}$$

그리고 밀도 ρ가 기체인 경우에는 무시될 수 있으며, 식 (3.27)을 통해 산정된다:

$$p_1 - p_2 = \rho^* g H^* \tag{3.27}$$

예제 3.6

그림 3.10(a)에서 액체 1의 밀도 ρ는 1,000 kg/m^3이며, 액체 2의 밀도 ρ^*는 13,600 kg/m^3 그리고 수두차 $H = 20\,cm$일 때 두 관 사이에서의 압력차를 계산하라.

[풀이]

식 (3.26)을 이용하면 두 관사이의 압력차 $p_2 - p_1 = (\rho^* - \rho) g H$

$= (13{,}600\,kg/m^3 - 1{,}000\,kg/m^3) \times 9.81\,m/s^2 \times 0.2\,m = 24{,}721.2\,N/m^2$이다.

그림 3.9(b)의 U-튜브 액주계의 경우 압력의 차를 측정하기 위해서는 액주계의 좌측과 우측에서의 액체의 높이를 동시에 관찰해야하기 때문에 변동하는 압력을 정확하게 측정하기 어렵다. 따라서 압력의 차이를 측정하기

위해 그림 3.11과 같이 한쪽의 튜브 단면적을 충분히 크게 하면 튜브와 연결된 탱크 내 액체 표면의 변동이 무시될 수 있기 때문에 다른 쪽 튜브 내 액체 기둥의 높이 H를 읽는 것만으로 비교적 정확하게 측정할 수 있다.

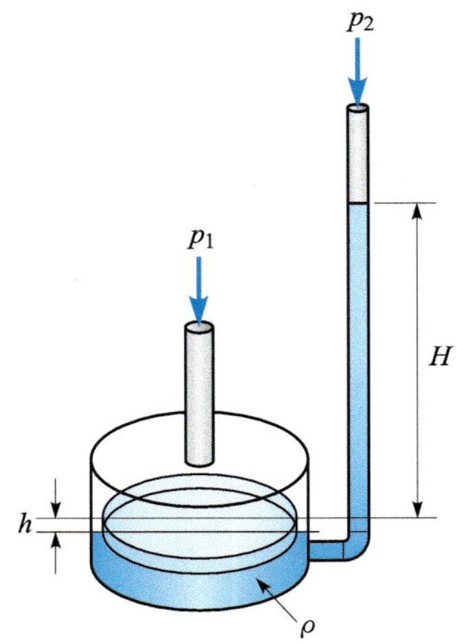

그림 3.11 보완된 U-튜브 액주계

미세한 압력의 차이를 측정하기 위해 그림 3.12와 같이 적절한 각도로 경사진 유리관이 사용되며, 이를 **경사액주계**(inclined manometer)라 한다. 경사각을 θ라 하고 액체 표면의 이동거리를 L이라하면, 압력의 차 $p_1 - p_2$는 다음과 같은 식을 통해 산정된다:

$$p_1 - p_2 = \rho g H + \rho g h = \rho g (H + h) = \gamma (H + h), \qquad H = L \sin \theta \tag{3.28}$$

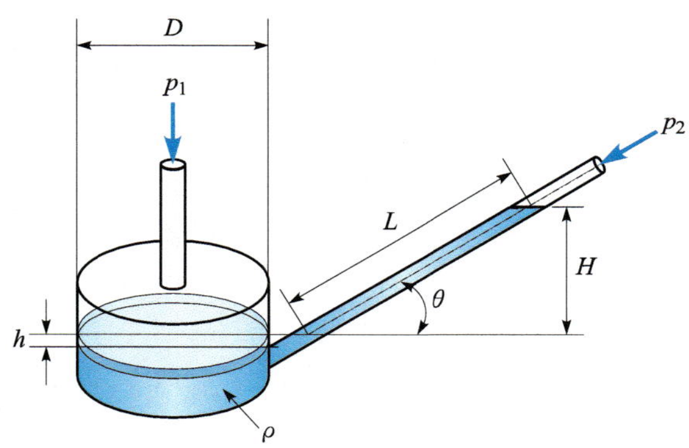

그림 3.12 경사액주계

만약 경사각 θ가 작으면 작을수록, 압력의 판독값은 커지게 되는 경향이 있다. 따라서 이를 보완하기 위해 그림 3.13에서와 같이 경사액주계와 더불어 Göttingen 마이크로액주계, Chattock 틸팅 마이크로액주계 등이 사용된다.

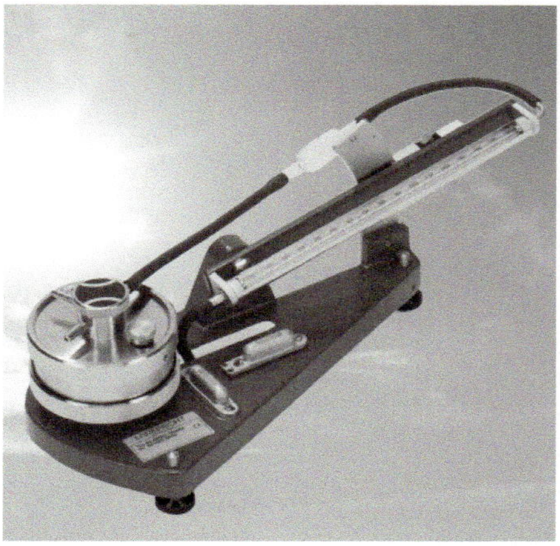

(a)

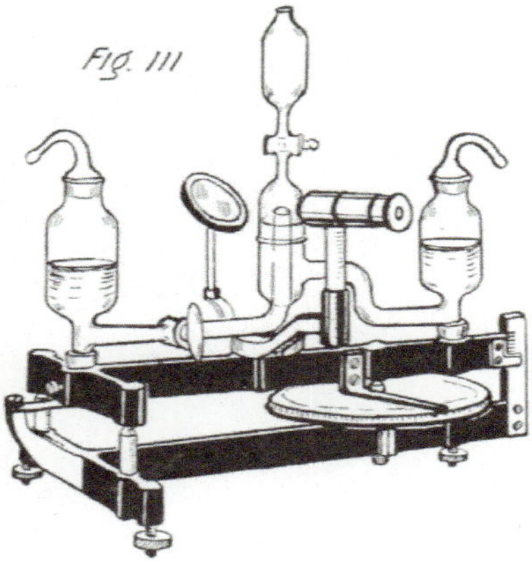

(b)

그림 3.13 (a) Göttingen 마이크로액주계, (b) Chattock 틸팅 마이크로액주계

예제 3.7

그림 3.12에서처럼 경사액주계와 연결되어 있는 저장탱크의 지름 D는 90 mm, 액주계의 지름 d는 6 mm, 길이 L은 0.6 m 그리고 경사각 θ는 30 ° 이다. 경사액주계로 측정할 수 있는 최대 압력은 얼마인지 계산하라. 단, 액주계 내 유체의 단위중량 γ는 820 N/m^3이다.

[풀이]

식 (3.28)에서 $p_1 = p_2 + \gamma(L\sin\theta) + \gamma h$ 이며, $p_2 = p_{atm}$ 이므로 $p_1 - p_{atm} = \gamma(L\sin 30^o + h)$ 이 된다. 액주계의 체적변화 $hA_{탱크} = HA_{액주계}$ 이므로 $h = HA_{액주계}/A_{탱크} = H(d/D)^2 = L\sin\theta(d/D)^2$ 가 된다.

따라서 $p_1 - p_{atm} = \gamma(L\sin 30^o + h) = \gamma[L\sin 30^o + L\sin 30^o(d/D)^2] = \gamma L\sin 30^o[1+(d/D)^2]$

$= 820\,N/m^3 \times 0.6\,m \times \sin 30^\circ \times [1+(6\,mm/90\,mm)^2] = 262.4\,N/m^2$ 이다.

탄성압력계

탄성압력계(elastic-type pressure gauge)는 유체의 압력과 탄성체의 **변형력**(force of deformation)이 서로 균형을 이룬 상태에서 압력을 측정하는 압력계의 일종이다. 유진 부르돈(Eugene Bourdon, 1808-1884)에 의해 발명된 부르돈 튜브(bourdon tube) 압력계(그림 3.14), 다이어프램(diaphragm) 압력계(그림 3.15), 벨로즈(bellows) 압력계(그림 3.16) 등이 많이 사용된다.

이들 중에서 부르돈 튜브 압력계가 산업분야에서 가장 많이 사용된다. 타원형 단면을 가진 구부러진 금속 튜브의 한쪽 끝단은 자유롭게 움직일 수 있으며 그림 3.14에서처럼 링크(link)에 매우 가까이 위치해 있다. 그러나 다른 쪽 끝단은 소켓(socket)에 단단히 고정되어 있다. 고정된 끝단에 압력이 전달될 때, 튜브의 단면은 원의 형태로 구부러지며, 움직임이 자유로운 다른 끝단은 바깥쪽 방향으로 이동한다. 이러한 움직임을 증폭시킴으로써 압력값을 읽을 수 있다. 압력이 대기압보다 작아질 때(진공), 움직임이 자유로운 끝단은 안쪽 방향으로 이동하며, 이러한 경우 진공계로도 사용될 수 있다.

전기압력계(electric-type pressure gauge)

다이아프램 압력계, 부르돈 튜브 압력계, 벨루우즈 압력계 등에 의해 측정된 압력은 힘 또는 변위로 변환될 수 있으며, 이러한 변환은 와이어 스트레인 계측기(wire strain gauge), 반도체 스트레인 계측기(semi-conductor strain gauge) 등을 이용하여 전기적 특성의 변화로써 감지될 수 있다. 이러한 형태의 압력계는 압력의 변동을 측정하는데 매우 유용하며, 와이어 스트레인 계측기를 이용하는 두 가지 형태의 압력 변환기가 그림 3.17에 나와 있다.

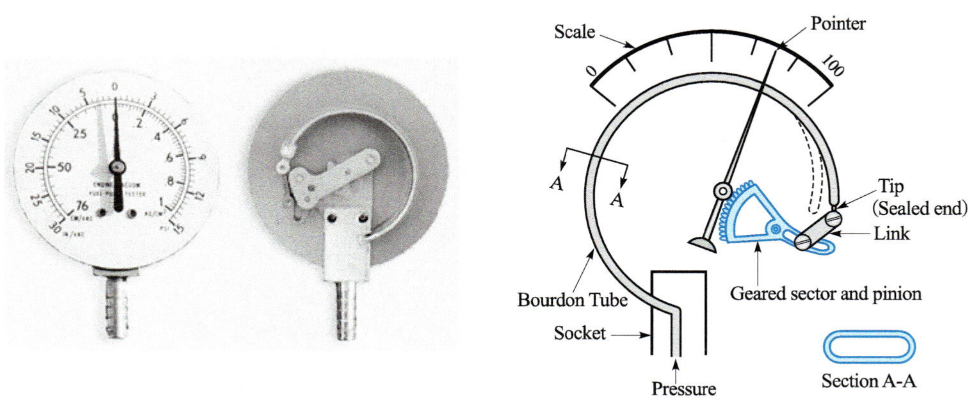

그림 3.14 부르돈 튜브(bourdon tube) 압력계

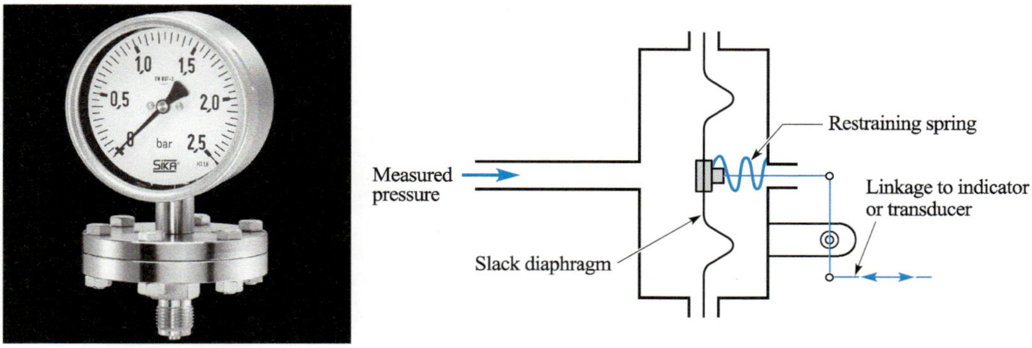

그림 3.15 다이아프램(diaphragm) 압력계

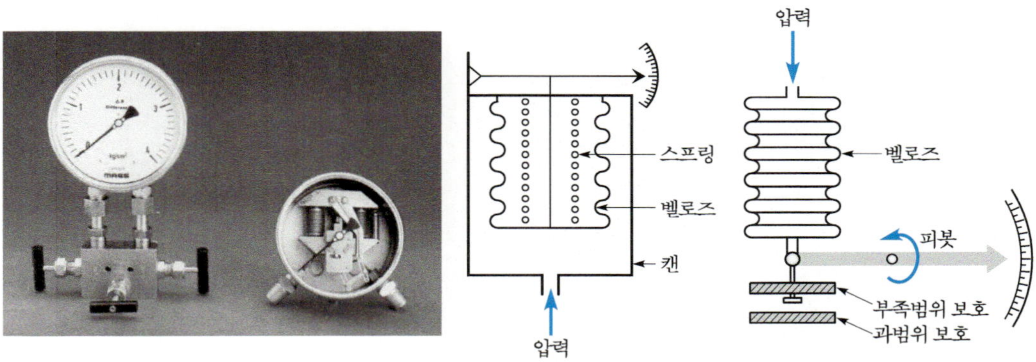

그림 3.16 벨로즈(bellows) 압력계

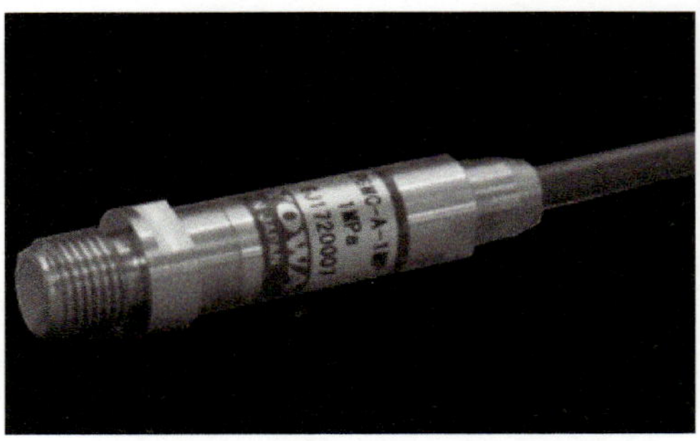

(a) PGM-C

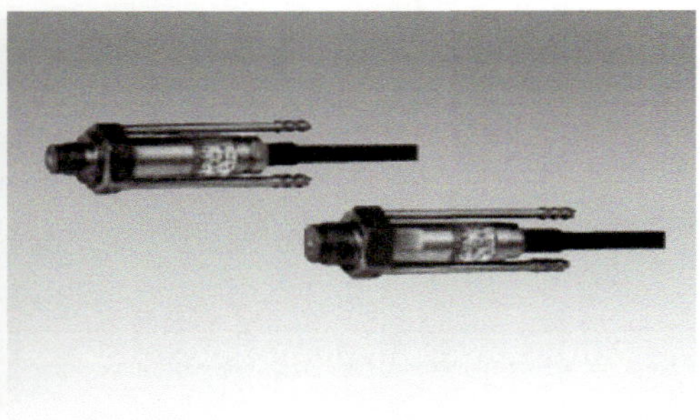

(b) PE-J, P

그림 3.17 와이어 스트레인 계측기를 이용한 압력 변환기

3.2 수중의 평면에 작용하는 힘

그림 3.18과 같이 댐의 벽체, 댐의 수문 그리고 수조의 벽과 같이 **수압**(water pressure, 물의 압력)을 받고 있는 벽 전체에 작용하는 힘과 댐의 수문을 열기 위해 필요한 힘 그리고 내부 압력을 받고 있는 원통형 용기를 개방하기 위해 필요한 힘의 크기와 작용 위치를 결정하는 것은 이와 관련된 수공구조물을 설계하는데 있어 가장 기본이 되는 요소이다.

(a) 댐 벽체 (b) 댐 수문 (c) 수조

그림 3.18 수중의 평면에 작용하는 힘에 대한 예

3.2.1 댐의 벽체 또는 수문에 작용하는 힘

그림 3.19와 같이 댐 저수지 수면과 각 θ만큼 경사진 댐 벽체에 작용하는 수압에 의한 힘 F를 산정하는 방법에 대해 알아보자. 대기압을 고려하지 않는 경우 수면에 작용하는 압력 $p_{atm}=0$이 된다. 미소면적 dA에 작용하는 힘 dF는 $\rho ghdA=\rho gy\sin\theta dA$이다. 따라서 수중의 댐 벽체에 작용하는 힘 F는 다음과 같다:

$$F=\int_A dP=\rho g\sin\theta\int_A ydA$$

물과 접하고 있는 댐 벽체의 면적 A의 **도심**(centroid)[12]은 G이며, 수면에서부터 도심 G까지의 수심은 h_G 그리고 댐 벽체의 경사를 고려할 때 댐 벽체의 면적 A의 상부변에서부터 도심 G까지의 길이는 $y_G=h_G/\sin\theta$가 된다. 댐 벽체의 미소면적 dA에 작용하는 힘

12) 어떤 물체의 재질이 균일하고 두께가 일정한 형상을 가지고 있다면, 무게는 단위중량×부피가 된다. 부피는 다시 면적×두께가 되며, 두께가 일정하다면 무게 중심의 위치는 두께의 절반이 되는 면 어디인가에 위치한다. 따라서 두께 방향으로의 위치는 고려할 필요가 없고, 단지 면적에서 중심이 되는 위치만 고려하면 되며, 이를 면적의 중심 또는 도심이라고 한다.

은 다음과 같이 표현된다:

$$dF = pdA = \rho ghdA = \rho gy\sin\theta dA \tag{3.29}$$

식 (3.29)를 적분하면 다음과 같다:

$$F = \int_A \rho gy\sin\theta dA = \rho g\sin\theta \int_A ydA \tag{3.30}$$

식 (3.30)에서 $\int_A ydA = Ay_G$가 되며, 단면 1차 모멘트가 된다. 따라서 식 (3.30)을 정리하면 다음과 같은 식이 얻어진다:

$$F = \rho g\sin\theta y_G A = \rho gh_G A = \gamma h_G A \tag{3.31}$$

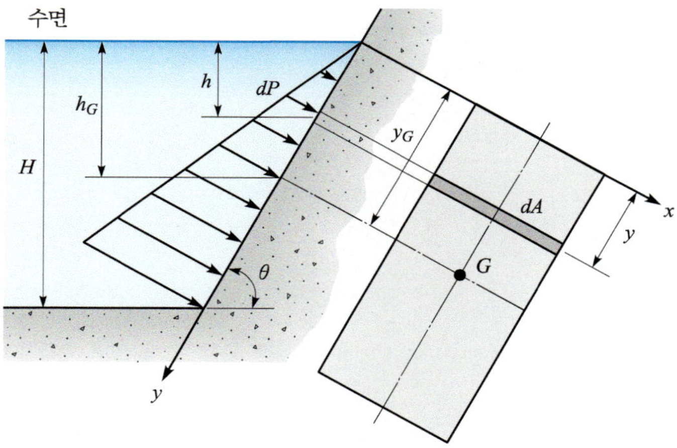

그림 3.19 댐 벽체에 작용하는 힘

그림 3.20과 같이 직사각형 댐 수문이 수직으로 설치되어 있으며, 수문 힌지가 저수지 수면과 동일선상에 있는 경우 수문을 회전시키기 위해 필요한 힘의 크기는 얼마나 되는지 알아보자. 수문의 미소면적 dA에 작용하는 힘 dF는 다음과 같다:

$$dF = \rho gydA \tag{3.32}$$

식 (3.32)를 적분하면 식 (3.31)과 동일한 식이 된다:

$$F = \rho gy_G A = \rho gh_G A = \gamma h_G A \tag{3.33}$$

또한 x 축에 대해 발생되는 힘의 모멘트 dM은 다음과 같다:

$$dM = \rho gydA \times y = \rho gy^2 dA \tag{3.34}$$

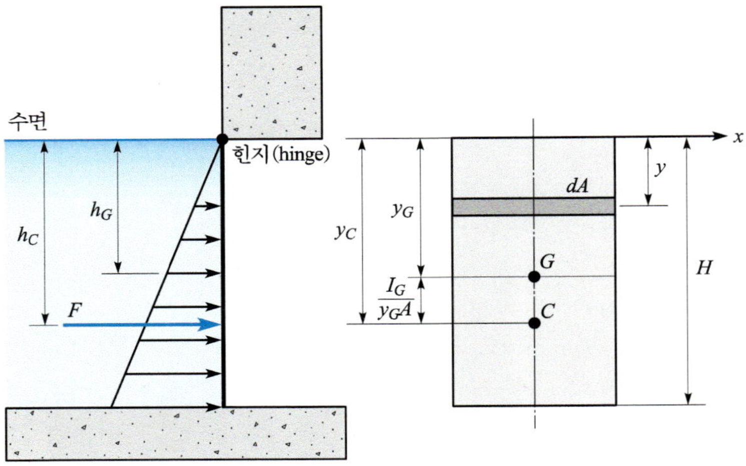

그림 3.20 댐 수문에 작용하는 힘과 작용 위치(수문 힌지가 수면과 동일한 선상에 있는 경우)

식 (3.34)를 적분하면 수문 전체에 대해 발생되는 모멘트 M이 얻어지며, 다음과 같이 표현된다:

$$M = \int \rho g y^2 dA = \rho g \int y^2 dA = \rho g I_x \tag{3.35}$$

여기서 $\int y^2 dA$는 x 축에 대한 **단면 2차 모멘트** I_x이다.

힘 F의 작용점은 식 (3.35)와 같이 수문 전체에 작용하는 모멘트 M과 같은 모멘트를 생성하는 위치에 해당된다. C의 위치를 y_C라 하면,

$$F \cdot y_C = \rho g I_x \tag{3.36}$$

또한 x 축과 평행하고 도심 G를 지나가는 축에 대한 단면 2차 모멘트를 I_G와 I_x에 대한 관계는 **평행축 원리**[13]에 따라 다음과 같은 식으로 표현된다:

$$I_x = I_G + A y_G^2 \tag{3.37}$$

13) 평행축 정리(parallel axis theorem): 물체의 무게중심을 회전축으로 할 때를 관성 모멘트 I_{cm}이라고 할 때, 무게중심에서 거리 d 만큼 평행하게 이동한 축으로 회전할 때의 관성 모멘트를 I라 하면 다음과 같은 식이 성립된다:
$I = I_{cm} + md^2$
이것을 관성 모멘트의 평행축 정리하고 한다.

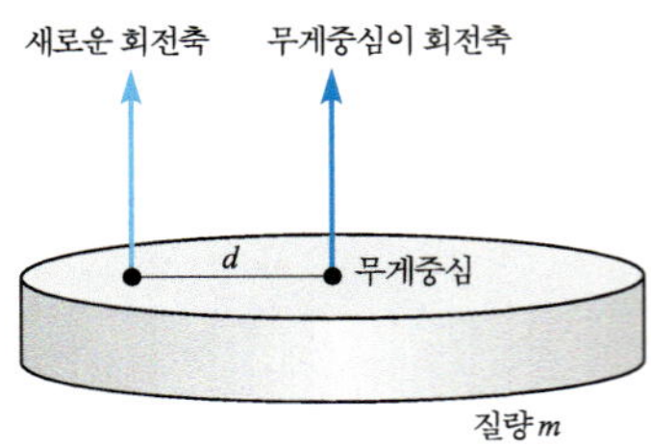

직사각형과 원형 평판에 대한 단면 2차 모멘트 I_G에 대한 식이 그림 3.21에 나와 있다.

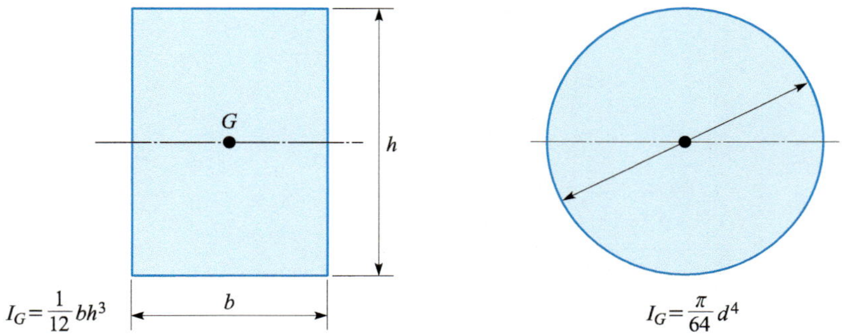

그림 3.21 직사각형과 원형 평판에 대한 단면 2차 모멘트 I_G

식 (3.37)을 식 (3.36)에 대입하여 작용점 y_C에 대한 정리하면 다음과 같은 식이 얻어진다:

$$y_C = y_G + \frac{I_G}{Ay_G} \tag{3.38}$$

직사각형 평판과 원형 평판 각각에 대해 작용점 y_C는 다음과 같이 표현된다:

$$y_C = y_G + \frac{h^2}{12y_G} \quad \text{(직사각형 평판의 경우)} \tag{3.39}$$

$$y_C = y_G + \frac{16}{d^2 y_G} \quad \text{(원형 평판의 경우)} \tag{3.40}$$

식 (3.39)로부터 힘 F의 작용점은 직사각형 형태의 댐 수문인 경우 도심 G보다 $h^2/12y_G$ 만큼 더 깊은 곳에 위치한다는 것을 알 수 있다.

댐 수문 힌지가 그림 3.22와 같이 완전히 수중에 위치하고 있는 경우 수문을 회전시키기 위해 필요한 힘 F의 작용점 y_C의 위치는 다음과 같은 식을 통해 결정될 수 있다:

$$y_C = y_G + \frac{h^2}{12h_G} \tag{3.41}$$

여기서, h_G는 수심 h_1에서부터 수문이 완전히 수중에 위치하고 있는 것을 고려하기 위해 식 (3.41)의 우변 두 번째항에 있는 y_G를 대체시킨 것이다.

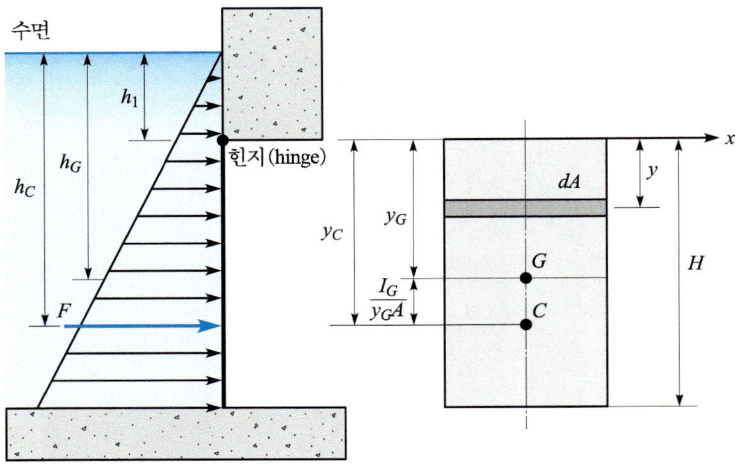

그림 3.22 댐 수문에 작용하는 힘과 작용 위치(수문 힌지가 완전히 수중에 있을 경우)

예제 3.8

다음의 그림에서 폭이 2 m인 직사각형 수로에 설치된 수문에 작용하는 힘과 작용점을 구하라. 단, 물의 단위중량 $\gamma = 1\ t/m^3$이다.

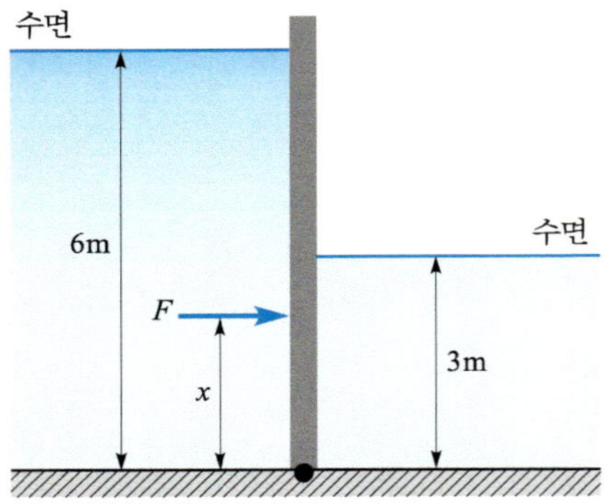

예제 3.8

[풀이]

1) 수문의 좌측에 작용하는 힘과 작용점은 식 (3.33)와 (3.39)를 이용하여 계산한다.

$$F_l = \gamma y_{Gl} A_l = 1\,t/m^3 \times 6\,m/2 \times (6\,m \times 2\,m) = 36\,t$$

$$y_{cl} = y_{Gl} + \frac{h_l^2}{12 y_{Gl}} = \frac{6\,m}{2} + \frac{(6\,m)^2}{12(6\,m/2)} = 4\,m$$

2) 수문의 우측에 작용하는 힘과 작용점

$$F_r = \gamma y_{Gr} A_r = 1\,t/m^3 \times 3\,m/2 \times (3\,m \times 2\,m) = 9\,t$$

$$y_{cr} = y_{Gr} + \frac{h_r^2}{12 y_{Gr}} = \frac{3\,m}{2} + \frac{(3\,m)^2}{12(3\,m/2)} = 2\,m$$

3) 수문에 작용하는 총힘과 작용점

$F = F_l - F_r = 36t - 9t = 27t$

$F \times x = F_l \times 2 - F_2 \times 1 \Rightarrow 27t \times x = 36 \times 2 - 9 \ \therefore x = 2.33m$

예제 3.9

다음의 그림에서 댐의 폭이 30.5 m이며, 수심 H가 8 m이다. 댐의 경사 $\theta = 60°$일 때 물에 의해 댐에 가해지는 힘과 작용점을 계산하라. 단, 물의 단위중량 $\gamma = 1 \ t/m^3$이다.

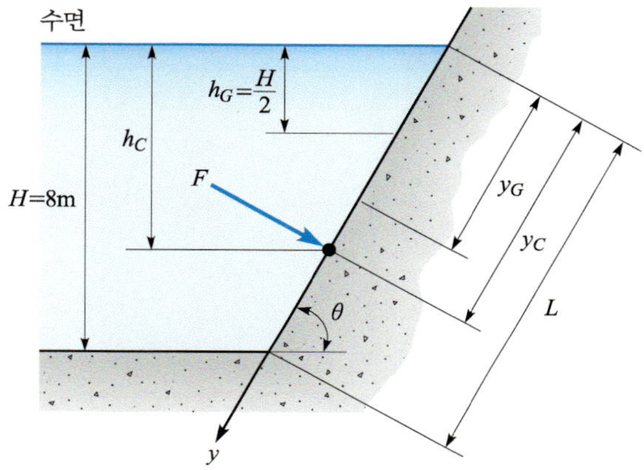

예제 3.9

[풀이]

댐의 경사 $\theta = 60°$이므로 댐 경사면의 길이 $L = H/\sin\theta = 8m/\sin 60^o = 9.24m$이다.

따라서 물이 영향을 미치는 면적 $A = 9.24m \times 30.5m = 281.8m^2$이다.

댐에 작용하는 힘 F는 식 (3.33)를 이용하여 계산할 수 있으며,

$F = \gamma h_G A = (1/2)\gamma HA = 1/2 \times 1 \ t/m^3 \times 8m \times 281.8m^2 = 1{,}127.2t$이다.

또한 힘의 작용점 $h_C = h_G + H^2/12h_G$를 이용하며,

$h_C = 8m/2 + (8m)^2/[12 \times (8m)/2] = 5.33m$이다.

이 작용점의 위치는 수면으로부터 수심 H의 2/3 지점에 해당된다.

3.2.2 내부 관성압력을 받고 있는 원통의 안정성

그림 3.23(a)에서처럼 내부 압력 즉 **관성압력**(inertial pressure)이 외부방향으로 작용하는 두께가 얇은 원통을 길이방향으로 절개하기 위해 필요한 힘은 어떻게 결정되는지 알아보자. 먼저 그림 3.23(b)에서처럼 직경이 D이고, 길이가 l인 원통 내부에 관성압력 p가 작용한다고 가정하며, 원통이 대칭이므로 길이방향으로 절반이 잘려진 단면만을 고려하자.

가정된 $ABCD$ 단면에 작용하는 힘은 pDl이 되며, 원통 내벽에 외부방향으로 작용하는 x 방향에서의 힘과 균형을 이루고 있다. 이것은 곡면에 작용하는 x 방향으로 작용하는 관성 압력에 의해 발생되는 힘은 pDl과 동일하며, 이 동일한 힘이 곡면의 투영된 면적((ABCD) 에 작용하기 때문이다. 또한 이러한 관성압력에 의해 발생되는 힘은 인장력 $2Tl$(인장력 T는 BC와 AD선을 따라 길이방향으로 원통을 절개하기 위해 필요한 원통 내벽의 단위 길이 당 힘)과 균형을 이루고 있으며, 다음과 같이 표현될 수 있다:

$$2Tl = pDl$$

또는

$$T = pD/2 \tag{3.42}$$

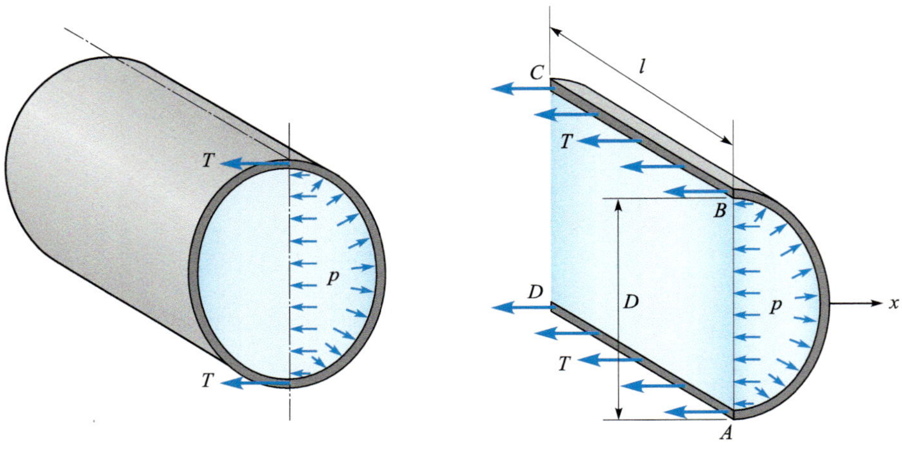

그림 3.23 관성 압력이 작용하는 원통

인장력 T에 의해 발생되는 인장응력이 허용응력보다 작다면, 원통의 안정성이 확보된다. 이러한 원리를 이용하여 얇은 벽으로 구성된 **압력탱크**[14](pressure tank)가 설계된다. 그림 3.24는 압력탱크가 설치된 예를 나타낸 것이다.

14) 압력탱크는 펌프의 배출관 말단에 연결한 밀폐탱크로 탱크 상부를 공기로 채워 가압상태로 물을 저장하며, 펌프 정지 시에도 물이 탱크에서 공급 가능하고 압력에 따라 펌프의 on-off 제어를 할 수 있는 탱크이다.

그림 3.24 압력탱크 설치 예

3-3 수중의 곡면에 작용하는 힘

3.2절에서 유도된 힘의 크기와 위치를 결정하는 식은 평면일 경우에만 적용된다. 그러나 댐, 관로 및 수조 등을 구성하는 면들 중 많은 부분이 평면이 아닌 곡면으로 이루어져 있다. 그림 3.25(a)는 개방형 수조의 한 부분을 나타낸 것으로 바닥과 측벽이 연결된 곡면 BC에 작용하는 힘과 작용점의 위치를 알아보자. 먼저 곡면 BC, 수평면 AB 그리고 수직면 AC에 의해 경계를 이루는 유체의 체적을 분리한다. 분리된 체적에 작용하는 힘의 관계에 대한 자유도가 그림 3.25(b)에 나와 있다. 수면부터 수평면 AB까지의 물기둥에 의한 수직력 F_1과 수직면 AC에 작용하는 수평력 F_2의 크기와 위치는 3.2절의 평면에 작용하는 힘의 관계를 통해 결정될 수 있다. 유체의 무게 W는 단순히 유체의 단위중량과 체적을 곱함으로써 구해지며, 질량의 중심인 G를 통과하면서 작용한다. 수평반력 R_H와 수직반력 R_V는 수조가 유체에 작용하는 힘이다.

그림 3.25(b)에서처럼 분리된 유체의 체적에 작용하는 힘들이 평형 상태를 유지하기 위해서는 수평반력 R_H는 수평력 F_2와 동일한 크기 및 동일 선상에 있어야하며, 수직반력 R_V는 수직 력 F_1 및 유체의 무게 W와의 합과 동일한 크기 및 동일 선상에 있어야 한다. 이들 관계를 식으로 나타내면 다음과 같다:

$$R_H = F_2 \tag{3.43}$$

$$R_V = F_1 + W \tag{3.44}$$

수평반력 R_H와 수직반력 R_V의 합력과 방향은 다음과 같은 식을 통해 계산된다:

$$R = \sqrt{R_h^2 + R_V^2}, \quad \theta = \frac{R_V}{R_H} \tag{3.45}$$

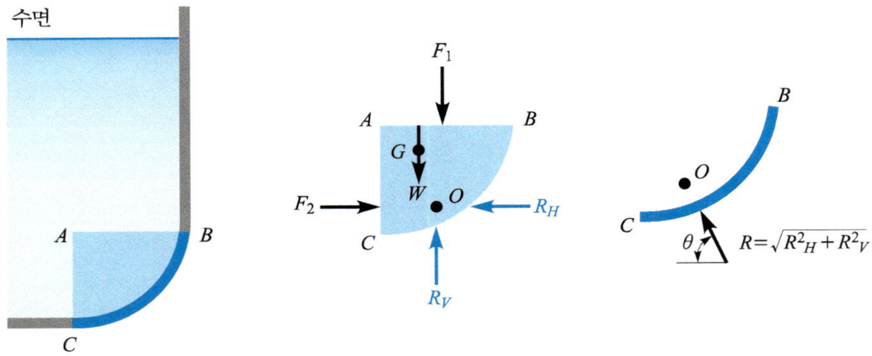

그림 3.25 곡면에 작용하는 힘

예제 3.10

아래의 그림과 같이 길이가 1 m 그리고 반지름 r이 1 m인 원형관에 정확히 절반까지 물이 채워져 흐를 때, 호 BC에 작용하는 합력의 크기와 방향, 작용점을 구하라. 단, 물의 단위중량 $\gamma = 9{,}810\,N/m^3$이다.

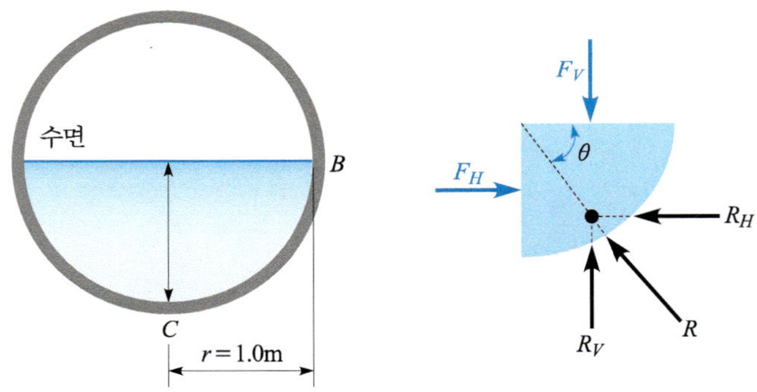

예제 3.10

[풀이]

수평으로 작용하는 힘 $F_H = \gamma h_G A = 9{,}810\,N/m^3 \times (1\,m)/2 \times (1\,m \times 1\,m) = 4{,}905.0\,N$이며,

수직으로 작용하는 힘 $F_V = \gamma V = 9{,}810\,N/m^3 \times (\pi/4 \times 1\,m^2) = 7{,}704.7\,N$이다.

$F_H = R_H$ 그리고 $F_V = R_V$이므로,

합력 $R = \sqrt{R_H^2 + R_V^2} = \sqrt{(4{,}905.0\,N)^2 + (7{,}704.7\,N)^2} = 9{,}133.5\,N$이다. 그리고

작용점 $\theta = \tan^{-1}(R_V/R_H) = \tan^{-1}(4905.0\,N/7{,}704.7N) = 57.5°$ 이다.

3.4 부력: 아르키메데스[15]의 원리

그림 3.26(a)와 같이 유체 내에 잠겨져 있거나 그림 3.26(b)와 같이 부분적으로 떠 있는 물체는 유체와 접촉한 모든 표면에서 압력을 받는다. 물체의 좌측방향과 우측방향에서 작용하는 압력은 서로 상쇄되므로 압력은 수직 상방향으로만 작용한다. 공기의 부력은 유체 내 잠겨져 있는 물체의 무게에 비해 매우 작으므로 무시될 수 있다.

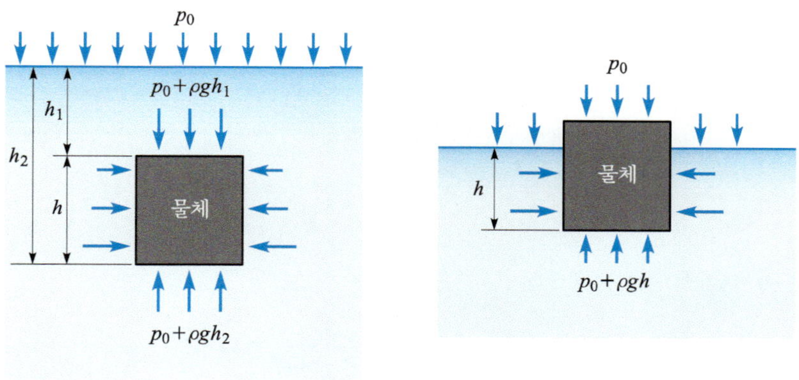

(a) (b)

그림 3.26 (a) 유체 내 잠겨있는 물체 그리고 (b) 유체 중에 부분적으로 떠 있는 물체

그림 3.26(a)에서처럼 정육면체 형태의 물체가 밀도 ρ인 유체 내에 잠겨져 있다고 가정하자. 수평방향으로 물체에 작용하는 압력은 좌우 균형을 이루므로 상쇄된다. 수면 위에 작용하는 대기압은 p_0라 하고, 유체 내 물체의 상부 표면적 A에 작용하는 힘 F_1은 다음과 같은 식으로 표현된다:

$$F_1 = (p_0 + \rho g h_1)A \tag{3.46}$$

15) Archimedes. BC 287-212: 고대 그리스에서 가장 위대한 수학자, 물리학자 및 공학기술자이자 유명한 '아르키메데스 원리'를 발견하였다. 아르키메데스는 천문학자인 그의 아버지로부터 교육을 받았으며, 어렸을 때부터 천문학에 매우 관심이 많았다. 그는 수력(hydropower)과 스크류 펌프에 의해 회전하는 플라네타륨(planetarium: 천체의 운동을 설명하기 위하여 둥근 천장에 달, 태양, 항성, 행성 등의 위치와 운동 모양을 투영하는 장치)을 발명했다. 또한 그는 고체역학과 유체역학에 관한 연구뿐만 아니라 무게 중심 및 부력에 대한 연구를 수행하였다. 아르키메데스는 이론과 실험 모두에서 뛰어난 재능을 가진 과학자 중 한 명이다.

물체의 하부 표면적에 작용하는 힘 F_2는 다음과 같다:

$$F_2 = (p_0 + \rho g h_2)A \tag{3.47}$$

따라서 유체 내에 잠겨져 있는 물체의 체적을 V라 할 때, 잠겨진 물체의 전체표면에 작용하는 압력으로부터의 힘, 즉 **부력** F_b는 다음과 같다:

$$F_b = F_2 - F_1 = \rho g(h_2 - h_1)A = \rho g h A = \rho g V \tag{3.48}$$

그림 3.26(b)에서처럼 정육면체 형태의 물체가 부분적으로 유체 위에 떠 있는 경우에 대해서도 앞에서와 동일한 방법이 적용된다. 식 (3.46)으로부터 유체 내의 물체는 물체에 의해 배제된 유체의 무게와 동일한 부력을 받는다. 이러한 현상을 **아르키메데스**(Archimedes) **의 원리**로서 알려져 있으며, 배제된 유체의 중심을 **부력의 중심** 또는 **부심**(center of buoyancy) C이라 하며, 부력의 작용점에 해당된다.

예제 3.11

왕으로부터 왕관이 순금인지를 판별해 달라는 요청을 받은 아르키메데스는 이 문제를 해결하기 위해 왕관의 무게를 공기 중과 물속에서 각각 측정했다. 이때 공기 중에서는 7.84 N이었고 물속에서는 6.84 N이었다. 왕관이 순금인지 아닌지를 아르키메데스의 원리를 이용하여 판별하라. 참고로 순금으로된 왕관의 밀도는 $19{,}300\,kg/m^3$이다.

[풀이]

식 (3.48)을 이용하여 부력 F_b를 구하면 $F_b = F_{air} - F_{water} = 7.84\,N - 6.84\,N = 1.0\,N$이다.

판별에 사용된 왕관에 작용한 부력 $F_b = \rho_{water} V_{crown} g$이며,

왕관의 밀도 $\rho_{crown} = m_{crown}/V_{crown}$이며, 분모와 분자에 각각 중력가속도 g와 물의 밀도 ρ_{water}를 곱하면 $\rho_{crown} = (m_{crown} g \rho_{water})/(V_{crown} g \rho_{water}) = m_{crown} g \rho_{water}/F_b$가 된다.

따라서 왕관의 밀도 $\rho_{crown} = (7.84\,N \times 1{,}000\,kg/m^3)/1.0\,N = 7{,}840\,kg/m^3$이므로

순금 왕관의 밀도보다 작으므로 판별에 사용된 왕관은 순금이 아니다.

다음으로 선박의 안정성에 대해 알아보자. 그림 3.27(a)는 바다 위에서 기울어진 선박의 실제 모습이며, 3.27(b)는 각 θ로 기울어져 수면에 떠 있는 무게 W를 가진 선박의 단면을 나타낸 것이다. 도심 G의 위치는 선박이 경사진다 하더라도 변하지 않는다. 그러나 부심 C는 선박이 θ만큼 경사짐에 따라 새로운 점 C'으로 이동하기 때문에 한 쌍의 모멘트 즉, $W \times s$ 와 $F_b \times s$가 발생된다. 만약 $W \times s = F_b \times s$가 될 경우 선박은 안정적으로 복원되며, $W \times s$를 **복원모멘트**(restoring moment)라 한다.

(a)

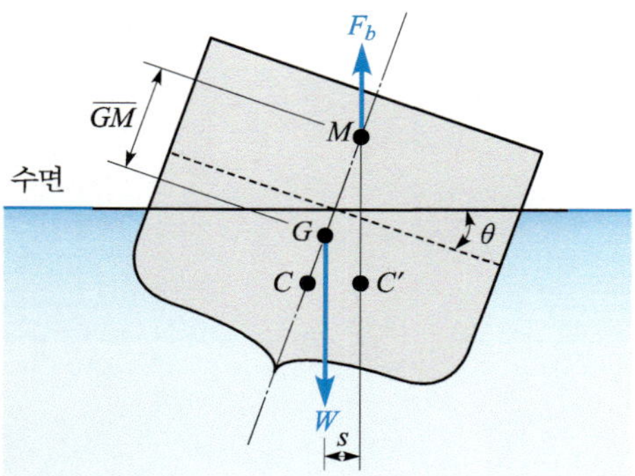

(b)

그림 3.27 (a) 기울어진 실제 선박 그리고 (b) 기울어진 선박의 단면

이동된 부심 C'을 통과하는 수직선(부력 F_b의 작용선)과 선박의 중심선을 통과하는 교차점 M을 **경심**(metacenter)이라 하며, $\overline{GM}$을 **경심고**(metacentric height)[16]라 한다. 그림 3.27(b)에서처럼 만약 경심 M이 도심 G보다 높은 지점에 위치해 있다면, 선박을 안정시키기 위해 복원력이 작용한다. 그러나 만약 경심 M이 도심 G보다 낮은 지점에 위치해 있다면, 선박은 불안정한 상태에 놓이게 된다. 그림 3.28은 도심 G의 위치에 따른 선박의 상태를 나타낸 것이다.

바다 위를 항해하는 선박과 같은 부체의 안정성은 다음과 같은 식을 통해 결정될 수 있다:

$$\overline{GM} = \frac{I_G}{V'} - \overline{GC} \tag{3.49}$$

16) 실제 선박의 경심고는 얼마나 될까? 전함의 경우 경심고는 대략 0.8~1.2 m이며, 요트는 1.0~1.4 m 그리고 대형 여객선은 0.3~0.7 m이다. 이러한 선박들이 바다를 항해할 때 파의 주기는 12~13 초가 된다.

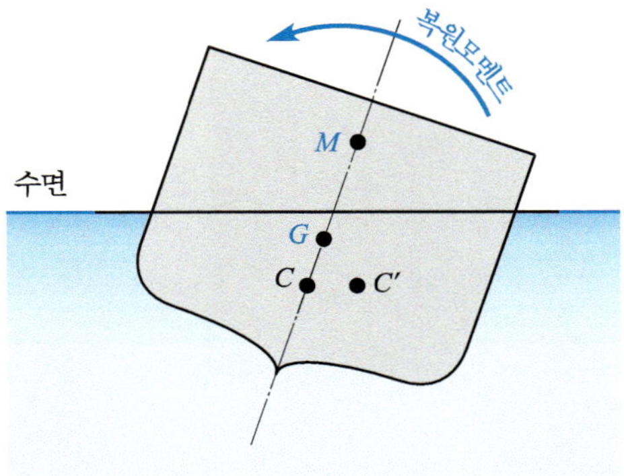

(a) 안정상태

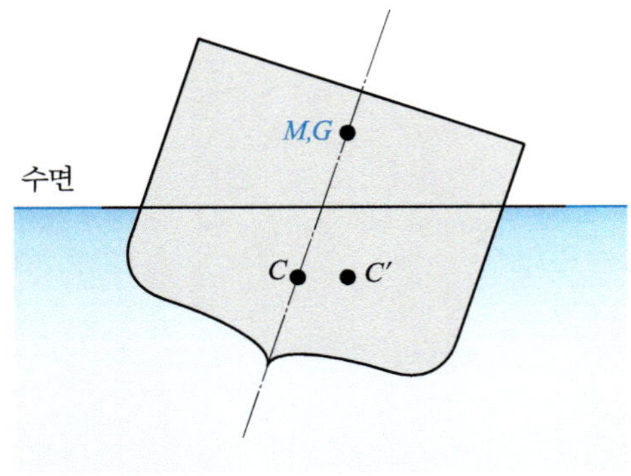

(b) 중립상태

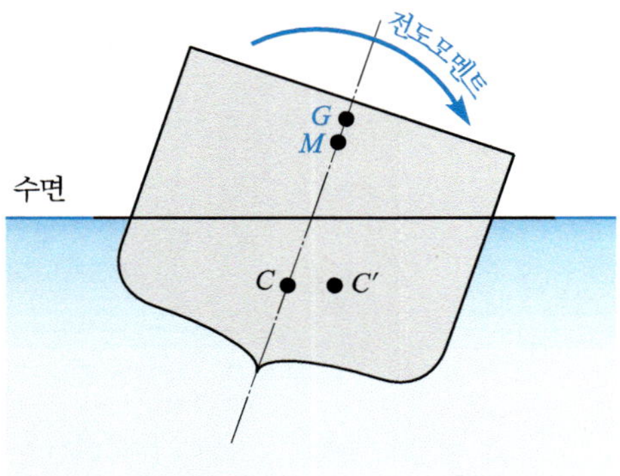

(c) 불안정상태

그림 3.28 도심 G의 위치에 따른 선박의 상태

여기서, $\overline{GM}$은 경심고, I_G는 부양면의 축(직육면체일 경우 장축 또는 단축 그리고 구형일 경우 지름축)에 대한 단면 2차 모멘트(그림 3.29 참조), V'은 배제된 유체의 부피 그리고 $\overline{GC}$는 도심 G와 부체가 기울어지기 전의 부심 C를 연결한 선이다.

식 (3.49)을 통한 경심고 $\overline{GM}$의 계산 결과에 따라 부체의 안정성 판단은 다음과 같다:

$$\text{안 정: } \overline{GM} > 0, \frac{I_G}{V'} > \overline{GC}$$

$$\text{중 립: } \overline{GM} = 0, \frac{I_G}{V'} = \overline{GC}$$

$$\text{불안정: } \overline{GM} < 0, \frac{I_G}{V'} < \overline{GC}$$

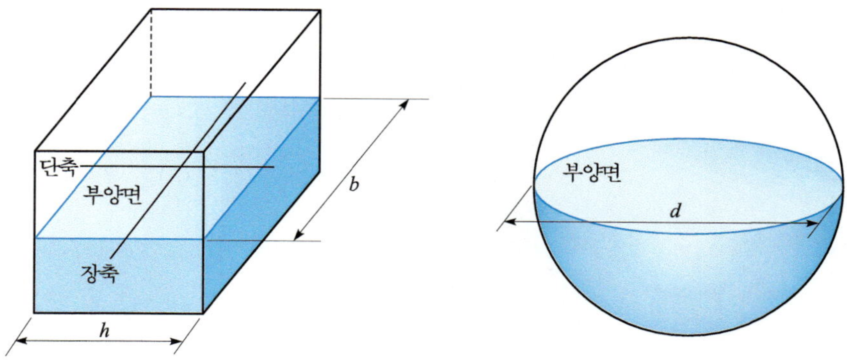

(a) 직육면체 (장축: $I_G = bh^3/12$, 단축: $I_G = hb^3/12$) (b) 구 (지름축: $I_G = \pi d^2/64$)

그림 3.29 부양면 형태에 따른 단면 2차 모멘트

예제 3.12

그림 3.29(a)에서 가로 $b = 6\ m$, 세로 $h = 3\ m$ 그리고 높이 3 m의 박스 케이슨의 무게가 25 ton이다. 케이슨의 흘수 d를 구하고 가로 및 세로 방향의 안정성을 판단하라. 단, $1\,ton = 1{,}000\,kgf$이다.

[풀이]

흘수를 구하기 위해 케이슨의 공기 중 무게 W_C와 부력 F_{bc}가 같다는 조건 즉, $W_c = F_{bc}$를 이용하면 $25{,}000\,kgf = 1{,}000\,kgf/m^3 \times 3\,m \times 6\,m \times d$이다. 따라서 흘수 $d = 1.39\,m$이다.

장축(=가로축)에 대한 케이슨의 도심 G는 $3\,m/2 = 1.5\,m$이며, 부심 C는 $1.39\,m/2 = 0.695\,m$이다.

따라서 도심 G와 부심 C 사이의 거리 $\overline{GC} = 0.805\,m$이며, 경심고 $\overline{GM} = I_G/V' - \overline{GC}$

$= [(6\,m \times (3\,m)^3)/12]/(6\,m \times 3\,m \times 1.39\,m) - 0.805\,m = -0.264\,m$이므로

장축에 대해서는 불안정하다. 동일한 계산법으로 단축에 대해 안정성을 검토하면

$\overline{GM} = I_G/V' - \overline{GC} = [(3\,m \times (6\,m)^3)/12]/(6\,m \times 3\,m \times 1.39\,m) - 0.805\,m = 1.353\,m$이므로

안정하다.

3.5 상대적 정지 평형(relatively stationary equilibrium)

가솔린과 디젤 등과 같은 유체들은 그림 3.30(a)에서처럼 탱커(tanker) 트럭 등을 통해 운반된다. 그림 3.30(b)에서처럼 가속 중에 있는 탱커 내에서 유체는 뒤로 밀려나며, 초기에 물보라와 같은 스플래쉬(splash) 현상이 발생된다. 그러나 어느 정도 시간이 지난 후 등가속도가 유지되면 탱커 내에 수평이 아닌 새로운 자유 수면이 형성되며, 유체를 구성하는 각각의 입자는 등가속도를 가지게 된다. 또한 등가속도로 이동하는 유체 내 인접 유체 층 사이에는 상대운동이 없으므로 전단응력이 작용하지 않으며, 이는 고체가 이동할 경우에도 마찬가지로 전단응력이 발생되지 않기 때문에 이러한 상태에 있는 유체는 **강체**(rigid body)처럼 거동한다고 할 수 있다.

(a)

(b)

그림 3.30 (a) 탱커 트럭과 (b) 가속 중인 탱커 내에서의 유체의 유동

3.5.1 등압면 방정식

그림 3.31과 같이 x, y 그리고 z 방향으로 변의 길이가 각각 dx, dy 그리고 dz를 가지는 직육면체 형태의 미소유체체적을 고려하자. 미소유체체적이 강체와 같은 거동을 한다고 가정하면, 식 (3.50)과 같이 뉴튼의 제2법칙인 운동법칙을 적용할 수 있다:

$$dF = dm \cdot a \tag{3.50}$$

여기서, $dm = \rho dV = \rho dxdydz$는 미소유체의 질량이며, a는 가속도 그리고 dF는 미소유체에 작용하는 힘이다.

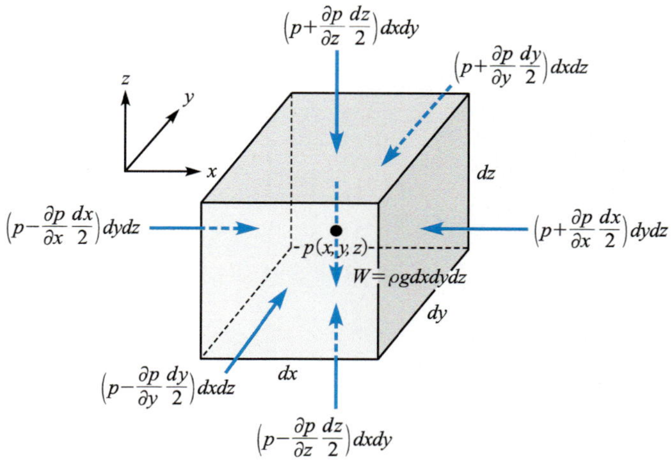

그림 3.31 미소유체체적에 작용하는 표면력과 물체력

미소유체체적에 작용하는 힘은 **체적력**(body force)과 **표면력**(surface force)로 구성된다. 체적력은 중력이나 전자기력과 같이 미소유체체적을 구성하는 모든 유체의 질량에 분포된 힘을 의미하며, 표면력은 미소유체체적의 표면에 작용하는 모든 외력을 의미한다. 그림 3.31에서처럼 미소유체체적 중심에서의 압력을 p라고 하면 미소유체체적 상부표면과 하부표면에 작용하는 압력은 각각 다음과 같다:

$$\text{상부표면: } p+\frac{\partial p}{\partial z}\frac{dz}{2}$$

$$\text{하부표면: } p-\frac{\partial p}{\partial z}\frac{dz}{2}$$

각각의 표면에 작용하는 힘은 압력과 표면적과의 곱이 된다. z 방향으로 미소유체체적에 작용하는 **순표면력**(net surface force) dF_S는 상부표면과 하부표면에 작용하는 힘들의 차이며, 다음과 같이 표현된다:

$$dF_{S,z}=\left(p-\frac{\partial p}{\partial z}\frac{dz}{2}\right)dxdy-\left(p+\frac{\partial p}{\partial z}\frac{dz}{2}\right)dxdy=-\frac{\partial p}{\partial z}dxdydz \tag{3.51}$$

마찬가지 방법으로 x 방향과 y 방향으로 미소유체체적에 작용하는 순표면력은 각각 다음과 같다:

$$dF_{S,x}=\left(p-\frac{\partial p}{\partial x}\frac{dx}{2}\right)dydz-\left(p+\frac{\partial p}{\partial x}\frac{dx}{2}\right)dydz=-\frac{\partial p}{\partial x}dxdydz \tag{3.52}$$

$$dF_{S,y} = \left(p - \frac{\partial p}{\partial y}\frac{dy}{2}\right)dxdz - \left(p + \frac{\partial p}{\partial y}\frac{dy}{2}\right)dxdz = -\frac{\partial p}{\partial y}dxdydz \tag{3.53}$$

미소유체체적에 작용하는 체적력 dF_B는 단지 지구 중심방향인 음의 z 방향으로만 작용하며, 다음과 같은 식으로 표현된다:

$$dF_{B,z} = -gdm = -\rho gdxdydz \tag{3.54}$$

결국 미소유체체적에 작용하는 총힘 dF은 순표면력 dF_S와 체적력 dF_B와의 합이면 다음과 같다:

$$\begin{aligned} dF &= dF_S + dF_B \\ &= -\left(\frac{\partial p}{\partial x} + \frac{\partial p}{\partial y} + \frac{\partial p}{\partial z}\right)dxdydz - \rho gdxdydz \\ &= -\left(\frac{\partial p}{\partial x} + \frac{\partial p}{\partial y} + \frac{\partial p}{\partial z} + \rho g\right)dxdydz \end{aligned} \tag{3.55}$$

식 (3.55)를 식 (3.50)에 대입하면 다음과 같다:

$$dF = dm \cdot a = \rho dxdydz \cdot a = -\left(\frac{\partial p}{\partial x} + \frac{\partial p}{\partial y} + \frac{\partial p}{\partial z} + \rho g\right)dxdydz$$

위의 식을 정리하면,

$$\frac{\partial p}{\partial x} + \frac{\partial p}{\partial y} + \frac{\partial p}{\partial z} + \rho g = -\rho a \tag{3.56}$$

식 (3.56)을 유체의 **등압면 방정식**(equi-pressure equation)이라 하며, x, y 그리고 z 방향으로 등가속 상태에 있는 유체의 등압면 방정식은 다음과 같다:

$$x \text{ 방향에 대해 } \frac{\partial p}{\partial x} = -\rho a_x, \quad g = 0 \tag{3.57}$$

$$y \text{ 방향에 대해 } \frac{\partial p}{\partial y} = -\rho a_y, \quad g = 0 \tag{3.58}$$

$$z \text{ 방향에 대해 } \frac{\partial p}{\partial z} = -\rho(g + a_z) \tag{3.59}$$

여기서, a_x, a_y 그리고 a_z는 각각 x, y 그리고 z 방향으로의 가속도이다.

3.5.2 등압면 방정식의 적용: 정지 상태에 있는 유체

정지 상태에 있거나 등속도로 직선 경로를 따라 이동하는 유체의 경우 모든 방향에서 가속도는 0, 즉, $a_x = a_y = a_z = 0$이 되며, 이를 식 (3.57)~(3.59)에 적용하면 다음과 같다:

$$\frac{\partial p}{\partial x} = 0, \qquad \frac{\partial p}{\partial y} = 0, \qquad \frac{\partial p}{\partial z} = -\rho g \tag{3.60}$$

식 (3.60)으로부터 정지 상태의 유체의 경우 압력은 x와 y 방향으로는 일정(압력 p는 x와 y 방향에 대해 독립적이다.)하며, 단지 중력의 영향으로 인해 수직 방향에 대해서만 변화된다($p = p(z)$). 이러한 관계는 압축성 그리고 비압축성 유체에 동일하게 적용이 가능하다.

3.5.3 등압면 방정식의 응용 : 수직 상승 또는 수직 하강 중인 유체

그림 3.32에서와 같이 수직 하강(자유 낙하) 중인 유체는 중력의 영향을 받으면서 가속된다. 공기의 저항을 무시한다면, 유체의 가속도는 중력가속도와 동일하다. x와 y 방향으로의 가속도는 각각 $a_x = a_y = 0$이 되며, z 방향으로의 가속도 $a_z = -g$가 된다. 이를 식 (3.57)~(3.59)에 적용하면 다음과 같다:

$$\frac{\partial p}{\partial x} = 0, \qquad \frac{\partial p}{\partial y} = 0, \qquad \frac{\partial p}{\partial z} = 0 \quad \rightarrow \quad p = \text{일정} \tag{3.61}$$

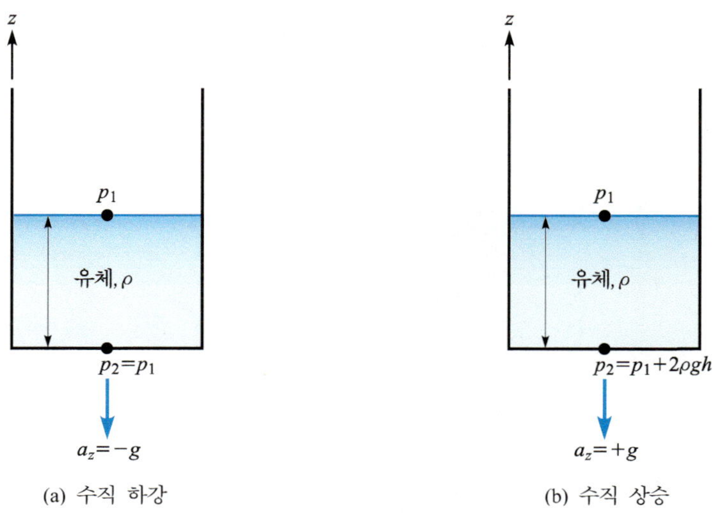

그림 3.32 (a) 수직 하강과 (b) 수직 상승하는 유체의 압력 미치는 가속도의 효과

따라서 수직 하강하는 유체는 중력이 작용하지 않는 환경에 있는 것처럼 거동한다.

유체가 중력이 작용하는 방향과 반대인 수직 상승하는 경우 z 방향으로의 가속도 $a_z = +g$의 가속도를 받게 된다. 이 경우 z 방향으로의 압력경사는 다음과 같다:

$$\frac{\partial p}{\partial x} = 0, \qquad \frac{\partial p}{\partial y} = 0, \qquad \frac{\partial p}{\partial z} = -2\rho g \tag{3.62}$$

이는 정지 상태에 있는 유체에 비해 상승하는 유체는 상대적으로 2배의 압력을 받는다는 것을 의미한다.

식 (3.59)를 부분적분을 하면 다음과 같이 표현된다:

$$\int dp = -\int \rho(g + a_z)dz \rightarrow p = -\rho(a_z + g)z + C$$

적분상수 C를 구하기 위해 경계조건으로 $z = 0$일 때 $p = 0$를 적용하면 $C = 0$가 된다. 수조 내 유체의 밀도 $\rho = \gamma/g$를 적용하고 유체의 깊이를 h라 하면 $z = -h$이므로 위의 식은 다음과 같이 표현된다:

$$p = -\gamma z \left[1 + \frac{a_z}{g}\right]_{z=0}^{z=-h} = \gamma h\left(1 + \frac{a_z}{g}\right) \tag{3.63}$$

식 (3.63)은 수조가 수직 상승하는 경우에 해당되며, 만약 수조가 수직 하강하는 경우에는 다음과 같은 식으로 표현된다:

$$p = \gamma h\left(1 - \frac{a_z}{g}\right) \tag{3.64}$$

예제 3.13

수조에 물을 1 m 깊이로 채우고 상향으로 5 m/s^2의 가속도로 이동시킬 때 수조의 바닥에 작용하는 압력과 힘을 계산하라. 단, 수조는 가로 3 m 그리고 세로 3 m의 면적으로 되어 있으며, 수조 내 유체의 단위중량은 1 t/m^3으로 가정한다.

[풀이]

수조 바닥에서의 압력 $p = \gamma h\left(1 + \frac{a_z}{g}\right) = 1\,t/m^3 \times 1\,m \times \left(1 + \frac{5\,m/s^2}{9.81\,m/s^2}\right) = 1,.509\,t/m^2$이다.

또한 수조 바닥에 작용하는 힘 $F = p \times A = 1.509\,t/m^2 \times 3\,m \times 3\,m = 13.587\,t$이다.

3.5.4 등압면 방정식의 적용 : 등가속으로 수평 이동하는 유체

유체가 부분적으로 채워져 있는 수조가 등가속도로 수평으로 이동하는 경우를 고려하자. 그림 3.33에서처럼 x와 z 방향으로의 가속도 성분은 각각 a_x와 a_z이며, y 방향으로의 이동은 없다고 가정한다($a_y = 0$). 이를 식 (3.57)~(3.59)에 적용하면 다음과 같이 표현된다:

$$\frac{\partial p}{\partial x} = -\rho a_x, \qquad \frac{\partial p}{\partial y} = 0, \qquad \frac{\partial p}{\partial z} = -\rho(g + a_z) \tag{3.65}$$

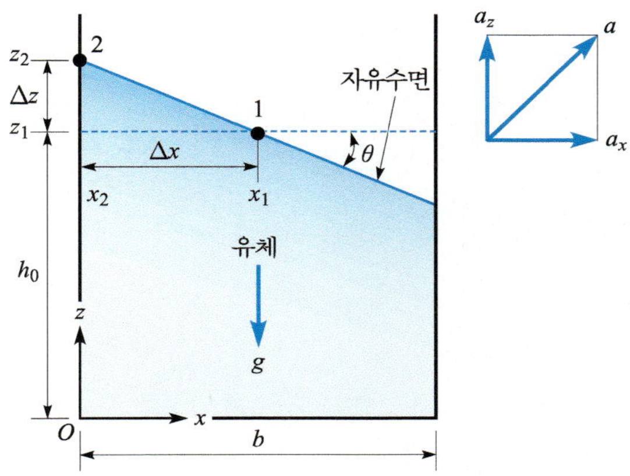

그림 3.33 선형으로 가속된 수조 내 유체의 강체 거동

압력 $p = p(x, z)$에 대한 전미분은 다음과 같다:

$$dp = dp(x, z) = \left(\frac{\partial p}{\partial x}\right)dx + \left(\frac{\partial p}{\partial z}\right)dz \tag{3.66}$$

식 (3.65)를 식 (3.66)에 대입하여 정리하면 다음과 같다:

$$dp = -\rho a_x dx - \rho(g + a_x)dz \tag{3.67}$$

밀도 ρ가 일정하다고 가정하면서 임의의 두 지점 1과 2 사이에 대해 식 (3.65)를 적분하면 다음과 같이 표현된다:

$$\begin{aligned} \int_1^2 dp &= -\rho a_x \int_1^2 dx - \rho(g + a_x)\int_1^2 dz \\ p_1 - p_2 &= -\rho a_x(x_2 - x_1) - \rho(g + a_z)(z_2 - z_1) \end{aligned} \tag{3.68}$$

원점($x_1 = 0, z_1 = 0$)을 지점 1로 하고 작용되는 압력을 p_1 그리고 유체 내 임의의 위치 ($x_2 = x, z_2 = z$)를 지점 2로 하고 작용되는 압력을 p_2라 하면 식 (3.68)은 다음과 같이 표

현된다:

$$p_2 = p_1 - \rho a_x x - \rho(g + a_z)z \tag{3.69}$$

그림 3.33에서와 같이 지점 1과 2에서의 압력 p_1과 p_2는 대기압이므로 동일하며, 이를 고려하여 식 (3.69)를 정리하면 자유수면의 상승고(지점 1부터 지점 2까지의 자유수면의 상승) Δz를 계산할 수 있는 선형방정식이 얻어진다:

$$\Delta z = z_2 - z_1 = -\frac{a_x}{g + a_z}(x_2 - x_1 = \Delta x) = \Delta z_{\max} \tag{3.70}$$

가속 중인 수조의 바닥에서부터 자유 수면까지의 높이 h는 $\Delta z + h_0$가 되며, 수면의 기울기는 식 (3.70)에서 $-a_x/(g + a_z) = \tan\theta$가 된다.

예제 3.14

다음 그림과 같이 수조가 $a_x = 5\,m/s^2$의 수평 등가속도 이동을 하고 있다. 수조 뒷면에서의 상승고 Δz와 수면의 경사 θ를 결정하고 수조의 AB면과 CD면에 작용하는 단위폭 당 힘을 구하라. 단, 수조 내 유체의 단위중량은 $1\ t/m^3$으로 가정한다.

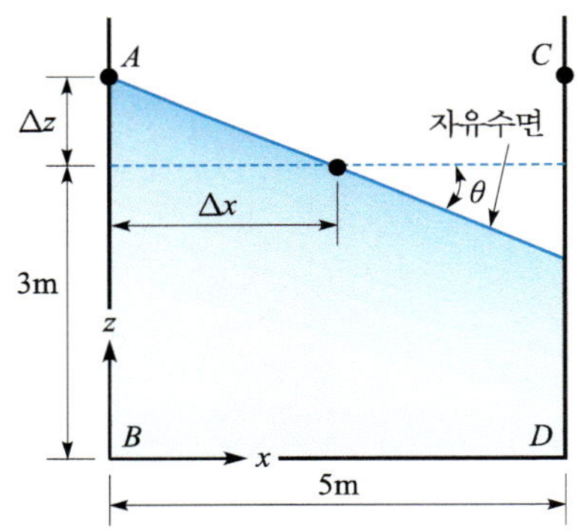

예제 3.14

[풀이]

수면의 상승고 Δz를 구하기 위해 식 (3.70)을 이용하고 z 방향으로의 가속도는 없으므로 $a_z = 0$이다. 따라서 $\Delta z = -\frac{a_x}{g}\Delta x = -\frac{5\,m/s^2}{9.81\,m/s^2} \times -2.5\,m = 1.274\,m$가 되며, 수면의 기울기 $\theta = \tan^{-1}(a_x/g) = \tan^{-1}(5\,m/s^2)/(9.81\,m/s^2) = 27.01^\circ$ 이다.

AB면에서의 수심 $h_{AB} = 3\,m + 1.274\,m = 4.274\,m$이므로 단위폭 당 AB면에 작용하는 힘 $F_{AB} = \gamma h_{G_{AB}} A_{AB} = 1\,t/m^3 \times 4.274\,m/2 \times (4.274\,m \times 1\,m) = 9.13\,t$이다.

CD면에서의 수심 $h_{CD} = 3\,m - 1.274\,m = 1.726\,m$이므로 CD면에 작용하는 힘은 $F_{CD} = \gamma h_{G_{CD}} A_{CD} = 1\,t/m^3 \times 1.726\,m/2 \times (1.726\,m \times 1\,m) = 1.49\,t$이다.

3.5.5 등압면 방정식의 적용 : 등가속으로 회전하는 유체

그림 3.34(a)와 같이 투명 용기 내 채워진 물을 회전시키게 되면 물이 원심력에 의해 회전하면서 유리로 된 용기 밖으로 나가려고 하는 현상이 발생되며, 용기 내 자유 수면은 중앙 부분이 들어간 오목한 형태가 된다. 이러한 현상을 **강제와동**(forced vortex motion)이라 한다.

(a) (b)

그림 3.34 (a) 용기 내에서 회전하는 유체와 (b) 회전하는 원통형 수조 내 유체의 강체 거동

유체가 부분적으로 채워진 수직의 원통형 수조를 고려하자. 그림 3.34(b)와 같이 수조는 중심축에 대해 일정한 각속도 ω로 회전을 한다. 회전이 시작되어 등가속 상태가 되면 유체는 수조와 함께 강체처럼 회전을 하게 된다. 이 경우 유체의 변형은 일어나지 않으며, 전단 응력도 존재하지 않는다. 또한 수조 내에 모든 유체 입자들은 동일한 각속도로 회전한다. 이런 경우 수조의 형태가 원통형이고 유체 입자는 회전운동을 하기 때문에 수조 중심선을 따른 z 회전축과 함께 원통형 좌표(r, θ, z)를 적용할 필요가 있다. z 회전축으로부터 거리 r만큼 떨어진 지점에서 일정한 각속도 ω로 회전하는 유체 입자의 구심가속도 a_r는 $r\omega^2$이며, z 회전축을 향해 방사상으로 작용한다(음의 r 방향), 즉, $a_r = -r\omega^2$이다. 이는 회전축인 z 축에 대해 대칭이 되며, 자유수면의 경사 θ에 따라 변하지 않는다. 따라서 $p = p(r, z)$이며, 각가속도 $a_\theta = 0$이다. 그밖에 z 방향으로 유체입자는 이동하지 않기 때문에 z 방향으로의 가속도 $a_z = 0$이 된다.

식 (3.57)과 (3.58)에서 종속변수 x과 y를 각각 r과 θ로 변환하여 적용하면 다음과 같이 표현된다:

$$\frac{\partial p}{\partial r} = -\rho r \omega^2, \quad \frac{\partial p}{\partial \theta} = 0, \quad \frac{\partial p}{\partial z} = -\rho g \tag{3.71}$$

압력 $p = p(r, z)$에 대한 전미분은 다음과 같다:

$$dp = dp(r, z) = \left(\frac{\partial p}{\partial r}\right)dr + \left(\frac{\partial p}{\partial z}\right)dz \tag{3.72}$$

식 (3.71)를 식 (3.72)에 대입하면 다음과 같다:

$$dp = \rho r \omega^2 dr - \rho g dz \tag{3.73}$$

식 (3.73)에서 $dp = 0$을 놓고 적분하면 원통형 수조 내에서 회전하는 유체에 대한 2차 포물선 등압면 방정식이 얻어진다:

$$z = \frac{\omega^2}{2g} r^2 + C_1 \tag{3.74}$$

식 (3.74)의 적분상수 C_1를 구하기 위해 자유수면에 대해 $r = 0$일 때 $z = h_c$ 경계조건을 적용하면,

$$z_s = \frac{\omega^2}{2g} r^2 + h_c \tag{3.75}$$

여기서, z_s는 반경 r에서 수조 바닥에서부터 자유수면까지의 높이이다.

반경 r, 수조 바닥에서 자유수면까지의 높이 z_s 그리고 수조 벽의 두께 dr을 가지는 원통형 쉘(cylindrical shell) 요소의 체적 dV는 $2\pi r z_s dr$이다. 자유 수면에 의해 형성된 포물면(paraboloid)의 체적은 다음과 같다:

$$V = \int_{r=0}^{r=R} 2\pi z_s r dr = 2\pi \int_{r=0}^{r=R} \left(\frac{\omega^2}{2g} r^2 + h_c\right) r dr = \pi R^2 \left(\frac{\omega^2 R^2}{4g} + h_c\right) \tag{3.76}$$

질량이 보존되고 유체의 밀도가 일정하기 때문에 포물면의 체적은 회전하기 전 수조 내 유체의 체적 V_i와 동일해야 한다. 즉,

$$V_i = \pi R^2 h_0 \tag{3.77}$$

여기서, h_0는 회전하기 전 수조 내 유체의 초기 높이이다. 이러한 두 개의 체적이 서로 동일하다고 가정하면($V = V_i$), 원통형 수조의 중심선을 따른 유체의 높이는 다음과 같다:

$$h_c = h_0 - \frac{\omega^2 R^2}{4g} \tag{3.78}$$

식 (3.78)을 식 (3.75)에 대입하여 정리하면 다음과 같은 자유 수면 방정식이 얻어진다:

$$z_s = h_0 - \frac{\omega^2}{4g}(R^2 - 2r^2) \tag{3.79}$$

수조 바닥에서부터 자유 수면까지의 최대 높이는 $r = R$인 수조의 가장자리에서 발생하며, 용기 내 자유 수면과 가장자리 사이의 최대 높이 차이 $\Delta z_{s,\max}$는 $r = R$ 그리고 $r = 0$에서 z_s의 차를 계산함에 의해 결정된다:

$$\Delta z_{s,\max} = z_s(R) - z_s(0) = \frac{\omega^2}{2g}R^2 \tag{3.80}$$

예제 3.15

다음 그림에서처럼 높이 2 m 그리고 직경 1 m인 수조에 물이 1.4 m 깊이로 채워져 있다. 수조를 회전시킬 때 물이 수조벽 상단면에 도달할 때의 회전각 속도를 구하라. 또한 이때 자유 수면 방정식 그리고 C 지점과 D 지점에서의 압력을 계산하라. 단, 물의 단위 중량을 1,000 kg/m^3이다.

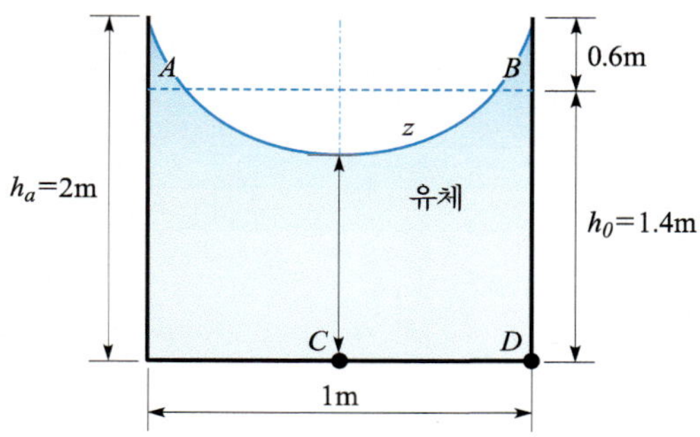

예제 3.15

[풀이]

수조 내 물이 수조벽 최대 높이로 상승할 때의 회전각 속도는 식 (3.80)을 이용하여 구할 수 있으며,

$\omega = \sqrt{\frac{\Delta z_{s,\max} 2g}{R^2}} = \sqrt{\frac{0.6\,m \times 2 \times 9.81\,m/s^2}{(0.5\,m)^2}} = 6.86\,rad/s$ 이다.

수조 중심축에서의 최저수위 $h_c = h_0 - \frac{\omega^2 R^2}{2g} = 1.4\,m - \frac{6.86^2 \times 0.5^2}{2 \times 9.81\,m/s^2} = 0.8\,m$,

그리고 수조벽에서의 최대수위는 $h_a = h_0 + \frac{\omega^2 R^2}{2g} = 1.4\,m + \frac{6.86^2 \times 0.5^2}{2 \times 9.81\,m/s^2} = 2.0\,m$ 이다.

C 지점에서의 압력 $p_C = \gamma h_c = 1{,}000\,kg/m^3 \times 0.8\,m = 800\,kg/m^2$, 그리고 D 지점에서의 압력 $p_D = \gamma(h_0 + z_{s,\max}) = 1{,}000\,kg/m^2 \times (1.4\,m + 0.6\,m) = 2{,}000\,kg/m^2$ 이다.

제3장 연습문제

1. 바다 속 깊이 6,500 m에서의 압력은 얼마나 되는지 계산하라. 단 바닷물의 비중은 1.03으로 가정하라.

답 $6.57 \times 10^7\ Pa$

2. 밀폐된 용기 내에 비중이 0.8인 기름이 있으며, 그 위를 공기가 0.2 kgf/cm^2의 압력으로 누르고 있을 때 기름 표면으로부터 2 m 깊이에 있는 지점에서의 압력을 계산하라.

답 $0.36\ kgf/cm^2$

3. 그림 3.35(a), (b) 그리고 (c)에서 지점 A에서의 압력 p를 유도하라.

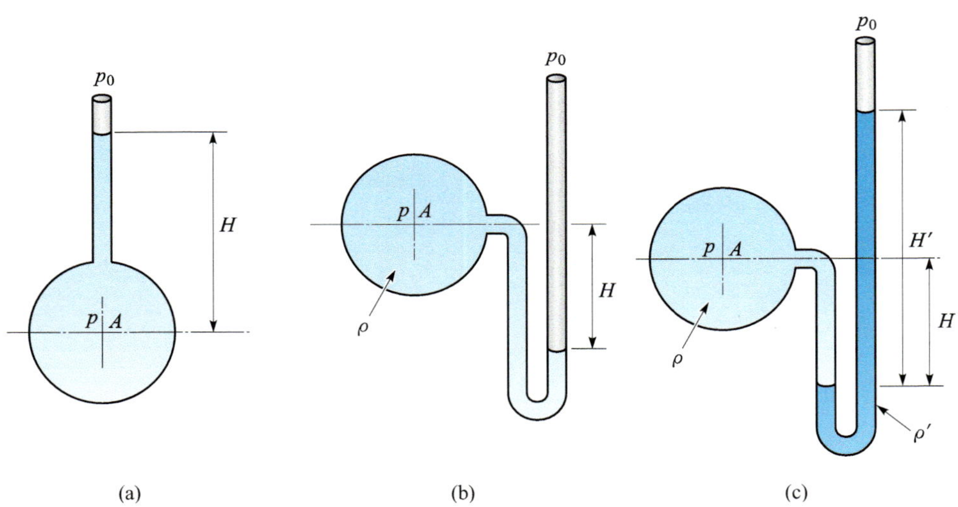

그림 3.35

답 (a) $p = p_0 + \rho g H$, (b) $p = p_0 - \rho g H$, (c) $p = p_0 + \rho' g H' - \rho g H$

4. 그림 3.36(a)와 (b)에서 두 관 사이의 압력차 $p_1 - p_2$를 유도하라.

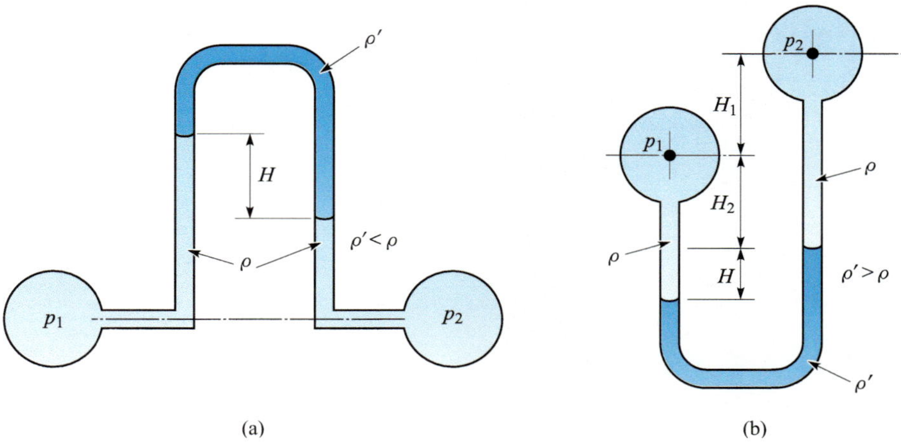

그림 3.36

답 (a) $p_1 - p_2 = (\rho' - \rho)gH + \rho g H_1$, (b) $p_1 - p_2 = (\rho - \rho')gH$

5. 그림 3.37의 경사액주계에서 h가 1 mm 변할 때마다 H는 얼마나 높이 올라가는지 계산하라. (경사액주계 단면적 A는 $100a$ 그리고 $\alpha = 30°$ 이다.)

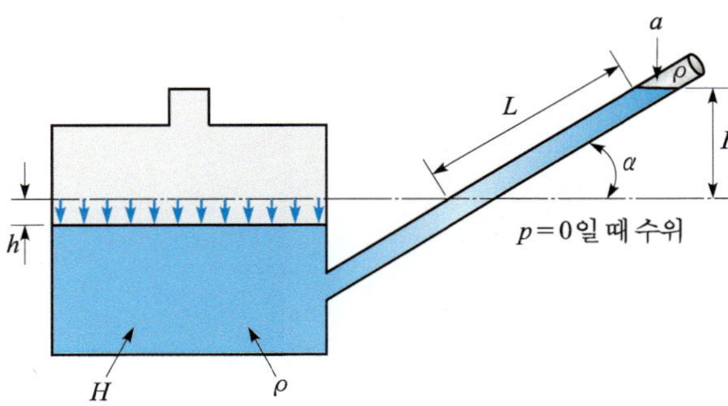

그림 3.37

답 $50.0 mm$

6. 그림 3.38에서처럼 높이 3 m 그리고 폭 5 m인 장방형 케이슨이 물속에 잠겨져 있으며, 케이슨의 상부면은 수면에서부터 깊이 5 m에 위치해 있다. 이 케이슨에 작용하는 힘과 작용점의 위치를 구하라.

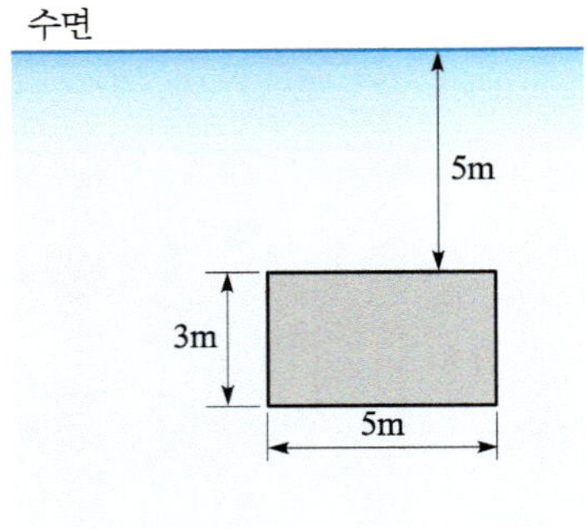

그림 3.38

답 케이슨에 작용하는 힘 $F = 9.56 \times 10^5 N$, 작용점의 위치 $h_c = 6.62 m$

7. 높이 2 m 그리고 폭 1 m의 수문이 그림 3.39와 같이 설치되어 있다. 낮은 부분의 지지대에 작용하는 힘을 계산하라.

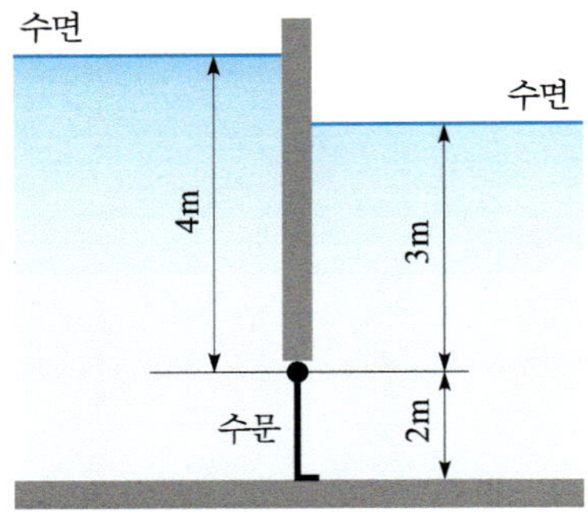

그림 3.39

답 9,840 N

8. 그림 3.40에서처럼 댐 저수지의 수심이 15 m이고 단위 폭의 댐 벽이 60^o로 경사져 있을 때 댐 벽에 작용하는 힘은 얼마인가? 또한 힘의 작용점 위치를 구하고 수면에서부터 얼마나 깊이에 있는지를 계산하라.

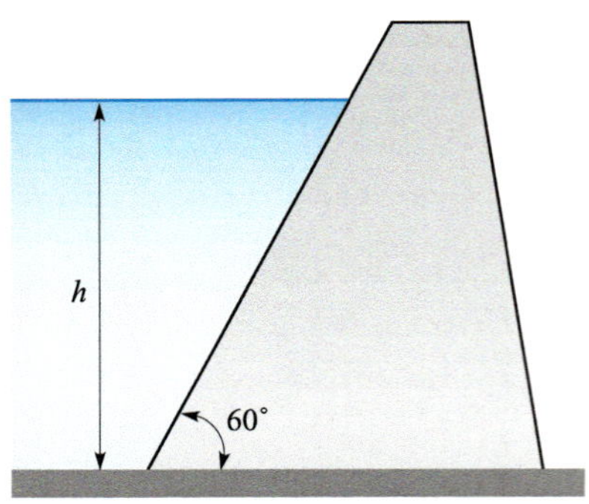

그림 3.40

답 단위 폭당 작용하는 힘 $F = 1.28 \times 10^6 N$, 수면으로부터의 작용점의 위치 $h_c = 11.6 m$

9. 그림 3.41에서처럼 직경 2 m의 원형 수문이 수평 축에 의해 지지되어 있다. 수문이 잠겨진 상태를 유지하기 위해 필요한 축 둘레의 모멘트는 얼마인지를 계산하라.

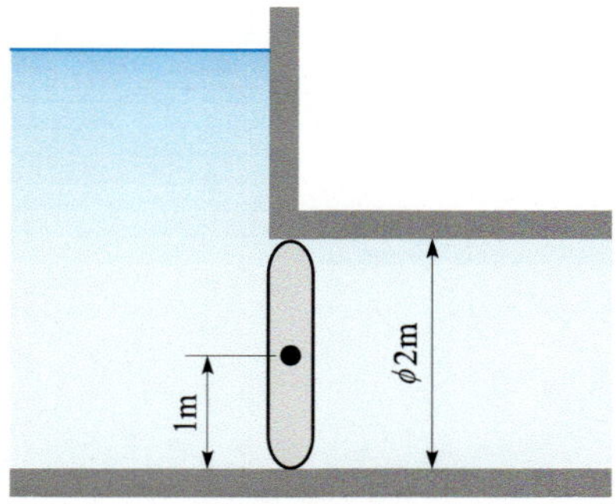

그림 3.41

답 $7{,}700\,N \cdot m$

10. 길이 5 m의 원형 수문이 그림 3.42와 같이 설치되어 있다. 물이 수문의 상부면까지 저류되어 있다. 힘의 수직성분과 수평성분의 크기를 계산하고 이 수문에 작용하는 합력의 크기와 방향을 계산하다.

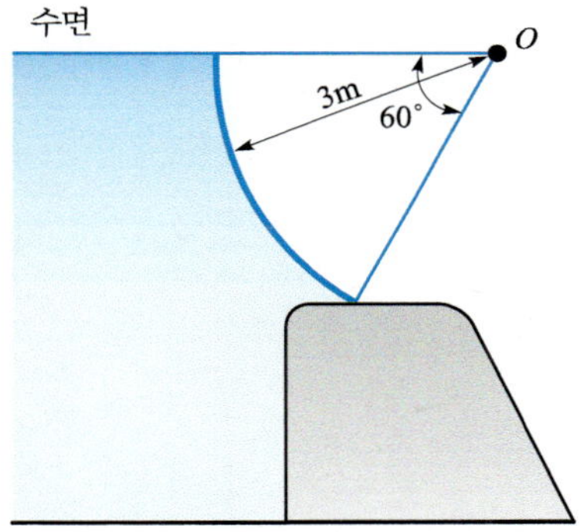

그림 3.42

답 수평력 $F_x = 1.65 \times 10^5 N$, 수직력 $F_y = 1.35 \times 10^5 N$, 합력 $F = 2.13 \times 10^5 N$, 방향 39.3^o

11. 비중 0.92를 가진 빙산이 비중 1.025인 해수에 떠 있다. 만약 수면 위에 떠 있는 부분의 빙산 체적이 100 m^3이라면, 빙산의 총체적은 얼마인가?

답 $976\,m^3$

12. 그림 3.43에서처럼 비중 0.8을 가진 물체가 물 위에 떠 있다. 도심과 부심 사이의 거리 $\overline{GC}$를 계산하고 물체의 장축과 단축에 대한 안정성을 평가하라.

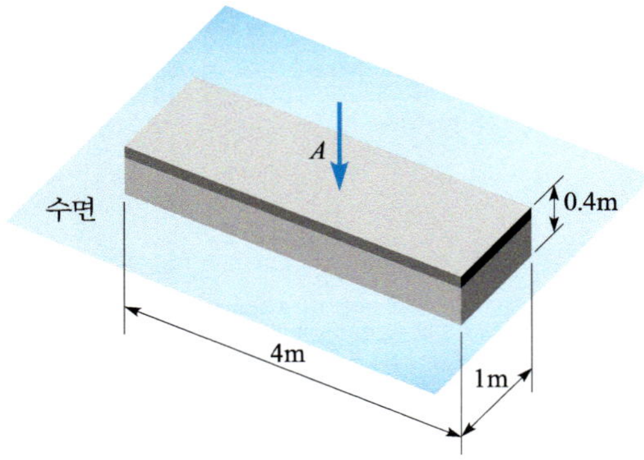

그림 3.43

답 $\overline{GC}=0.4\,m$, 장축 경심고 $\overline{GM}=-0.14\,m$: 불안정, 단축 경심고 $\overline{GM}=3.77\,m$: 안정

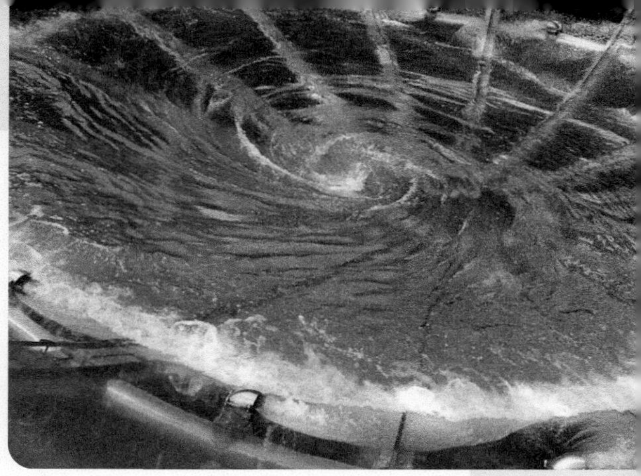

제4장

유체 흐름의 일반적인 특성

제4장

유체 흐름의 일반적인 특성

유체 흐름을 분석하는 방법에는 두 가지가 있다. 하나는 속도와 가속도의 변화에 따라 임의의 유체 입자를 추적하는 방법이며, 이를 **라그랑지(Lagrange) 방법**이라 한다. 다른 하나는 특정한 유체 입자를 추적하기 보다는 3차원 공간 x, y, z와 시간 t에 고정된 위치에서 속도와 압력의 변화를 분석하는 방법이며, 이를 **오일리안(Eulerian) 방법**이라 한다. 오늘날 대부분의 경우 후자의 방법이 유체 흐름에 관한 분석에 보다 일반적이며 효과적으로 이용되고 있다. 그림 4.1은 대기의 온도를 측정하는데 있어 앞의 두 방법의 차이를 설명하는 일러스트이다.

그림 4.1 대기의 온도를 측정하는데 있어 라그랑지 방법과 오일리안 방법의 차이에 대한 일러스트

4.1 유선과 유관

특정 시간에 유체 입자 각각의 속도 벡터에 의해 형성된 곡선을 **유선**(streamline)이라 한다(그림 4.2(a)에서처럼 자동차 상부표면을 통과하는 공기의 흐름). 다시 말하면, 각 점에서의 접선이 그 지점에서 유체의 방향을 나타내는 곡선이다. 유선의 정의[17]에 따라 속도 벡터는 수직 성분이 없기 때문에 유선과 유선을 가로지르는 흐름은 절대로 존재하지 않는다. 그림 4.3과 같이 x와 y의 평면 내 2차원 흐름을 고려할 때 유선의 경사는 dy/dx이며, x와 y 방향으로의 속도를 각각 u와 v라 하면 다음과 같은 유선 방정식이 얻어진다:

$$\frac{dx}{u} = \frac{dy}{v} \tag{4.1}$$

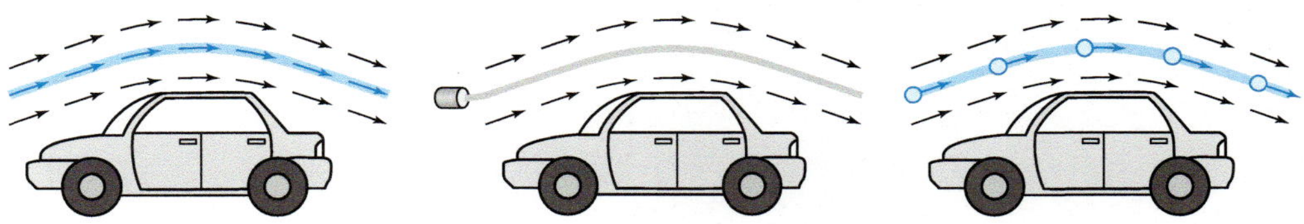

(a) 유선 (b) 유맥선(streakline) (c) 유적선(pathline)

그림 4.2 유체 흐름에 대한 시각화

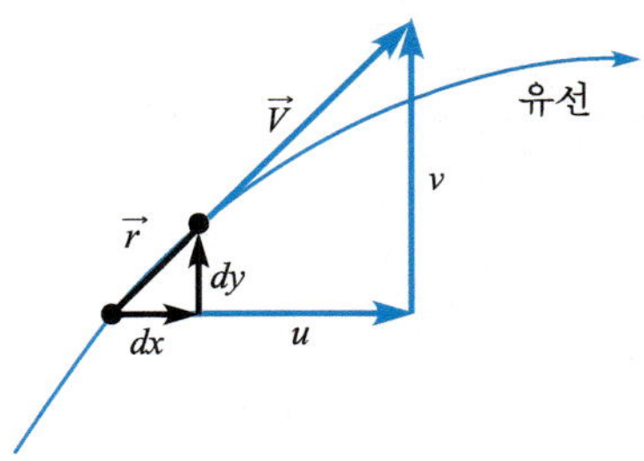

그림 4.3 유선 상 한 점에서의 접선

그림 4.2(b)에서처럼 어떤 특정한 점을 통과하는 일련의 유체 입자들에 의해 형성된 곡선을 **유맥선**(streakline)이라 하며, 이는 유체 입자를 자동차로 비유하면 고속도로의 특정한 요금계산소를 통과한 자동차들을 이은 선과 같은 개념이다. 유맥선은 난류 흐름을 시각

17) 각 점에서의 접선이 속도 벡터의 방향과 일치하도록 유체 내에 그려진 연속선이며, 유선을 횡단하는 흐름은 존재하지 않는다. 임의의 순간에 유체 입자는 유선방향으로 이동하므로 유선 상의 변위는 x, y 그리고 z 방향의 성분을 가지며, 각각 u, v 그리고 w인 속도 벡터의 방향을 갖는다.

화하기 위해 주로 사용된다. 그림 4.2(c)는 **유적선**(pathline)을 나타낸 것으로 어떤 특정한 유체 입자가 일정한 시간 동안 이동한 경로를 의미하며, 라그랑지 방법을 적용한 것이다. 유적선은 유선과 달리 서로 교차할 수 있으며, 이는 자동차가 움직이면서 차선을 바꿀 수 있는 것과 동일하게 생각할 수 있다. 시간에 따라 속도, 압력 등과 같은 어떠한 물리량도 변화되지 않는 정상상태에서의 흐름(steady flow, 4.2절)의 경우에는 위의 세 가지 선은 모두 동일하다.

그림 4.4와 같이 관의 둘레가 모두 유선으로 이루어져 있는 가상의 관을 **유관**(stream tube)이라 하며, 흐름이 정상상태일 때는 시간에 따라 유선이 변화하지 않기 때문에 유관도 변화하지 않는다. 또한 유관 내를 이동하는 유체는 외부에서 들어오거나 나올 수 없기 때문에 유체는 견고한 벽을 가진 관내를 흐르는 유체와 유사한 것으로 가정된다. 이러한 가정은 유체의 정상상태에서의 흐름에 대한 해석에 매우 편리하다.

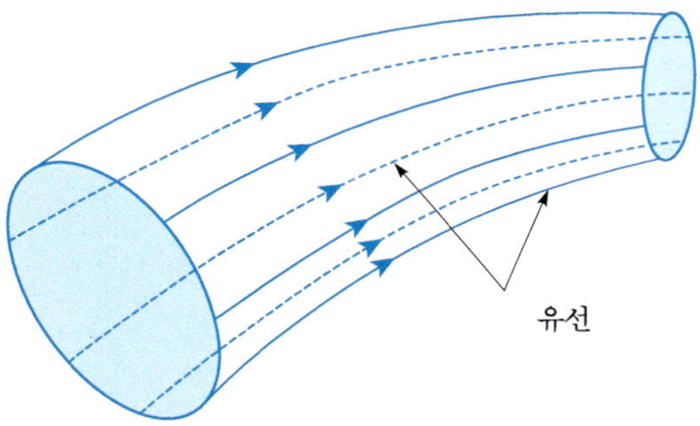

그림 4.4 유관

예제 4.1

만약 유속이 2차원 흐름에 대해 다음과 같은 방정식이 주어진다며, 이러한 흐름에 대한 유선방정식을 유도하라.

$$u=\frac{x}{(1+t)}, \qquad v=y \qquad x_{0,}\, y_0\text{를 통과}$$

[풀이]

식 (4.1)의 유선방정식 $\frac{dx}{u}=\frac{dy}{dv}$에 u와 v에 대한 유속분포 방정식을 대입하면 $\left[\frac{(1+t)}{x}\right]dx=\frac{dy}{v}$가 되며 이를 부분적분을 하면 $(1+t)\ln x=\ln y+C$ 그리고 x_0와 y_0를 통과하는 경우

$(1+t)\ln x_0 = \ln y_0 + C$가 된다. $(1+t)\ln x = \ln y + C$에서 $(1+t)\ln x_0 = \ln y_0 + C$을 빼준 후 정리를 하면 $\ln(x/x_0)^{1+t} = \ln(y/y_0)$가 되며 결국 $y/y_0 = (x/x_0)^{1+t} \quad \rightarrow \quad y = y_0(x/x_0)^{1+t}$가 된다.

4.2 유체 흐름의 상태

4.2.1 정상류와 비정상류

어떤 위치에서 속도 U, 압력 p, 밀도 ρ 등과 같은 물리량에 의해 표현되는 흐름이 시간에 따라 변화되지 않을 경우 이를 **정상류**(steady flow)라 한다. 이와 반대로 물리량이 시간에 따라 변화되는 흐름을 **비정상류**(unsteady flow)라 한다.

$$\text{정상류} \;:\; \frac{\partial U}{\partial t} = 0,\ \frac{\partial p}{\partial t} = 0,\ \frac{\partial \rho}{\partial t} = 0 \ldots$$

$$\text{비정상류}:\ \frac{\partial U}{\partial t} \neq 0,\ \frac{\partial p}{\partial t} \neq 0,\ \frac{\partial \rho}{\partial t} \neq 0 \ldots$$

4.2.2 등류와 부등류

어떤 흐름영역 내에서 임의의 시간에 대해 모든 점에서의 유속 U가 동일할 때 이를 **등류**(uniform flow)라 한다(그림 4.5(a)). 이와 반대로 임의의 시간에서의 유속 U가 위치에 따라 변할 때 이를 **부등류**(nonuniform flow)라 한다(그림 4.5(b)).

$$\text{등류} \;:\; \frac{\partial U}{\partial s} = 0$$

$$\text{부등류}:\ \frac{\partial U}{\partial s} \neq 0$$

여기서 s는 흐름영역 내에서 임의방향에 대한 좌표이다.

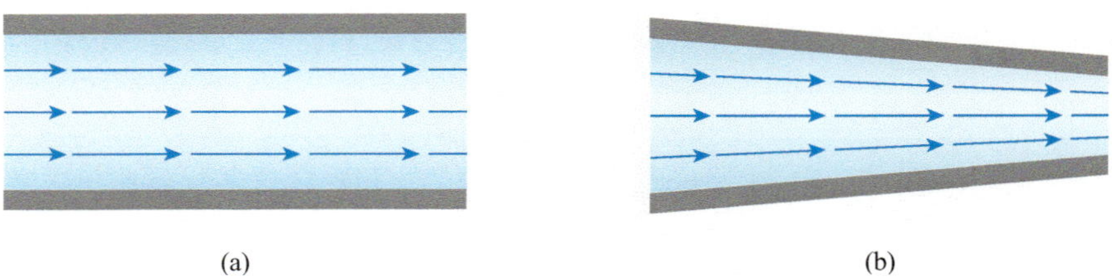

그림 4.5 (a) 등류와 (b) 부등류

4.2.3 정상 등류

어떤 영역 내에서의 흐름이 임의의 시간에 대해 속도 U가 시간과 거리에 관계없이 일정한 경우를 **정상 등류**(steady uniform flow)라 하며, 다음과 같은 식을 만족한다:

$$\frac{\partial U}{\partial t} = 0, \qquad \frac{\partial U}{\partial s} = 0$$

4.3 1차원, 2차원 그리고 3차원 흐름

대기 중에 날아가는 공 그리고 달리는 자동차 주위의 공기 흐름과 같은 모든 일반적인 흐름은 x, y 그리고 z 방향으로 속도를 가지고 있으며, 이러한 흐름을 3차원 흐름이라 한다. 특정한 시간 t에서 x, y 그리고 z 방향에서의 속도 성분을 각각 u, v 그리고 w로 표현하면 다음과 같다:

$$u = u(x, y, z, t) \qquad v = v(x, y, z, t) \qquad w = w(x, y, z, t) \tag{4.2}$$

수평으로 가로지른 절단된 면을 포함하고 있는 두 개의 평행한 평판 사이를 흐르는 유체를 고려하자. 만약 흐름의 상태가 절단된 면과 평행한 모든 면에서 동일하다면, 이 흐름을 2차원 흐름이라 하며, x와 y 두 개의 좌표에 의해 표현될 수 있다. 특정한 시간 t에서 x와 y 방향에서의 속도 성분을 각각 u와 v 표현하면 식 (4.3)과 같다:

$$u = u(x, y, t) \qquad v = v(x, y, t) \tag{4.3}$$

유체 흐름을 묘사하는 가장 단순한 경우로서 평균 속도로 관 내을 흐르는 물을 고려할 때 흐름은 단지 x 방향에서의 속도 성분만으로 묘사될 수 있다. x 좌표에 의해 상태가 결정되는 흐름을 1차원 흐름이라 하며, 속도 u는 식 (4.4)와 같이 단지 x와 t만으로 표현된다:

$$u = u(x) \tag{4.4}$$

비록 지구상에서 발생되는 모든 자연적인 현상은 3차원임에도 불구하고 많은 경우에 근사적으로 2차원 또는 1차원으로 유체 흐름을 해석한다. 3차원의 경우는 2차원의 경우에 비해 보다 많은 변수를 고려해야하기 때문에 3차원 흐름 문제를 해석하기가 일반적으로 쉽지 않다. 그림 4.6은 차원에 따른 유체 흐름의 복잡성을 나타낸 것이다.

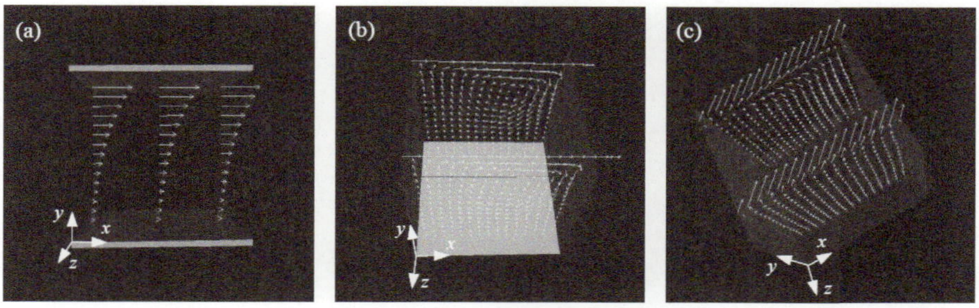

그림 4.6 차원에 따른 흐름의 복잡성: (a) 1차원 흐름, (b) 2차원 흐름 그리고 (c) 3차원 흐름

4.4 층류, 난류 및 레이놀즈 수

그림 4.7(a)와 같이 바람이 거의 없는 맑은 날에 굴뚝으로부터 방출되는 연기는 하나의 선과 같은 형태로 수직으로 상승한다. 그러나 바람이 강할 경우 그림 4.7(b)처럼 연기가 교란되고 소용돌이치면서 공기 중으로 확산된다. 이러한 유체 흐름을 체계적으로 연구한 사람이 오스본 레이놀즈(Osborne Reynolds)[18]이다.

(a) (b)

그림 4.7 굴뚝으로부터 방출되는 연기: (a) 바람이 거의 없는 경우와 (b) 바람이 심한 경우

---

18) Obsborne Reynolds (1842~1912): 영국 맨체스터 출생의 수학자이자 물리학자. 그의 연구는 역학, 열역학, 전기, 항법, 증기 엔진 성능과 같은 거의 대부분 물리학 및 공학 분야를 다루었다. 또한 그는 캐비테이션 현상과 그에 수반되는 소음을 처음으로 밝혀냈으며, 층류와 난류 사이의 차이와 무차원 레이놀즈수를 발견했다. 난류 유동에 대한 점성 유체의 운동량 방정식과 오일-필름의 윤활이론을 유도를 통해 유체 흐름 해석에 큰 공헌을 하였다.

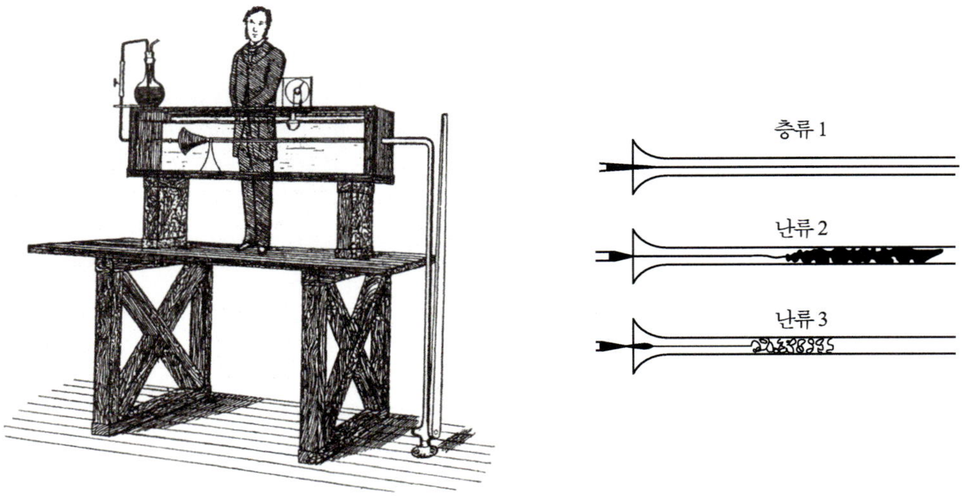

그림 4.8 (a) 레이놀즈의 실험 장치와 (b) 흐름에 대한 실험 결과

레이놀즈는 그림 4.8(a)와 같은 도구를 이용하여 물의 흐름에 대한 다양한 실험을 수행하였다. 착색된 액체를 유리관 입구에 주입한 후 밸브를 점차적으로 열어 흐름을 관찰하였다. 유리관 내 유체의 속도가 매우 작을 때 착색된 액체는 그림 4.8(b)-1과 같이 유리관 내 주변의 물과 섞이지 않으면서 실과 같은 형태로 흘러갔으며, 이를 **층류**(laminar flow)라 하였다.

유리관 내 물의 유속이 어떤 값이 도달했을 때 그림 4.8(b)-3과 같이 착색된 액체의 선은 갑자기 주변의 물과 섞이면서 매우 불규칙하게 변하였으며, 이를 **난류**(turbulent flow)라 하였다. 또한 층류가 난류로 변하는 시점에서의 유속을 **임계유속**(critical flow velocity) v_c 이라 하였다.

그림 4.9는 일상생활에서 접할 수 있는 수도꼭지에서 흘러나오는 물의 흐름에 대해 층류와 난류의 경우를 나타낸 것이다. 수도꼭지의 밸브를 약간 열어 놓으면 그림 4.9(a)에서처럼 낮은 유속에서 거의 층류 상태로 매끄러운 표면을 가진 투명한 물줄기 형태로 흘러내린다. 그러나 밸브를 점차적으로 많이 열어놓으면 유속은 점점 커지며 물은 천이류 형태(그림 4.9(b))를 거쳐 난류 형태(그림 4.9(c))로 작은 물거품에 의한 거친 표면을 가진 불투명한 물줄기 형태로 흘러내린다.

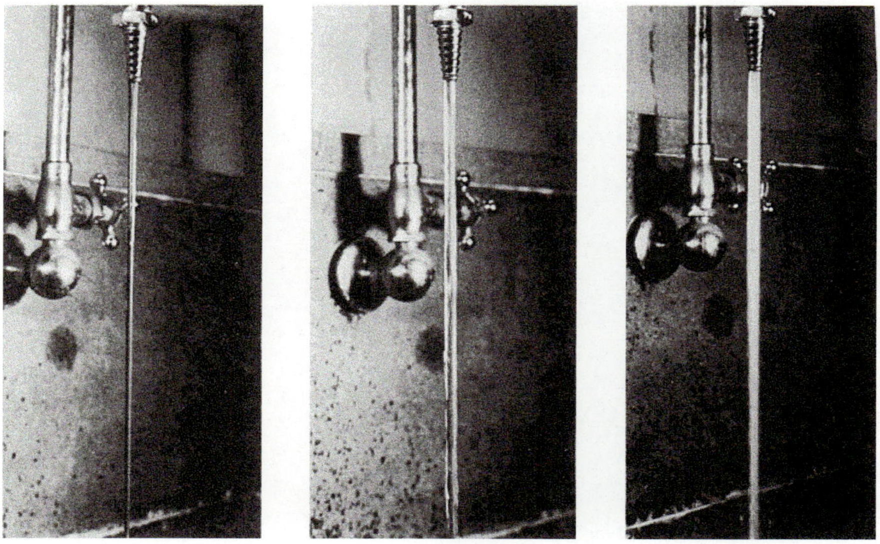

(a) 층류 (b) 천이류 (c) 난류

그림 4.9 수도꼭지 밸브의 열림 정도에 따른 흐름의 변화(Mironer, A. 1979)

레이놀즈는 7, 9, 15 그리고 27 mm와 같이 다양한 직경을 가진 유리관과 온도가 4 ℃부터 44 ℃까지 변화하는 물을 가지고 많은 실험을 수행하였으며, 이러한 실험을 통해 무차원 물리량 $\rho vd/\mu$(여기서, ρ는 물의 밀도, v는 평균유속, d는 유리관의 직경 그리고 μ는 물의 점성계수이다.)이 어떤 값에 도달될 때 층류에서 난류로 변한다는 사실을 발견했다. 이 무차원 물리량을 그의 업적을 기리는 의미에서 **레이놀즈 수**(Reynold's number)라 하며, 다음과 같이 표현된다:

$$R_e = \frac{\rho vd}{\mu} = \frac{vd}{\nu} = \frac{\text{관성력}}{\text{점성력}} \quad (\nu\text{: 동점성계수}) \tag{4.5}$$

층류는 레이놀즈 수가 낮은 값에서 발생하며, 이는 점성력이 지배적이고 매끄럽고 거의 변화가 없는 유체의 흐름을 의미한다. 반면 난류는 높은 레이놀즈 수에서 발생하며, 점성력보다는 관성력이 지배적이며, 매우 불규칙한 흐름 변동과 **와류**(eddy flow) 그리고 **와동**(vortex)과 같은 현상이 발생한다(그림 4.10).

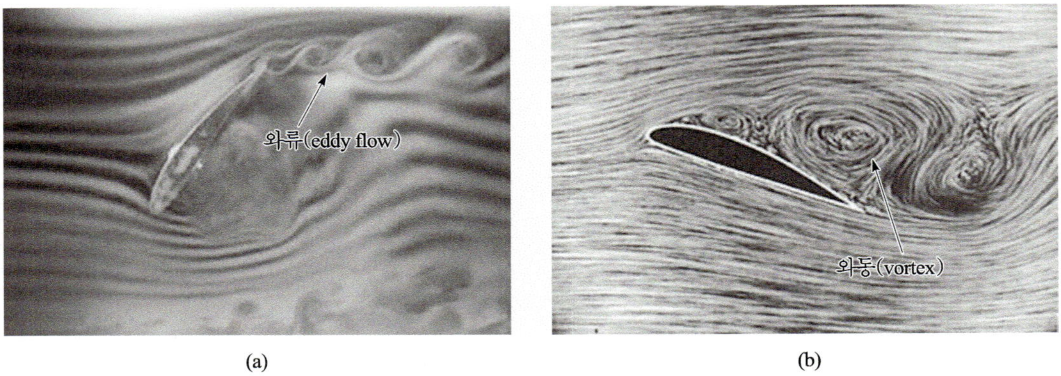

그림 4.10 와류와 와동 현상

유속이 임계유속 v_c에 해당될 때 식 (4.5)는 $R_{ec} = v_c d/\nu$가 되며, 이를 **임계 레이놀즈 수**(critical Reynold's number)라 한다. 임계 레이놀즈 수는 유체 흐름이 층류에서 난류로 변하는 순간을 결정할 때 이용된다. 레이놀즈 수 R_e가 약 2,300 ~ 4,000 사이에서는 유체 흐름의 특성이 어떤지를 정확하게 알 수 없기 때문에 일반적으로 **천이영역**(transition region)이라 한다. 원형 관의 경우 레이놀즈 수 R_e가 2,300 이하이면 층류, 2,300에서 4,000 사이이면 천이류(transitional flow) 그리고 4,000 이상이면 난류이다.

예제 4.2

직경 100 mm인 원형 관에 0 ℃의 물이 2.5 m/s로 흐르고 있을 때 레이놀즈 수 R_e와 흐름 상태를 판단하라. 단, 0 ℃에서의 물의 동점성계수 ν는 $1.787 \times 10^{-6} m^2/s$이다.

[풀이]

식 (4.5)로부터 레이놀즈 수 $R_e = vd/\nu = (2.5\,m/s \times 0.1\,m)/1.787 \times 10^{-6} m^2/s = 139{,}899$이며, 4,000보다 크므로 난류이다.

4.5 비압축성 유체와 압축성 유체

일반적으로 유체 중 물과 같은 액체는 **비압축성 유체**(incompressible fluid)이며, 공기와 같은 기체는 **압축성 유체**(compressible fluid)로 고려한다. 물의 경우 20 MPa의 압력을 가할 경우 밀도는 단지 1 % 정도 변화되는 반면 공기의 경우는 약 4,370 %의 밀도 변화가 발생된다. 그러나 **수격작용**[19](water hammer)과 같은 현상에서 물과 같은 액체가 높은 압력을 받고 있을 경우에는 압축성 유체로 고려할 필요가 있다. 유사하게 기체의 경우에서도 압력의 변화가 매우 작은 경우 압축성이 무시될 때가 있다. 이러한 판단의 기준으로 밀도의 변화 $\Delta\rho/\rho$ 또는 **마하 수**(Mach number)가 사용된다(10.4.1절 참조). 그림 4.11은 비압축성 유체와 압축성 유체와의 비교를 나타낸 것이다.

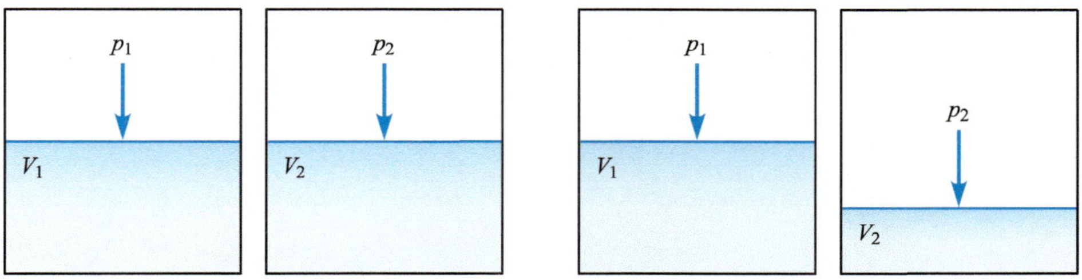

(a) 비압축성 유체의 경우 (b) 압축성 유체의 경우

그림 4.11 압축성 유체와 비압축성 유체의 비교(p: 압력 그리고 V는 체적이다.)

4.6 유체의 변형과 회전

그림 4.12와 같이 유체 입자들은 점차적으로 좁아지는 수로를 통해 이동할 때 변형 및 회전을 한다. 이러한 유체 입자의 변형과 회전에 의한 **전단변형율**(shear strain)은 상대적으로 유속 경사가 큰 수로의 벽 근처에서 크게 발달한다.

19) 수격작용 또는 수충격은 물 또는 유동적 물체의 움직임을 갑자기 멈추게 하거나 방향이 바뀌게 될 때 순간적인 압력이 발생하는 현상이다. 흔히 관 끝의 밸브를 갑자기 닫거나 관 끝에 압력이 갑자기 증가할 때 발생한다. 이러한 압력은 소음과 진동에 큰 문제를 발생시킨다

그림 4.12 좁은 수로를 통해 이동한 유체 입자의 변형 및 회전

그림 4.13에서처럼 x와 y 방향으로 변의 길이가 각각 dx와 dy인 미소 직사각형 유체 $ABCD$가 시간 t에서 O 지점으로부터 Δt 동안 이동하여 시간 $t+\Delta t$ 이후 변형된 미소 직사각형 유체 $A'B'C'D'$가 O' 지점에 위치해 있다고 가정하자. x 방향을 따른 변 AB는 시간 $t+\Delta t$ 이후에 $d\epsilon_1$만큼 회전하여 변 $A'B'$가 되며, y 방향을 따른 변 AD는 $d\epsilon_2$만큼 회전하여 변 $A'D'$가 된다. 이들 관계를 식으로 표현하면 다음과 같다:

$$d\epsilon_1 = \frac{\partial v}{\partial x}dxdt \qquad d\epsilon_2 = -\frac{\partial u}{\partial y}dydt$$

$$d\theta_1 = \frac{d\epsilon_1}{dx} = \frac{\partial v}{\partial x}dt \qquad d\theta_2 = \frac{d\epsilon_2}{dy} = -\frac{\partial u}{\partial y}dt$$

변 AB와 AD의 각속도는 각각 ω_1과 ω_2이며, 다음과 같다:

$$\omega_1 = \frac{d\theta_1}{dt} = \frac{\partial v}{\partial x} \qquad \omega_2 = \frac{d\theta_2}{dt} = -\frac{\partial u}{\partial y}$$

시간 t일 때 미소 직사각형 유체의 중앙점 O에서의 평균 각속도 ω는 다음과 같이 표현된다:

$$\omega = \frac{1}{2}(\omega_1 + \omega_2) = \frac{1}{2}\left(\frac{\partial v}{\partial x} - \frac{\partial v}{\partial y}\right) \tag{4.6}$$

식 (4.6)에서 마지막 항의 괄호 안의 부분은 z 방향에 대한 **와도**(vorticity) ζ라 하며, 다음과 같이 표현된다:

$$\zeta = \frac{\partial v}{\partial x} - \frac{\partial u}{\partial y} \tag{4.7}$$

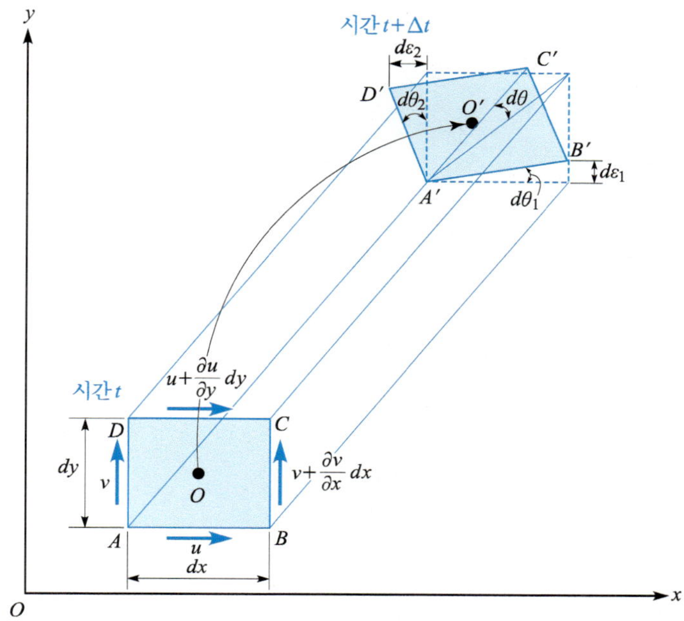

그림 4.13 미소 직사각형 유체의 변형

와도 ζ가 0이 되는 경우, 유체 흐름을 **비회전류**(irrotational flow)라 하며, 0이 아닌 경우를 **회전류**(rotational flow)라 한다:

$$\text{비회전류: } \zeta = \frac{\partial v}{\partial x} - \frac{\partial u}{\partial y} = 0 \tag{4.8}$$

$$\text{회전류: } \zeta = \frac{\partial v}{\partial x} - \frac{\partial u}{\partial y} \neq 0 \tag{4.9}$$

그림 4.14(a)는 유체를 담고 있는 원통형 용기가 수직축에 대해 어떤 각속도로 회전하고 있을 때 성냥개비와 같은 가벼운 물체가 수면 위에 어떻게 떠 있는지를 보여주고 있다. 유체는 유선을 따라 회전 운동을 하며, 동시에 물체 자체가 회전을 한다. 이러한 흐름은 회전류가 되며, **강제와동**(forced vortex flow)이라 한다.

그림 4.14(b)는 주방의 싱크대에서와 같이 유체가 용기 바닥의 작은 구멍을 통해 빠져 나갈 때마다 관찰되는 회전 흐름을 나타낸 것이다. 유체는 회전 운동을 하지만, 회전류와는 달리 떠 있는 물체들은 회전하지 않고 동일한 방향을 향하게 된다. 이러한 현상은 **자유와동**(free vortex flow)이라 불리는 비회전류의 한 종류이다. 그림 4.15는 태풍, 소용돌이 형태의 물 흐름 및 토네이도는 자연에서 흔히 접할 수 있는 와동의 예를 나타낸 것이다. 비록 이러한 실제 와동의 구조는 복잡하지만 기본적인 구조는 강제 와동과 자유 와동으로 구분된다.

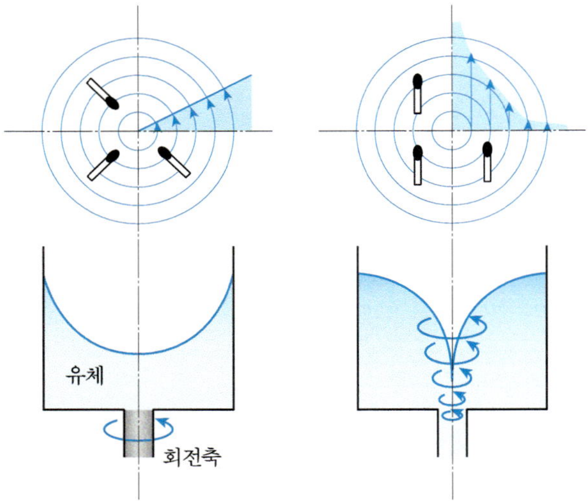

(a) 강제 와동 흐름　　(b) 자유 와동 흐름

그림 4.14 미소 직사각형 유체의 변형

(a) 태풍　　(b) 소용돌이 치는 물 흐름　　(c) 토네이도

그림 4.15 자연에서 발생하는 와동의 예

예제 4.3

2차원 흐름에 대한 다음과 같은 속도 방정식이 주어질 때 회전류인지 비회전류인지를 판단하라.

$$u = 10x, \qquad v = -10y$$

[풀이]

식 (4.7)의 와도방정식 $\zeta = \partial v/\partial x - \partial u/\partial y$을 적용하면 $\partial v/\partial x = 0$ 그리고 $\partial u/\partial y = 0$이므로 와도 $\zeta = 0$이므로 비회전류이다.

4.7 유체의 순환

그림 4.16에서처럼 닫혀진 곡선 s를 가정하고 이 곡선 위의 한 점에서의 속도 v_s의 접선 방향에 대한 속도 성분인 v_s'를 적분하면 닫혀진 곡선 상에서의 **순환**(circulation) Γ가 얻어진다. 여기서 반시계 방향의 회전을 양의 방향으로 하고 v_s와 v_s' 사이의 각도를 θ라 하면,

$$\Gamma = \oint v_s' ds = \oint v_s \cos\theta \, ds \tag{4.10}$$

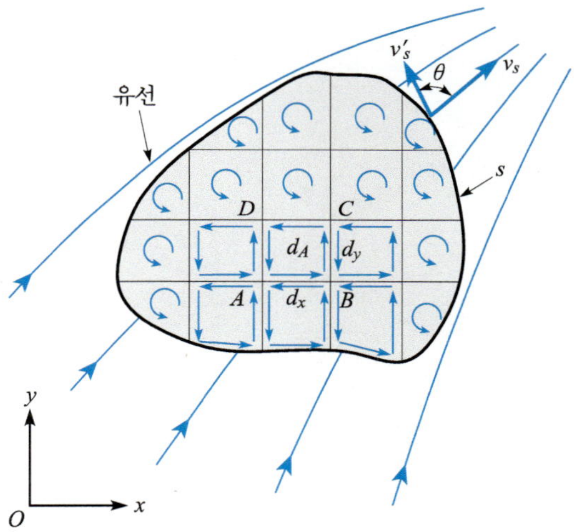

그림 4.16 유체의 순환

다음으로 닫혀진 곡선 s로 둘러싸인 영역을 x축과 y축에 평행한 선을 이용하여 미소 영역으로 나누고, 그 중 하나의 미소 직사각형 $ABCD$(영역 dA)에서의 미소 순환 $d\Gamma$를 고려하면 다음과 같은 식이 얻어진다:

$$\begin{aligned} d\Gamma &= udx + \left(v + \frac{\partial v}{\partial x}dx\right)dy - \left(u + \frac{\partial u}{\partial y}dy\right)dx - udy \\ &= \left(\frac{\partial v}{\partial x} - \frac{\partial u}{\partial y}\right)dxdy \\ &= \zeta dxdy = \zeta dA \end{aligned} \tag{4.11}$$

와도 ζ는 회전류의 각속도 ω(식 (4.6))의 두 배이며, 순환은 와도와 면적의 곱과 같다. 전체 면적에 대해 식 (4.11)을 적분하면 다음과 같다:

$$\Gamma = \oint v_s' ds = \oint \zeta dA \tag{4.12}$$

식 (4.12)로부터 와도 ζ의 면적분은 순환과 동일하다는 것을 알 수 있다. 이러한 관계는 스톡스(Stokes[20])에 의해 처음으로 도입되었으며, 이를 **스톡스의 정리**(Stoke's theorem)라 한다. 스톡스의 정리는 펌프의 임펠라와 송풍기뿐만 아니라 비행기 날개 주변의 흐름에 대한 유체동력학 분야에 적용되고 있다(그림 4.17).

(a) 펌프 임페라 (b) 송풍기 (c) 비행기 날개 주위의 흐름

그림 4.17 스톡스 정리가 응용된 예

예제 4.4

40 cm의 직경을 가진 원통이 공기 중에서 $\Omega = 800\ rpm$으로 회전하고 있다. 이때 원통과 접촉하고 있는 공기의 순환을 계산하라. 단, 원통과 공기의 접촉각 $\theta = 0°$로 가정한다.

[풀이]

식 (4.10)은 $\Gamma = \int_L v_s \cos\theta dA = \int_L v_s \cos 0 dA = 2\pi r \times r\Omega$가 된다.

따라서 공기의 순환 $\Gamma = 2\pi r^2 \Omega = 2 \times 3.14 \times (0.2\,m)^2 \times (800 \times 2 \times 3.14/60\,s^{-1}) = 21.03\,m^2/s$가 된다.

20) George Gabriel Stokes (1819~1903): 수학자 및 물리학자. 그는 아일랜드의 스리고(Sligo)에서 태어났으며, 영국 캠브리지 대학에서 교육을 받았다. 그 후 같은 수학교수가 되어 이론물리학자로서 남은 생애 동안 영국에서 활동하였다. 그의 논문 중 100개가 영국 왕립학회 논문집에 게재되었으며, 유체동역학 분야를 포함하여 많은 분야에 걸쳐 연구를 수행하였다. 1845년에 게재된 그의 논문에는 Navier-Stokes 방정식의 유도를 포함하고 있다.

제4장 연습문제

1. 물이 직경 3 cm의 둥근 튜브 내에서 0.05 m/s의 속도로 흐르고 있을 때, 이 흐름이 층류인지 난류인지를 판단하라. 물의 동점성계수는 $1\times10^{-6}m^2/s$으로 가정하라.

답 $R_e=1{,}500$, 층류

2. 직경 10 mm인 원형 관에 0 ℃의 물이 0.5 cm/s로 흐르고 있을 때 레이놀즈 수 R_e와 흐름 상태를 판단하라. 단, 0 ℃에서의 물의 동점성계수 ν는 $1.787\times10^{-6}m^2/s$이다.

답 $R_e=6\times10^4$, 난류

3. 동점성계수 $\nu=8\times10^{-6}m^2/s$인 글리세린이 직경 16cm 원형 관 속에서 흐르고 있다. 이때 한계 레이놀즈 수 R_{ec}가 2,100일 때 층류로 흐를 수 있는 최대 유량은 얼마인지 계산하라.

답 $Q=6.72\times10^{-4}m^3/s$

4. 만약 유속이 2차원 흐름에 대해 다음과 같은 속도 방정식이 주어진다며, 이러한 흐름에 대한 유선방정식을 구하라.

$$u=-kx \qquad v=-ky$$

답 $xy=C$

5. 만약 유속이 다음과 같은 식으로 주어질 때 회전류인지 비회전류인지를 판단하라. k는 상수이다.

(a) $u=-ky$, $v=kx$

(b) $u=x^2-y^2$, $v=-2xy$

(c) $u=-\dfrac{ky}{x^2+y^2}$, $v=\dfrac{kx}{x^2+y^2}$

답 (a) 회전류, (b) 비회전류, (c) 비회전류

6. 원형관에서의 임계 레이놀즈 수 R_e가 2,320이라 가정하면서 20 ℃ 의 물과 공기가 직경 1 m 관 내를 흐를 때에 대한 각각에 대한 임계속도를 구하라.

답 물의 경우 $v_c = 23.3\,cm/s$, 공기의 경우 $v_c = 3.5\,m/s$

7. 반경 5 cm 의 원통형 기둥이 300 rpm 으로 유체 내에서 반시계 방향으로 회전할 때 원통형 기둥과 접촉된 유체의 순환을 계산하라.

답 $\Gamma = 1.97\,m^2/s$

제5장

비점성 유체의 흐름: 일과 에너지

제5장

비점성 유체의 흐름: 일과 에너지

비점성 유체의 흐름은 점성이 없는 이상유체의 흐름에 해당된다. 비점성 유체의 흐름으로 가정할 경우 유체역학적 문제들을 단순화 시킬 수가 있으며, 그 대표적인 방정식이 베르누이 방정식이다. 점성이 작은 유체의 경우 벽면 근처에 형성되는 경계층을 제외한 영역에서 유체의 흐름은 비점성 유체의 흐름과 비슷한 특성을 나타낸다.

본 장에서는 질량 보존의 법칙과 에너지 보존의 법칙 그리고 운동량 보존의 법칙을 이용하여 유체가 이동하면서 발생되는 일과 에너지 그리고 운동량 대한 문제들을 해결하기 위한 식들을 유도하고 이에 대한 응용문제를 다룬다.

5.1 연속방정식: 질량보존의 법칙

정상류 상태에서 관내에 어떤 구간을 통과하는 단위시간당 유체의 체적은 관의 직경이 변한다 할지라도 변하지 않는다. 그림 5.1에서처럼 단면 1과 2 사이에 직경이 감소하는 관을 고려하자. 단면 1과 2에서의 단면적을 각각 A_1과 A_2라 하고 이들 단면을 통과하는 유체의 밀도를 각각 ρ_1과 ρ_2 그리고 평균 유속을 각각 v_1과 v_2이라하면 다음과 같은 식이 성립된다:

$$\rho_1 A_1 v_1 = \rho_2 A_2 v_2 \tag{5.1}$$

두 단면 사이를 통과하는 유량은 동일하므로 식 (5.1)을 다음과 같이 표현할 수 있다:

$$\dot{m} = \rho A v \tag{5.2}$$

여기서 $\dot{m}$을 **질량 유량**(mass flow rate)이라 한다. 만약 유체가 물과 같이 밀도의 변화가 없는 비압축성이라면, $\rho_1 = \rho_2$이므로 식 (5.2)는 다음과 같다:

$$Av = Q = \text{일정} \tag{5.3}$$

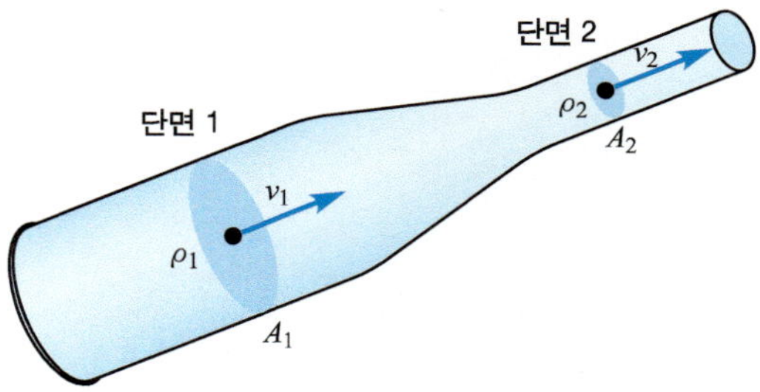

그림 5.1 변화하는 단면을 통과하는 유체 흐름

여기서 Q는 단위 시간당 관의 단면을 통과하는 유체의 체적으로 **체적 유량**(volumetric flow rate) 또는 일반적으로 **유량**(flow rate)이라 한다.

식 (5.3)은 관내를 흐르는 유체에 어떤 에너지 손실이나 획득이 없는 연속적인 흐름을 의미하며, 일반적으로 **연속방정식**(continuity equation)이라 한다. 유체의 유속은 관의 단면적에 반비례하며, 이는 관의 직경이 감소하면 유속은 증가한다는 것을 의미한다. 따라서 식 (5.3)은 유체 흐름에 있어 **질량보존의 법칙**(law of mass conservation)이 성립됨을 알 수 있다.

예제 5.1

직경 2 m의 원형관 내를 물이 평균유속 10 m/s로 흐르고 있다. 이때 유량은 얼마인지 계산하라.

[풀이]

식 (5.3)으로부터 유량 $Q = Av = [\pi \times (2m)^2/4] \times 10m/s = 31.42m^3/s$이다.

5.2 베르누이 방정식: 에너지 보존의 법칙

그림 5.2에서처럼 놀이동산에 있는 롤러코스터를 고려하자. 롤러코스터가 정상까지 매우 가파른 경사를 올라갈 때는 속도가 매우 느리나(그림 5.2(a)), 정상에 도착한 후 하강할 때는 속도가 크게 증가된다(그림 5.2(b)). 이것은 정상까지 올라갈 때는 위치에너지가 증가되고 운동에너지는 감소하는 반면 내려올 때는 위치에너지는 감소하고 운동에너지는 증가하기 때문이다. 궤도에서의 마찰손실을 무시하면 이 두 에너지의 합은 어떤 높이에서도 항상 일정하게 되며, 이를 **에너지 보존의 법칙**(law of energy conservation)이라 한다.

(a) 상승할 때 (b) 하강할 때

그림 5.2 롤러코스터의 상승과 하강

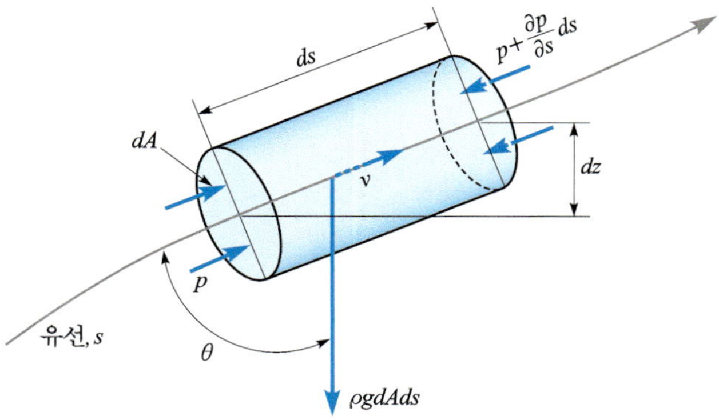

그림 5.3 유선을 따라 이동하는 미소유체요소에 작용하는 힘

그림 5.3은 유선 상에서 이동하는 미소유체요소에 미치는 힘의 관계를 나타낸 것이다. 단면적 dA 그리고 길이 ds를 가지는 원통형 미소유체요소의 하부 끝단면에 압력 p가 작용하며, 거리 ds만큼 떨어져 위치해 있는 상부 끝단면에 압력 $p+(\partial p/\partial s)ds$가 작용한다고 가정하자. 또한 미소유체요소의 무게는 $\rho g dA ds$이다. 뉴튼의 운동법칙(제2법칙)을 이 미소유체요소에 적용하면 유선을 따라 가속에 의해 작용되는 힘은 유선을 가로지르는 압력의 차에 의한 힘과 유선을 따라 발생되는 외력(이 경우에는 단지 중력만이 있다.)으로 인한 힘의 합과 동일하다. 이를 식으로 표현하면 다음과 같다:

$$\rho dA ds \frac{dv}{dt} = -dA \frac{\partial p}{\partial s} ds - \rho g dA ds \cos\theta$$

또는

$$\frac{dv}{dt} = -\frac{1}{\rho}\frac{\partial p}{\partial s} - g\cos\theta \tag{5.4}$$

유체의 유속은 위치와 시간에 따라 변하므로 일차원 흐름에서는 거리와 시간 $v = v(s, t)$의 함수가 된다. 시간 dt에 대한 유체의 유속 변화 dv는 다음과 같이 표현된다:

$$dv = \frac{\partial v}{\partial t}dt + \frac{\partial v}{\partial s}ds$$

또한 가속도는 다음과 같다:

$$\frac{dv}{dt} = \frac{\partial v}{\partial t} + \frac{\partial v}{\partial s}\frac{ds}{dt} = \frac{\partial v}{\partial t} + v\frac{\partial v}{\partial s}$$

만약 z축이 그림 5.3에서처럼 수직방향이라면,

$$\cos\theta = \frac{dz}{ds}$$

따라서 위의 식을 식 (5.4)에 대입하면 다음과 같이 된다:

$$\frac{\partial v}{\partial t} + v\frac{\partial v}{\partial s} = -\frac{1}{\rho}\frac{\partial p}{\partial s} - g\frac{dz}{ds} \tag{5.5}$$

정상상태에서는 $\partial v/\partial t = 0$이므로 식 (5.5)는 다음과 같다:

$$v\frac{dv}{ds} = -\frac{1}{\rho}\frac{dp}{ds} - g\frac{dz}{ds} \tag{5.6}$$

식 (5.5) 또는 (5.6)을 1차원 비점성 유체 흐름에 대한 **오일러**(Euler[21])**의 운동 방정식**이라 한다. 비압축성 유체인 경우 미지수는 압력 p와 유체의 유속 v가 되며, 식 (5.3)인 연속방정식을 이용하여 동시에 구할 수 있다. 압축성 유체인 경우에는 밀도 ρ가 미지수로 추가로 포함되며, 이들 세 가지 미지수는 연속방정식과 더불어 식 (2.14)의 기체상태방정식을 이용하여 구할 수 있다.

유선을 따라 유한 거리만큼 떨어져 있는 지점들 사이의 관계를 얻기 위해 식 (5.6)을 유선 s에 대해 적분하면 압축성 유체에 대해 다음과 같은 식으로 표현된다:

$$\frac{v^2}{2} + \int \frac{dp}{\rho} + gz = \text{일정} \tag{5.7}$$

비압축성 유체인 경우 밀도 ρ가 일정하므로 다음과 같이 표현된다:

$$\frac{v^2}{2} + \frac{p}{\rho} + gz = \text{일정} \tag{5.8}$$

식 (5.7)과 (5.8)은 유선을 따라 이동하는 미소유체요소 내 모든 지점들 사이의 연속적인 관계를 수립하는데 적용될 수 있다.

식(5.8)을 중력가속도 g로 나누면 다음과 같은 식이 된다:

$$\frac{v^2}{2g} + \frac{p}{\rho g} + z = H = \text{일정} \tag{5.9}$$

식 (5.8)에 밀도 ρ를 곱하면,

$$\frac{\rho v^2}{2} + p + \rho g z = \text{일정} \tag{5.10}$$

식 (5.8)의 각 항들의 단위는 m^2/s^2이나 $kg\,m^2/(s^2\,kg)$으로도 표현할 수 있다. $kg\,m^2/s^2 = J$ (에너지 단위 Joule)이기 때문에 식 (5.8)의 $v^2/2$, p/ρ 그리고 gz는 각각 단위 질량당 운동에너지 그리고 압력과 위치에너지에 의해 발생되는 에너지를 의미한다.

식 (5.9)의 각 항들은 단위 무게 당 에너지를 의미하며, 길이(m)의 단위 즉 다음과 같이 수두(head)로 표현될 수 있다:

---

21) Leonhard Euler (1707~1783): 스위스 바젤 출생의 수학자. 그는 요한 베르누이의 제자이자 다니엘 베르누이의 절친한 친구이다. 완전 유체와 고체의 운동 방정식을 공식화하면서 뉴튼 역학의 수학적 발전에 크게 기여했다. 질병의 결과로 양쪽 눈 모두 시력을 상실했음에도 불구하고 그는 연구를 꾸준히 수행하였다.

$\frac{v^2}{2g}$: 속도수두(velocity head)

$\frac{p}{\rho g}$: 압력수두(pressure head)

z : 위치수두(potential head)

H : 전수두(total head)

식 (5.10)의 각 항들의 단위는 단위 체적 당 에너지로 표현되는 $kg/(s^2m)$이다. 식 (5.8)~(5.10)은 운동에너지, 압력에너지 그리고 위치에너지의 합인 총에너지는 항상 일정하기 때문에 에너지 보존 법칙이 성립된다. 이를 **베르누이 방정식**(Bernoulli[22]'s equation)이라 한다.

만약 유선이 수평이라면, 식 (5.10)에서 위치에너지 ρgz은 무시되며, 다음과 같은 식으로 표현된다:

$$\frac{\rho v^2}{2} + p_s = p_t \tag{5.11}$$

여기서 $\rho v^2/2$는 **동압력**(dynamic pressure)이며, p_s는 **정압력**(static pressure) 그리고 p_t는 **전압력**(total pressure) 또는 **정체압력**(stagnation pressure)이라한다.

정압력 p_s는 정지해 있는 유체가 가하는 압력을 의미하며, 그림 5.4에서처럼 유체 흐름과 평행한 단단한 벽면에 있는 구멍 내에서 발생하는 압력에 해당된다.

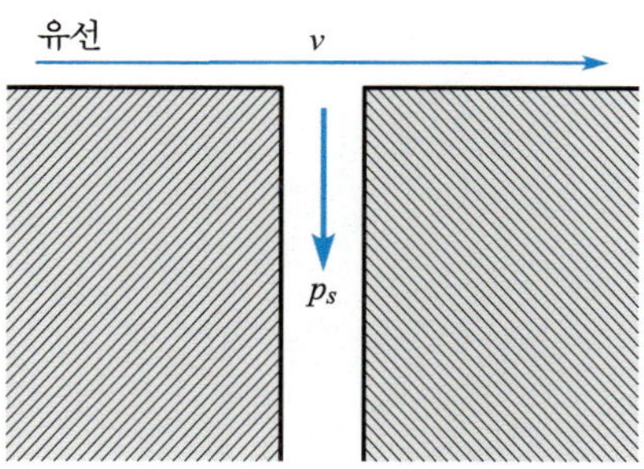

그림 5.4 정압력

22) Daniel Bernoulli (1700-1782): 네덜란드 흐로닝겐 출생으로 오일러의 단짝 친구이다. 유동 운동의 법칙을 대중화하고 유체역학 및 역학의 다양한 새로운 문제를 해결하기 위한 노력을 기울였다.

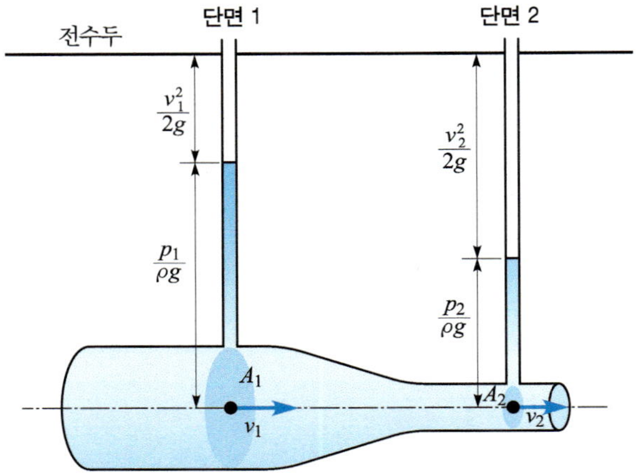

그림 5.5 두 단면 사이의 압력수두와 속도수두

그림 5.5는 베르누이 방정식을 단면이 변화되는 관로 내의 유체 흐름에 적용한 것이다. 관로가 수평이라고 가정하면, 식 (5.9)에서 $z_1 = z_2$을 의미하며 다음과 같은 식이 성립한다:

$$\frac{v_1^2}{2g} + \frac{p_1}{\rho g} = \frac{v_2^2}{2g} + \frac{p_2}{\rho g} \tag{5.12}$$

또한 식 (5.3)의 연속방정식을 단면 1과 2에 적용하면,

$$Q = v_1 A_1 = v_2 A_2 \tag{5.13}$$

$A_1 > A_2$일 경우 $v_1 < v_2$ 그리고 $p_1 > p_2$이 된다. 다시 말하면, 수로가 좁은 즉 유선이 조밀한 구간에서는 속도수두가 크나 압력수두는 작다는 것을 의미한다.

그림 5.6에서처럼 유체가 수조 1에서 2로 변화하는 단면을 가진 관로를 따라 흘러갈 때 단면 1, 2 그리고 3에서의 베르누이 방정식은 식 (5.9)로부터 다음과 같이 표현된다:

$$\frac{v_1^2}{2g} + \frac{p_1}{\rho g} + z_1 = \frac{v_2^2}{2g} + \frac{p_2}{\rho g} + z_2 + h_{l2} = \frac{v_3^2}{2g} + \frac{p_3}{\rho g} + z_3 + h_{l3} \tag{5.14}$$

여기서, h_{l2}와 h_{l3}은 각각 단면 1과 2 사이 그리고 단면 2와 3 사이의 관 벽의 마찰 등에 의한 **손실수두**(loss head)이다.

또한 관로 각 단면에서의 위치수두와 압력수두의 합을 연결한 선을 **동수경사선**(hydraulic gradient line)이라 하며, 위치수두, 압력수두 그리고 속도수두의 합을 연결한 선을 **에너지선**(energy line)이라 한다.

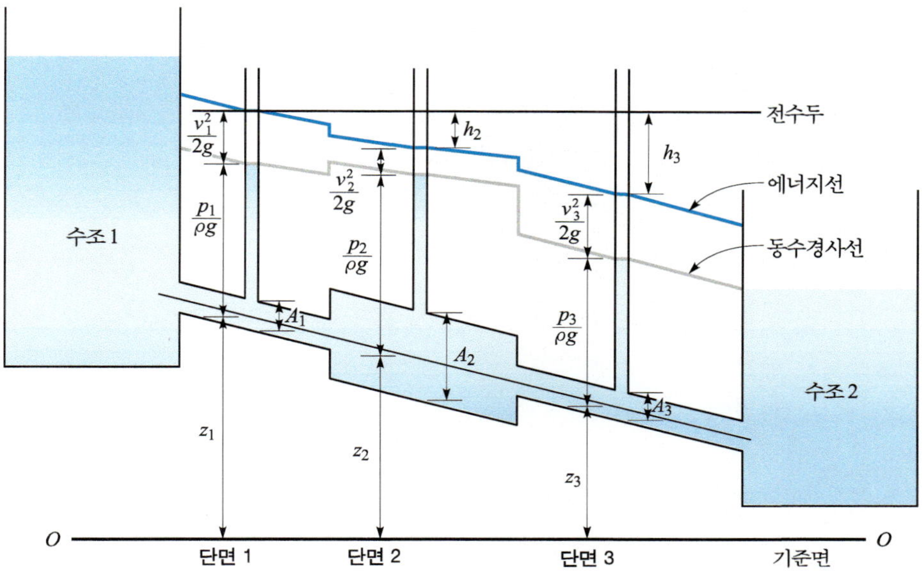

그림 5.6 동수경사선과 에너지선

베르누이 방정식은 비압축성(밀도 ρ가 일정)이고 비점성(점성계수 $\mu=0$)인 이상유체가 정상상태에서 흐를 때 적용이 가능하며, 또한 동일 유선 상에 있는 지점 또는 단면들 사이에 적용할 수 있는 식이다.

예제 5.2

기준면에서부터 5 m 위에 설치된 관 내에서 물이 유속 5 m/s로 흐르고 있다. 이 때 압력을 측정하였더니 5,000 N/m^2이었다. 전수두 H는 얼마인지 계산하라. 단, 물의 밀도를 1,000 kg/m^3로 가정한다.

[풀이]

식 (5.9)으로부터

전수두 $H=\frac{p}{\rho g}+\frac{v^2}{2g}+z=\frac{5{,}000\,N/m^2}{1000\,kg/m^3\times 9.81\,m/s^2}+\frac{(5\,m/s)^2}{2\times 9.81\,m/s^2}+5\,m=6.784\,m$ 이다.

5.3 베르누이 방정식의 응용

이상유체의 1차원 흐름에 대한 다양한 문제들은 베르누이 방정식과 연속방정식을 함께 이용하여 해석할 수 있으며, 본 절에서는 이에 대한 몇 가지 기본적인 응용문제를 다룬다.

5.3.1 벤튜리 튜브

그림 5.7과 같이 관로 내 좁은 구간에서 유량을 측정하는 도구를 **벤튜리**[23] **튜브**(Venturi tube)라고 한다. 벤튜리 튜브의 좁은 구간은 상대적으로 넓은 구간에 비해 유속이 빠르며, 좁은 구간에서 증가되는 유속 때문에 감소되는 압력을 측정함으로써 유량이 산정된다.

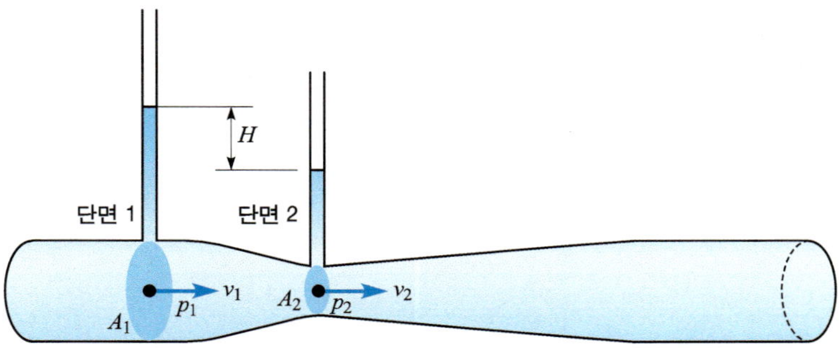

그림 5.7 벤튜리 튜브

벤튜리 튜브 내 단면 1과 2에 대한 단면적을 각각 A_1과 A_2, 유속을 v_1과 v_2 그리고 압력을 p_1과 p_2라 하고 베르누이 방정식을 두 단면에 적용하면 다음과 같다:

$$\frac{p_1}{\rho g}+\frac{v_1^2}{2g}+z_1=\frac{p_2}{\rho g}+\frac{v_2^2}{2g}+z_2$$

벤튜리 튜브가 수평으로 놓여있다면, $z_1=z_2$이므로 다음과 같이 된다:

23) Giovanni Battista Venturi (1746~1822) : 이탈리아의 물리학자. 성직자, 교사 그리고 감사원을 역임한 후 모데나 대학의 물리학 교수가 되었다. 오리피스에 장착된 다양한 형태의 유출부가 와류 및 유속에 어떻게 영향을 미치는 가를 연구하였고 벤튜리 튜브의 기본 원리와 수로에서의 도수 현상에 대한 연구도 수행하였다.

$$\frac{v_1^2 - v_2^2}{2g} = \frac{p_1 - p_2}{\rho g} \tag{5.15}$$

연속방정식을 적용하면 단면 1에서의 유속 v_1은 다음과 같다:

$$v_1 = v_2 \frac{A_2}{A_1} \tag{5.16}$$

식 (5.16)을 식 (5.15)에 대입하면, 단면 2에서의 유속 v_2는 다음과 같이 표현된다:

$$v_2 = \frac{1}{\sqrt{1-(A_2/A_1)^2}} \sqrt{2g\frac{p_1 - p_2}{\rho g}} = \frac{1}{\sqrt{1-(A_2/A_1)^2}} \sqrt{2gH} \tag{5.17}$$

결국 유량 Q는 다음과 같은 식을 통해 산정된다:

$$Q = A_2 v_2 = \frac{A_2}{\sqrt{1-(A_2/A_1)^2}} \sqrt{2gH} \tag{5.18}$$

식 (5.18)을 실제 경우에 적용하기 위해서는 단면 1과 2 사이에 발생되는 에너지 손실을 고려할 필요가 있으며, 이를 보정하기 위해 유량계수 C를 고려하면 다음과 같다:

$$Q = C\frac{A_2}{\sqrt{1-(A_2/A_1)^2}} \sqrt{2gH} \tag{5.19}$$

유량계수 C는 실험을 통해서 산정되는 계수이다.

예제 5.3

그림 5.7에서처럼 벤튜리 튜브에 물이 흐르고 있다. 단면 1과 2의 단면적비가 2이고 압력차가 Δp 일 때 단면 1에서의 유속을 구하는 식을 유도하라.

[풀이]

단면 1과 2에 식 (5.3)의 연속방정식을 적용하면 $Q = A_1 v_1 = A_2 v_2$이며, 단면적비를 고려하면 $v_2 = 2v_1$이다. 단면 1과 2에 베르누이 방정식을 적용하면 $\frac{p_1}{\rho g} + \frac{v_1^2}{2g} + z_1 = \frac{p_2}{\rho g} + \frac{v_2^2}{2g} + z_2$이다.

$\frac{p_1 - p_2}{\rho g} = \frac{\Delta p}{\rho g}$ 그리고 $z_1 = z_2$이므로 베르누이 방정식은 $\frac{\Delta p}{\rho g} + \frac{v_1^2}{2g} = \frac{(2v_1^2)}{2g}$가 된다.

따라서 단면 1에서의 유속 $v_1 = \sqrt{\frac{2g\Delta p}{\rho g}}$ 가 된다.

예제 5.4

그림 5.7에서 단면 1에서의 직경 $d_1 = 10\,cm$ 그리고 단면 2에서의 직경 $d_2 = 5\,cm$이며, 두 단면에서의 수두차 $H = 30\,cm$일 때 단면 1과 2에서의 유속과 유량을 계산하라. 단, 유량계수 $C = 0.97$로 가정하라.

[풀이]

단면 1의 단면적 $A_1 = \dfrac{\pi d_1^2}{4} = \dfrac{3.14 \times (0.1\,m)^2}{4} = 0.0078\,m^2$이며,

단면 2의 단면적 $A_2 = \dfrac{\pi d_2^2}{4} = \dfrac{3.14 \times (0.05\,m)^2}{4} = 0.002\,m^2$이다.

식 (5.19)를 이용하여 유량 Q를 계산하면 $Q = C\dfrac{A_2}{\sqrt{1-(A_2/A_1)^2}}\sqrt{2gH}$

$= 0.97 \times \dfrac{0.002\,m^2}{\sqrt{1-(0.002\,m^2/0.0078\,m^2)^2}} \times \sqrt{2 \times 9.81\,m/s^2 \times 0.3\,m} = 0.0049\,m^3/s$가 된다.

두 단면에서의 유속 v_1과 v_2는 각각 $v_1 = \dfrac{Q}{A_1} = \dfrac{0.0049\,m^3/s}{0.0078\,m^2} = 0.63\,m/s$,

그리고 $v_2 = \dfrac{Q}{A_1} = \dfrac{0.0049\,m^3/s}{0.002\,m^2} = 2.45\,m/s$이다.

5.3.2 피토[24]튜브

프랑스 과학자 피토(Pitot)는 유량을 측정하는 매우 단순한 도구를 고안하였다. 그림 5.8(a)와 같이 유리관의 하단부가 90°로 구부려진 것이며, 이를 물 속 흐름의 반대방향으로 설치한 후 유리관 내 증가된 수위의 높이를 측정하여 유속을 산정하는 것이다(그림 5.8(b)). 이 도구를 **피토튜브**(Pitot tube)라 하며 현재까지도 하천 내 유속 측정뿐만 아니라 항공기의 속도계, 풍속계 등에 많이 사용되고 있다.

24) Henri Pitot (1695~1771): 프랑스 아라몬 출생. 파리에서 수학과 물리학을 수학했으며, 토목공학 기술자로서 습지토양의 배수, 교량 및 도시 수도 시스템 건설 그리고 홍수 대책 등에 대한 업무를 수행하였다. 그가 저술한 책들은 수리학뿐만 아니라 구조, 측량, 천문학, 수학, 위생 설비 그리고 이론적인 선박 조향 등 다양한 분야의 내용을 다루고 있다. 그의 유명한 발명품인 피토튜브는 1732년 유량 측정 도구로 발표되었다.

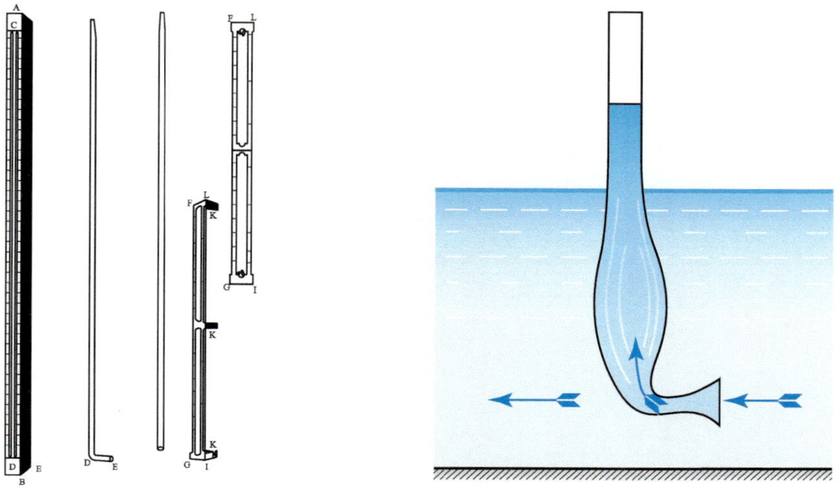

(a) 피토튜브 (b) 피토튜브 내 상승된 수위

그림 5.8 피토에 의해 고안된 (a) 초기 피토튜브 및 (b) 적용 원리

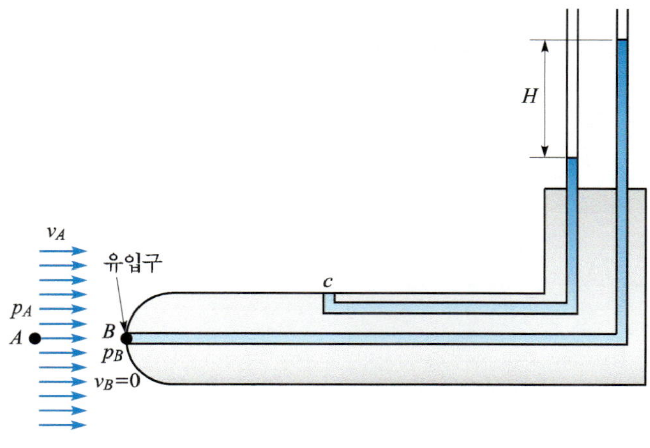

그림 5.9 피토튜브

그림 5.9에서처럼 피토튜브 유입구 지점 B 앞에서 교란된 흐름이 발생된 지점 A에서의 정압력과 유속을 각각 p_A와 v_A라 하자. 유입구 지점 B에서는 흐름이 더 이상 존재하지 않으므로 유속 v_B는 0이 되고 압력 p_B만 남게 된다. 이와 같은 지점 B를 **정체점**(stagnant point)이라하며, 이 지점에서의 압력 p_B를 **정체압력**(stagnant pressure)라 한다. 지점 A와 B 사이에 베르누이 방정식을 적용하면,

$$\frac{p_A}{\rho g}+\frac{v_A^2}{2g}=\frac{p_B}{\rho g}$$

또는

$$v_A=\sqrt{\frac{2(p_B-p_A)}{\rho}} \tag{5.20}$$

평행한 흐름에서 정압력 p_A는 지점 A에 인접한 유선 상에 있는 지점에서의 압력과 동일하며, 이 압력은 흐름에 수직방향으로 뚫려진 구멍 C에서 감지된다. 따라서 $p_A=p_C$이기 때문에 식 (5.20)은 다음과 같이 표현된다:

$$v_A=\sqrt{\frac{2(p_B-p_C)}{\rho}} \tag{5.21}$$

$(p_B-p_C)/\rho g=H$이므로 이를 적용하면 다음과 같다:

$$v_A=\sqrt{2gH} \tag{5.22}$$

피토튜브의 실제 적용에 있어 유입구의 형상 그리고 유체의 점성에 기인한 손실이 발생되므로 식 (5.22)를 보완할 필요가 있으며, 이를 위해 보정계수인 유속계수 C_v를 추가하면 다음과 같다:

$$v_A=C_v\sqrt{2gH} \tag{5.23}$$

예제 5.5

그림 5.9에서처럼 피토튜브 내 B 지점과 C 지점 사이의 수두차 $H=0.1\,m$가 될 때 수로 내 A 지점에서의 유속 v_A와 유량 Q_A를 계산하라. 단, 유속계수 $C_v=1.0$이며, 피토튜브의 직경 d는 0.2 m이다.

[풀이]

식 (5.23)을 이용하면 A 지점에서의 유속

$v_A=C_v\sqrt{2gH}=1.0\times\sqrt{2\times 9.81\,m/s^2\times 0.1\,m}=1.4\,m/s$이다.

연속방정식인 식 (5.3)을 이용하면 유량

$Q_A=Av=\frac{\pi d^2}{4}v_A=\frac{3.14\times(0.2\,m)^2}{4}\times 1.4\,m/s=0.044\,m^3/s$이다.

5.3.3 오리피스를 통한 흐름

수조 내 수심이 시간에 따라 변하지 않는 경우

그림 5.10은 수조의 한 벽에 있는 작은 구멍을 통해 유체가 배수되는 경우를 나타낸 것이다. 이러한 작은 구멍을 **오리피스**(orifice)라 하며, 배수되는 흐름은 오리피스를 지날 때 흐름의 관성으로 인해 오리피스로부터 어느 정도 떨어진 지점 B에서 단면이 최소가 될 때까지 수축된다. 이러한 단면을 **최소수축단면**(**베나 콘트랙타**, vena contracta)이라 한다.

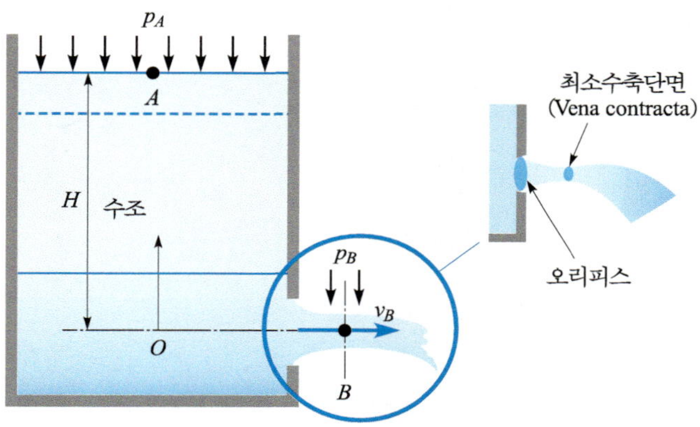

그림 5.10 오리피스를 통한 흐름: 수조의 수심이 시간에 따라 변하지 않는 경우

그림 5.10에서 수조 내 대기와 접하고 있는 지점 A와 최소수축단면이 발생되는 지점 B에 베르누이 방정식을 적용하면 다음과 같다:

$$\frac{p_A}{\rho g}+\frac{v_A^2}{2g}+z_A=\frac{p_B}{\rho g}+\frac{v_B^2}{2g}+z_B \tag{5.24}$$

수조는 오리피스에 비해 매우 크고 수위가 변하지 않으며 지점 O를 기준점이라 가정하면, 지점 A에서의 압력 p_A와 유속 v_A는 0이 되며, 위치수두 z_A는 수심 H가 된다. 그리고 지점 B에서 오리피스를 통과하면서 배수되는 물은 대기에 접하게 되므로 압력 p_B와 위치수두 z_B는 0이 된다. 따라서 식 (5.24)는 다음과 같이 정리된다:

$$H=\frac{v_B^2}{2g}$$

또는

$$v_B = \sqrt{2gH} \tag{5.25}$$

식 (5.25)를 **토리첼리의 정리**(Torricelli[25]'s theorem)라 하며, 이는 이론적인 유속을 산정하는 식으로 실제 적용을 위해서는 다음과 같은 보정계수들이 필요하다.

- 수축계수(coefficient of contraction) C_c : 오리피스의 면적 a와 최소수축단면의 면적 a_c와 비를 **수축계수**라 하며, 대략 0.65가 된다.

$$C_c = \frac{a_c}{a} \tag{5.26}$$

- 유속계수(coefficient of velocity) C_v : 최소수축단면에서 배수되는 유체의 실제 유속은 이론적인 유속 $\sqrt{2gH}$보다 작다. 실제 유속 v와 이론적인 유속 $\sqrt{2gH}$과의 비인 C_v를 **유속계수**라 하며, 대략 0.96~0.99의 범위를 가진다.

$$v = C_v v_B = C_v \sqrt{2gH} \tag{5.27}$$

- 유량계수(coefficient of discharge) C : 오리피스를 통과하는 실제 유량 Q는 수축계수 C_c와 유속계수 C_v를 고려하여 다음과 같은 식을 통해 산정된다:

$$Q = C_c a C_v v_B = C_c C_v a \sqrt{2gH} \tag{5.28}$$

$C_c C_v = C$라 하면 식 (5.28)은 다음과 같이 표현된다:

$$Q = Ca\sqrt{2gH} \tag{5.29}$$

여기서, C를 **유량계수**라 하며, 날카로운 모서리를 가진 오리피스에 대해 대략 0.61~0.63이 적용된다.

25) Evangelista Torricelli (1608~1647): 이탈리아 수학자 및 물리학자. 파엔짜(Faenza) 출생으로, 로마에 와서 처음엔 수학자 베네디토 카스텔리의 비서를 했다. 1641년부터는 갈릴레오 갈릴레이의 제자가 되어, 갈릴레이가 죽을 때까지 연구를 함께 했다. 그 후 토스카나 대공 페르디난도 2세로부터 수학자·철학자로서 초대되었다. 1644년 유속과 기압의 법칙을 적은 토리첼리의 정리를 발표하였으며, 수은으로 실험한 대기압의 연구로도 유명하다. 또한 수은기압계를 발명하기도 했다.

예제 5.6

밑면의 면적이 $80\,cm \times 120\,cm$이고, 높이가 $2\ m$가 되는 수조의 밑면으로부터 $10\ cm$ 높이의 옆면에 지름 $16\ mm$의 구멍이 뚫려있다. 이 구멍으로부터 물이 $2\ m/s$의 유속으로 분출되고 있을 때 수면의 높이는 밑면으로부터 얼마가 되며, 유출량은 얼마인가? 단 유속계수 C_v는 0.97 그리고 유량계수 C는 0.64이다.

[풀이]

식 (5.27)을 이용하여 유속 $v = C_v\sqrt{2gH} = 0.97 \times \sqrt{2 \times (9.81\,m/s^2) \times H} = 2\,m/s$이므로 $H = 0.217\,m$가 된다. 식 (5.29)로부터 유량 $Q = Ca\sqrt{2gH} = 0.64 \times \pi/4 \times (0.016\,m)^2 \times \sqrt{2 \times (9.81\,m/s^2) \times 0.217\,m} = 0.00027\,m^3/s$가 된다.

수조 내 수심이 시간에 따라 변하는 경우

그림 5.11과 같이 시간 dt 동안 수조의 수심 $-dH$만큼 감소될 때 변화된 유량을 dQ라 하면 식 (5.29)는 다음과 같이 수정된다:

$$dQdt = Ca\sqrt{2gH}\,dt = -\,dH \cdot A \tag{5.30}$$

여기서, $Ca\sqrt{2gH}\,dt$는 dt 시간동안 오리피스를 통과하는 유체의 유량이며, 이 때 $-dH \cdot A$는 감소된 체적이다.

식 (5.30)을 dt에 관해 정리하고 적분을 취하면 다음과 같다:

$$dt = -\frac{A\,dH}{Ca\sqrt{2gH}}$$
$$\int_{t_1}^{t_2} dt = -\frac{A}{Ca\sqrt{2g}}\int_{H_1}^{H_2}\frac{dH}{\sqrt{H}} \tag{5.31}$$

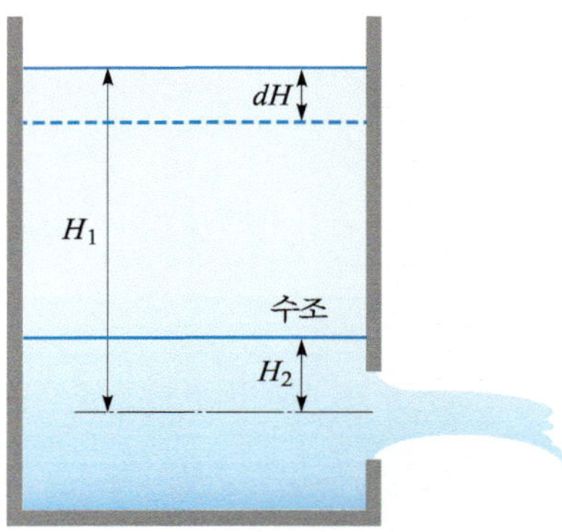

그림 5.11 오리피스를 통한 흐름: 수조의 수심이 시간에 따라 변하는 경우

식 (5.31)을 적분하면 수조 내에서의 수심이 H_1에서부터 H_2까지 감소하는데 걸리는 시간이 얻어진다:

$$t_2 - t_1 = \frac{2A}{Ca\sqrt{2g}}\left(\sqrt{H_1} - \sqrt{H_2}\right) \tag{5.32}$$

수조 내 수심의 하강속도가 일정한 경우

그림 5.12(a)와 같이 수조 바닥에 면적 a를 가진 작은 구멍이 있으며, 이 구멍을 통해 유체가 배수된다고 가정하면 유량 Q는 다음과 같은 식으로 표현할 수 있다:

$$dQdt = Ca\sqrt{2gH}\,dt = -dH \cdot A = dH\pi r^2 \tag{5.33}$$

수심의 하강속도($-dH/dt = v$)가 일정할 때 식 (5.33)은 다음과 같이 된다:

$$v = -\frac{dH}{dt} = \frac{Ca\sqrt{2gH}}{\pi r^2} \tag{5.34}$$

$$H = \left(\frac{\pi v}{Ca\sqrt{2g}}\right)^2 r^4 \tag{5.35}$$

식 (5.35)는 수심 H인 수조 단면의 중심으로부터 반경 r의 4승이 될 때 하강속도는 일정해진다는 것을 의미한다. 이에 대한 이론은 기원전 1,400년경에 이집트인들에 의해 적용되었으며, 그림 12(b)에서처럼 수심의 위치에 따라 변화되는 시간을 측정하는 물시계를 제작하여 생활에 이용하였다.

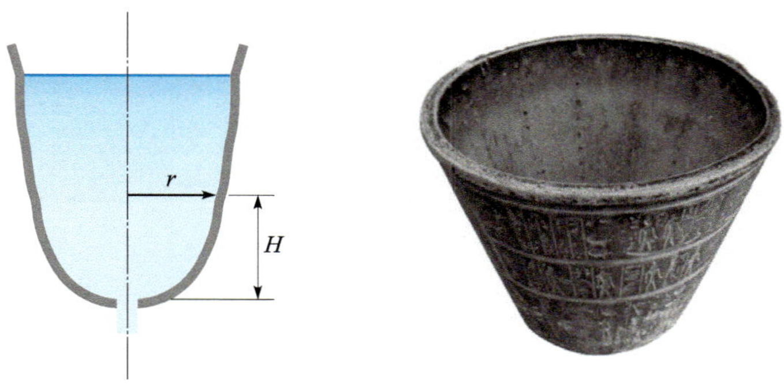

(a) (b)

그림 5.12 오리피스를 통한 흐름: 수조 내 수심의 하강속도가 일정한 경우

5.3.4 위어

그림 5.13(a)에서 볼 수 있듯이 수로 내에 평판이나 벽으로 가로막아 유체의 일부 또는 전부를 월류하도록 하는 장치를 **위어**(weir)라 하며, 유량을 조절하기 위해 사용된다.

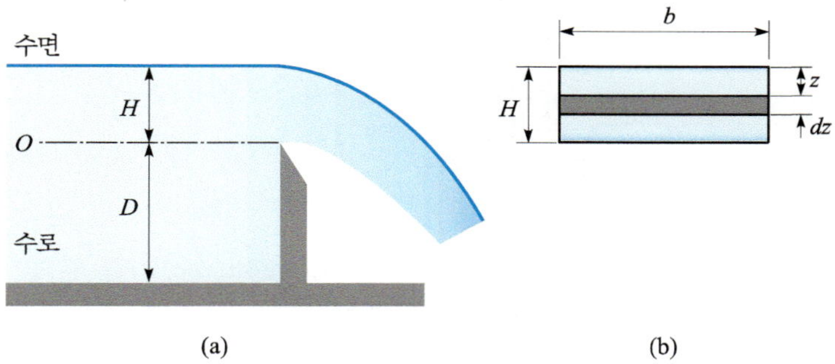

그림 5.13 위어

그림 5.13(b)에서처럼 수면에서부터 수심 z에 미소수심 dz가 있으며, 수로의 폭 b인 위어를 통해 월류하는 유체는 오리피스처럼 미소면적 bdz를 통과한다고 가정하자. 기준면 O에 대해 베르누이 방정식을 적용하여 v에 대해 정리하면 다음과 같다:

$$v = \sqrt{2gz}$$

미소면적을 통과하는 유량 dQ는 다음과 같이 표현된다:

$$dQ = Cbdz\sqrt{2gz} \tag{5.36}$$

식 (5.36)을 적분하면 위어를 통해 월류하는 유량 Q를 구하는 식이 얻어진다:

$$Q = Cb\sqrt{2g}\int_0^H \sqrt{z}\,dz = \frac{2}{3}Cb\sqrt{2g}\,H^{3/2} \tag{5.37}$$

예제 5.7

폭이 600 mm인 사각형 위어에서 월류되는 물의 높이를 측정한 결과 $H = 155\,mm$이다. 유량계수 $C = 0.61$일 때 유량을 구하라.

[풀이]

식 (5.37)을 이용하면

$Q = 2/3\,Cb\sqrt{2g}\,H^{3/2} = 2/3 \times 0.61 \times (0.6\,m) \times \sqrt{2 \times 9.81\,m/s^2} \times (0.155\,m)^{3/2} = 0.066\,m^3/s$ 이다.

5.4 운동량 방정식: 운동량 보존의 법칙

그림 5.14와 같이 야구선수들끼리 서로 던지면서 주고받을 때 이동하는 야구공은 야구장갑을 통해 쉽게 순간적으로 정지시킬 수 있으며, 또한 정지하면서 발생되는 충격(힘)은 야구선수들이 충분히 감당할 수 있다. 그러나 도로 위를 달리는 자동차를 짧은 시간에 정지시키기에는 매우 어려우며, 만약 야구공과 같은 속도로 이동하다 정지한다 할지라도 그 충격의 크기는 야구공의 경우보다 훨씬 크다. 따라서 속도만을 이용하여 이동하는 물체의 운동 효과를 파악하기에는 충분하지 않다. 이를 보완하기 위한 방법으로 질량 M을 가진 물체가 속도 v로 이동한다고 할 때 이들의 곱인 Mv는 이동하는 물체의 운동 효과에 대한 기준으로 사용될 수 있으며, 이를 **선형 운동량**(linear momentum)이라 한다. 뉴튼의 운동 제2법칙에 의하면 어떤 물체의 단위 시간당 운동량의 변화량은 물체가 작용하는 힘과 같다.

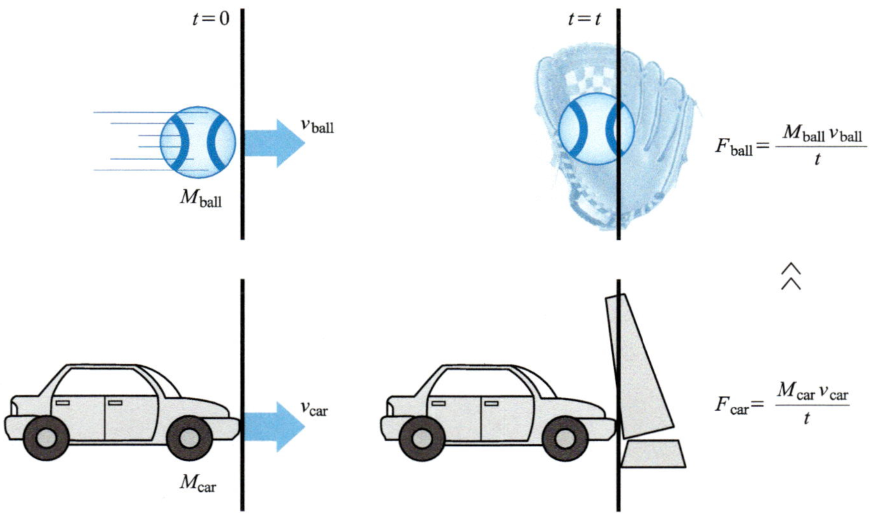

그림 5.14 이동하는 야구공과 자동차의 운동량 비교

질량 M을 가진 물체가 시간 $\Delta t(=t_2-t_1)$ 동안 속도 $\Delta v(=v_2-v_1)$로 이동한다고 가정하고 물체가 작용하는 힘 F와 속도의 변화 Δv에 의한 물체의 운동량 변화는 다음과 같은 식으로 표현할 수 있다:

$$F=\frac{Mv_2-Mv_1}{t_2-t_1}=\frac{M\Delta v}{\Delta t} \tag{5.38}$$

식 (5.38)은 물체가 작용하는 힘은 이동 중인 물체의 단위 시간당 운동량의 증가로서 보존된다는 것을 의미하며, 이를 **운동량 보존의 법칙**(law of momentum conservation)이라 하며, 이를 통해 로켓 제트의 반력 또는 흐르고 있는 유체가 접촉하고 있는 고체 벽에 작용하는 힘을 알고자 할 때마다 복잡한 힘의 내부 현상을 고려하지 않고 운동량의 변화만을 이용하여 비교적 간단하게 계산할 수 있다.

실제 계산에서는 유체의 운동량 변화와 그 유체가 작용하는 힘 사이의 관계는 운동량 방정식을 통해 유도될 수 있다. 그림 5.15에서처럼 굴곡된 관내에서의 흐름에 대한 경우를 고려하자. 그림에서 $ABCD$를 **검사체적**[26](control volume)이라 하고 단면 1(AB)그리고 2(CD)의 면적을 각각 A_1과 A_2, 유속을 v_1과 v_2 그리고 압력을 p_1과 p_2라 하자. 또한 관에 작용하는 유체의 힘을 F 그리고 유체에 작용하는 관의 힘을 반력 R이라 하자. 단면 1과 2에 작용하는 힘과 압력은 검사체적 내 유체에 작용하여 운동량을 증가시킨다[27]. 만약 R_x와 R_y가 각각 반력 R의 x와 y 방향의 성분이라 할 때 식 (5.38)의 운동량 방정식으로부터 다음과 같은 식이 유도된다:

$$
\begin{aligned}
-R_x + A_1 p_1 \cos\theta_1 - A_2 p_2 \cos\theta_2 &= \rho Q(v_2\cos\theta_2 - v_1\cos\theta_1) \\
R_y + A_1 p_1 \sin\theta_1 - A_2 p_2 \sin\theta_2 &= \rho Q(v_2\sin\theta_2 - v_1\sin\theta_1)
\end{aligned}
\tag{5.39}
$$

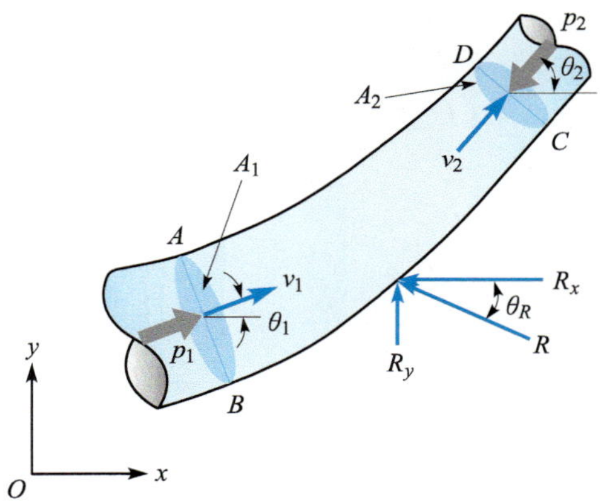

그림 5.15 굴곡된 관에서의 유체 흐름

26) 유체역학적인 개념에서 검사체적은 유체 흐름을 쉽게 해석하기 위하여 임의로 정한 가상의 체적으로, 시간의 변화에 따라 부피는 변하지 않으나 질량, 운동량, 에너지 등의 물리량은 변하는 공간을 의미한다.

27) 검사체적 내 운동량의 증가=검사체적으로부터 나가는 운동량 − 검사체적으로 들어오는 운동량

식 (5.39)를 R_x와 R_y에 대해 다시 표현하면 다음과 같다:

$$\begin{aligned} R_x &= \rho Q(v_1 \cos\theta_1 - v_2 \cos\theta_2) + A_1 p_1 \cos\theta_1 - A_2 p_2 \cos\theta_2 \\ R_y &= \rho Q(v_1 \sin\theta_1 - v_2 \sin\theta_2) + A_1 p_1 \sin\theta_1 - A_2 p_2 \sin\theta_2 \end{aligned} \tag{5.40}$$

식 (5.40)은 관내를 이동하는 유체의 시간에 따른 운동량 변화는 관 내벽의 반력과 같다는 것을 의미한다. 반력의 합력과 방향은 다음과 같은 식을 통해 계산된다:

$$R = \sqrt{R_x^2 + R_y^2}, \qquad \theta_R = \tan^{-1}\left(\frac{R_y}{R_x}\right) \tag{5.41}$$

5.5 운동량 방정식의 응용

5.5.1 제트류에 의한 힘

그림 5.16(a)는 정지 상태에 있는 검사체적 내에서, 수평에 대해 θ 만큼 경사진 평판에 2차원 **제트류**(jet flow)가 부딪쳐 상하로 분리되는 경우를 나타낸 것이다. 제트류의 내부 압력은 외부 압력과 동일하며, 평판에 부딪치는 흐름에는 손실이 없다고 가정한다. 따라서 손실이 발생하지 않기 때문에 평판에 부딪친 후 제트류는 평판면을 따라 동일한 속도 v로 상하 양방향으로 흘러나간다고 가정한다.

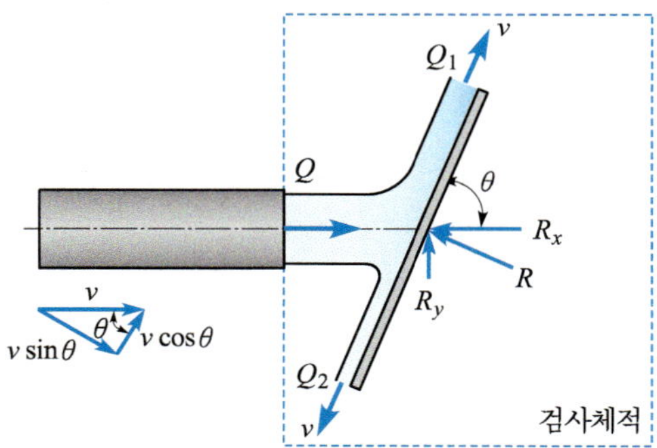

(a) 평판이 정지해 있는 경우

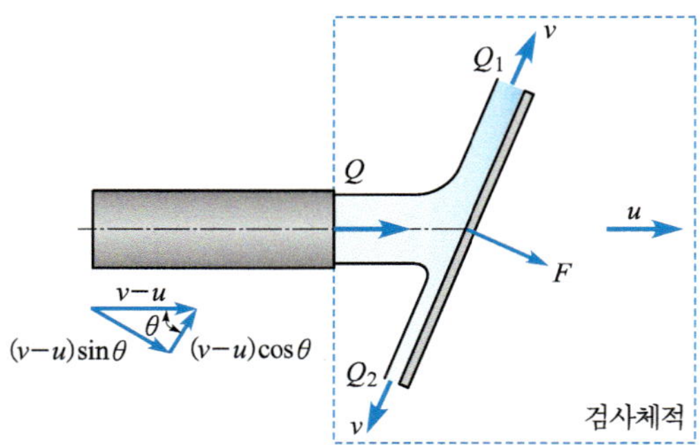

(b)평판이 속도 u로 이동하는 경우

그림 5.16 정지 상태에 있는 평판에 작용하는 제트류의 힘

제트류는 속도 $v\sin\theta$로 평판에 직각방향으로 흐르다가 평판에 부딪힌 이후에는 0이 되기 때문에 제트류에 대한 평판의 반력 R은 다음과 같다:

$$R = \rho Q v \sin\theta \tag{5.42}$$

제트류 흐름 방향에 대한 수평반력 R_x는 다음과 같다:

$$R_x = R\sin\theta = \rho Q v \sin^2\theta \tag{5.43}$$

그리고 제트류의 흐름 방향에 대한 수직반력 R_y는 다음과 같다:

$$R_y = R\cos\theta = \rho Q \sin\theta \cos\theta \tag{5.44}$$

또한 제트류가 평판에 부딪칠 때 유량 Q는 상부방향으로의 유량 Q_1과 하부방향으로의 유량 Q_2로 각각 분리된다. 경사각 θ에 대해 두 개의 유량 Q_1과 Q_2의 비의 변화를 알아보자. 흐름에 대한 손실이 무시될 경우 평판을 따라 작용하는 힘이 없기 때문에 평판을 따라 운동량 방정식을 적용하면 다음과 같다:

$$\rho Q v \cos\theta = \rho Q_1 v - \rho Q_2 v \quad \rightarrow \quad Q\cos\theta = Q_1 - Q_2$$

위의 식과 연속방정식 $Q = Q_1 + Q_2$를 적용하여 Q_1과 Q_2에 대해 각각 정리를 하면 다음과 같다:

$$Q_1 = Q\frac{(1+\cos\theta)}{2} \tag{5.45}$$

$$Q_2 = Q\frac{(1-\cos\theta)}{2} \tag{5.46}$$

그림 5.16(b)에서처럼 평판이 제트류와 같은 방향으로 속도 u로 이동을 하는 경우에 제트류의 상대속도는 $v-u$가 되며, 평판에 도달하는 유량 Q'은 다음과 같은 식을 통해 산정된다:

$$Q' = Q\frac{v-u}{v}$$

평판에 직각 방향으로의 제트류 속도 변화는 $(v-u)\sin\theta$이기 때문에 평판에 작용하는 힘 F는 다음과 같이 표현된다:

$$F = \rho Q'(v-u)\sin\theta = \rho Q\frac{(v-u)^2}{v}\sin\theta \tag{5.47}$$

예제 5.8

그림 5.16(a)에서 직경이 50 mm인 관을 통해 물이 40 m/s의 유속으로 30^o로 고정된 평판에 충돌할 경우 평판이 받는 힘 즉 반력 R은 얼마인지 계산하라. 단, 물의 밀도 $\rho = 1{,}000 kg/m^3$이다.

[풀이]

식 (5.42)인 반력 $R = \rho Q v \sin\theta$를 이용하여 계산한다.

먼저 유량 $Q = Av = (\pi/4) \times (0.05\ m)^2 \times 40\ m = 0.078\ m^3/s$이다.

따라서 반력 $R = \rho Q v \sin\theta = 1{,}000\ kg/m^3 \times 0.078\ m^3/s \times (40\ m/s) \times \sin 30^o = 1{,}560\ N$이 된다.

5.5.2 급확대관에서의 손실

그림 5.17과 같이 길이가 짧고 수평으로 놓여있는 **급확대관**(suddenly expanding pipe)에서 관벽에서의 마찰손실은 없으며 단지 급확대에 따른 손실 h_{se}만 있다고 가정한다. 단면 1과 2 사이에 대해 베르누이 방정식을 적용하면 다음과 같다:

$$\frac{p_1}{\rho g} + \frac{v_1^2}{2g} = \frac{p_2}{\rho g} + \frac{v_2^2}{2g} + h_{se}$$

또는

$$h_{se} = \frac{p_1 - p_2}{\rho g} + \frac{v_1^2 - v_2^2}{2g} \tag{5.48}$$

그림 5.17에서처럼 검사제척에 대해 운동량 방정식을 적용하면 다음과 같다:

$$p_1 A_1 + p^{'}(A_2 - A_1) - p_2 A_2 = \rho Q(v_2 - v_1) \tag{5.49}$$

상대적으로 직경이 작은 관에서의 유선은 관의 단면이 갑자기 확대되는 지점까지 평행하므로 단면 1에 작용하는 압력 p_1이 확대되는 지점에서의 압력 $p^{'}$와 대략 동일하다고 할 수 있다, 즉 $p_1 = p^{'}$. 따라서 식 (5.49)는 다음과 같이 표현될 수 있다:

$$(p_1 - p_2)A_2 = \rho Q(v_2 - v_1) \tag{5.50}$$

식 (5.50)을 중력가속도 g로 나누고 연속방정식 $Q = A_1 v_1 = A_2 v_2$을 고려하면 다음과 같은 식으로 표현될 수 있다:

$$\frac{p_1 - p_2}{\rho g} = \frac{Q}{A_2}\frac{v_2 - v_1}{g} = \frac{v_2}{g}(v_2 - v_1) \tag{5.51}$$

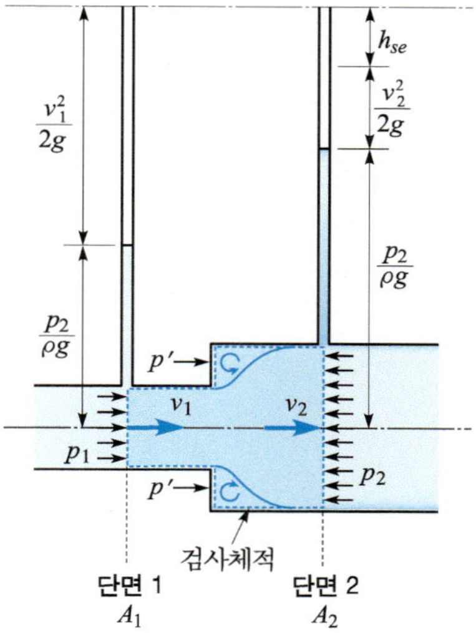

그림 5.17 급확대관에서의 유체 흐름

식 (5.51)을 식 (5.48)에 대입하면 다음과 같다:

$$h_{se} = \frac{(v_1 - v_2)^2}{2g} = \left(1 - \frac{A_1}{A_2}\right)^2 \frac{v_1^2}{2g} \tag{5.52}$$

식 (5.52)에서 h_{se}를 **Borda-Carnot 손실수두** 또는 **확대손실수두**(expansion loss)라 한다.

5.5.3 제트 펌프

그림 5.18(a)에서와 같이 **제트 펌프**(jet pump)는 수중에 제트부를 설치하고 벤튜리 튜브의 원리를 이용하여 증기 또는 물을 고속으로 노즐에서 분사시킨 후 이로 인해 발생되는 압력 저하에 의한 흡인작용을 이용하여 양수하는 펌프의 일종이다.

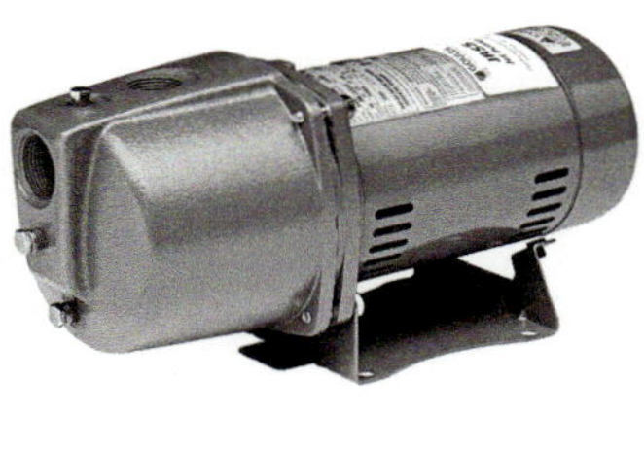

(a) 제트 펌프의 외형

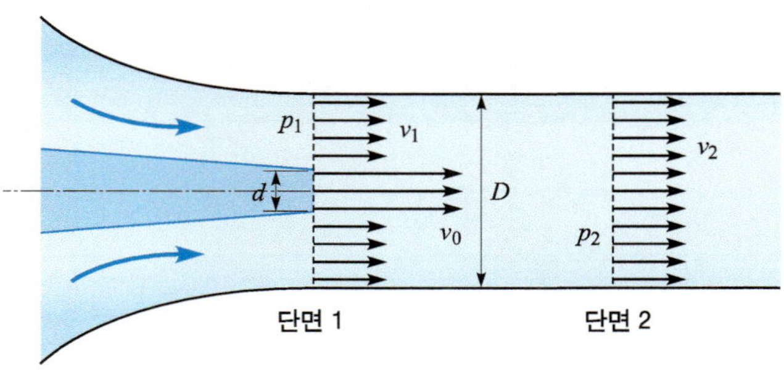

(b) 제트 펌프의 원리

그림 5.18 제트 펌프

그림 5.18(b)에서 v_0는 단면 1에서 분사되는 제트류의 유속이고 v_1은 제트류 주위의 유속이라고 하자. 제트류가 단면 1을 통과하면서 주위의 흐름과 혼합(mixing)되며, 이러한 혼합이 단면 2에서 끝나고 난 후 수직방향으로 균일한 유속 v_2가 된다는 가정과 함께 운동량 방정식을 적용하면 다음과 같다:

유입 운동량 (단면 1) : $\frac{\pi}{4}\rho\left[(D^2-d^2)v_1^2+d^2v_0^2\right]$

유출 운동량 (단면 2) : $\frac{\pi}{4}D^2\rho v_2^2$

증가된 운동량 (단면 2 - 단면 1) : $\frac{\pi}{4}\rho\left[d^2v_2^2-(D^2-d^2)v_1^2-d^2v_0^2\right]$

유체에 의해 작용되는 힘 : $\frac{\pi}{4}D^2(p_1-p_2)$

증가된 유체의 운동량은 유체에 의해 작용된 힘과 같다는 운동량 보존의 법칙에 따라 정리를 하면 다음과 같다:

$$\rho\left[D^2v_2^2-(D^2-d^2)v_1^2-d^2v_0^2\right]=D^2(p_1-p_2) \tag{5.53}$$

연속방정식을 이용하여 식 (5.53)을 다시 정리하면 두 단면 사이의 압력 차에 대해 다음과 같이 표현된다:

$$p_2-p_1=\rho\frac{d^2(D^2-d^2)}{D^4}(v_0-v_1)^2 \tag{5.54}$$

식 (5.54)는 두 단면에서의 압력 차는 항상 양(positive)이 되는 것을 보여주며, 이는 제트 펌프가 압력의 차로 인해 물을 바깥으로 밀어낼 수 있다는 것을 의미한다.

5.5.4 프로펠러의 효율

그림 5.19에서처럼 속도 u로 우측에서 좌측으로 이동하는 직경 D의 프로펠러는 유속 U로 좌측에서 우측으로 이동하는 유체의 흐름이 정지 상태에 있는 프로펠러에 충돌하는 경우와 동일시 될 수 있다. 또한 프로펠러 하류부에서는 유체의 유속이 $U+u$로 가속된다고 가정할 수 있으며, 프로펠러의 상류부와 하류부에서의 압력 p는 동일하다.

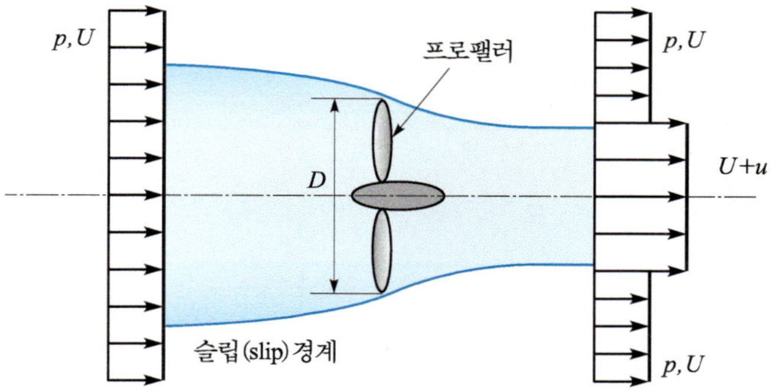

그림 5.19 프로펠러의 상류부와 하류부에서의 유체 흐름

프로펠러의 회전면을 통해 발생되는 운동량과 운동에너지의 변화로부터 **추력**(trust) T는 다음과 같은 식을 통해 산정된다:

$$T = \frac{\pi}{4} D^2 \rho u \left(U + \frac{u}{2} \right) \tag{5.55}$$

그리고 효율 η는 다음과 같다:

$$\eta = \frac{2}{2 + u/U} \tag{5.56}$$

식 (5.56)은 유체의 점성과 프로펠러 하류부에 발생되는 후류(wake)에 기인한 손실은 무시한 것으로 실제 적용에 있어서는 이에 대한 영향을 고려할 필요가 있다.

예제 5.9

그림 5.19에서 프로펠러의 지름 D가 2.4 m인 비행기가 속도 $u = 100\ m/s$로 $\rho = 0.04\ kg/m^3$인 잔잔한 공기 속을 비행하고 있다. 프로펠러를 지나는 유체의 유속 $U = 125\ m/s$일 때 비행기의 추력 T와 효율 η를 구하라.

[풀이]

식 (5.55)인 비행기의 추력

$$T = \frac{\pi}{4} D^2 \rho u \left(U + \frac{u}{2} \right) = \frac{\pi}{4} \times (2.4 m)^2 \times 0.04 kg/m^2 \times 100 m/s \times \left[125 m/s + \frac{(100 m/s)}{2} \right]$$

$= 3,166.7 N$이 된다. 또한, 효율 $\eta = \dfrac{2}{(2+u/U)} = \dfrac{2}{[2 + (100 m/s)/(125 m/s)]} = 0.71$이 된다,

5.6 각운동량 방정식: 각운동량 보존의 법칙

5.6.1 각운동량 방정식

질량이 M인 물체가 반경 r과 속도 v로 회전하는 경우에 대한 각운동량은 다음과 같이 표현된다:

$$\begin{aligned}\text{각운동량} &= \text{관성모멘트}^{28)} \times \text{각속도} \\ &= Mr^2 \times \frac{v}{r} = Mrv \end{aligned} \tag{5.57}$$

회전하는 물체에 대한 토크는 다음과 같다:

$$\begin{aligned}\text{토크} &= \text{각운동량의 변화량} \\ &= \text{관성모멘트} \times \text{각가속도} \end{aligned} \tag{5.58}$$

식 (5.58)은 뉴튼의 운동 제2법칙(가속도의 법칙)과 동일하게 표현되며, 이를 **각운동량 보존 법칙**(law of angular momentum conservation)이라 한다.

그림 5.20은 피겨 스케이팅의 회전을 나타내는 다이어그램이다. 스케이터가 동일한 각운동량으로 회전을 할 때 두 팔을 펼치고 다리 중 하나를 펼쳐 관성 모멘트를 크게 하면 회전속도가 느려진다(그림 5.20(a)). 반면 팔을 몸에 바짝 붙이고 다리를 모으게 되면 관성 모멘트는 작아지고 회전속도는 빨라진다(그림 5.20(b)).

28) 물체가 회전 운동을 하는 상태를 계속 유지하려는 정도를 나타내는 물리량이며, I로 표현한다. 회전하는 물체는 외력이 가해지지 않으면 계속 회전하려고 하는 성질을 의미한다. 관성은 물체의 질량 m에만 비례하는 반면 관성 모멘트는 물체의 질량뿐만 아니라 물체의 형상에도 영향을 받는다.

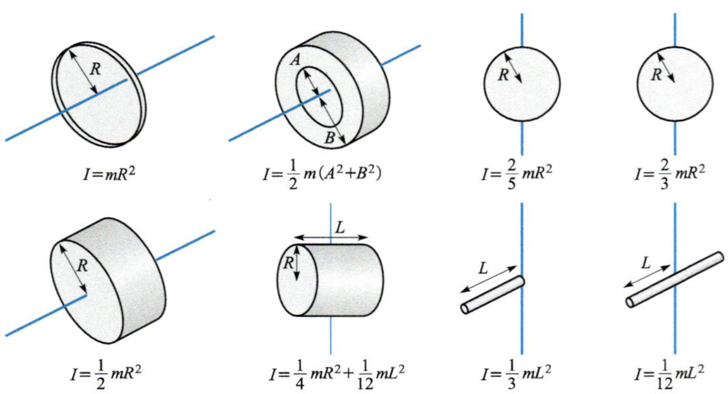

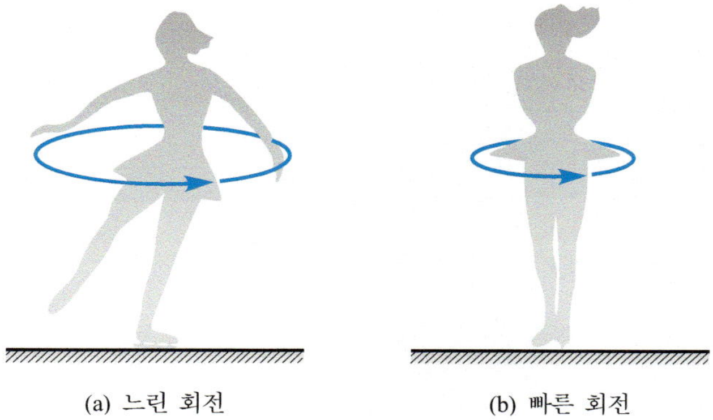

그림 5.20 피겨 스케이팅의 회전

식 (5.58)의 관계를 유체 흐름에 적용하면 회전하는 임펠러 위로 유체가 흘러갈 때(그림 5.21) **수차**(water wheel) 또는 펌프의 축에 작용하는 토크를 결정할 수 있다.

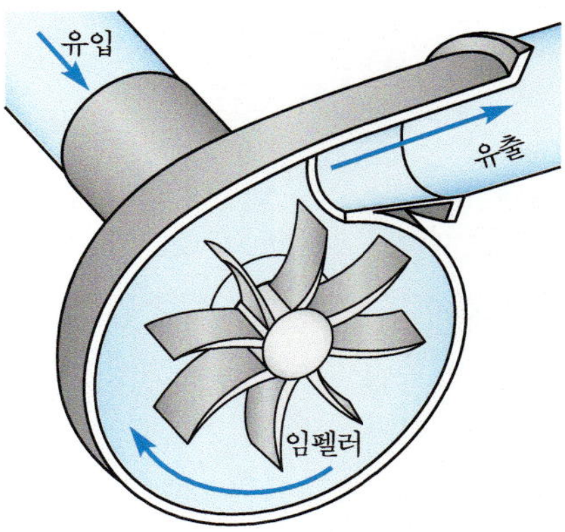

그림 5.21 임펠러 위를 흐르는 유체

그림 5.22와 같이 유체가 굴곡진 관을 통해 이동하는 경우, 단면 A_1과 A_2 사이에서 이동하는 유체에 의해 발생되는 관 내벽에 작용하는 힘으로부터 축 O를 중심으로 관을 회전시키려 토크 T는 각운동량 방정식으로부터 다음과 같이 유도된다:

$$T + A_2 p_2 r_2 \cos\alpha_2 - A_1 p_1 r_1 \cos\alpha_1 = \rho Q(r_2 v_2 \cos\alpha_2 - r_1 v_1 \cos\alpha_1) \tag{5.59}$$

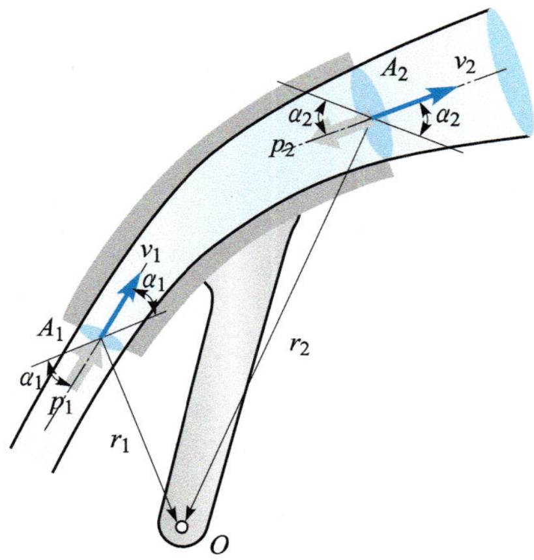

그림 5.22 축 O 중심으로 회전하는 굴곡진 튜브 내에서의 유체 흐름

5.6.2 원심펌프의 토크

원심펌프 내에 설치된 임펠러의 회전으로 인해 유체는 그림 5.23에서처럼 블레이드를 따라 유량 Q로 흘러간다. 반경 r_1과 r_2에서의 속도는 u_1과 u_2, 각 α_1과 α_2에서의 절대속도는 각각 v_1과 v_2 그리고 이 때 임펠러의 상대속도는 w_1과 w_2라고 하자. 그림 5.22에서와 같이 압력이 작용하는 방향은 임펠러의 중심을 통해 지나가기 때문에 식 (5.59)의 좌변 두 번째와 세 번째 항은 0이 된다. 따라서 토크 T는 다음과 같은 식을 통해 산정된다:

$$T = \rho Q(r_2 v_2 \cos \alpha_1 - r_1 v_1 \cos \alpha_2) \tag{5.60}$$

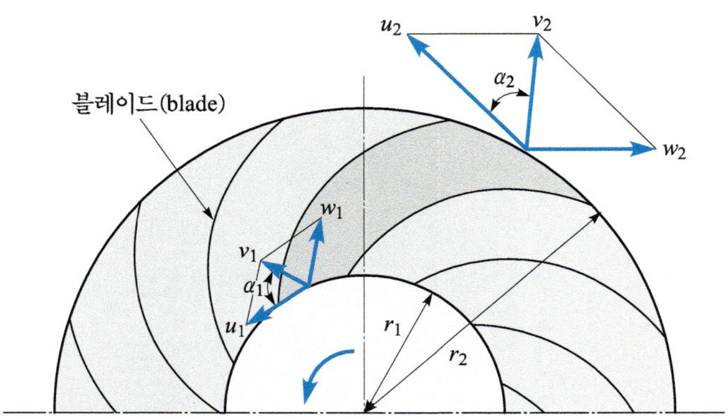

그림 5.23 원심 펌프의 블레이드를 따른 유체 흐름

이러한 방법으로 임펠러 축에 작용하는 토크 T는 단지 임펠러의 유입부와 유출부에서의 속도로부터 구할 수 있다. 만약 ω를 임펠러의 각속도라하면, 임펠러 축에 작용하는 **일률**(power, 또는 **출력**) P은 다음과 같다:

$$P = T\omega \tag{5.61}$$

예제 5.10

다음 그림과 같이 수평의 잔디 스프링클러가 0.003 m^3/s의 유량으로 물을 뿌리고 있다. 이 스프링클러의 노즐 지름은 0.64 cm, 두 개의 팔의 길이는 각각 15 cm로 동일할 때 이 스프핑쿨러가 돌지 못하도록 하기 위한 토크 T를 구하라. 단, 물의 밀도 ρ는 1,000 kg/m^3이다.

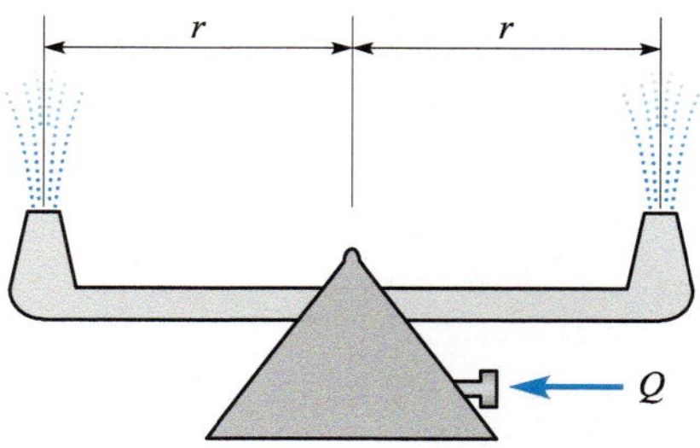

예제 5.10

[풀이]

유속 $v = Q/(2A) = (0.003m^3/s)/[2\times\pi\times(0.0064m)^2/4] = 46.63m/s$이며,

토크 $T = 2\rho Qvr = 2\times 1000\,kg/m^3\times 0.003m^3/s\times 46.63m\times 0.15m = 41.97N\cdot m$가 된다.

5.7 운동에너지, 운동량 그리고 유량 보정계수

5.7.1 운동에너지 보정계수

베르누이 방정식은 그림 5.24에서와 같이 유관(stream tube) 내 모든 지점에서 균일한 속도 즉 평균유속 v로 흐른다는 가정 하에서 유도된 것이다. 그러나 관 또는 고체 표면을 따라 흐르는 유체의 실제 유속은 벽면과 같은 경계에서는 0이 되며, 경계로부터의 거리가 증가함에 따라 유속이 증가한다. 따라서 유체의 운동에너지도 유속의 경우와 마찬가지로 유사한 방식으로 증가한다.

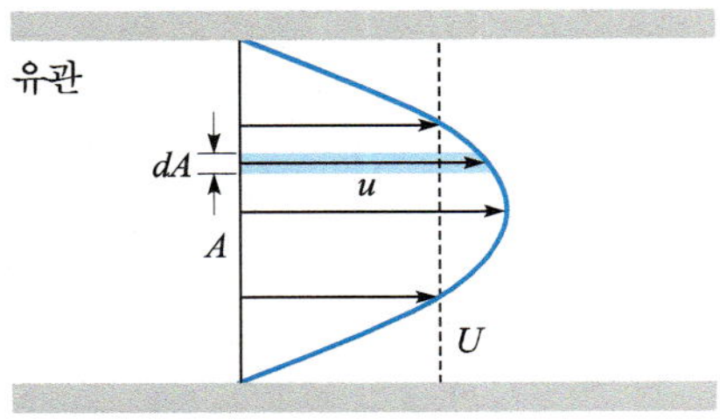

그림 5.24 유체 흐름 내의 유속분포

흐름단면적 A가 일련의 작은 미소단면적 dA로 구성되어 있으며, 이 단면적에 수직방향으로의 실제 유속을 u라 하면 흐름단면적 A를 통과하는 총운동에너지 KE는 단위 시간당 미소단면적을 통과하는 운동에너지를 미소면적 dA에 대해 적분을 함으로써 결정될 수 있으며, 다음과 같이 표현된다:

$$KE = \int_A \frac{u^2}{2} dm = \int_A \frac{u^2}{2} \rho u \, dt \, dA = \frac{\rho dt}{2} \int_A u^3 dA \tag{5.62}$$

여기서 $dm = \rho U dt \, dA$이며, dt 동안 미소단면적 dA을 통과하면서 흐르는 유체의 미소 질량이다.

식 (5.62)는 유속에 대한 정보가 정확할 경우 쉽게 적분될 수 있으나 그렇지 않은 경우 평균유속 v의 항과 **운동에너지 보정계수**(kinetic energy correction factor) α를 고려하여 운동에너지 KE를 표현하는 것이 더욱 편리하며, 식 (5.62)는 다음과 같이 표현된다:

$$KE = \alpha \frac{v^2}{2} m = \alpha \frac{\rho dt}{2} A v^3 \tag{5.63}$$

식 (5.62)와 (5.63)을 비교하여 운동에너지 보정계수 α에 대해 정리하면 다음과 같다:

$$\alpha = \frac{1}{Av^3} \int_A u^3 dA \tag{5.64}$$

수학적으로 평균유속 v의 3승은 실제 유속 u의 3승의 평균보다 작으므로 다음과 같은 관계가 성립된다:

$$v^3 < \frac{1}{A} \int_A u^3 dA$$

운동에너지 보정계수 α는 항상 1보다 크다. 따라서 식 (5.12)에 운동에너지 보정계수 α를 고려하면 다음과 같이 표현된다:

$$\alpha_1 \frac{v_1^2}{2g} + \frac{p_1}{\rho g} = \alpha_2 \frac{v_2^2}{2g} + \frac{p_2}{\rho g} \tag{5.65}$$

운동에너지 보정계수 α는 흐름단면적의 형상과 유속분포에 의존한다. 원형관에서의 흐름이 난류인 경우 운동에너지 보정계수 α는 1.01에서 1.10의 범위를 가지나 식 (5.65)에서 운동에너지에 대한 항이 좌변과 우변에 존재하므로 대부분 이와 관련된 공학적인 문제에서는 운동에너지 보정계수 α의 값을 1.0으로 취급한다.

5.7.2 운동량 보정계수

흐름단면적을 통과하는 유속이 균일하지 않은 경우의 운동량과 평균유속에 의한 운동량을 비교할 때 평균유속에 의한 운동량을 동일하게하기 위해서는 **운동량 보정계수**(momentum correction factor) β를 고려할 필요가 있다. 미소단면적 dA에서의 실제 유속 u에 의한 운동량은 다음과 같은 식으로 표현된다:

$$\int_A \rho u^2 dA \tag{5.66}$$

또한 평균유속 v에 의한 운동량은 다음과 같다:

$$\rho v^2 A \tag{5.67}$$

위의 식 (5.67)에서 운동량 보정계수 β를 곱하고 식 (5.66)과 (5.67)을 같게 놓으면 다음과 같다:

$$\int_A \rho u^2 dA = \beta \rho v^2 A \tag{5.68}$$

따라서 운동량 보정계수 β는 다음과 같이 표현된다:

$$\beta = \frac{1}{Av^2} \int_A u^2 dA \tag{5.69}$$

5.7.3 유량 보정계수

운동량의 경우와 마찬가지로 흐름단면적을 통과하는 유속이 균일하지 않은 경우의 유량과 평균유속에 의한 유량에도 차이가 발생한다. 이를 보정하기 위해 유량 보정계수(flow rate correction factor) γ를 고려할 필요가 있다. 미소단면적 dA에서의 실제 유속 u에 의한 유량 Q는 다음과 같은 식으로 표현된다:

$$Q = \int_A u dA \tag{5.70}$$

또한 평균유속 v에 의한 유량 Q는 다음과 같다:

$$Q = Av \tag{5.71}$$

위의 식 (5.71)에서 유량 보정계수 γ를 곱하고 식 (5.70)과 (5.71)을 같게 놓으면 다음과 같다:

$$\int_A u\, dA = \gamma v A \tag{5.72}$$

따라서 유량 보정계수 γ는 다음과 같이 표현된다:

$$\gamma = \frac{1}{Av}\int_A u\, dA \tag{5.73}$$

예제 5.11

반지름 R의 원관 내에 층류가 흐를 때의 유속분포가 다음과 같다.

$$u = u_0\left(1 - \frac{r^2}{R^2}\right)$$

이 경우에 대한 운동에너지 보정계수 α와 운동량 보정계수 β를 구하라. 단, u_0는 원관의 중심인 $r = 0$일 때의 유속이며, 최대유속이다.

[풀이]

유량 $Q = \int_A udA = 2\pi u_0 \int_0^R (1 - r^2/R^2) rdr = 2\pi u_0 [r^2/2 - r^4/(4R^2)]_0^R = \pi u_0 R^2/2$이며,

유속 $V = Q/A = (\pi u_0 R^2/2)/(\pi R^2) = u_0/2$이다.

운동에너지 보정계수 $\alpha = 1/(Av^3)\int_A u^3 dA = 1/A \int_A (u/v)^3 dA = (16\pi)/(\pi R^2)\int_0^R (1 - r^2/R^2)^3 rdr$

$= 16/R^2 [r^2/2 - 3r^4/4R^2 + 3r^6/6R^4 - r^3/8R^6]_0^R = 16R^2/8R^2 = 2.0$이 된다.

또한 운동량 보정계수 $\beta = 1/(Av^2)\int_A u^2 dA = 1/A \int_A (u/v)^2 dA = 8\pi/\pi R^2 \int_0^R (1 - r^2/R^2)^2 rdr$

$= 8/R^2 [r^2/2 - 2r^4/4R^2 + r^6/6R^4]_0^R = 8R^2/6R^2 = 1.33$이 된다.

제5장 연습문제

1. 오일러 운동 방정식을 적분하여 정상류에 대한 베르누이 방정식을 유도하라.

2. 그림 5.25와 같이 단면이 변화하는 관에서의 유속 v_1, v_2 그리고 v_3을 계산하라. 유량 Q는 800 $L/\min$이고 단면 1, 2 그리고 3에서의 직경 d_1, d_2 그리고 d_3는 각각 50, 60 그리고 100 mm이다.

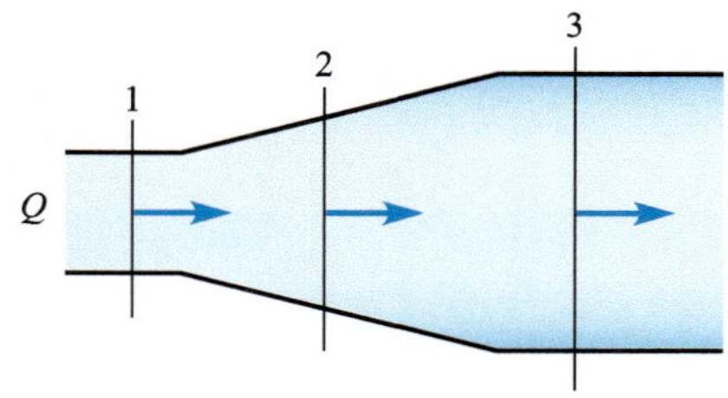

그림 5.25

답 $v_1 = 6.79\,m/s$, $v_2 = 4.02\,m/s$, $v_3 = 1.70\,m/s$

3. 그림 5.25와 같은 관에 물이 흐르고 있다. 단면 1에서의 압력이 24.5 kPa일 때 단면 2와 3에서의 압력 p_2와 p_3는 각각 얼마인지 계산하라.

답 $p_2 = 39.5\,kPa$, $p_3 = 46.1\,kPa$

4. 그림 5.26에서처럼 수조 바닥에 구멍이 있으며, 구멍의 면적 a는 수조의 수표면 면적 A보다 매우 작다. 수조에서 물이 완전히 빠져 나갈 때까지의 시간을 계산하라.

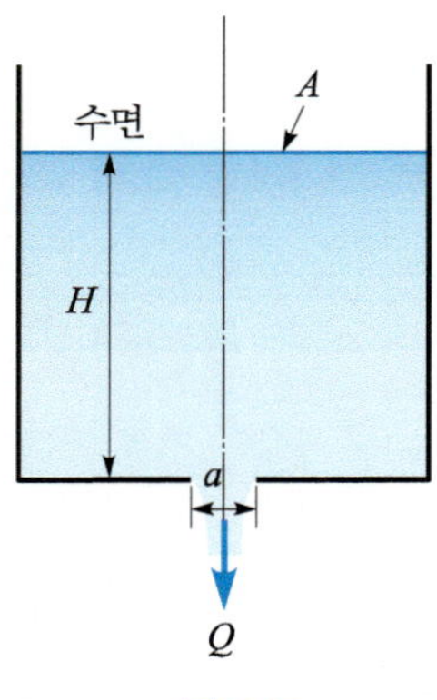

그림 5.26

답 $t = \dfrac{2A\sqrt{H}}{Ca\sqrt{2g}}$

5. 그림 5.27에서처럼 유량 $Q=0.2\ m^3/s$의 물이 직경 $1\ m$의 원통형 수조에 공급된다. 이 원통형 수조 바닥에 직경 $15\ cm$ 그리고 길이 $4\ m$의 관이 연결되어 있으며, 이 관을 통해 수조에 있는 물이 배수된다. 이 경우에 원통형 수조 내 물의 깊이는 얼마인지 계산하라.

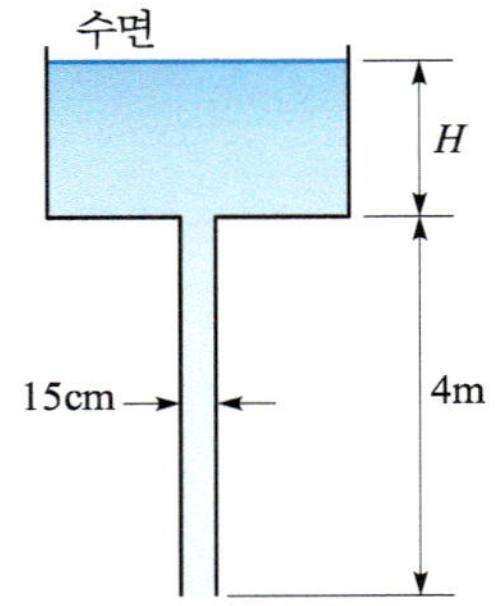

그림 5.27

답 $H=2.53\,m$

6. 그림 5.28과 같이 직경 d인 관을 통해 유량 Q의 제트류가 각도 θ만큼 경사진 평판에 부딪쳐 상부와 하부 방향으로 나뉘어 분사된다. 정지해 있는 평판에 작용하는 힘과 방향을 계산하라. 만약 $\theta=60^o$, $d=25\ mm$ 그리고 $Q=0.12\ m^3/s$일 때 Q_1과 Q_2 그리고 F를 계산하라.

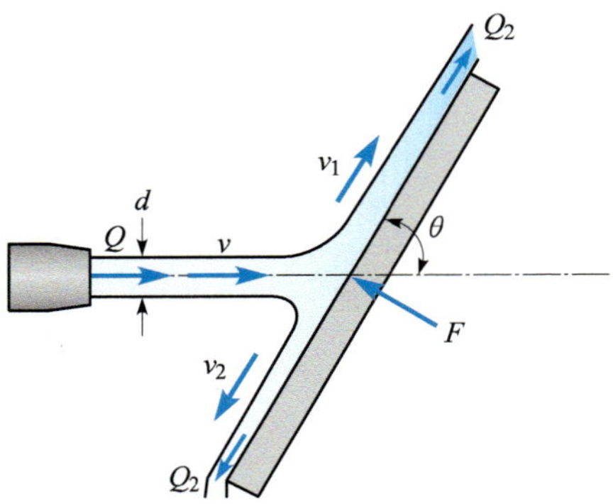

그림 5.28

답 $Q_1=\dfrac{1+\cos\theta}{2}$, $Q_2=\dfrac{1-\cos\theta}{2}$, $F=\rho Qv\sin\theta$

$Q_1=0.09\,m^3/s$, $Q_2=0.03\,m^3/s$, $F=2.53\times10^4\,N$

7. 그림 5.29에서처럼 물이 조절밸브를 통해 수두가 50 cm인 수조로부터 오리피스를 통해 배수된다. 오리피스의 목 부분(throat)에서의 압력을 계산하라.

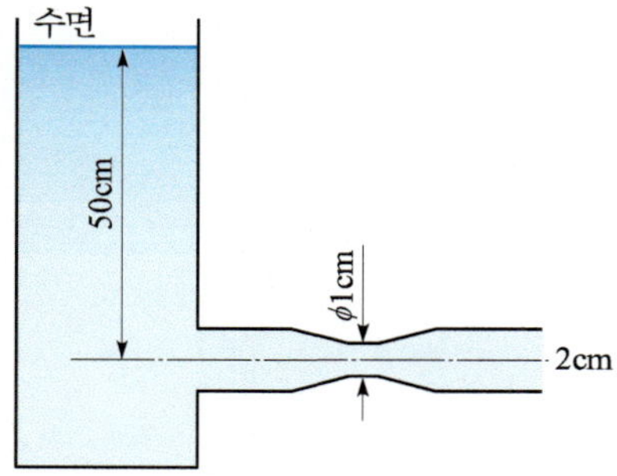

그림 5.29

답 $-7.49\,mH_2O$

8. 그림 5.30은 정원 스프링클러를 나타낸 것이다. 만약 스프링클러 노즐의 직경이 5 mm이고 노즐을 통해 분사되는 물의 유속이 5 m/s이라면 스프링클러의 회전율은 얼마인지를 계산하고 스프링클러가 일정한 회전속도를 유지하기 위해 필요한 토크를 계산하라. 단, 손실은 없다고 가정한다.

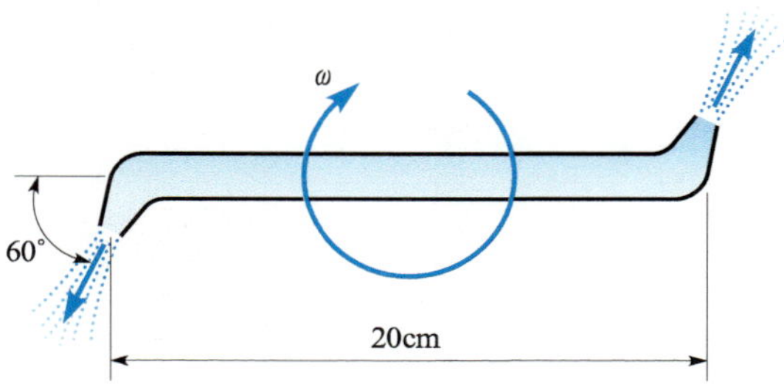

그림 5.30

답 $n = 6.89\,s^{-1} = 413\,rpm$, 토크 $T = 8.50 \times 10^{-2} N \cdot m$

제6장

점성 유체의 흐름

제6장

점성 유체의 흐름

지구상에 존재하는 모든 유체는 점성 유체로 고려될 수 있다. 점성효과가 매우 미비한 경우에는 유체를 이상유체로 다루어질 수 있으나, 그렇지 않은 경우는 점성 유체로 다루어야 한다. 예를 들어, 흐름 내에서의 압력 손실, 유체 흐름이 물체에 작용하는 힘 그리고 흐름이 물체로부터 분리되는 현상(박리 현상) 등을 분석하기 위해서는 유체를 점성 유체로 고려해야 한다. 본 장에서는 2차원 비압축성 점성 유체의 흐름에서 발생되는 유속과 압력 등의 관계를 해석적으로 분석하는 방법에 대한 내용이 설명되어 있다.

6.1 연속방정식

그림 6.1에서처럼 임의의 2차원 공간에 두 변의 길이가 각각 dx와 dy이며, 단위 폭을 가진 직사각형 미소유체요소를 고려하자. x와 y 방향으로의 유속은 각각 u와 v이다. x 방향에 대해 미소유체요소로 유입되는 **질량 유량**(mass flow rate) ρu와 유출되는 질량 유량 $\rho u + \partial(\rho u)/\partial x$를 빼면 다음과 같이 단위 시간당 미소유체요소 내에서 변화되는 질량 유량을 얻을 수 있다:

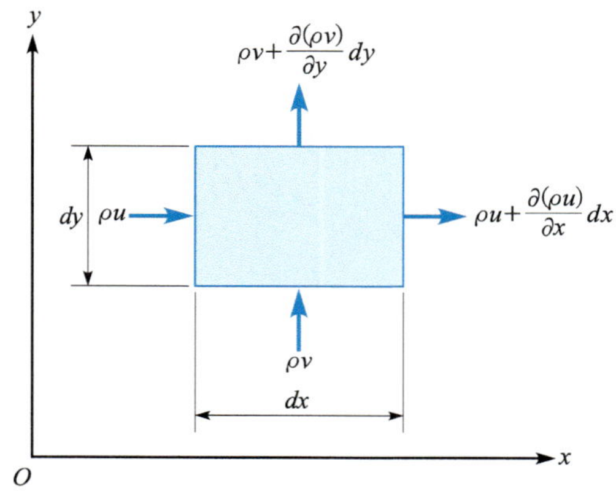

그림 6.1 2차원 직사각형 미소유체요소 내에서의 유체 흐름 관계

$$\rho u dy - \left[\rho u + \frac{\partial(\rho u)}{\partial x}dx\right]dy = -\frac{\partial(\rho u)}{\partial x}dxdy \tag{6.1}$$

x 방향에 대한 경우와 동일하게 y 방향에 대해 적용하면 다음과 같다:

$$\rho v dx - \left[\rho v + \frac{\partial(\rho v)}{\partial y}dy\right]dx = -\frac{\partial(\rho v)}{\partial y}dxdy \tag{6.2}$$

미소유체요소 내 질량 $\rho dxdy$의 단위 시간동안 증가된 양은 유입된 질량 유량과 유출된 질량 유량의 차이와 같아야 하며, 이를 식으로 표현하면 다음과 같다:

$$-\frac{\partial(\rho u)}{\partial x}dxdy - \frac{\partial(\rho v)}{\partial y}dxdy = \frac{\partial(\rho dxdy)}{\partial t} \tag{6.3}$$

또는

$$\frac{\partial \rho}{\partial t} + \frac{\partial(\rho u)}{\partial x} + \frac{\partial(\rho v)}{\partial y} = 0 \tag{6.4}$$

식 (6.4)를 **연속방정식**(continuity equation)이라 하며, 압축성 유체의 비정상류에 적용이 가능하다. 정상류의 경우에는 시간의 항인 $\partial\rho/\partial t$가 0이 된다.

비압축성 유체의 경우 밀도 ρ가 일정하기 때문에 다음과 같은 식으로 표현될 수 있다:

$$\frac{\partial u}{\partial x} + \frac{\partial v}{\partial y} = 0 \tag{6.5}$$

식 (6.5)는 비압축성 유체의 정상류와 비정상류에 모두 적용이 가능하다.

그림 6.2에서처럼 흐름이 축방향으로 대칭인 경우 식 (6.5)는 원통형 좌표계에서는 다음과 같이 표현된다:

$$\frac{\partial u}{\partial x} + \frac{1}{r}\frac{\partial(rv)}{\partial r} = 0 \tag{6.6}$$

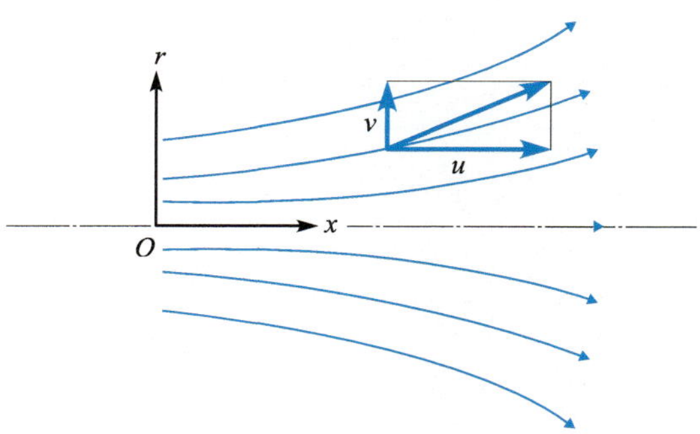

그림 6.2 축방향으로의 대칭 흐름

6.2 나비에-스톡스(Navier-Stokes) 방정식

그림 6.3에서처럼 임의의 2차원 공간에 두 변의 길이가 각각 dx와 dy이며, 단위 폭을 가진 직사각형 미소유체요소를 고려하자. 또한 뉴튼의 운동 제2법칙(가속도의 법칙)을 적용하고 미소유체요소 내에 작용하는 힘을 $F(F_x, F_y)$라 할 때 x와 y 방향에 대해 다음과 같은 식이 얻어진다:

$$\rho dxdy\frac{du}{dt} = F_x$$
$$\rho dxdy\frac{dv}{dt} = F_y \tag{6.7}$$

식 (6.7)의 좌항은 미소유체요소의 질량과 가속도의 곱인 **관성력**(inertia force)을 의미하며, 속도의 변화는 시간에 따라 미소유체요소의 위치를 변화시킨다. 따라서 시간 dt동안 x 방향으로의 속도 변화 du와 y 방향으로의 속도 변화 dv는 다음과 같은 식으로 표현된다:

$$du = \frac{\partial u}{\partial t}dt + \frac{\partial u}{\partial x}dx + \frac{\partial u}{\partial y}dy$$
$$dv = \frac{\partial v}{\partial t}dt + \frac{\partial v}{\partial x}dx + \frac{\partial v}{\partial y}dy \tag{6.8}$$

식 (6.8)의 좌변과 우변 각각의 항을 dt로 나누고 식 (6.7)에 대입하여 정리하면 다음과 같다:

$$\rho\left(\frac{\partial u}{\partial t} + u\frac{\partial u}{\partial x} + v\frac{\partial u}{\partial y}\right)dxdy = F_x$$
$$\rho\left(\frac{\partial v}{\partial t} + u\frac{\partial v}{\partial x} + v\frac{\partial v}{\partial y}\right)dxdy = F_y \tag{6.9}$$

다음으로 미소유체요소에 작용하는 외력은 중력에 의한 **물체력**(body force) $F_B(F_{Bx}, F_{By})$, 미소유체요소를 구성하는 각각의 면에 수직방향으로 작용하는 수직응력(압력)에 의한 **수직력**(normal force) $F_n(F_{nx}, F_{ny})$ 그리고 유체의 점성으로 인해 접선방향으로 작용하는 전단응력에 의한 **전단력**(shear force) $F_t(F_{tx}, F_{ty})$으로 구성되며, 이들 수직력과 전단력을 **표면력**(surface force)이라고 한다. 미소유체요소에 작용하는 외력의 총힘(total force) F_{et}를 x와 y 방향으로 작용하는 힘 F_{ex}와 F_{ey}로 분리하면 다음과 같이 표현된다:

$$F_{ex} = F_{Bx} + F_{nx} + F_{tx}$$
$$F_{ey} = F_{By} + F_{ny} + F_{ty} \tag{6.10}$$

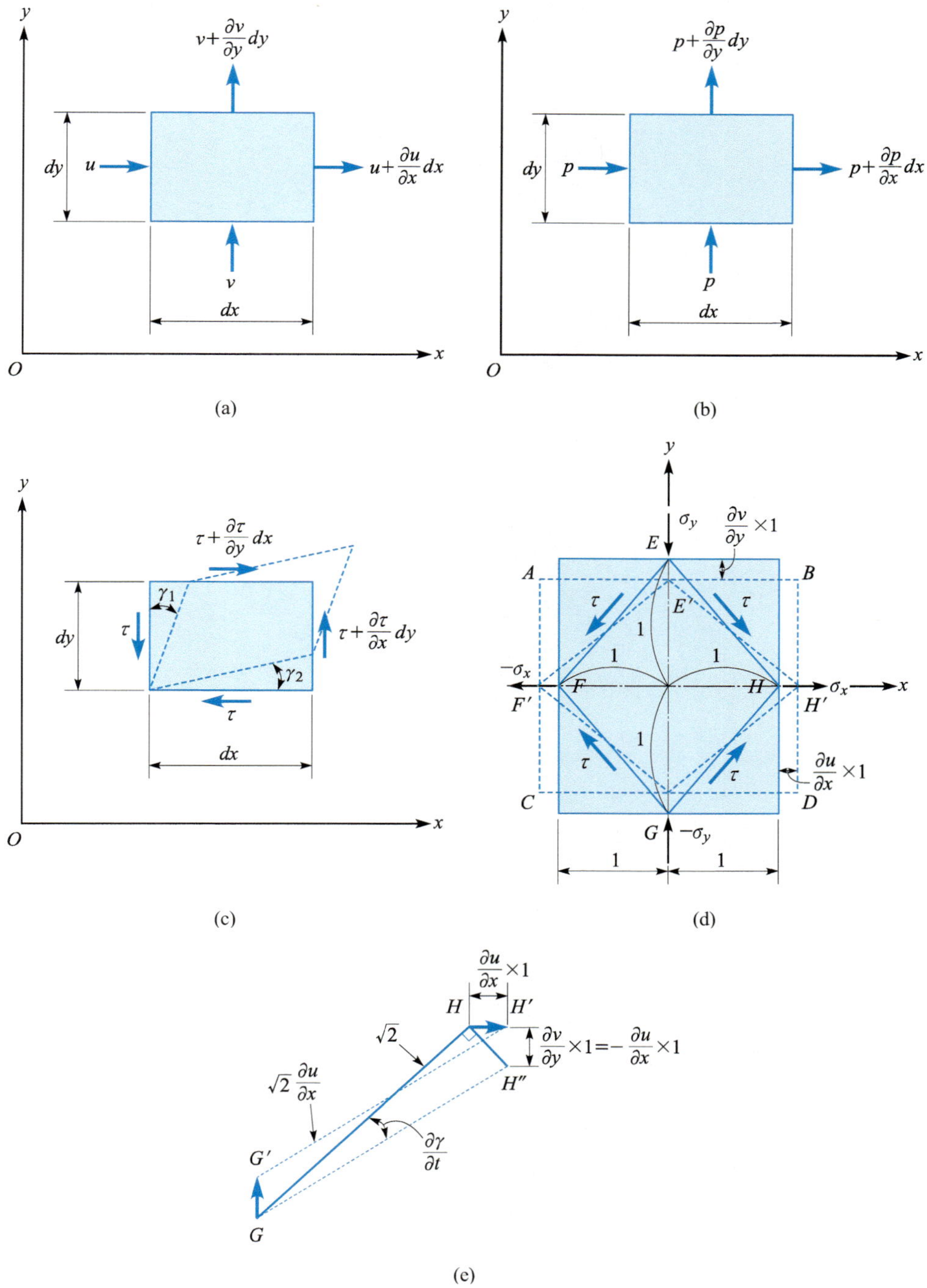

그림 6.3 직사각형 미소유체요소에 작용하는 힘의 균형 : (a) 속도, (b) 압력, (c) 각변형, (d) x 방향으로의 연장(elongation) 변형에 의한 접선응력과 전단응력 사이의 관계 그리고 (e) 연장과 수축에 의한 각변형 속도

6.2.1 물체력 : $F_B(F_{Bx}, F_{By})$

물체력은 중력, 원심력, 전자기력 등과 같이 유체의 질량을 통해 작용하는 힘이다. 여기서는 단지 중력에 의한 물체력만을 고려한다. 유체의 질량에 직접 작용하는 중력의 수평성분과 수직성분을 각각 X와 Y라 하면 물체력은 다음과 같이 표현된다:

$$\begin{aligned} F_{Bx} &= X\rho dxdy \\ F_{By} &= Y\rho dxdy \end{aligned} \tag{6.11}$$

중력에 대해 $X=0$, $Y=-g$이므로 식 (6.11)은 다음과 같다:

$$\begin{aligned} F_{Bx} &= 0 \\ F_{By} &= -g\rho dxdy \end{aligned} \tag{6.12}$$

6.2.2 수직력 : $F_n(F_{nx}, F_{ny})$

수직력은 그림 6.3(b)와 같이 미소유체요소를 구성하는 면에 수직으로 작용하는 힘으로 x와 y 방향에 대해서는 다음과 같다:

$$\begin{aligned} F_{nx} &= pdy - \left(p + \frac{\partial p}{\partial x}dx\right)dy = -\frac{\partial p}{\partial x}dxdy \\ F_{ny} &= pdx - \left(p + \frac{\partial p}{\partial y}dy\right)dx = -\frac{\partial p}{\partial y}dxdy \end{aligned} \tag{6.13}$$

6.2.3 전단력 : $F_t(F_{tx}, F_{ty})$

각 변형으로 인한 x 방향으로의 힘, F_{tx1}

미소유체요소의 **각 변형율**(angular strain)을 그림 6.3(c)에서처럼 $\gamma = \gamma_1 + \gamma_2$라 하면 해당되는 전단응력은 $\tau = \mu\, \partial\gamma/\partial t$로 표현될 수 있다:

$$\tau = \mu\frac{\partial \gamma}{\partial t} = \mu\left(\frac{\partial \gamma_1}{\partial t} + \frac{\partial \gamma_2}{\partial t}\right) = \mu\left(\frac{\partial u}{\partial y} + \frac{\partial v}{\partial x}\right)$$

따라서

$$F_{tx1} = \frac{\partial \tau}{\partial y}dxdy = \mu\left(\frac{\partial^2 u}{\partial y^2} + \frac{\partial^2 v}{\partial x \partial y}\right)dxdy = \mu\left(\frac{\partial^2 u}{\partial y^2} - \frac{\partial^2 u}{\partial x^2}\right)dxdy \tag{6.14}$$

연장(elongation) 변형으로 인한 x 방향으로의 힘, F_{tx2}

그림 6.3(d)에서처럼 단위 폭을 가진 정사각형 미소유체요소 $ABCD$가 x 방향으로 늘어나고 y 방향으로는 축소되어 마름모 형태의 요소 $EFGH$로 변환되었다고 가정하자. x와 y 방향으로의 이러한 변형은 마름모를 구성하는 면의 회전으로 인한 각 변형을 생성한다. 그림 6.3(e)에서처럼 단위 시간당 변형을 고려하면 각 변형의 속도 $\partial\gamma/\partial t$는 다음과 같다:

$$\frac{\partial\gamma}{\partial t} = \frac{\sqrt{2}\,\dfrac{\partial u}{\partial x}}{\sqrt{2}} = \frac{\partial u}{\partial x}$$

그러므로 전단응력 τ는 마름모 $EFGH$의 네 개면에 작용하는 경우 전단응력 τ는 다음과 같이 표현된다:

$$\tau = \mu\frac{\partial\gamma}{\partial t} = \mu\frac{\partial u}{\partial x}$$

전단응력 τ에 의해 EH와 HG에 작용하는 전단력과 인장응력 σ_x을 고려하여 EG에 작용하는 인장력의 평형을 고려하면 다음과 같다:

$$\sigma_x = 2\times\sqrt{2}\,\tau\cos 45^o = 2\tau = 2\mu\frac{\partial u}{\partial x}$$

변 dx와 dy 그리고 단위 폭을 가진 미소유체요소에 대해 dx 거리에 있는 면에 x 방향으로 작용하는 접선응력은 $\sigma_x + (\partial\sigma_x/\partial x)dx$가 된다. 이 법선응력은 dy 면에 작용하며, x 방향으로의 전단력 F_{tx2}는 다음과 같다:

$$\begin{aligned} F_{tx2} &= -\left(\sigma_x\right)_x dy + \left(\sigma_x\right)_{x+dx} dy = \left[-\sigma_x + \left(\sigma_x + \frac{\partial\sigma_x}{\partial x}dx\right)\right]dy \\ &= \frac{\partial\sigma_x}{\partial x}dxdy = 2\mu\frac{\partial^2 u}{\partial x^2}dxdy \end{aligned} \tag{6.15}$$

따라서 연장변형으로 인한 x 방향과 y 방향으로의 전단력 F_{sx}와 F_{sy}는 각각 다음과 같다:

$$\begin{aligned} F_{tx} &= F_{tx1} + F_{tx2} = \mu\left(\frac{\partial^2 u}{\partial x^2} + \frac{\partial^2 v}{\partial y^2}\right)dxdy \\ F_{ty} &= \mu\left(\frac{\partial^2 u}{\partial x^2} + \frac{\partial^2 v}{\partial y^2}\right)dxdy \end{aligned} \tag{6.16}$$

식 (6.11), (6.13) 그리고 (6.16)을 식 (6.10)에 대입하면 다음과 같은 식을 얻는다:

$$\rho\left(\frac{\partial u}{\partial t}+u\frac{\partial u}{\partial x}+v\frac{\partial u}{\partial y}\right)=\rho X-\frac{\partial p}{\partial x}+\mu\left(\frac{\partial^2 u}{\partial x^2}+\frac{\partial^2 u}{\partial y^2}\right) \tag{6.17-1}$$

$$\rho\left(\frac{\partial v}{\partial t}+u\frac{\partial v}{\partial x}+v\frac{\partial v}{\partial y}\right)=\rho Y-\frac{\partial p}{\partial y}+\mu\left(\frac{\partial^2 v}{\partial x^2}+\frac{\partial^2 v}{\partial y^2}\right) \tag{6.17-2}$$

식 (6.17)을 비압축성 유체 흐름에 대한 **나비에-스톡스**(Navier[29]-Stokes) **방정식**이라 하며, 좌변의 항은 관성력, 우변의 첫 번째 항은 물체력, 두 번째 항은 수직력(압력) 그리고 마지막 항은 점성력을 의미한다. 관성력 항에서 유속은 위치에 따라 다음과 같이 변화하며, 이를 **이송가속도**(convective acceleration)라 한다.

$$\left(u\frac{\partial u}{\partial x}+v\frac{\partial u}{\partial y}\right), \qquad \left(u\frac{\partial v}{\partial x}+v\frac{\partial v}{\partial y}\right)$$

식 (6.17)에 z 방향과 이에 대한 유속 w 그리고 z 방향으로 물체력에 영향을 미치는 Z를 고려하여 3차원으로 확장하면 다음과 같다:

$$\begin{aligned}
\rho\left(\frac{\partial u}{\partial t}+u\frac{\partial u}{\partial x}+v\frac{\partial u}{\partial y}+w\frac{\partial u}{\partial z}\right)&=\rho X-\frac{\partial p}{\partial x}+\mu\left(\frac{\partial^2 u}{\partial x^2}+\frac{\partial^2 u}{\partial y^2}+\frac{\partial^2 u}{\partial z^2}\right)\\
\rho\left(\frac{\partial v}{\partial t}+u\frac{\partial v}{\partial x}+v\frac{\partial v}{\partial y}+w\frac{\partial v}{\partial z}\right)&=\rho Y-\frac{\partial p}{\partial y}+\mu\left(\frac{\partial^2 v}{\partial x^2}+\frac{\partial^2 v}{\partial y^2}+\frac{\partial^2 v}{\partial z^2}\right)\\
\rho\left(\frac{\partial w}{\partial t}+u\frac{\partial w}{\partial x}+v\frac{\partial w}{\partial y}+w\frac{\partial w}{\partial z}\right)&=\rho Z-\frac{\partial p}{\partial z}+\mu\left(\frac{\partial^2 w}{\partial x^2}+\frac{\partial^2 w}{\partial y^2}+\frac{\partial^2 w}{\partial z^2}\right)
\end{aligned} \tag{6.18}$$

축방향 대칭에 대해 원통형 좌표계를 고려하면 식 (6.17)을 다음과 같이 표현된다:

$$\begin{aligned}
\rho\left(\frac{\partial u}{\partial t}+u\frac{\partial u}{\partial x}+v\frac{\partial u}{\partial r}\right)&=\rho X-\frac{\partial p}{\partial x}+\mu\left(\frac{\partial^2 u}{\partial x^2}+\frac{1}{r}\frac{\partial u}{\partial r}+\frac{\partial^2 u}{\partial r^2}\right)\\
\rho\left(\frac{\partial v}{\partial t}+u\frac{\partial v}{\partial x}+v\frac{\partial v}{\partial r}\right)&=\rho R-\frac{\partial p}{\partial r}+\mu\left(\frac{\partial^2 v}{\partial x^2}+\frac{1}{r}\frac{\partial v}{\partial r}-\frac{v}{r^2}+\frac{\partial^2 v}{\partial r^2}\right)
\end{aligned} \tag{6.19}$$

29) Louis Marie Henri Navier (1785~1836) : 프랑스 디종 출생. 교량공학 분야에서 많은 업적을 이루었으며, 특리 파리 센 강에 건설된 현수교 설계는 대중에게 큰 이목을 끌었다. 그는 유체의 운동방정식을 유도하기 위해 오일러에 의해 연구된 힘에 추가로 인접한 유체 분자들 사이의 반발과 흡착에 대해 가정된 힘을 고려하였다. 그 후 코시(Cauchy), 포아송(Poisson), 생 브낭(Saint-Venant) 그리고 스톡스(Stokes)에 의해 수행된 연구를 통해 점성을 포함한 Navier-Stokes 방정식을 유도하였다.

여기서 R은 유체의 단위 질량에 작용하는 외력의 r 방향에 대한 성분이다.

와도 ζ는 다음과 같다:

$$\zeta = \frac{\partial v}{\partial x} - \frac{\partial u}{\partial r} \tag{6.20}$$

그리고 전단응력 τ는 다음과 같이 표현된다:

$$\tau = -\mu\left(\frac{\partial u}{\partial r} + \frac{\partial v}{\partial x}\right) \tag{6.21}$$

원통형 좌표계에 대한 연속방정식인 식 (6.6)은 식 (6.21)과 함께 관의 축 대칭 흐름을 분석하는데 편리하게 이용될 수 있다.

식 (6.17)의 두 식 모두에서 물체력항을 생략하고, 첫 번째 식을 y에 대해 그리고 두 번째 식을 x에 대해 편미분하여 압력항을 제거하고, 와도 ζ에 대한 식 (4.7)을 사용하여 식 (6.17)을 정리하면 다음과 같은 식이 얻어진다:

$$\rho\left(\frac{\partial \zeta}{\partial t} + u\frac{\partial \zeta}{\partial x} + v\frac{\partial \zeta}{\partial y}\right) = \mu\left(\frac{\partial^2 \zeta}{\partial x^2} + \frac{\partial^2 \zeta}{\partial y^2}\right) \tag{6.22}$$

이상유체의 흐름에 대해서는 $\mu = 0$이므로 식 (6.22)의 우변의 항은 0이 된다. 따라서 와도 ζ는 이상유체의 흐름 과정에서는 변하지 않는다는 것을 의미하며, 이를 **헬름홀츠**(Helmholz[30])**의 와도**(또는 보텍스) **이론**이라 한다.

특성길이 l과 특성속도 U_c를 이용하여 식 (6.17)을 무차원화 시키기 위한 변수들은 다음과 같다:

$$\begin{aligned} &x^* = x/l \qquad y^* = y/l \\ &u^* = u/U_c \qquad v^* = v/U_c \\ &t^* = tU_c/l \\ &\zeta^* = \frac{\partial v^*}{\partial x^*} - \frac{\partial u^*}{\partial y^*} \\ &R_e = \frac{\rho U_c l}{\mu} \end{aligned} \tag{6.23}$$

30) Herman Ludwig Ferdinand von Helmholtz (1821~1894): 독일의 생리학자, 철학자이자 및 물리학자. 생리학과 생리심리학 분야에서 헬름홀츠는 공간의 인지, 시각이론, 음향의 인지 등 생리광학 및 생리음향학에 기여하였다. 물리학 분야에서는 열역학 이론 정립에 기여하였으며 전기역학 및 열화학, 유체역학 등에 업적을 남겼다. 독일의 가장 큰 과학자 조직인 헬름홀츠 협회(독일어: Helmholtz-Gemeinschaft)는 헬름홀츠의 이름을 딴 것이다.

식 (6.23)을 이용하여 식 (6.17)을 정리하면 다음과 같은 식을 얻는다:

$$\frac{\partial \zeta^*}{\partial t^*} + u^* \frac{\partial \zeta^*}{\partial x^*} + v^* \frac{\partial \zeta^*}{\partial y^*} = \frac{1}{R_e}\left(\frac{\partial^2 \zeta^*}{\partial x^{*2}} + \frac{\partial^2 \zeta^*}{\partial y^{*2}}\right) \tag{6.24}$$

식 (6.24)를 **와도 수송방정식**(vorticity transport equation) 또는 **레이놀즈 수송방정식**(Reynolds transport equation)이라 한다. 이 식은 유체의 운동으로 인한 와도의 변화는 점성에 의한 와도의 확산과 같다는 것을 의미한다. $1/R_e$ 항은 **확산계수**(coefficient of diffusion)에 해당되며, 레이놀즈 수 R_e가 작을 때 확산계수는 커지기 때문에 와도의 확산도 함께 커지게 된다.

6.3 층류에서의 유속분포

나비에-스톡스 방정식에서 관성력항의 이송가속도는 비선형이므로 일반적인 흐름에 대한 해석해는 존재하지 않으며, 수치적 방법을 이용하여 해석한다. 현재까지 유도된 해는 단지 몇 가지 특별한 흐름에 대한 것이며, 본 절에서는 두 가지 주요 흐름에 대해 알아보고자 한다.

6.3.1 평행한 평판 사이에서의 유체 흐름

그림 6.4에서와 같이 두 개의 평행한 평판 사이를 채우고 있는 점성 유체가 층류 상태로 흐른다고 가정하자. 이와 같이 평행한 흐름의 경우 나비에-스톡스 방정식은 다음과 같은 조건을 통해 매우 간단해 질 수 있다:

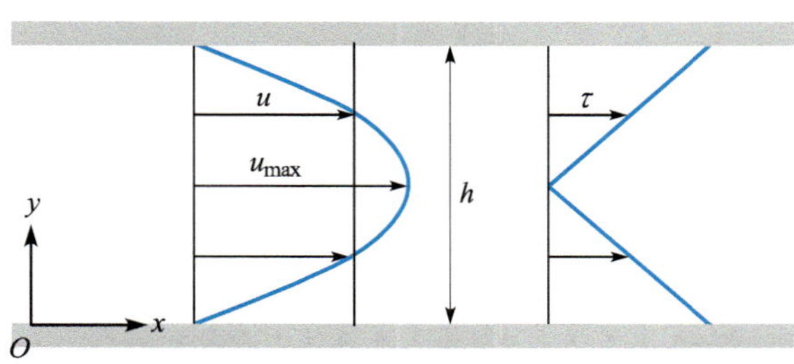

그림 6.4 평행한 두 평판 사이에서의 층류

1) 점성 유체는 단지 x 방향으로의 속도 u만이 있으므로($v=0$), 식 (6.17−1)만 이용한다.
2) 유체 흐름은 정상류이므로 속도 u는 시간에 따라 변하지 않는다, 즉, $\partial u/\partial t=0$이다.
3) 물체력은 없으므로 $\rho X=0$이다.
4) x 방향으로의 유체 흐름은 균일하므로 속도 u는 위치에 따라 변하지 않는다. 따라서 $\partial u/\partial x=0$ 그리고 $\partial^2 u/\partial x^2=0$이다.
5) $v=0$이므로 식 (6.17−2)는 단순히 y 방향에 따른 정수압의 변화로 표현할 수 있다.

위의 조건을 이용하여 식 (6.17)을 정리하면 다음과 같다:

$$\mu\frac{d^2u}{dy^2}=\frac{dp}{dx} \tag{6.25}$$ [31]

식 (6.25)를 y에 대해 두 번 부분적분하면 다음과 같은 식이 얻어진다:

$$u=\frac{1}{2\pi}\frac{dp}{dx}y^2+c_1y+c_2 \tag{6.26}$$

적분상수 c_1과 c_2를 구하기 위해 경계조건으로 $y=0$과 h에서 $u=0$을 이용하면 다음과 같은 식으로 표현된다:

$$u=-\frac{1}{2\mu}\frac{dp}{dx}(h-y)y \tag{6.27}$$

식 (6.27)의 유속분포는 이차 포물선이 됨을 알 수 있다.

$y=h/2$가 되는 지점에서는 $du/dy=0$가 되므로 이때 유속 u는 최대유속 u_{max}가 된다:

$$u_{max}=-\frac{1}{8\mu}\frac{dp}{dx}h^2 \tag{6.28}$$

단위 폭당 유량 q는 다음과 같다:

---

31) 아래의 그림과 같이 유체 내 단위 폭을 가진 미소체적 $dxdy$의 x 방향으로의 면에 작용하는 힘의 균형을 고려하자. 압력이 작용하는 두 면 사이에 운동량의 변화가 없기 때문에 다음과 같은 식이 얻어진다:

$$pdy-\left(p+\frac{dp}{dx}\right)dy-\tau dx+\left(\tau+\frac{d\tau}{dy}dy\right)dx=0$$

위 식을 정리하면 다음과 같다:

$$\frac{d\tau}{dy}=\frac{dp}{dx}$$

그리고 $\tau=\mu\, du/dy$를 위 식에 대입하면

$$\mu\frac{d^2u}{dy^2}=\frac{dp}{dx}$$

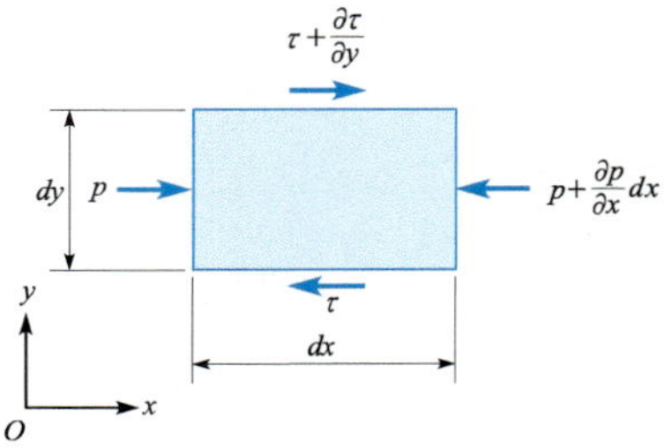

$$q = \int_0^h u dy = -\frac{1}{12\mu}\frac{dp}{dx}h^3 \tag{6.29}$$

식 (6.29)로부터 평균유속 v는 다음과 같이 표현된다:

$$v = \frac{q}{h} = -\frac{1}{12\mu}\frac{dp}{dx}h^2 = \frac{1}{1.5}u_{\max} \tag{6.30}$$

점성에 의한 전단응력 τ는 다음과 같다:

$$\tau = \mu\frac{du}{dy} = -\frac{1}{2}\frac{dp}{dx}(h-2y) \tag{6.31}$$

유속과 전단응력의 분포는 그림 6.4에 나타나 있으며, 그림 6.5는 **수소거품법**[32] (hydrogen bubble method)을 이용한 실험 결과로부터 실제 평행한 두 평판 사이에서 발생하는 유속분포를 시각화한 것으로 실험 결과와 이론적 결과는 일치하는 것을 볼 수 있다.

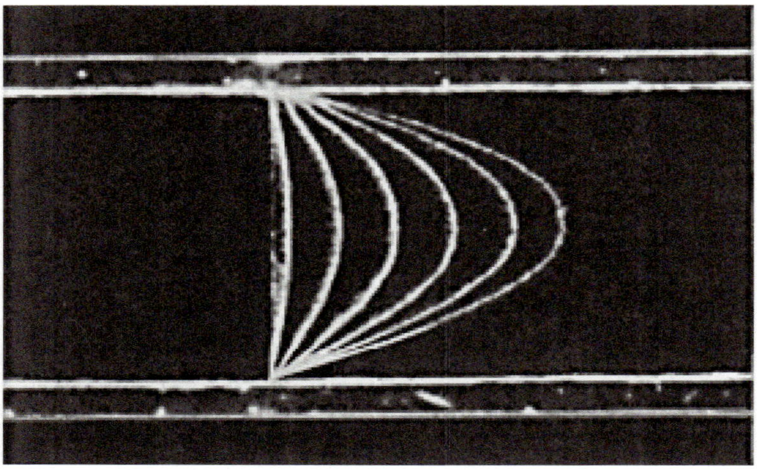

그림 6.5 평행한 두 평판 사이의 물 흐름(속도: 0.5 m/s, $R_e = 140$)

평판의 길이를 l 그리고 평판 양 끝단 사이의 압력의 차를 Δp로 하면, 흐름방향인 x 방향으로의 압력 경사 dp/dx에 대해 다음과 같은 관계식이 얻어진다:

32) 수로 중에 흐르고 있는 물을 전기분해하기 위하여 백금 코팅된 와이어로부터 수소기포를 발생시켜서 이 기포들이 유동을 지나감으로써 유동현상을 볼 수 있게 만든 장치. 시험 단면을 조명함으로써 유동의 패턴을 추적하고 사진 찍는 것이 가능하다.

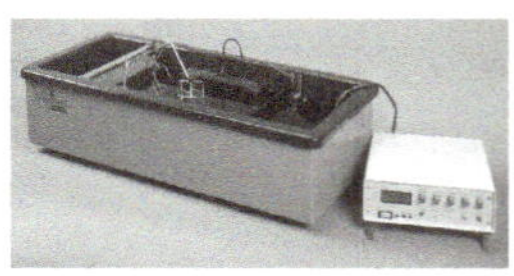

$$-\frac{dp}{dx}=\frac{\Delta p}{l} \tag{6.32}$$

식 (6.32)를 (6.29)에 대입하여 적분을 하면 다음과 같은 단위 폭당 유량 q가 얻어진다:

$$q=\frac{\Delta p h^3}{12\mu l} \tag{6.33}$$

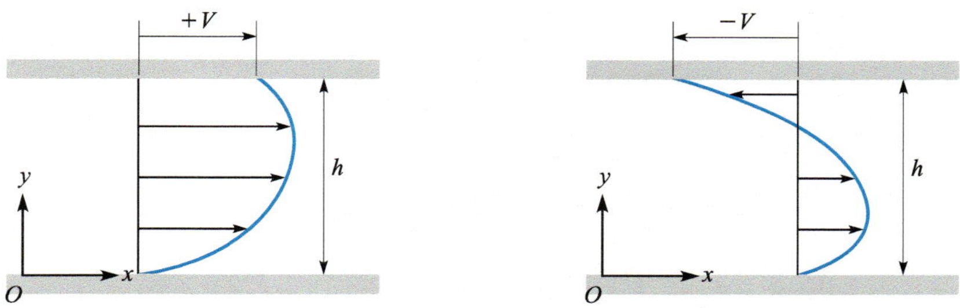

그림 6.6 쿠에뜨-포와즈이으(Couette-Poiseuille) 흐름

예제 6.1

지표면에 내린 빗물이 4 mm의 얇은 두께 h를 가진 층을 이루면서 길이 $L=60m$ 그리고 폭 $B=40m$의 주차장 내로 흘러 들어가고 있다. 이때 (a) 평균유속 v, (b) 유량 Q, (c) 주차장 바닥 표면에서의 전단력 τ 그리고 (d) 레이놀즈 수 R_e를 구하라. 단, 주차장의 바닥경사는 8 cm이며, 빗물의 점성계수 μ는 $1.0\times10^{-3}kg/(m\cdot s)$ 그리고 밀도 $\rho=1{,}000\,kg/m^3$으로 가정한다.

[풀이]

먼저 평균유속 v는 식 (6.30)인 $v=-\frac{1}{12\mu}\frac{dp}{dx}h^2$을 이용하여 계산한다.

$\Delta p=-\gamma h=-9{,}810N/m^3\times0.08m=-784.8\,N/m^2$ 그리고 $dx=L=60m$이다. 따라서 평균유속 $v=-\frac{1}{12\times1.0\times10^{-3}kg/(m\cdot s)}\times\frac{-784.8\,N/m^2}{60m}\times(0.004m)^2=0.0174m/s$이다.

(a) 유량 $Q=Av=(0.004m\times40m)\times0.0174m/s=0.00278m^3/s$이다.

(b) 전단응력은 식 (6.31)인 $\tau=-\frac{1}{2}\frac{dp}{dx}(h-2y)$를 이용하여 계산하며 주차장 바닥 표면일 경우 $y=0$이다. 따라서 $\tau=-\frac{1}{2}\times\frac{-784.8\,N/m^2}{60m}\times0.004m=0.026\,N/m^2$이다.

(c) 레이놀즈 수 $R_e=\frac{vh}{\nu}=\frac{0.0174m/s\times0.004m}{1.0\times10^{-6}m^2/s}=69.6$이며, 층류이다.

그림 6.6과 같이 상부 평판이 일정한 속도 $+V$ 또는 $-V$로 이동을 하는 경우를 고려할 때 $y=0$에서 $u=0$ 그리고 $y=h$에서 $u=U$인 경계조건을 식 (6.26)에 적용하면 적분상수 c_1과 c_2가 결정되며, 다음과 같은 식이 얻어진다:

$$u = \frac{\Delta p}{2\mu l}(h-y)y \pm \frac{Vy}{h} \tag{6.34}$$

식 (6.34)를 **쿠에뜨-포와즈이으**(Couette-Poiseuille) **흐름**[33)]이라고 한다. 또한 단위 폭당 유량 q는 다음과 같다:

$$q = \int_0^h u dy = \frac{\Delta p h^3}{12\mu l} \pm \frac{Vh}{2} \tag{6.35}$$

그림 6.7은 평판에 대한 쿠에뜨-포와즈이으 흐름의 실험결과를 나타낸 것으로 그림 6.7(a)는 $R_e = 330$으로 층류 상태를 나타낸 것이며, 그림 6.7(b)는 $R_e = 780$일 때로 층류에서 난류로 변한 상태를 나타낸 것이다.

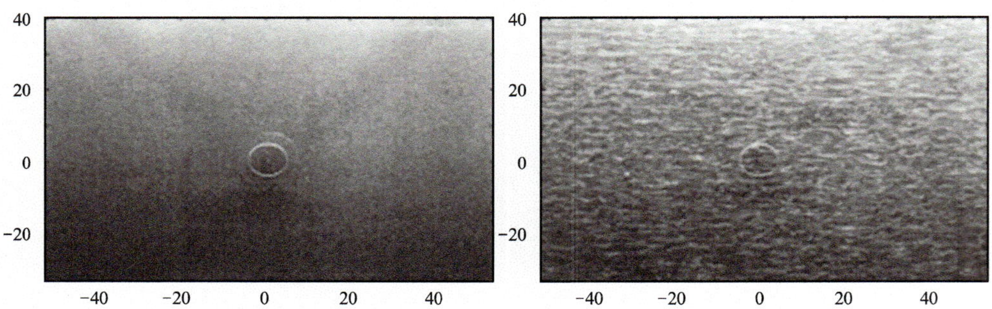

그림 6.7 쿠에뜨-포와즈이으(Couette-Poiseuille) 흐름의 실험결과 (Klotz et al., 2017)

6.3.2 원형 관에서의 흐름

그림 6.8과 같이 원형 관에서의 유체 흐름은 축 대칭인 평행한 흐름이 된다. 이 경우 원통좌표계를 이용하여 나비에-스톡스 방정식을 적용하는 것이 편리하다. 6.3.1절의 두 개의 평행한 평판 사이에서의 층류에 대한 경우와 마찬가지로 식 (6.19)의 첫 번째 식을 원통좌

33) 두 개의 평행한 평판 사이에 점성 유체가 흐른다고 가정하자. 평판 중 하나를 고정시키고 다른 평판을 속도 U로 이동시킬 때의 흐름을 쿠에뜨(Couette) 흐름이라 한다. 그런 다음 양쪽 평판을 고정시키고 압력차에 의해 유체가 흐를 경우 2차원 포와즈이으(Poiseuille) 흐름이라 한다. 그림 6.6과 같이이 두 흐름의 조합을 쿠에뜨-포와즈이으(Couette-Poiseuille) 흐름이라 한다.

표계를 이용하여 정리하면 다음과 같은 식이 얻어진다:

$$\frac{\mu}{r}\frac{d}{dr}\left(r\frac{du}{dr}\right)=\mu\left(\frac{d^2u}{dr^2}+\frac{1}{r}\frac{du}{dr}\right)=\frac{dp}{dx} \tag{6.36}$$

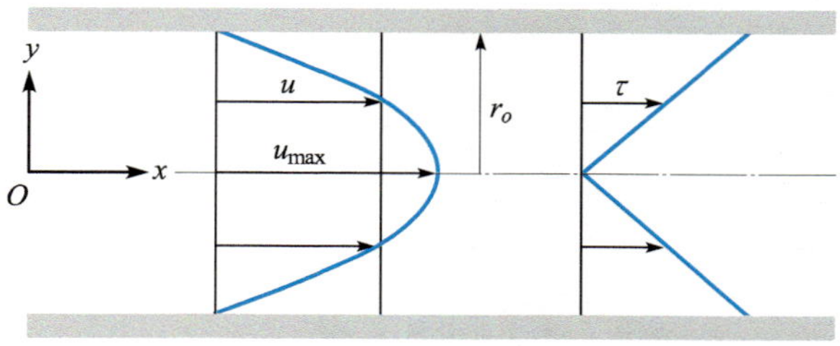

그림 6.8 원형 관에서의 층류

식 (6.36)을 적분하면 다음과 같다:

$$u=\frac{1}{4\mu}\frac{dp}{dx}r^2+c_1\log r+c_2 \tag{6.37}$$

식 (6.37)의 적분상수 c_1과 c_2를 구하기 위해 먼저 관의 중심인 $r=0$에서의 유속 u는 최대가 되나 로그 특이점(logarithmic singularity) 즉, log(0)을 피하기 위해서는 $c_1=0$이 돼야 한다. 또한 $r=r_0$에서의 유속 $u=0$을 대입하면 c_2는 다음과 같다:

$$c_2=\frac{1}{4\mu}\frac{dp}{dx}r_0^2 \tag{6.38}$$

식 (6.38)을 (6.37)에 대입하여 정리하면 다음과 같다:

$$u=-\frac{1}{4\mu}\frac{dp}{dx}\left(r_0^2-r^2\right) \tag{6.39}$$

식 (6.39)로부터 원형 관에서의 유속분포는 $r=0$에서 u_{max}를 갖는 포물선 형태가 됨을 알 수 있다:

$$u_{max}=-\frac{1}{4\mu}\frac{dp}{dx}r_0^2 \tag{6.40}$$

또한 유량 Q는 다음과 같다:

$$Q=\int_0^{r_0}2\pi ru\,dr=-\frac{\pi r_0^4}{8\mu}\frac{dp}{dx} \tag{6.41}$$

식 (6.41)로부터 평균유속 v는 다음과 같다:

$$v = \frac{Q}{\pi r_0^2} = -\frac{r_0^2}{8\mu}\frac{dp}{dx} = \frac{1}{2}u_{\max} \tag{6.42}$$

점성에 의한 전단응력은 다음과 같다:

$$\tau = -\mu\frac{du}{dr} = -\frac{1}{2}\frac{dp}{dx}r \tag{6.43}$$ [34)]

식 (6.39)과 (6.43)에 의한 유속분포와 전단응력의 분포는 그림 6.8에 나타나 있으며, 있으며, 그림 6.9는 수소거품법(hydrogen bubble method)을 이용한 실험 결과로부터 실제 원형 관을 통한 유체 흐름을 시각화한 것이다.

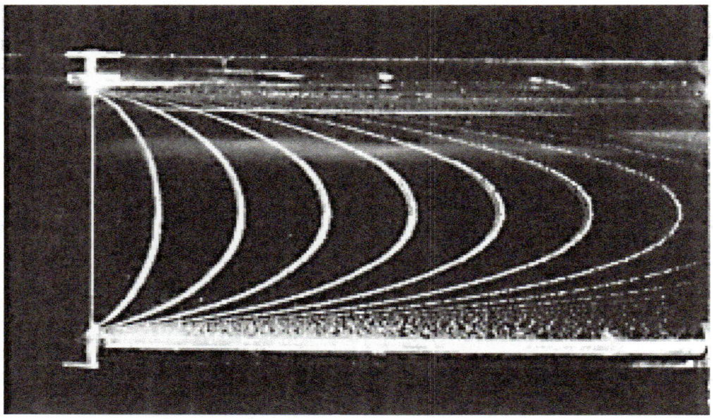

그림 6.9 원형 관에서의 속도 분포(속도: 2.4 m/s, $R_e = 195$)

원형 관의 길이를 l 그리고 양 끝단에서의 압력 차를 Δp라 하면 식 (6.40)으로부터 다음과 같은 식이 얻어진다:

$$\Delta p = \frac{128\mu l Q}{\pi d^4} = \frac{32\mu l U}{d^2} \tag{6.44}$$

---

34) 식 (6.41)은 힘의 균형으로부터 유도된다. 아래의 그림으로부터

$-\pi r^2\frac{dp}{dx} + 2\pi r\tau dx = 0 \qquad \tau = \mu\frac{du}{dr}$

$du/dr < 0$이기 때문에 τ는 음이 되므로 다음과 같은 식이 얻어진다:

$\frac{du}{dr} = \frac{1}{2\mu}\frac{dp}{dx}r$

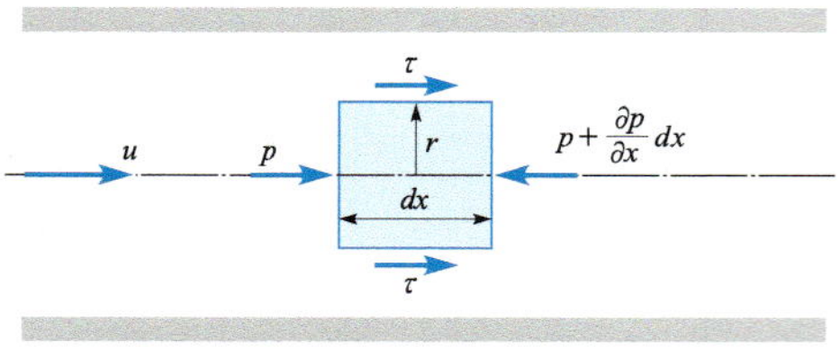

식 (6.44)를 통해 원형 관에서의 압력 차 Δp는 층류의 경우 점성계수, 관의 길이 및 유량에 비례하고 관 직경의 4승에 반비례한다는 것을 알 수 있다. 식 (6.44)는 1839년에 하겐[35](Hagen)과 1840년에 포와즈이으[36](Poiseuille)에 의해 독립적으로 유도된 것이며, 이를 **하겐-포와즈이으**(Hagen-Poiseuille)의 식이라 한다. 압력 차 Δp를 측정하고 식 (6.44)을 이용하여 유체의 점성을 구할 수 있으나 유체 흐름에 영향을 미치는 관 내벽의 조도가 식에 포함되어 있지 않다는 것에 유의할 필요가 있다.

예제 6.2

직경 $d=50\,mm$의 원형 관 내에 비중 $s=0.92$, 점성계수 $\mu=0.056\,kg/(m\cdot s)$인 유체가 유량 $Q=0.00225\,m^3/s$로 흐르고 있다. 관의 길이 $l=800\,m$일 때 발생하는 압력차 Δp가 얼마인지 계산하라.

[풀이]

먼저 유체의 흐름이 층류인지 난류인지를 판단해야 한다. 유체의 밀도 $\rho=1{,}000\,kg/m^3\times 0.92=920\,kg/m^3$이며, 동점성계수 $\nu=\frac{\mu}{\rho}=\frac{0.056\,kg/(m\cdot s)}{1{,}000\,kg/m^3}=5.6\times 10^{-5}\,m^2/s$이다. 평균유속 $v=\frac{Q}{A}=\frac{0.00225\,m^3/s}{\pi\times(0.05\,m)^2/4}=1.146\,m/s$이다. 따라서 레이놀즈 수 $R_e=\frac{vd}{\nu}=\frac{1.146\,m/s\times 0.05\,m}{5.6\times 10^{-5}m^2/s}=1{,}023.2<2{,}300$이므로 층류이다. 원형 관 내 유체의 흐름이 층류이므로 식 (6.44)를 이용하여 압력차 Δp를 계산한다. 따라서 압력차 $\Delta p=\frac{128\mu l Q}{\pi d^4}=\frac{128\times 0.056\,kg/(m\cdot s)\times 800\,m\times 0.00225\,m^3/s}{\pi\times(0.05\,m)^4}=657{,}113\,Pa=657.1\,kPa$이다.

---

35) Gotthilf Heinrich Ludwig Hagen (1797~1884): 독일의 수리공학자(hydraulic engineer). 수두 차이와 유량 사이의 관계에 대한 실험을 수행하였다. 금속 원형 관에서 톱밥이 섞인 물의 흐름을 관찰하였으며, 층류에서 난류로의 천이는 관의 지름, 유속 및 수온과 관련이 있다는 것을 실험을 통해 발견하였다.

36) Jean Louis Poiseuille (1799~1869): 프랑스 의사 및 물리학자. 심장의 펌핑 능력, 혈관과 모세혈관 내의 혈액 운동, 모세혈관 내에서의 저항에 대해 연구했다. 유리 모세관(직경 0.029-0.142 mm)에 대한 그의 실험에서 유량은 파이프 내경의 4승과 압력 차의 곱에 비례하나 관의 길이에는 반비례하는 경험식을 실험을 통해 유도하였다.

6.4 난류에서의 유속분포

원형 관 내에서 유체 흐름은 레이놀즈 수 R_e가 2,300 보다 작을 때 층류로 안정되지만, 레이놀즈 수 R_e가 증가함에 따라 흐름은 천이영역을 지나 불안정한 난류가 된다. 레이놀즈는 착색된 액체를 유리관 내에 흘려보내는 실험을 통해 난류에서의 유체 입자는 평균유속 근처에서 불규칙하게 짧은 주기로 미세하게 변동하는 유속을 관찰하였다. 그림 6.10은 레이저 도플러 속도계(laser doppler velocimeter)로 측정된 유체 흐름에 대한 변동 속도를 기록한 것이다.

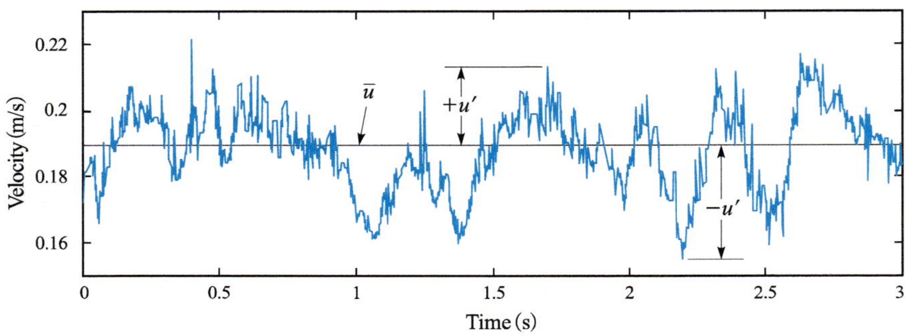

그림 6.10 측정된 평균유속 $\bar{u}$와 그 주위의 변동유속 u'

2차원 유체 흐름에 대한 유속은 다음과 같이 표현된다:

$$u = \bar{u} + u' \qquad v = \bar{v} + v'$$

여기서 $\bar{u}$와 $\bar{v}$ 그리고 u'과 v'는 각각 x와 y 방향으로의 평균유속과 변동유속이다.

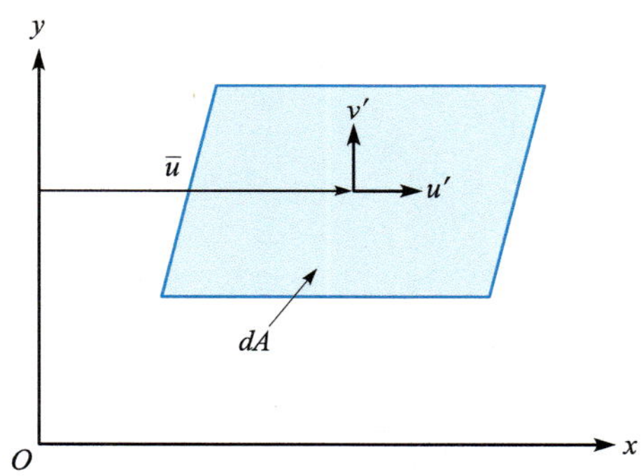

그림 6.11 측정된 평균속도 $\bar{u}$와 그 주위의 속도 변동

그림 6.11에서처럼 두 개의 평판 사이의 흐름으로서 x 방향에 대한 유속을 고려하면 다음과 같다:

$$u = \overline{u} + u' \qquad v = v'$$

난류에 대한 **총전단응력** τ는 서로 다른 유속을 가진 두 개의 층 사이에 작용하는 마찰에 의한 **층류전단응력**(점성전단응력) τ_l과 수 없이 많은 유체 분자들이 서로 섞이면서 발생되는 **난류전단응력** τ_t와의 합이며, 다음과 같이 표현된다:

$$\tau = \tau_l + \tau_t \tag{6.45}$$

층류전단응력 τ_1은 식 (2.6)과 같이 $\mu\frac{\overline{u}}{dy} = pvd\frac{\overline{u}}{dy}$로 표현된다는 것을 알고 있으므로 본 절에서는 난류전단응력 τ_t에 대해 알아보자. 그림 6.11에서처럼 x 축과 평행한 미소면적 dA를 통해 y 방향으로 단위 시간동안 통과하는 유체의 운동량은 $\rho v' dA$이나 x 방향으로의 상대유속 u'에도 영향을 받으므로 운동량은 $\rho v' dA u'$이 된다. 이러한 유체의 이동에 의해 상부에 위치한 유체는 단위 시간당 양의 x 방향으로 작용하는 $\rho u' v'$에 의해 단위 면적당 운동량을 증가시킨다. 따라서 전단응력은 미소면적 dA의 면에서 발달된다. 이는 난류에 의한 전단응력은 $\rho u' v'$에 비례한다는 것을 의미한다. 레이놀즈는 $u = \overline{u} + u'$과 $v = \overline{v} + v'$를 나비에-스톡스 방정식에 대입하여 시간에 대한 평균화 작업을 수행하였으며, 층류전단응력 τ_l과 더불어 난류전단응력 τ_t에 대해 다음과 같은 식을 유도하였다:

$$\tau_t = -\rho\overline{u'v'} \tag{6.46}$$

여기서 τ_t는 난류전단응력이며, **레이놀즈 응력**(Reynolds stress)이라고 한다.

식 (6.46)에서 볼 수 있듯이 x와 y 방향으로의 변동유속 u'과 v'의 상승곱[37]에 대한 시간 평균인 $\overline{u'v'}$는 레이놀즈 응력을 계산하는데 필요하다. 그림 6.12는 평행한 평판 사이에서의 난류전단응력 τ_t를 나타낸 것이며, 층류에 대한 레이놀즈 응력은 다음과 같이 표현된다:

$$\tau_t = \rho\nu\frac{d\overline{u}}{dy} \tag{6.47}$$

따라서 난류에서의 총전단응력 τ는 다음과 같이 표현된다:

$$\tau = \tau_l + \tau_t = \rho(\nu + \nu_t)\frac{d\overline{u}}{dy} \tag{6.48}$$

여기서 ν_t는 **난류동점성계수**이며, 온도에 따라 변화되는 물리적 특성값을 갖지 않으며, 흐름 조건에 따라 변동되는 물리량이다.

37) 상승곱: 두 개 이상의 수를 곱하여 얻은 수치

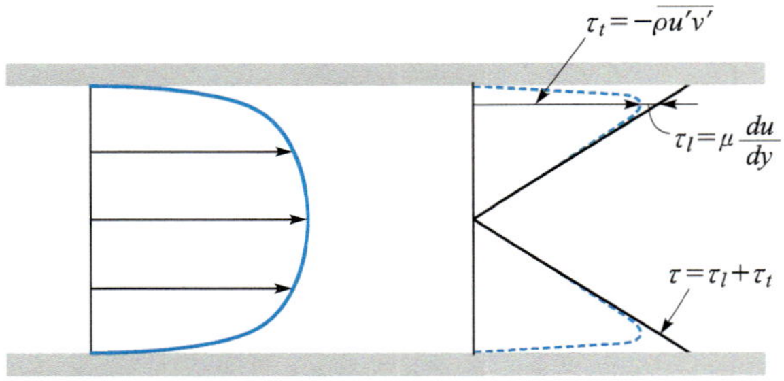

그림 6.12 평행한 평판 사이에서의 흐름에 대한 전단응력 분포

하나의 어떤 유체 입자는 다른 입자와의 충돌 없이 **평균자유경로**[38](mean free path)라고 하는 평균거리만큼 운동한다. 이와 같은 개념을 고려하여 프란틀[39](Prantl)은 어떤 유체 입자가 임의의 거리 l을 운동량 변화 없이 이동한다고 가정하였으며, 다음과 같은 식을 제안하였다:

$$|u'| \simeq |v'| = l\left|\frac{d\bar{u}}{dy}\right| \tag{6.49}$$

프란틀은 식 (6.49)의 l을 **혼합거리**(mixing length)라 명명하였다.

전단흐름(shearing flow)에 대한 난류 측정 결과에 따르면 변동유속 u'과 v'의 분포는 그림 6.13과 같으며, 상승곱 $u'v'$의 많은 부분이 음의 확률값을 나타내는 것을 볼 수 있다. 혼합거리는 비례상수를 포함하여 다음과 같은 식으로 표현된다:

$$-\overline{u'v'} = l^2\left(\frac{d\bar{u}}{dy}\right)^2$$

따라서 난류전단응력 τ_t는 다음과 같이 표현된다:

$$\tau_t = -\rho\overline{u'v'} = \rho l^2\left(\frac{d\bar{u}}{dy}\right)^2 \tag{6.50}$$

---

38) 원자, 분자, 광자 등과 같은 입자의 방향이나 에너지 또는 다른 입자의 속성을 변화시키는 연속적인 충돌로 인해 움직이는 입자가 이동한 평균거리이다.

39) Ludwig Prandtl (1875~1953): 독일 뮌헨 근교의 프라이징 출생. 그의 아버지도 공학자였다. 1894년 뮌헨 공과대학교에 입학해 고체물리학을 배우고, 기계 설계자가 되었다. 유체기계의 설계로부터 유체역학 분야에 관심을 가지게 되었으며, 1901년에는 하노버 대학교의 교수가 되어 1904년에 경계층에 관한 논문을 발표했다. 이후 괴팅겐 대학교로 옮겨 항공역학 연구소를 설립하여 이끌었다. 1925년에는 카이저 빌헬름 유체역학 연구소를 창립했다. 프레더릭 랜체스터(Frederick Lanchester)와 함께 랜체스터-프란틀 이론 또는 양력선 이론으로도 알려져 있는 3차원 날개이론을 1919년에 발표했다. 1908년에는 테오도어 마이어(Theodor Meyer)와 함께 초음속 충격파의 이론을 처음 발표했다. 이외에도 허먼 글라워트(Hermann Glauert)와 함께 프란틀-글라워트 법칙을 발견했다.

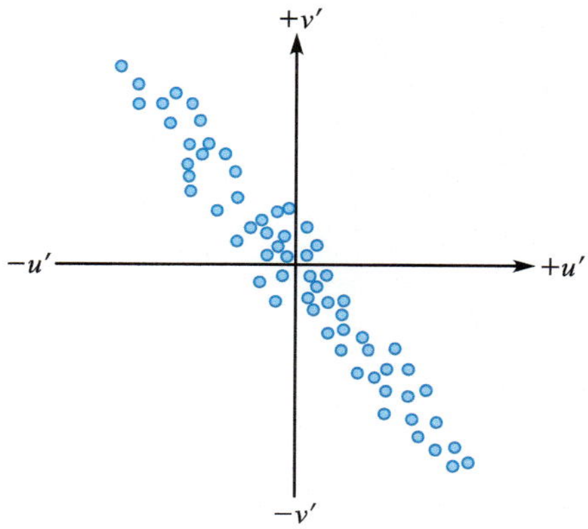

그림 6.13 변동속도 u'과 v'의 상승곱

식 (6.50)의 관계식을 혼합거리 l에 대한 **프란틀의 가정**(Prandtl's hypothesis)이라 하며, 난류전단응력을 계산할 때 사용된다. 혼합거리 l은 물리적 특성값을 나타내는 것은 아니며, 유속경사와 벽으로부터의 거리에 따라 변동되는 물리적 양이다. 혼합거리 l은 변동량을 계산하기 위해 적용될 수 있으며, 식 (6.47)을 대신해 사용된다.

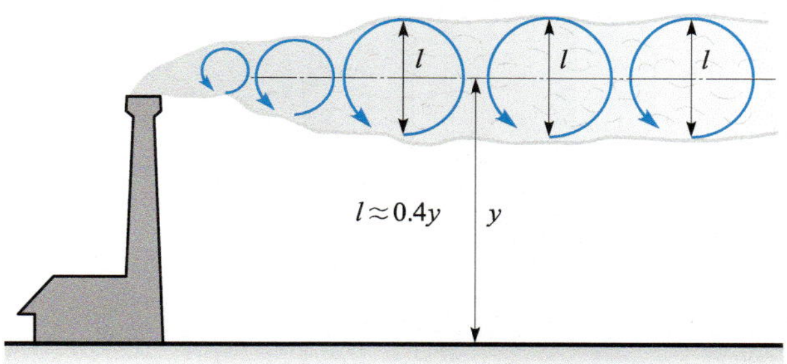

그림 6.14 바람에 날리는 굴뚝 연기

그러나 프란틀은 혼합거리 l에 대한 어떤 구체적인 값이 주어지지 않는다면 식 (6.50)을 실제로 적용하기에 문제가 있다고 판단했다. 그는 그림 6.14와 같이 굴뚝에서 나오는 연기가 바람에 의해 날리는 현상을 보고 지표면 근처에서 바람에 의한 연기의 와동(vortex)은 지표면에서 멀리 떨어진 지점에서의 와동과 크기 면에서 거의 비슷한 것에 주목을 했다. 결국 그는 와동의 크기는 지표면과 와동 중심 사이의 거리 y에 대해 약 0.4 정도 된다는 것을 발견했으며, 이러한 관측 결과를 토대로 혼합거리 $l = 0.4y$라는 관계식을 유도했다. 이 관계식을 식 (6.50)에 대입하면 다음과 같은 식이 얻어진다:

$$\frac{d\bar{u}}{dy} = \frac{1}{0.4y}\sqrt{\frac{\tau_t}{\rho}} \tag{6.51}$$

다음으로 난류전단응력 τ_t을 유도하기 위해 프란틀은 벽 근처에서의 흐름에 대해 주목하였다. 벽 근처에서는 그림 6.15에서처럼 난류 혼합의 크기가 크게 감소되고 점성효과가 지배적인 매우 얇은 층 δ_0가 발달되며, 이러한 매우 얇은 층을 **점성저층**[40](viscous sub-layer)이라 한다. 여기서 유속분포는 층류와 동일하게 간주되며, 식 (6.48)에서의 난류동점성계수 ν_t는 거의 0이 된다. 따라서 벽에 작용하는 전단응력을 τ_0라 하면 다음과 같은 식으로 표현된다:

$$\tau_0 = \mu\frac{du}{dy} = \mu\frac{u}{y} \qquad (y \le \delta_0)$$

또는

$$\frac{\tau_0}{\rho} = \nu\frac{u}{y} \tag{6.52}$$

식 (6.52)의 좌변을 제곱근한 $\sqrt{\tau_0/\rho}$는 속도의 차원을 가지며, **마찰속도**(friction velocity) v_*라 한다. 이를 식 (6.52)에 대입을 하면 다음과 같은 식이 얻어진다:

$$\frac{u}{v_*} = \frac{v_* y}{\nu} \tag{6.53}$$

$y = \delta_0$일 때 $u = u_\delta$라 하면 식 (6.53)은 다음과 같다:

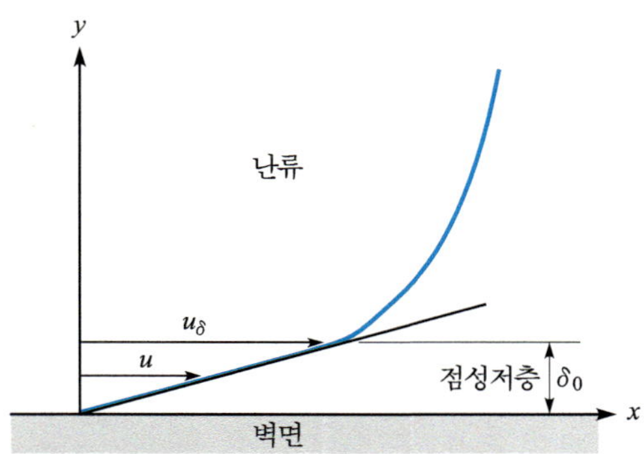

그림 6.15 점성저층(viscous sub-layer)

---

40) 난류 경계층 내부를 세밀하게 관찰하면 벽면 가까운 곳에서는 층류흐름과 매우 유사한 흐름 특성을 나타내는 층이 있음을 알 수 있으며, 이러한 층을 점성저층이라 한다.

$$\frac{u_\delta}{v_*} = \frac{v_* \delta_0}{\nu} = R_{e\delta} \tag{6.54}$$

여기서 $R_{e\delta}$는 점성저층에서의 레이놀즈 수이다.

그림 6.15에서처럼 점성저층 위에서는 난류가 지배적이기 때문에 $\tau_t = \tau_0$라 가정하고 식 (6.51)을 적분하면 다음과 같은 식을 얻는다:

$$\frac{\bar{u}}{v_*} = 2.5 \ln y + c \tag{6.55}$$

$y = \delta_0$일 때 $\bar{u} = u_\delta$ 관계식을 이용하면,

$$c = \frac{u_\delta}{v_*} - 2.5 \ln \delta_0 = R_{e\delta} - 2.5 \ln \delta_0 \tag{6.56}$$

식 (6.55)에 식 (6.56)을 대입하면 다음과 같은 식을 얻는다:

$$\frac{\bar{u}}{v_*} = 2.5 \ln \left(\frac{y}{\delta_0} \right) + R_{e\delta} \tag{6.57}$$

식 (6.54)의 관계식을 이용하면 식 (6.57)은 다음과 같이 표현된다:

$$\frac{\bar{u}}{v_*} = 2.5 \ln \left(\frac{v_* y}{\nu} \right) + A \tag{6.58}$$

$\bar{u}/v_*$와 $\log_{10}(v_* y/\nu)$의 관계를 그림 6.16처럼 그래프로 나타내면 $A = 5.5$[41]가 됨을 알 수 있다. 따라서 식 (6.58)은 다음과 같이 표현된다:

$$\frac{\bar{u}}{v_*} = 5.75 \log \left(\frac{v_* y}{\nu} \right) + 5.5 \tag{6.59}$$

식 (6.59)는 단지 벽 근처에서만 적용이 가능한 것으로 고려될 수 있으나 그림 6.16에서처럼 실험결과와의 비교로부터 관 중심까지 적용이 가능하다. 이러한 유속분포를 **대수유속분포**(logarithmic velocity distribution)라 하며, 점성저층에서 어떠한 레이놀즈 수 $R_{e\delta}$에도 적용이 가능하다.

프란틀은 자체 실험을 통해 그림 6.17에서와 같이 원형 관에서의 난류유속분포에 대해 지수함수로서 다음과 같은 식을 유도하였다:

$$\frac{\bar{u}}{\bar{u}_{\max}} = \left(\frac{y}{r_0} \right)^{1/n} \qquad (0 \leq y \leq r_0) \tag{6.60}$$

---

41) $\bar{u}/v_* = u^+$ 그리고 $v_* y/\nu = y^+$로도 표현된다.

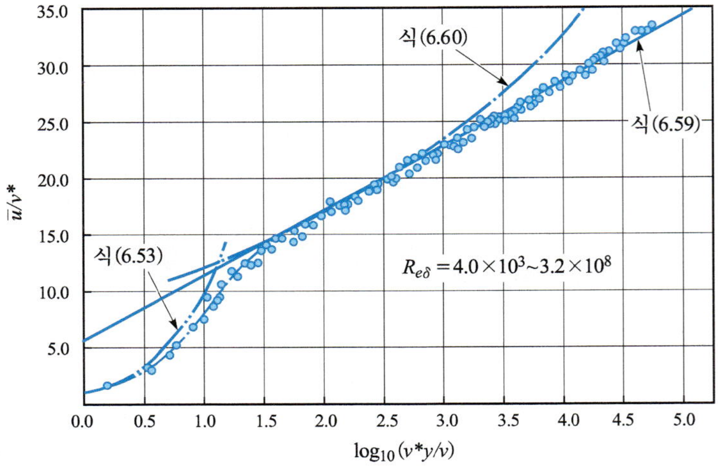

그림 6.16 원형 관에서의 일반적인 유속분포 (Reichardt, 1951)

여기서 지수 n은 레이놀즈 수 $R_{e\delta}$에 따라 변하며, $R_{e\delta} = 1 \times 10^5$일 때 7이 된다. 일반적으로 많은 경우의 난류가 이에 해당되므로 $n = 7$인 식이 사용되며, 이 식을 **카르만**[42]**−프란틀**(Kármán−Prandtl)**의 1/7 승 법칙**이라 한다. 그림 6.17에서 동일한 평균유속에서 층류와 난류에 대해 중첩된 유속분포를 통해 그 차이를 볼 수 있다.

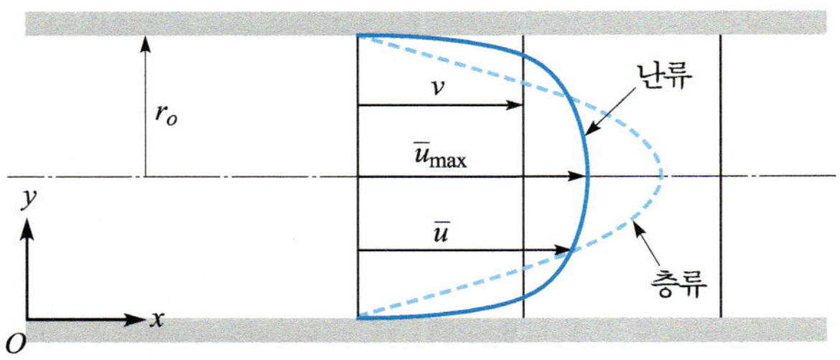

그림 6.17 난류 상태에서의 유속분포

42) Theodore von Kármán (1881~1963): 헝가리 부다페스트 출생. 수학자, 물리학자 및 항공공학 기술자. 헝가리 부다페스트의 Royal Polytechnic Institute에서 수학. 그 후 괴팅겐 대학, 아헨 공대 및 칼텍에서 교수 역임하였다. Kármán vortex street로 알려진 원통 후방 흐름에서 발생되는 와동에 대한 연구를 시작으로 신체와 항력에 대한 저항력을 포함한 유체 역학 분야에서 많은 업적을 남겼다.

6.5 경계층 이론

만약 유체의 흐름이 점성에 의해 영향을 받지 않는다면 이상유체로 취급할 수 있으며, 식 (6.16)의 점성항을 무시할 수 있다. 그러나 견고한 물체 주위를 흐르는 유체는 점성으로 인한 마찰 때문에 점성항을 무시할 경우 정확한 분석을 할 수 없다. 프란틀은 이러한 점성으로 인한 마찰은 벽 근처의 매우 얇은 지역에만 영향을 미친다는 것을 확인하였으며, 이를 통해 물체 주위의 흐름을 다음과 같이 두 가지 영역으로 분리하였다:

- 유체의 흐름이 마찰 저항의 영향을 받는 벽 근처 영역 (그림 6.18에서 영역 ①)
- 마찰의 영향을 받지 않으며, 이상유체로 취급될 수 있는 영역 ①의 외부 영역 (그림 6.18의 영역 ②)

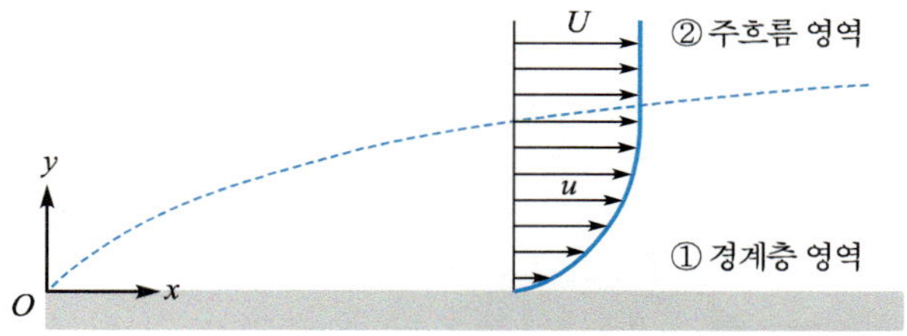

그림 6.18 프란틀의 흐름 영역 분류

영역 ①을 **경계층 영역**(boundary layer zone) 이라 하며, 영역 ②를 **주 흐름 영역**(main flow zone) 이라 한다. 프란틀의 이러한 흐름 분류는 물체 또는 수로에 작용하는 마찰 항력 등을 보다 쉽게 계산할 수 있게 하였으며, 유체역학 분야의 진보에 큰 공헌을 하였다.

6.5.1 경계층의 발달

그림 6.19에서 볼 수 있듯이 물체의 앞부분으로부터 먼 지점에 있는 유체는 유속경사가 없는 균일한 유속 U로 흐르나 물체 표면에서의 유속은 0이다(no-slip 조건). 벽 근처에서의 유속은 마찰의 영향으로 인해 0에서부터 균일한 속도 U까지 변화한다. 다시 말하면, 물체 표면은 유속경사가 큰 얇은 층을 포함하는 덮개에 의해 쌓여있다고 할 수 있다. 이러한 층은 물체의 뒷부분에 와(wake)를 일으키는 감소된 유속영역을 형성한다(그림 6.19).

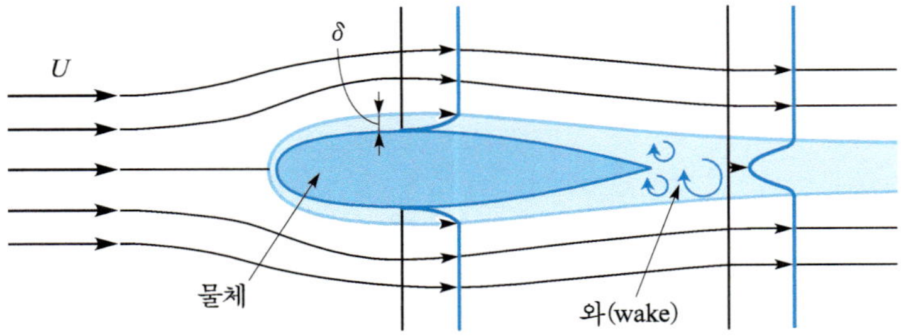

그림 6.19 물체 주변의 경계층

일상생활에서 경계층의 존재는 다양한 방법에서 확인할 수 있다. 예를 들면, 해변에서 강한 바람이 불 때 모래에 누워 있는 사람들 보다 서 있는 사람들이 더 크게 바람이 부는 것을 느끼는 경험을 한다. 이러한 경우 지표면 위의 경계층은 1 m 또는 그 이상으로 확장되며, 지표면 근처에 있을수록 바람의 속도는 작아진다. 그림 6.19에서처럼 경계층 내의 유속 u는 물체에서 멀어질수록 증가하며, 점차적으로 주 흐름 유속 U에 접근한다. 경계층의 두께를 구별하는 것은 쉽지 않기 때문에 물체 표면으로부터 유속이 주 흐름 유속의 99 %에 해당되는 거리까지를 **경계층의 두께** δ로 정의되며, 거리에 따라 연속적으로 두꺼워 진다. 이러한 과정이 그림 6.20에 시각화되어 있다. 경계층의 두께는 고속으로 비행하는 항공기 앞부분에서는 몇 밀리미터 이하이나 뒷부분에서는 대략 50 cm 정도로 커진다.

층류에 대한 경계층의 두께 δ는 다음과 같이 표현된다:

$$\delta = \frac{5x}{\sqrt{R_{ex}}} \qquad R_{ex} < 50{,}000 \tag{6.61}$$

여기서, x는 물체의 앞부분으로부터 떨어진 길이이며, R_{ex}는 x 지점에서의 레이놀즈 수이다.

난류에 대한 경계층의 두께 δ는 다음과 같은 식을 통해 계산된다:

$$\delta = \frac{0.376x}{R_{ex}^{1/5}} \qquad R_{ex} > 50{,}000 \tag{6.62}$$

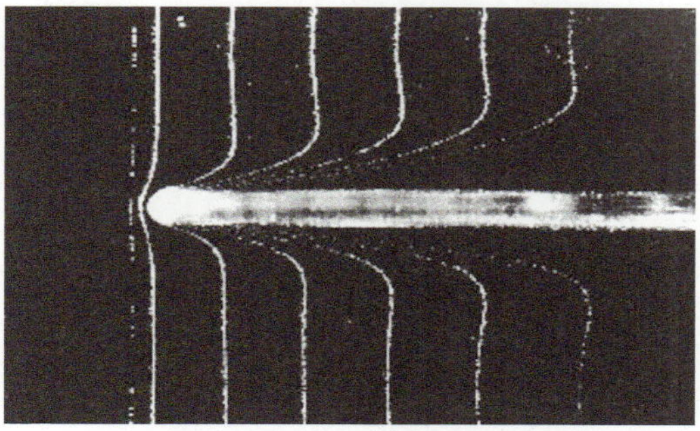

(a)

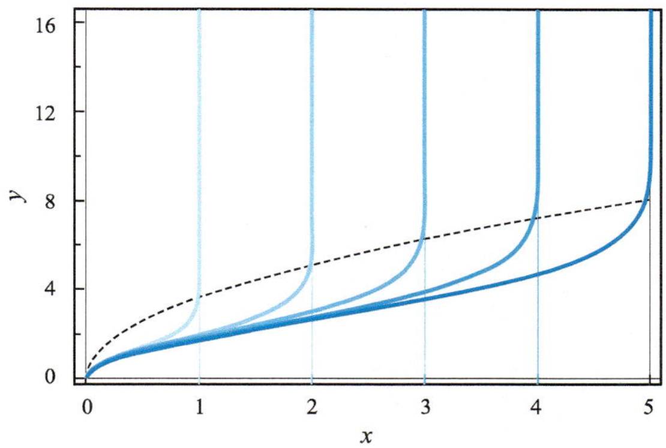

(b)

그림 6.20 평판 위에서의 경계층 발달

(a) 두께 5 mm 평판 위에 속도 0.6 m/s로 물이 흘러가면서 발생되는 경계층 (Japan Society of Mechanical Engineers: *Visualized Flow*, Pergamon Press, New York, 1988)

(b) 평판 위의 위치에 따라 변화하는 경계층의 두께를 그래프화 한 결과 (M. Gabr, 2016, "Lagrangian analysis of the laminar flat plate boundary layer")

예제 6.3

온도가 $20°C$ 그리고 대기압 조건에서 공기가 $8m/s$의 속도로 평판 면에 평행하게 이동하고 있다. 공기의 동점성계수 $\nu = 1.4 \times 10^{-5} m^2/s$일 때, 이 평탄의 앞부분에서부터 (1) 15 cm와 (2) 1.5 m 떨어진 지점에서의 경계층 두께 δ는 얼마인지를 계산하라.

[풀이]

(1) $x = 15\,cm$에서의 레이놀즈 수 $R_e = \dfrac{vx}{\nu} = \dfrac{8m/s \times 0.15m}{1.4 \times 10^{-5} m^2/s} = 8.57 \times 10^4 < 5 \times 10^5$이므로 층

류이다. 따라서 식 (6.61)을 이용하여 경계층 두께 $\delta = \frac{5x}{\sqrt{R_{ex}}} = \frac{5 \times 0.15\,m}{\sqrt{85,700}} = 2.56 \times 10^{-3} m$ 이다.

(2) $x = 1.5\,m$에서의 레이놀즈 수 $R_e = \frac{vx}{\nu} = \frac{8\,m/s \times 1.5\,m}{1.4 \times 10^{-5} m^2/s} = 8.57 \times 10^5 > 5 \times 10^5$이므로 난류이다. 따라서 식 (6.62)를 이용하여 경계층 두께 $\delta = \frac{0.376x}{R_{ex}^{1/5}} = \frac{0.376 \times 1.5\,m}{(8.57 \times 10^5)^{1/5}} = 0.0367\,m$ 이다.

경계층 두께 δ는 점성 효과를 나타낼 때 유용하게 적용될 수 있으나 경계층 문제를 질량 유량이나 운동량 유량과 관련시킬 때는 문제가 발생한다. 따라서 이러한 문제를 해결하기 위해 그리고 유체의 흐름 분포와 물체에 대한 항력(제9장 참조)이 고려될 때 경계층 두께 δ 대신에 다음과 같은 **변위 두께**(displacement thickness) δ^*와 **운동량 두께**(momentum thickness) θ를 이용하는 것 유용하다.

$$U\delta^* = \int_0^\infty (U - u)dy \tag{6.63}$$

$$\rho U^2 \theta = \rho \int_0^\infty u(U - u)dy \tag{6.64}$$

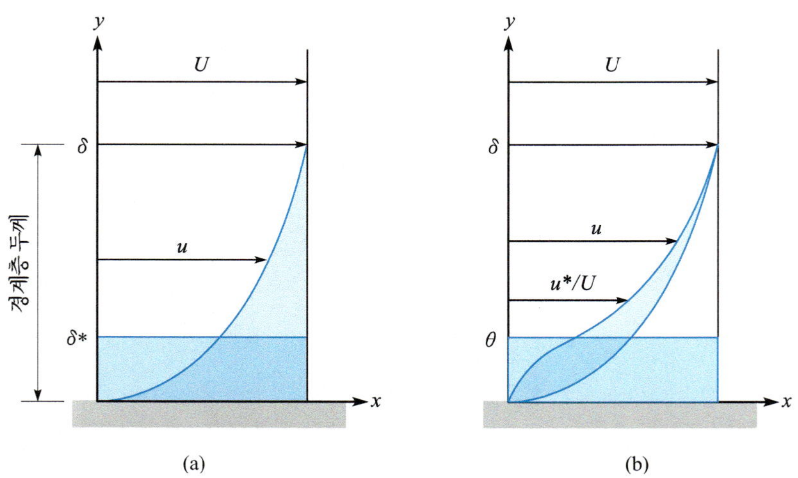

그림 6.21 (a)변위 두께 δ^*와 (b)운동량 두께 θ

식 (6.63)에서 변위 두께 δ^*는 그림 6.21(a)에서처럼 음영 처리된 두 영역의 면적이 같게 되는 위치이다. 이것은 경계층의 발달로 인해 물체가 비점성 유체 내에 있을 때의 경우와 비교할 때 물체가 외부 흐름에 대해 더 크게 변위되는 두께에 해당된다. 결과적으로 주 흐름의 상태가 비점성 흐름으로 고려되는 경우 물체가 변위 두께 δ^*에 의해 보다 크게 된다는 가정은 실제 현상에 가장 근접한 결과를 도출하게 된다. 또한, 운동량 두께 θ의 개념은 물체 벽의 존재로 인한 단위 시간당 운동량 감소를 두께 θ의 높이를 통해 유속 U로 통과하는 단위 시간당 운동량과 동일하다는 것이다. 운동량 감소는 운동량 보존의 법칙에 따라 물체에 작용하는 힘과 같으며, 점성에 의해 발생되는 물체에 대한 항력은 이러한 운동량의 두께 θ를 이용하여 계산할 수 있다.

평판 위의 균일한 흐름의 경우를 고려할 때 평판의 표면에서의 유속은 0이다. 점성에 의한 전단응력은 평판 표면층과 바로 인접한 층 사이에서 작용하기 때문에 인접한 층에서의 유속은 감소된다. 이러한 유속의 감소는 물체 표면층으로부터 점차적으로 확장되며, 그림 6.22에서처럼 평판의 맨 앞부분에서부터 시작된 경계층의 두께를 점차적으로 증가시킨다. 이러한 방식으로 상대적으로 질서 있게 정렬된 와동이 확산되어 진행되며, 이러한 층을 **층류경계층**(laminar boundary layer)이라한다. 층류경계층을 지나서는 천이영역이 생성되며, 이후 평판 후단부의 어떤 지점에서부터는 무작위적 와동이 존재하는 **난류경계층**(turbulent boundary layer)이 생성된다(그림 6.22).

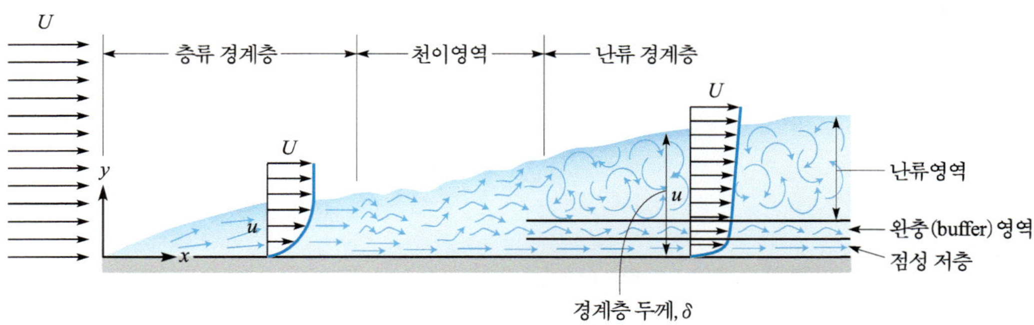

그림 6.22 평판 표면에서의 경계층

난류에 대한 이러한 변화는 흐름 내의 작은 교란이 전체적으로 난류가 될 때까지 점점 더 격렬해지는 과정에 의해 발생된다. 따라서 경계층의 변화는 순간적으로 일어나는 것이 아니라 흐름의 방향으로 어느 정도의 길이를 필요로 하며, 이 길이를 **천이영역**(transition zone)이라 한다. 천이영역에서는 층류 상태와 난류 상태가 서로 혼합되어 있지만, 흐름이 더 멀리 이동할수록 난류 상태가 점점 더 커져서 결국 난류경계층이 된다.

평판 위에서의 층류 및 난류경계층에 대한 유속분포는 관내에서의 흐름에 대한 유속분포와 유사하다.

6.5.2 경계층 방정식

층류경계층에서 비압축성 유체를 고려할 때 y 방향에 대한 운동량 방정식 각각의 성분은 x 방향에 대한 성분에 비해 작은 반면, $\partial^2 u/\partial y^2$는 $\partial^2 u/\partial x^2$에 비해 크다. 따라서 나비에-스톡스 방정식(식 (6.17))은 다음과 같이 단순화 된다:

$$\rho\left(u\frac{\partial u}{\partial x}+v\frac{\partial u}{\partial y}\right)=-\frac{\partial p}{\partial x}+\mu\frac{\partial^2 u}{\partial y^2} \tag{6.65}$$

$$\frac{\partial p}{\partial y}=0 \tag{6.66}$$

또한 연속방정식은 다음과 같다:

$$\frac{\partial u}{\partial x}+\frac{\partial v}{\partial y}=0 \tag{6.67}$$

식 (6.65)~(6.67)을 **층류경계층 방정식**(boundary layer equation of laminar flow)이라한다.

정상상태에서의 난류경계층에 대해서는 다음과 식으로 표현된다:

$$\rho\left(\bar{u}\frac{\partial \bar{u}}{\partial x}+\frac{\partial \bar{u}}{\partial y}\right)=-\frac{\partial \bar{p}}{\partial x}+\frac{\partial \tau}{\partial y} \tag{6.68}$$

$$\tau=\mu\frac{\partial \bar{u}}{\partial y}-\rho\overline{u'v'} \tag{6.69}$$

$$\frac{\partial \bar{p}}{\partial y}=0 \tag{6.70}$$

$$\frac{\partial \bar{u}}{\partial x}+\frac{\partial \bar{v}}{\partial y}=0 \tag{6.71}$$

식 (6.68)~(6.71)을 **난류경계층 방정식**(boundary layer equation of turbulent flow)이라 한다.

6.5.3 경계층의 박리

흐름 방향으로 압력이 감소하는 경우 유체는 가속되며, 경계층은 얇아진다. **수축흐름**(contraction flow, 그림 6.23(a)에서 A~C 구간)에서의 압력은 음의 경사($\partial p/\partial x < 0$)를 나타내며, 흐름은 안정되는 반면 난류 강도는 점차적으로 감소된다. C 지점 이후 굴곡된 벽에서의 흐름 또는 분기 흐름(divergent flow)과 같이 흐름 방향으로 압력이 증가하는 양(또는 역)의 압력 경사($\partial p/\partial x > 0$)를 가진 흐름에서는 음의 압력 경사에 대한 경우와 매우 다르다. 벽으로부터 멀리 떨어진 유체는 큰 유속을 가지며, 그에 따라 관성도 커진다. 따라서 유체의 흐름은 하류부의 높은 압력을 극복하면서 보다 멀리 떨어진 하류 지점으로 진행해간다. 그러나 작은 유속을 가진 벽 근처의 유체는 낮은 관성으로 인해 높은 압력을 극복할 수 없으며, 이로 인해 하류 지점에 도달하지 못한다. 이런 경우 유속은 점차적으로 작아지며, 결국 유속경사는 0이 된다. 이 지점을 **박리점**(separation point)이라 하며, 그림 6.23(a)의 S 지점에 해당된다. 박리점 이후에는 유속경사가 음이 되며, 흐름은 역방향으로 진행된다. 그림 6.23(b)에서 볼 수 있듯이 박리구역에서는 일반적인 경계층보다 더 많은 와가 발생하고 흐름은 더욱 격렬해진다. 이로 인해 에너지 손실이 증가되며, **확장흐름**(expansion flow, 그림 6.23(a)에서 C~D 구간)은 큰 에너지 손실과 함께 흐름이 불안정해진다.

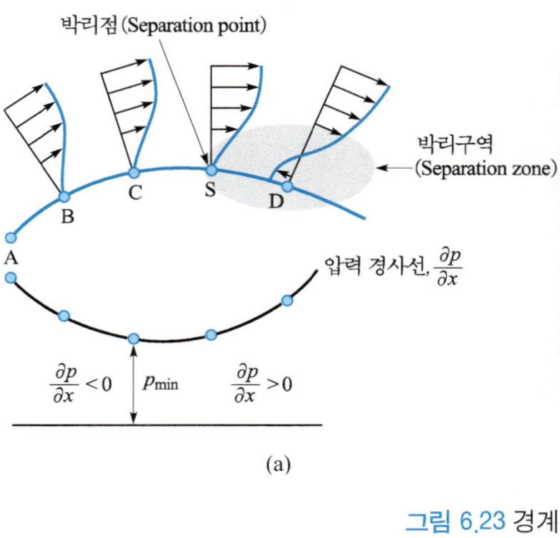

(a)

(b)

그림 6.23 경계층에서의 박리

제6장 연습문제

1. 2차원 압축성 유체의 흐름에 대한 연속방정식이 아래의 같은 식이 됨을 보여라.

$$\frac{\partial \rho}{\partial t}+\frac{\partial(\rho u)}{\partial x}+\frac{\partial(\rho v)}{\partial y}=0$$

2. 만약 비압축성 유체의 흐름이 축방향 대칭일 때 원통형 좌표를 이용하여 연속방정식을 유도하라.

답 $\frac{1}{r}\frac{\partial(rv)}{\partial r}+\frac{\partial u}{\partial x}=0$ 또는 $\frac{\partial v}{\partial r}+\frac{v}{r}+\frac{\partial u}{\partial x}=0$

3. 만약 흐름이 평행한 평판 사이에서 층류일 때, (a) 유속분포, (b) 평균과 최대유속, (c) 유량 그리고 (d) 압력손실을 유도하라.

답 (a) $u=6v\left[\frac{y}{h}-\left(\frac{y}{h}\right)^2\right]$, (b) $v=\frac{1}{1.5}u_{\max}$, (c) $Q=\frac{h^3}{12\mu}\frac{\Delta p}{l}$, (d) $\Delta p=\frac{12\mu lQ}{h^3}$

4. 만약 흐름이 원형 관에서 층류일 때, (a) 유속분포, (b) 평균과 최대유속, (c) 유량 그리고 (d) 압력손실을 유도하라.

답 (a) $u=2v\left[1-\left(\frac{r}{r_0}\right)^2\right]$, (b) $v=\frac{1}{2}u_{\max}$, (c) $Q=\frac{\pi d^4}{128u}\frac{\Delta p}{l}$, (d) $\Delta p=\frac{128\mu lQ}{\pi d^4}$

5. 만약 흐름이 원형 관에서 난류일 때, 유속분포 $u=u_{\max}(y/r_0)^{1/7}$을 가정하여 (a) 평균유속과 최대유속 사이의 관계를 유도하고 (b) 평균유속으로 흐르는 유체의 반경을 구하라.

답 (a) $v=0.82u_{\max}$, (b) $r=0.76r_0$

6. 물이 직경 50 cm 인 원형 관에서 4 m/s 의 평균유속으로 흐른다. 유속분포 $u = u_{\max}(y/r_0)^{1/7}$ 으로 가정하고 만약 관 벽에서부터 5 cm 떨어진 지점에서의 전단응력 τ가 $5.3 \times 10^{-3}\ N/m^2$일 때 난류동점성계수 ν_t와 혼합거리 l를 계산하라. 단, 물의 온도는 20^oC이며, 평균유속은 최대유속의 0.8배이다.

답 $\nu_t = 4.57 \times 10^{-5} m^2/s,\ \ l = 2.01\,cm$

7. 마찰속도 $\sqrt{\tau_0/\rho}$ (τ_0: 벽에서의 전단 응력, ρ: 유체의 밀도)가 속도 차원이 됨을 보여라.

답 LT^{-1}

제7장

관수로 흐름

제7장

관수로 흐름

관로 내를 가득 차서 흐르는 즉 만관 형태로 흐르는 비압축성 점성 유체에 대해 제6장에서는 유속, 압력 등 사이의 관계를 해석적으로 접근하는 방법을 설명한 반면 본 장에서는 실무적인 관점에서 평균유속을 사용하여 관의 마찰손실을 계산하는 방법과 관의 직선부, 관의 굴곡부 그리고 밸브 단면적의 변화 등으로 인한 손실을 어떻게 계산하는지에 대한 방법에 대해 설명한다.

7.1 관 유입부에서의 흐름

유체가 수조와 연결된 원형 관 형태의 유입부를 통해 흐르는 경우 유입부의 유속분포는 거의 균일하나 압력수두는 속도수두 $v^2/2g$(v: 평균유속)에 의해 감소된다(베르누이의 원리).

점성 유체의 유속은 원형 관 벽에서 0이기 때문에 관 벽 근처에서의 유체는 감속된다. 이러한 감속의 영향을 받는 범위는 원형 관내의 유체가 하류부로 흐르면서 경계층이 원형 관의 중심까지 확장된다. 그림 7.1에서 볼 수 있듯이 경계층이 원형 관의 유입부에서부터 중심까지 발달되는 길이를 **유입부 길이**(inlet or entrance length) L이라 하며, 유입부 길이 L의 값은 다음과 같은 경험식을 통해 결정된다:

- 층류의 경우(d는 원형 관의 직경):
  - $L = 0.065 R_e d$: 부시네스크(Boussinesq)와 니쿠라제(Nikurase)
  - $L = 0.06 R_e d$: 아사오(Asao), 아와나미(Iwanami) 그리고 모리(Mori)
- 난류의 경우(d는 원형 관의 직경):
  - $L = 0.693 R_e^{1/4} d$: 라쯔코(Latzko)
  - $L = (25 \sim 40) d$: 니쿠라제(Nikurase)

그림 7.1에서와 같이 원형 관 유입부의 하류부 즉, 층류 경계층이 끝나는 지점에서의 원형 관 내 정압력(static pressure, 관로에 설치된 액주계에 의해 측정된 압력)은 수조에서의 수심에 비해 수두 h 만큼 저감되며, 저감된 수두 h는 다음과 같은 식으로 표현된다:

$$h = f\frac{l}{d}\frac{v^2}{2g} + \xi\frac{v^2}{2g} \tag{7.1}$$

식 (7.1)에서 $f(l/d)(v^2/2g)$은 **마찰손실수두**(fractional loss head)이며, 유체의 단위 무게 당 손실된 에너지이다. $\xi(v^2/2g)$는 원형 관 내 유속분포가 완전히 발달될 때까지 평균유속과 유속분포가 변하는 동안 발생되는 마찰에너지의 손실에 의한 압력의 감소를 의미한다.

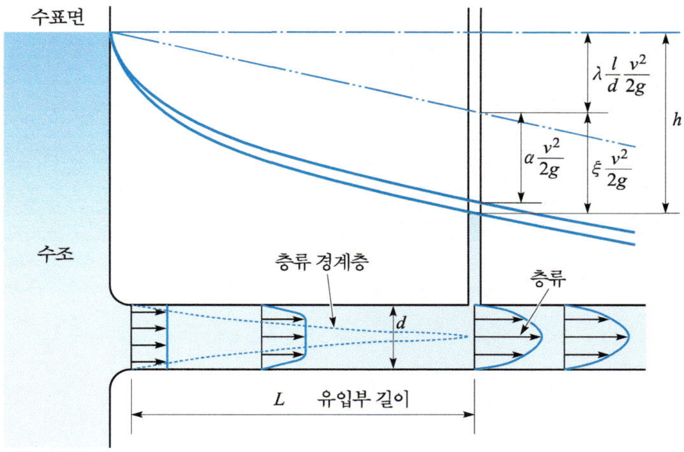

(a) 층류

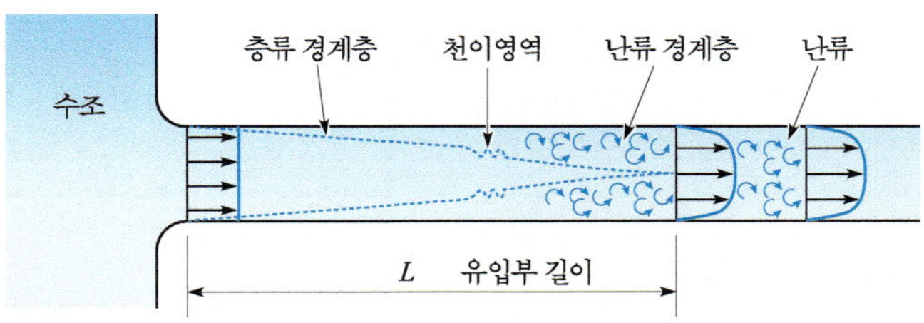

(b) 난류

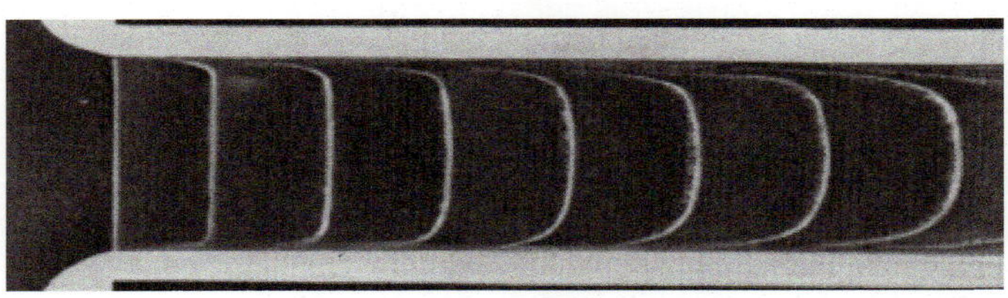

(c) 직경 27 mm 관 내의 층류

그림 7.1 원형 관로 유입부에서의 흐름 : (유속: 0.06 m/s, 레이놀즈 수: $R_e = 1{,}600$, Japan Society of Mechanical Engineers: Visualized Flow, Pergamon Press, New York, 1988) 그리고 α는 운동에너지 보정계수이다.

7.2 관 마찰에 의한 손실

그림 7.2에서와 같이 유체가 원형 관 유입부를 통과한 후 완전히 발달된 유속분포에 대한 흐름을 고려하자. 만약 유체가 평균유속 v에서 직경 d의 원형 관내를 흐르는 경우 거리 l만큼 떨어진 두 지점에서의 압력을 각각 p_1과 p_2라 할 때 평균유속 v와 손실수두 $h_l = (p_1 - p_2)/\rho g$ 사이의 관계가 그림 7.3에 나와 있다. 층류의 경우 손실수두 h_l은 평균유속 v에 비례하며, 이와 같은 관계는 식 (6.44)를 통해서도 알 수 있다. 난류의 경우 손실수두 h_l은 평균유속 $v^{1.75-2.0}$에 비례한다. 손실수두 h_l는 다음과 같은 식에 의해 표현된다:

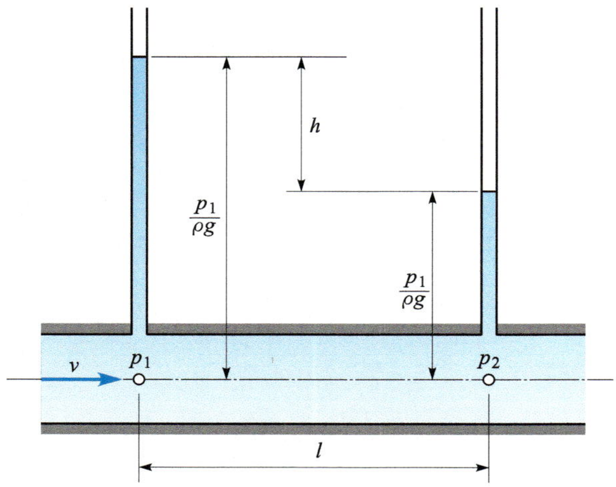

그림 7.2 관 마찰손실

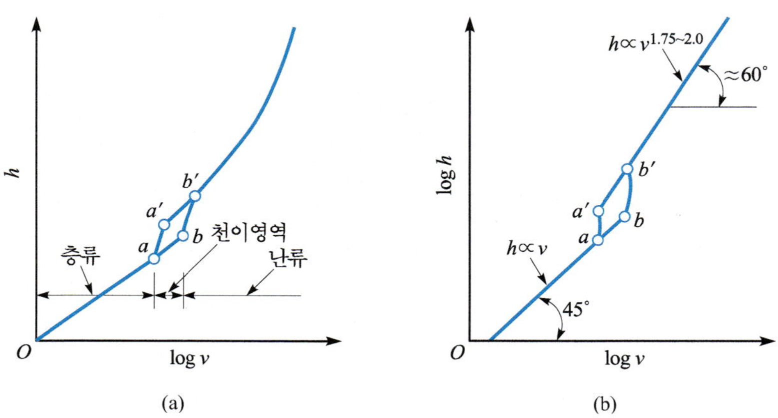

그림 7.3 유체의 평균유속 v와 손실수두 h 사이의 관계

$$h_l = f\frac{l}{d}\frac{v^2}{2g} \tag{7.2}$$

식 (7.2)를 **다르시-바이스바흐**(Darcy-Weisbach)식이라 하며, f를 관의 **마찰계수**(coefficient of friction)라 한다.

7.2.1 층류

층류에 대한 관의 마찰계수 f는 식 (6.44)과 (7.2)로부터 다음과 같이 표현된다:

$$f = 64\frac{\mu}{\rho v d} = \frac{64}{R_e} \tag{7.3}$$

식 (7.3)은 관 벽의 조도에 대한 영향은 없다는 가정 하에서 유도된 것이며, 이는 관 벽에서는 유속에 의한 관성이 작은 반면 점성효과가 크고 이로 인해 관 벽면의 조도에 의해 발생되는 난류가 제한되기 때문이다.

예제 7.1

매끈한 원형 관내를 흐르는 유체의 레이놀즈 수 R_e가 1,800일 때의 마찰계수 f가 얼마인지를 계산하라.

[풀이]

레이놀즈 수 $R_e = 1{,}800 < 2{,}300$이므로 층류이다. 따라서 식 (7.3)을 이용하여 계산하면 $f = \frac{64}{R_e} = \frac{64}{1{,}800} = 0.036$이 된다.

예제 7.2

직경이 0.5 m의 원형 관내를 평균유속 $v = 2.0\,m/s$로 물이 흐르고 있을 경우 원형 관의 길이 $l = 1{,}000\,m$에 대한 마찰손실수두 h_l가 얼마인지를 계산하라. 단, 마찰계수 $f = 0.03$으로 가정하라.

[풀이]

식 (7.2)를 이용하여 계산하면 마찰손실수두 $h_l = f\frac{l}{d}\frac{v^2}{2g} = 0.03 \times \frac{1{,}000\,m}{0.5\,m} \times \frac{(2.0\,m)^2}{2 \times 9.81\,m/s^2}$ $= 12.23\,m$가 된다.

7.2.2 난류

원형 관의 마찰계수 f는 일반적으로 레이놀즈 수 R_e와 관 벽면의 조도 ϵ에 따라 변화된다. 표 7.1은 대표적인 관 재질에 따른 조도 ϵ의 값을 나타낸 것이다.

표 7.1 관 재질에 따른 조도 ϵ

관 재질	조도 ϵ (mm)
유리관	0.0003
아스팔트로 피복된 주철관	0.12
도금 철관	0.15
주철관	0.26
나무관	0.18~0.90
콘크리트관	0.30~3.0
리벳주철관	1.0~10.0

관 벽면이 매끈한 원형 관의 경우

만약 원형 관 벽면의 울퉁불퉁함의 정도를 나타내는 조도 ϵ이 식 (7.4)의 조건에 해당되면 점성저층 내에 있다고 할 수 있다:

$$\epsilon \leq \frac{5\nu}{v} \tag{7.4}$$

여기서 ν는 동점성계수 그리고 v는 유체의 평균유속이다.

식 (6.52)와 그림 6.16의 유속분포는 조도의 영향은 없으며, 원형 관의 마찰계수 f는 단지 레이놀즈 수 R_e에 의해서만 영향을 받는다는 가정 하에 유도된 것이다. 이러한 경우 원형 관은 **매끄러운 관**(smooth pipe)으로 고려될 수 있다. 매끄러운 원형 관의 마찰계수 f에 대해 다음과 같은 식들이 제안되었다:

$$\text{블라시우스 식 : } f = 0.3164 R_e^{-1/4} \quad \left(R_e = 3\times10^3 \sim 1\times10^5\right) \tag{7.5}$$

$$\text{프란틀 식 : } \frac{1}{\sqrt{f}} = 0.86\ln\left(R_e\sqrt{f}\right) - 0.8 \quad \left(R_e = 3\times10^3 \sim 1\times10^5\right) \tag{7.6}$$

$$\text{니쿠라제 식 : } f = 0.0032 + 0.221 R_e^{-0.237} \quad \left(R_e = 3\times10^3 \sim 1\times10^5\right) \tag{7.7}$$

$$\text{카르만-니쿠라제 식 : } f = 1/\left[2\log_{10}\left(R_e\sqrt{f}\right) - 0.8\right]^2 \quad \left(R_e = 3\times10^3 \sim 3\times10^6\right) \tag{7.8}$$

이타야 식 : $f = 0.314/[0.7 - 1.65\log_{10}(R_e) + (\log_{10} R_e)^2]$ (7.9)

맥케온 식 : $f = 1/[1.93\log_{10}(R_e\sqrt{f}) - 0.537]^2 \quad (R_e = 0.1\times 10^2 \sim 3.5\times 10^7)$ (7.10)

식 (7.2)와 (7.5)를 결합하면 그림 7.3에서처럼 난류에 대한 관계식 $h = cv^{1.75}$(c는 상수)가 얻어진다.

관 벽면이 거친 원형 관의 경우

식 (6.59)와 그림 6.16으로부터 유도된 식 (7.11)의 경우 난류 영역으로 확장될 만큼 충분히 거친 관 벽면의 조도를 가진다:

$$\epsilon \geq 70\frac{v}{v_*} \tag{7.11}$$

식 (7.11)의 조건은 관의 마찰계수 f가 단지 조도에 의해서만 결정되고 레이놀즈 수 R_e의 값에는 관계가 없다는 것을 의미한다.

규칙적인 조도에 대한 영향을 분석하기 위해 니쿠라제(Nikuradse[43])는 1933년에 관 내벽 표면에 옷칠로 고정된 균일한 직경의 모래 입자들로 이루어진 망을 부착하여 실험을 수행하였으며, 그림 7.4와 같은 결과를 도출하였다.

이러한 결과에 따라 $R_e > 9{,}000(\epsilon/d)$일 때 관의 마찰계수 f는 다음과 같은 식을 통해 산정될 수 있다:

$$f = \frac{1}{[1.74 - 2\log_{10}(2\epsilon/d)]^2} \tag{7.12}$$

이 경우에 대한 유속분포는 다음과 같은 식에 의해 표현된다:

$$v/v_* = 8.48 + 5.75\log_{10}(y/\epsilon) \tag{7.13}$$

43) Johann Nikuradse (1894~1976): 조지아 태생 독일 공학자 및 물리학자. 1920년에 경계층 이론의 창시자인 루드비히 프란틀 교수 지도하에 박사과정을 이수하였으며, 나중에 유체흐름 연구를 위해 카이저 빌헬름 연구소(현 막스플랑크 연구소)에서 연구원으로 일했다. 그는 관내에서 유체의 난류마찰에 대한 연구를 실험을 통해 체계적으로 수행한 과학자이다.

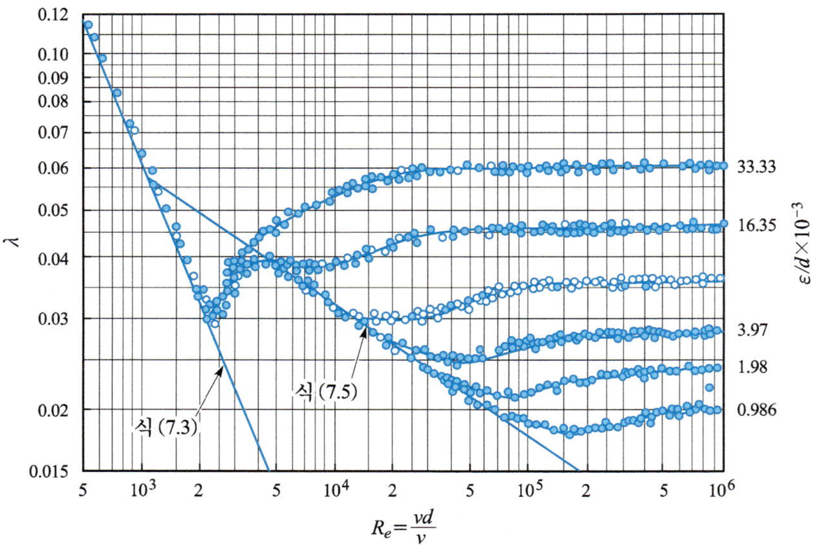

그림 7.4 거친 원형 관의 마찰계수(모래 입자의 경우)

실무에서 사용되는 벽면이 불규칙한 거칠기를 가진 관 벽에 대한 마찰계수 f의 값을 구하기 위해 그림 7.5와 같이 **무디 다이아그램**(Moody diagram)이 사용된다. 상업용 관에 대한 마찰계수 f의 값은 그림 7.6에서의 관 벽면 조도와 관 직경과의 비인 ϵ/d를 이용하여 그림 7.5에서 구할 수 있다.

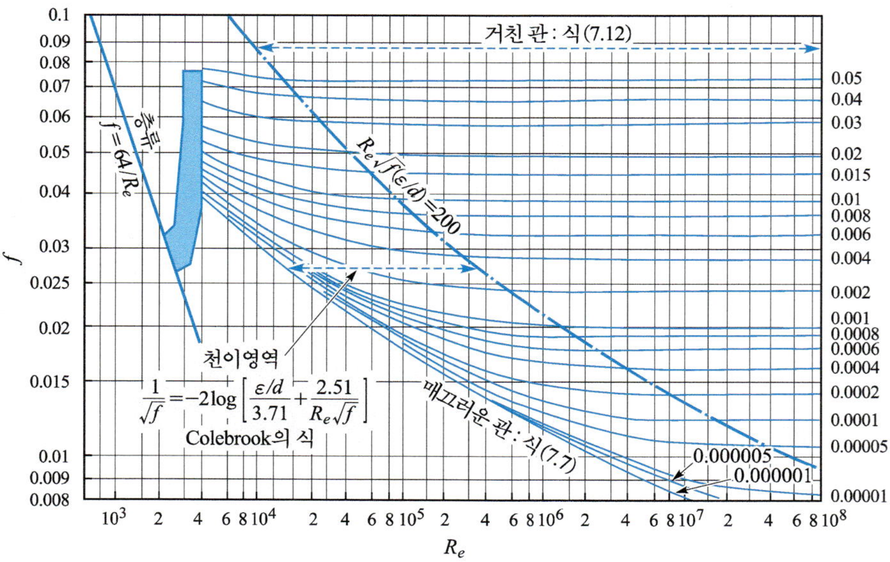

그림 7.5 무디 다이아그램(Moody diagram)

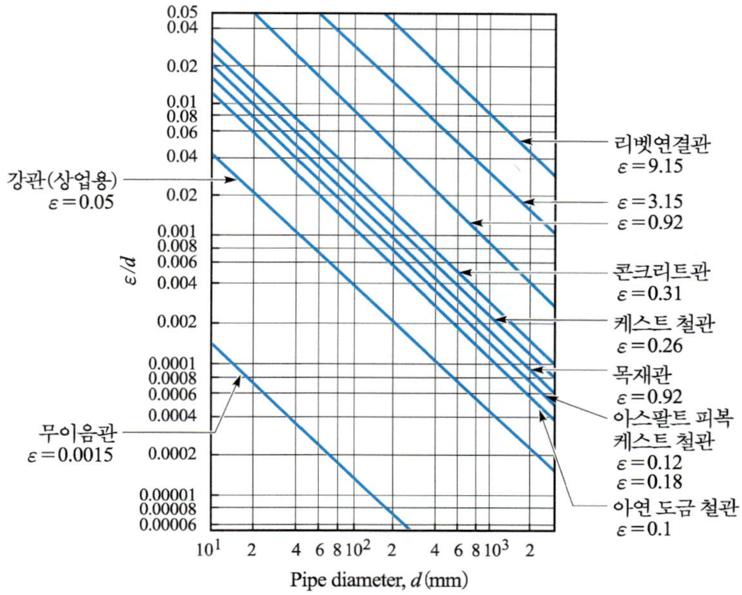

그림 7.6 상업용 관의 조도 (ϵ의 단위: mm)

예제 7.3

직경 $d = 80\,mm$의 원형 관 내에 기름이 평균유속 $v = 4\,m/s$로 흐르고 있다. 원형 관 내벽의 평균 조도 $\epsilon = 0.02\,mm$이며, 관의 길이 $l = 60\,m$이다. 또한, 기름의 점성계수 $\mu = 0.005\,kg/(m \cdot s)$이며, 밀도 $\rho = 900\,kg/m^3$이다. 원형 관 양 끝단에서의 압력차 Δp를 계산하라.

[풀이]

레이놀즈 수 $R_e = \dfrac{\rho v d}{\mu} = \dfrac{900\,kg/m^3 \times 4\,m/s \times 0.08\,m}{0.005\,kg/(m \cdot s)} = 57{,}600$이며,

$\dfrac{\epsilon}{d} = \dfrac{0.02\,mm}{80\,mm} = 0.0025$이다. 그림 7.5를 이용하여 마찰계수 f를 구하면 대략 0.017이다.

손실수두 $h_l = f\dfrac{l}{d}\dfrac{v^2}{2g} = 0.017 \times \dfrac{60\,m}{0.08\,m}\dfrac{(4\,m)^2}{2 \times 9.81\,m/s^2} = 10.39\,m$이며,

압력차 $\Delta p = \gamma h_l = 900\,kg/m^3 \times 9.81\,m/s^2 \times 10.39\,m = 91{,}733\,Pa = 92\,kPa$이다.

7.3 원형 관 이외의 관에서의 마찰손실

원형 관 이외의 관 예를 들면 직사각형 관 또는 타원형 관에서의 압력손실에 대해 알아보자. 그림 7.7과 같이 유체가 직사각형 관내를 흐를 때 관의 길이 l을 따라 발생하는 압력강하수두를 h, 직사각형 관 단면의 폭과 높이를 각각 a와 b 그리고 유체와 접촉하고 있는 관 벽의 윤변을 P라 하자. 전단응력이 τ_0일 때 관 벽의 길이 l에 작용하는 전단력은 $\tau_0 lP$가 된다. 흐르는 유체가 관의 단면에 미치는 힘이 ρghA일 때 힘의 균형을 고려하면 다음과 같다:

$$\rho ghA = \tau_0 lP \tag{7.14}$$

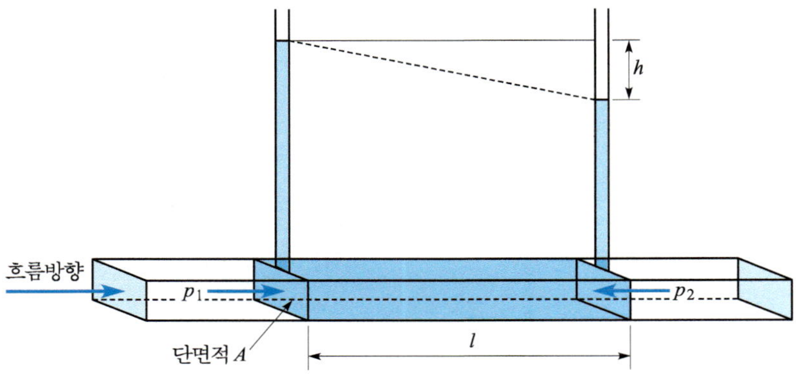

그림 7.7 직사각형 관에서의 유체 흐름

식 (7.14)는 발생된 압력강하에 대해 전단응력 τ_0는 A/P(A: 유체의 흐름단면적 그리고 P는 윤변)에 의해 결정된다는 것을 보여준다. $A/P = R$을 **동수반경**(hydraulic mean depth) 또는 **경심**이라 한다. 유체로 가득 채워진 원형 관의 경우 $A = \pi d^2/4$ 그리고 $P = \pi d$이므로 동수반경 $R = d/4$가 된다. 원형 관 이외의 관에 대해 압력강하수두 h는 식 (7.2)에서 관의 직경 d 대신에 **수리학적 직경**[44](hydraulic diameter)인 $4R$을 대입하면 다음과 같은 식으로 표현된다:

---

44) 흐름이 층류인지 난류인지를 판단하기 위해 레이놀즈 수 R_e를 계산할 때 일반적인 원형 관인 경우 내경을 이용한다. 그러나 실무에서는 원형 관 이외에 덕트와 같은 사각형 관들이 많이 사용되고 있으며, 이러한 관에서는 수리학적 직경 m을 적용해야 한다. 수리학적 직경 $m = 4A/P$가 되며, 여기서 A는 흐름단면적 그리고 P는 윤변이다.

$$h = f\frac{l}{4R}\frac{v^2}{2g} \qquad f = f(R_e, \epsilon/4R) \tag{7.15}$$

$R_e = 4Rv/\nu$ 그리고 $\epsilon/d = \epsilon/4R$로 가정하면 그림 7.5의 무디 다이아그램으로부터 관의 마찰계수 f를 구할 수 있다. $4R$은 직사각형 단면 $a \times b$와 동축 원형 관의 내부 지름 d_1과 외부 지름 d_2에 대해 각각 다음과 같은 식을 통해 계산된다:

$$\text{직사각형 단면의 관 : } 4R = 4\frac{ab}{2(a+b)} = \frac{2ab}{a+b} \tag{7.16}$$

$$\text{동축 원형 관 : } 4R = \frac{(\pi/4)(d_2^2 - d_1^2)}{\pi(d_1 + d_2)} = d_2 - d_1 \tag{7.17}$$

예제 7.4

다음의 그림과 같이 비원형 단면을 가진 관을 통해 유체가 만관 형태로 흐른다. 유량 $Q = 0.1\,m^3/s$, 동점성계수 $\nu = 1.14 \times 10^{-5}\,m^2/s$ 일 때 길이 $l = 1{,}000\,m$에서 발생하는 마찰손실 수두는 얼마인지 계산하라.

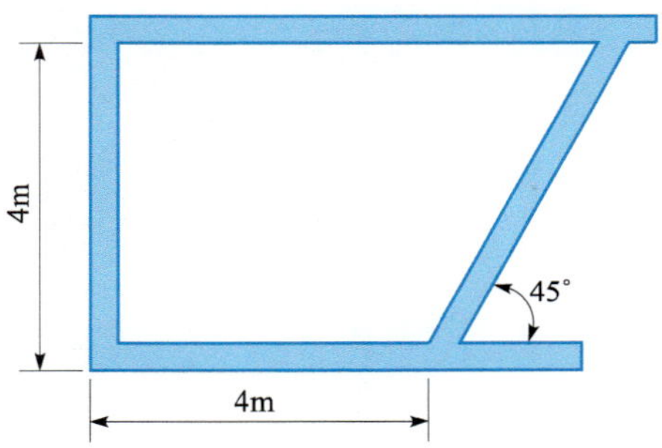

예제 7.3

[풀이]

동수반경 $R = \dfrac{A}{P} = \dfrac{(4m + 8m) \times 4m/2}{4 \times 4m + 4\sqrt{2}} = 1.11\,m$ 이며,

평균유속 $v = \dfrac{Q}{A} = \dfrac{0.1\,m^3/s}{(4m + 8m) \times 4m/2} = 0.0042\,m/s$ 이다.

레이놀즈 수 $R_e = \dfrac{4vR}{\nu} = \dfrac{4 \times 0.0042\,m/s \times 1.11\,m}{1.14 \times 10^{-5}\,m^2/s} = 1{,}620 < 2{,}300$ 이며,

따라서 관 내 흐름은 층류이다. 층류일 경우 마찰계수 $f = \dfrac{64}{R_e} = \dfrac{64}{1{,}620} = 0.0395$ 이며,

마찰수두손실 $h_l = f\dfrac{l}{4R}\dfrac{v^2}{2g} = 0.0395 \times \dfrac{1{,}000\,m}{4 \times 1.11\,m}\dfrac{(0.0042\,m/s)^2}{2 \times 9.81\,m/s^2} = 7.88 \times 10^{-6}\,m$ 이다.

7.4 관로에서의 다양한 손실

관로(pipe line)에서는 마찰손실 f 이외에 관의 단면적 변화, 흐름 방향의 변화, 관의 분기, 관의 연결부, 관의 굴곡 그리고 밸브와 같은 부분을 통해 유체가 흐를 때 생성되는 난류에 의해서도 수두손실이 발생한다. 이를 **소손실**(minor loss)이라 하며, 이러한 경우에 대한 수두손실은 일반적으로 다음과 같은 식에 의해 표현된다:

$$h_{sl} = \zeta \frac{v^2}{2g} \tag{7.18}$$

여기서 v는 마찰에 의한 수두손실이 발생되는 않는 단면에서의 평균유속이다. 평균유속은 수두손실이 발생되는 단면의 상류부 또는 하류부에서 변하게 되며, 이를 보완하기 위해 실무에서는 보다 큰 평균유속이 사용된다.

7.4.1 급변하는 단면에서의 소손실

흐름 단면의 급확대

그림 7.8과 같이 급확대되는 단면을 가진 관에서의 **급확대 손실수두**(expansion loss head) h_{el}은 식 (5.52)와 마찬가지로 다음과 같은 식에 의해 계산된다:

$$h_{el} = \frac{(v_1 - v_2)^2}{2g} = \left(1 - \frac{A_1}{A_2}\right)^2 \frac{v_1^2}{2g} \tag{7.19}$$

그러나 실제로는 식 (7.19)보다 다음과 같은 식을 주로 사용한다:

$$h_{el} = \xi \frac{(v_1 - v_2)^2}{2g} \tag{7.20}$$

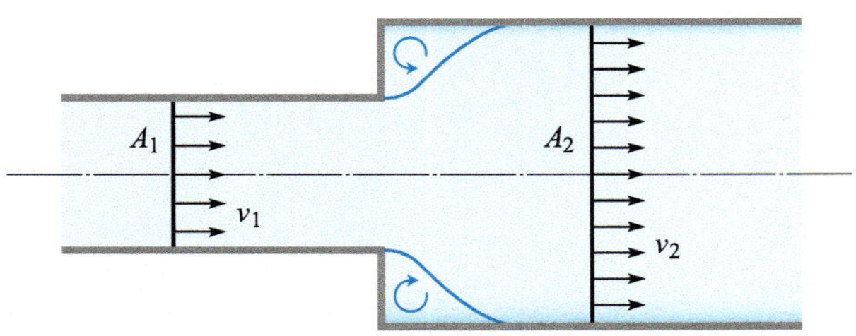

그림 7.8 급확대 단면을 가진 관로

또는

$$h_{el} = \zeta \frac{v_1^2}{2g} \qquad \zeta = \xi\left(1 - \frac{A_1}{A_2}\right)^2 \tag{7.21}$$

여기서 ξ는 거의 1과 같은 값을 가진다.

그림 7.9에서처럼 관의 유출부에서는 v_2가 0이기 때문에 식 (7.20)은 다음과 같이 표현된다:

$$h_{el} = \xi \frac{v_1^2}{2g} \tag{7.22}$$

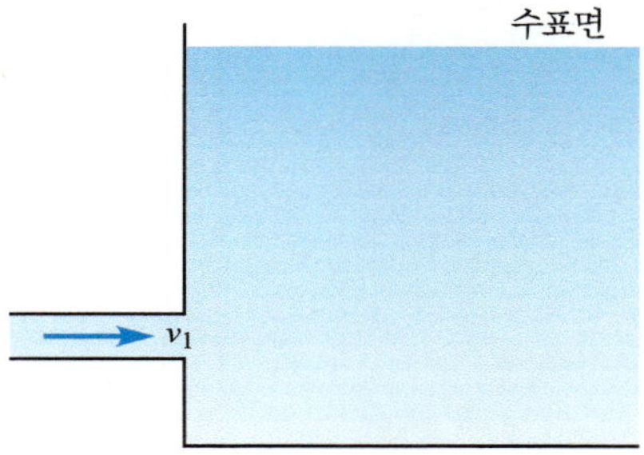

그림 7.9 급확대 단면을 가진 관로

예제 7.5

그림 7.8에서와 같이 급확대 원형 관내를 유량 $Q = 0.15\,m^3/s$로 유체가 흐르고 있다. 관 벽의 마찰 손실을 무시할 때 급확대로 인한 손실수두 h_{el}을 계산하라. 단면 1의 직경 $d_1 = 0.1\,m$ 그리고 단면 2의 직경 $d_2 = 0.3\,m$이다. 단, $\xi = 1.0$으로 가정하라.

[풀이]

단면 1의 단면적 $A_1 = \frac{\pi d^2}{4} = \frac{\pi \times (0.1\,m)^2}{4} = 7.85 \times 10^{-3}\,m^2$

그리고 단면 2의 단면적 $A_1 = \frac{\pi d_2^2}{4} = \frac{\pi \times (0.3\,m)^2}{4} = 7.07 \times 10^{-2}\,m^2$이다.

단면 1에서의 평균유속 $v_1 = \frac{Q}{A_1} = \frac{0.15\,m^3/s}{7.85 \times 10^{-3}\,m^2} = 19.10\,m/s$이며,

단면 2에서의 평균유속 $v_2 = \frac{Q}{A_2} = \frac{0.15\,m^3/s}{7.07 \times 10^{-2}\,m^2} = 2.12\,m/s$이다.

식 (7.21)을 이용하여 손실수두

$$h_{el} = \xi\left(1 - \frac{A_1}{A_2}\right)^2 \frac{v_1^2}{2g} = 1.0 \times \left(1 - \frac{7.85 \times 10^{-3}\,m^2}{7.07 \times 10^{-2}\,m^2}\right)^2 \frac{(19.10\,m/s)^2}{2 \times 9.81\,m/s^2} = 14.7\,m \text{ 이다.}$$

흐름 단면의 급축소

유체 흐름의 관성으로 인해 그림 7.10에서처럼 단면 $1(A_1)$에서의 유체는 단면 $2(A_c)$로 이동하면서 수축되며 단면 $3(A_3)$에서는 다시 확장된다. 흐름이 가속될 때 손실은 매우 작으며, 급확대의 경우와 유사한 수두손실이 발생된다. 식 (7.19)와 마찬가지로 흐름 단면이 급축소되는 경우의 수두손실 h_{cl}은 다음과 같은 식으로 표현된다:

$$h_{cl} = \frac{(v_c - v_2)}{2g} = \left(\frac{A_2}{A_c} - 1\right)^2 \frac{v_2^2}{2g} = \left(\frac{1}{C_c} - 1\right)^2 \frac{v_2^2}{2g} = \zeta_{cl}\frac{v_2^2}{2g} \tag{7.23}$$

여기서 $C_c = 0.62 + 0.38(A_2/A_1)^3$이며, **수축계수**(coefficient of contraction)라 한다. 예를 들면, $A_2/A_1 = 0.1$일 때 수축계수 $C_c = 0.62$이다. ζ_{cl}는 급축소 관에 대한 손실계수이며, 표 7.2는 수축계수 C_c에 대한 손실계수 ζ_{cl}을 나타낸 것이다.

표 7.2 급축소 관에서의 손실계수 ζ_{cl}

C_c	0.1	0.2	0.3	0.4	0.5	0.6	0.7	0.8	0.9	1.0
ζ_{cl}	0.37	0.35	0.32	0.27	0.22	0.17	0.10	0.06	0.02	0.0

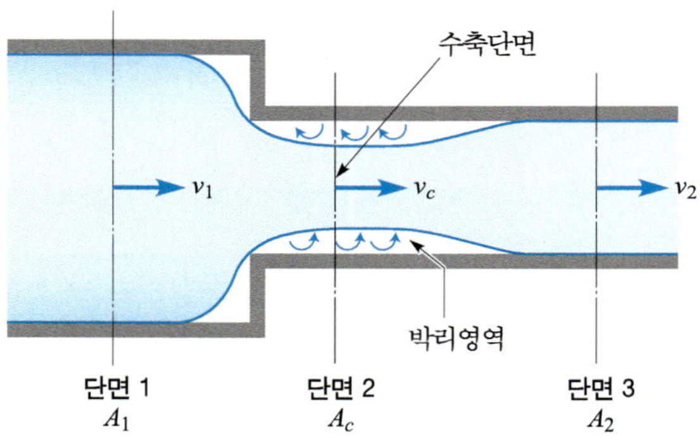

그림 7.10 급축소 단면을 가진 관로

예제 7.6

그림 7.10과 같은 관로에서 단면 1에서의 직경이 0.3 m이고 단면 2에서의 직경 0.1 m로 급축소 될 때 유량 Q가 0.2 m^3/sec라면 단면 급축소로 인한 손실수두는 얼마인지 계산하라. 단, 마찰로 인한 손실은 무시한다.

[풀이]

단면 1에서의 단면적 $A_1 = \frac{\pi d^2}{4} = \frac{\pi \times (0.3\,m)^2}{4} = 7.07 \times 10^{-2}\,m^2$,

그리고 단면 2의 단면적 $A_2 = \frac{\pi d_2^2}{4} = \frac{\pi \times (0.1\,m)^2}{4} = 7.9 \times 10^{-3}\,m^2$이다.

수축계수 $C_c = 0.62 + 0.38(A_2/A_1)^3 = 0.62 + 0.38 \times [(7.07 \times 10^{-2} m^2)/(7.9 \times 10^{-3} m^2)] = 0.6205$

이다. 단면 2에서의 평균유속 $v_2 = Q/A_2 = (0.2\,m^3/\mathrm{sec})/(7.9 \times 10^{-3} m^2) = 25.32\,m/\mathrm{sec}$이다.

따라서 단면의 급축소에 의한 손실수두 $h_d = (1/C_c - 1)^2 v^2/2g$

$= (1/0.6205 - 1) \times (25.32\,m/\mathrm{sec})^2/(2 \times 9.81\,m^2/\mathrm{sec}) = 12.22\,m$ 이다.

관로의 유입부

그림 7.11에서처럼 유체가 큰 수조로부터 관으로 유입되는 경우에서의 수두손실 h_{et}는 다음과 같은 식에 의해 계산된다:

$$h_{et} = \zeta_{et} \frac{v^2}{2g} \tag{7.24}$$

식 (7.24)에서의 ζ_{et}는 **유입손실계수**(inlet loss factor)이며, v는 평균유속이다. 다양한 유입부 형태에 대한 유입손실계수 ζ_{et}의 값은 그림 7.11에 제시되어 있다.

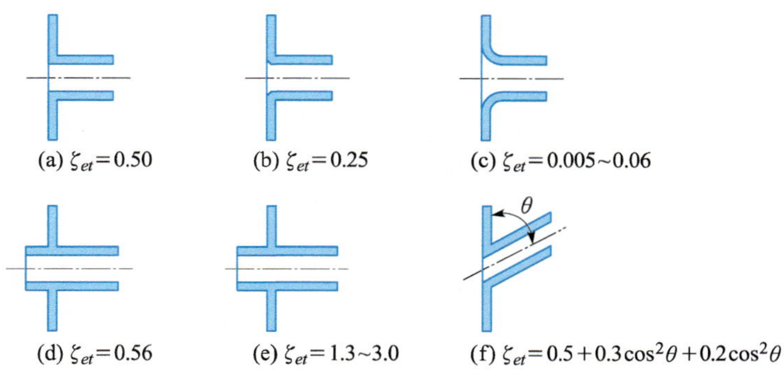

그림 7.11 유입부의 형상에 따른 손실 계수

트로틀

관내에서 앞 절에서 기술된 흐름 저항 이외에 부가적인 저항을 발생시키는 영역을 감소시키는 장치를 일반적으로 **트로틀**(throttle)이라 한다. 트로틀에는 **쵸크**(choke), 오리피스(5.2.2절 참조) 그리고 노즐(nozzle)과 같이 세 가지 종류가 있다. 만약 좁은 단면의 길이가 관 직경에 비해 길 때의 트로틀을 쵸크라 하며, 여기서는 쵸크에 대해서만 설명한다.

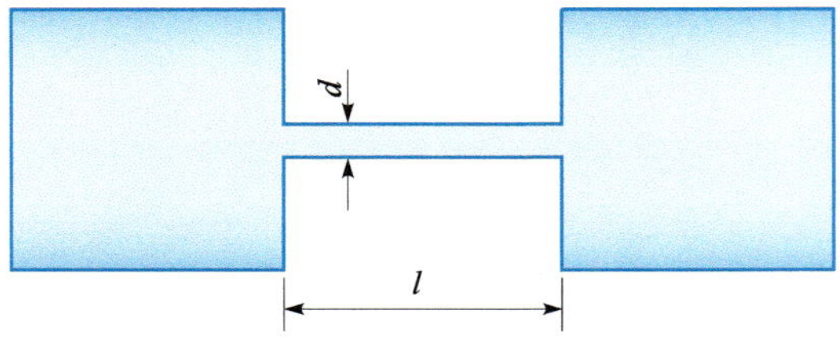

그림 7.12 쵸크

그림 7.12와 같은 쵸크를 통과하면서 흐르는 유체의 유량계수 C는 식 (5.29)와 같이 표현되며, Δp는 트로틀의 상류부와 하류부 사이의 압력차이다:

$$Q = C\frac{\pi d^2}{4}\sqrt{\frac{2\Delta p}{\rho}} \tag{7.25}$$

식 (7.25)에서 유량계수 C는 **쵸크수**(choke number) $\sigma = Q/\nu l$의 함수로 표현된다.

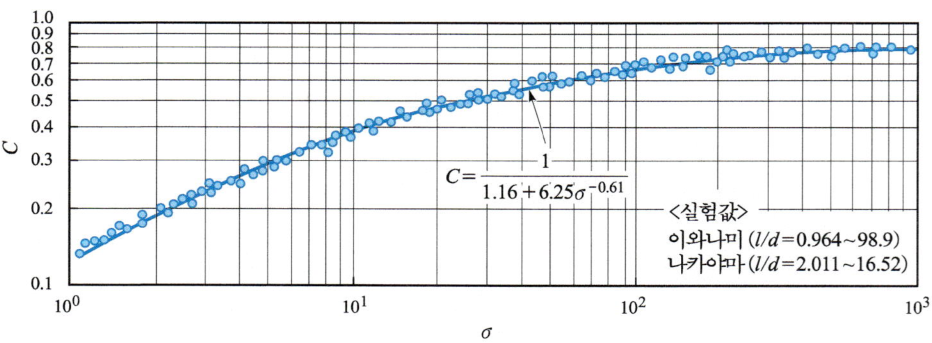

(a)

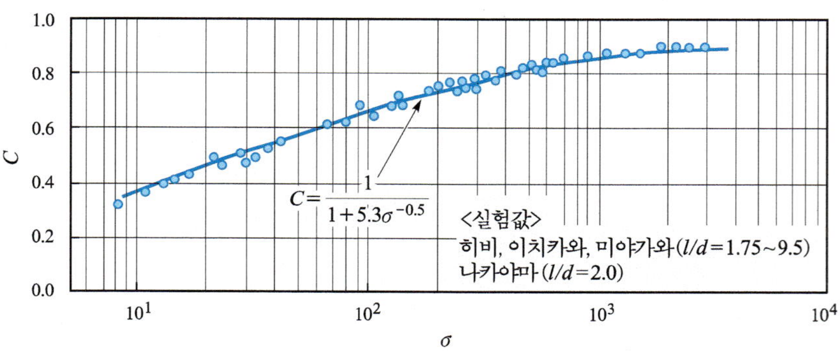

(b)

그림 7.13 원통형 관 내 쵸크에 대한 유량계수 C: (a) 유입부가 둥근 경우와 (b) 유입부가 둥글지 않은 경우

그림 7.13은 유량계수 C와 쵸크수 σ의 관계를 나타낸 것이며, 유입부가 둥근 경우에는 식 (7.26)을 통해 유량계수 C를 계산하며, 그렇지 않은 경우에는 식 (7.27)을 통해 계산한다:

$$C = \frac{1}{1.16 + 6.25\sigma^{-0.61}} \tag{7.26}$$

$$C = \frac{1}{1 + 5.3/\sqrt{\sigma}} \tag{7.27}$$

7.4.2 점변하는 단면에서의 소손실

점확대관의 경우

그림 7.14와 같이 흐름단면적이 점차적으로 확대되는 점확대관(divergent pipe or diffuser)에서의 점확대손실수두 h_{dp}는 급확대관의 경우와 마찬가지로 다음과 같이 표현된다:

$$h_{dp} = \xi_{dp}\frac{(v_1 - v_2)^2}{2g} \tag{7.28}$$

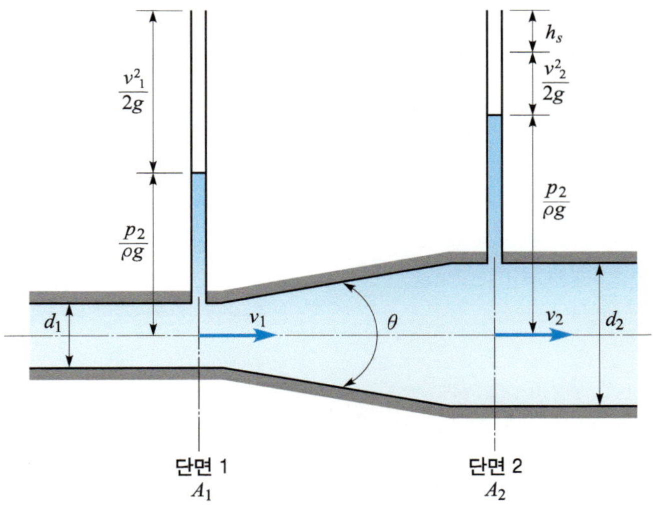

그림 7.14 점확대관

원형 점확대관에 대한 **점확대손실계수** ξ_{dp}의 값은 그림 7.15에 나와 있으며, **확대각도** θ에 따라 변한다. 원형 단면의 경우 확대각도 $\theta = 5^o\ 30'$일 때 점확대손실계수 $\xi_{dp} = 0.135$(최소)이다. 직사각형 단면의 경우 확대각도 $\theta = 6^o$일 때 점확대손실계수 $\xi_{dp} = 0.145$(최소)이며, 확대각도 $\theta = 50^o \sim 60^o$ 또는 그 이상일 때 점확대손실계수 $\xi_{dp} = 1.0$으로 거의 일정하다.

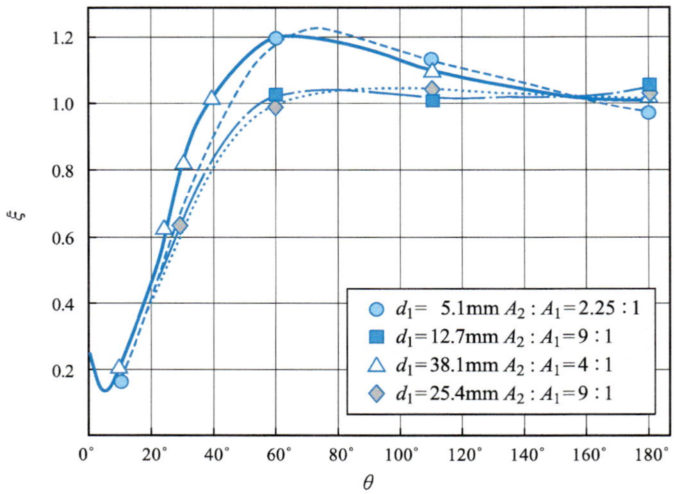

그림 7.15 점확대관에서의 점확대손실계수 ξ

예제 7.7

그림 7.14에서와 같이 단면 1에서의 직경 $d_1 = 0.3m$인 수평 원형 관이 20°로의 확대로 인해 단면 2에서의 직경 $d_2 = 0.6m$가 되었다. 이 관을 통해 유량 $Q = 0.3m^3/s$로 유체가 흐를 때 단면 1에서의 압력 $p_1 = 140kN/m^2$이었다. 관벽에서의 마찰손실을 무시할 때 단면 2에서의 압력을 계산하다. 단, 점확대손실계수 $\xi_{dp} = 0.43$이며, 유체의 단위중량 γ는 9,810 N/m^3으로 가정하라.

[풀이]

단면 1에서의 평균유속 $v_1 = \dfrac{Q}{A_1} = \dfrac{0.3m^3/s}{\pi \times (0.3m)^2/4} = 4.24m/s$이며,

단면 2에서의 평균유속 $v_1 = \dfrac{Q}{A_1} = \dfrac{0.3m^3/s}{\pi \times (0.6m)^2/4} = 1.06m/s$이다.

확대관에 의한 손실수두 $h_{dp} = \xi_{dp}\dfrac{(v_1 - v_2)^2}{2g} = 0.43 \times \dfrac{(4.24m/s - 1.06m/s)^2}{2 \times 9.81m/s^2} = 0.22m$이다.

단면 1과 2에 베르누이의 원리를 적용하면 $\dfrac{p_1}{\gamma} + \dfrac{v_2^2}{2g} + z_1 = \dfrac{p_2}{\gamma} + \dfrac{v_1^2}{2g} + z_2 + h_{dp}$이며,

따라서 $\dfrac{140 \times 10^3 N/m^2}{9{,}810 N/m^3} + \dfrac{(4.24m/s)^2}{2 \times 9.81m/s^2} = \dfrac{p_2}{\gamma} + \dfrac{(1.06m/s)^2}{2 \times 9.81m/s^2} + 0.22m$이며, $\dfrac{p_2}{\gamma} = 14.9m$이다. 단면 2에서의 압력 $p_2 = 14.9m \times 9{,}810N/m^2 = 146{,}169\ N/m^2 = 146.2kN/m^2$이다.

2차원 직사각형 단면을 가진 덕트의 경우 확대각도 θ가 작으면 벽 부착 현상(**벽 효과**[45], wall effect)으로 인해 덕트 내의 유체가 측벽들 중 하나에 부착되어 흐른다. 원형 단면을 가진 관의 경우, 확대각도 θ가 점확대손실계수 ξ_{dp}의 값이 최소가 되는 각도보다 커지면 그림 7.16과 같이 유체흐름이 분리되며, 이러한 흐름의 분리가 발생되는 동안 동반되는 난류로 인해 수두손실이 갑자기 증가한다. 이러한 현상은 그림 7.17에 시각화되어 있다.

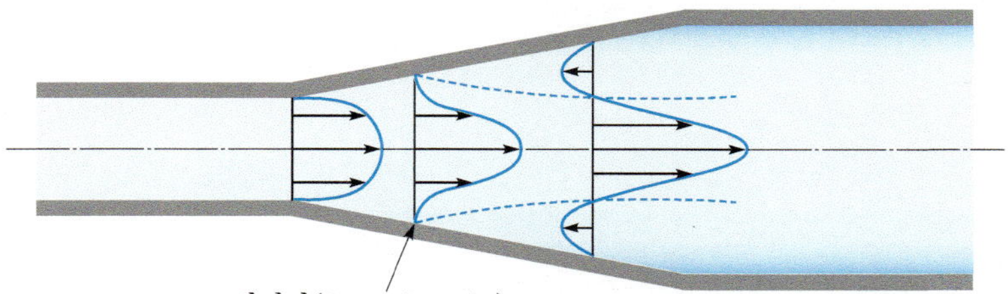

그림 7.16 확대관 내에서의 유속분포

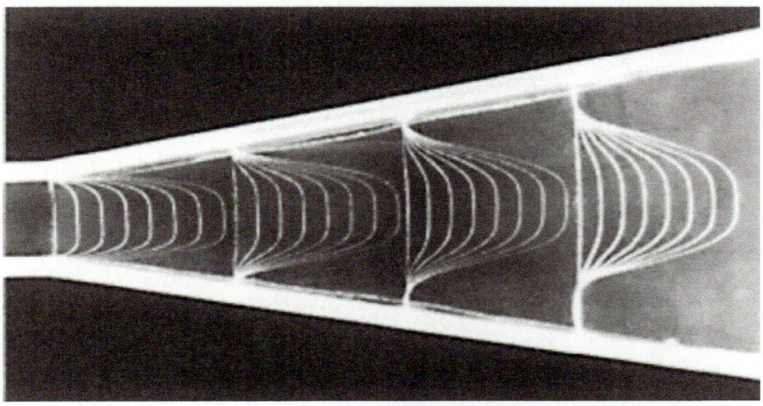

그림 7.17 확대관 내에서 발생하는 유체흐름의 박리(유입 유속: 0.06 m/s, 레이놀즈 수: $R_e = 900$, 확대 각도: $\theta = 20^o$, Japan Society of Mechanical Engineers: Visualized Flow, Pergamon Press, New York, 1988)

45) 수도꼭지에서 물이 나오게 하고 수돗물에 숟가락을 가까이 대면 수돗물이 숟가락 표면을 따라 주위로 흐르면서 숟가락이 수돗물 방향으로 움직이는 것을 느끼게 된다. 이와 같이, 유동이 곡면을 따라서 흐르는 현상을 코안다 효과(coanda effect)라 부르며, 이는 유체의 점성에 의한 것이다. 점성은 쉽게 말하면 끈적끈적한 성질을 나타내는 것으로서 물의 점성 때문에 수돗물이 숟가락 표면을 따라서 흐르게 되는 것이다.

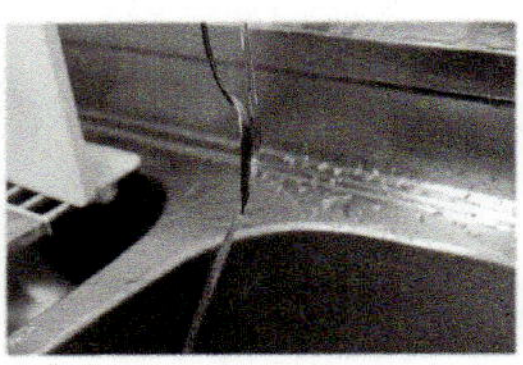

그밖에 확대관은 속도에너지를 압력에너지로 변환시키는 **디퓨저**(diffuser)로도 사용된다. 그림 7.14의 경우에 대해 베르누이 방정식을 적용하면 다음과 같은 식이 얻어진다:

$$\frac{p_1}{\rho g}+\frac{v_1^2}{2g}=\frac{p_2}{\rho g}+\frac{v_2^2}{2g}+h_{dp} \tag{7.29}$$

따라서,

$$\frac{p_2-p_1}{\rho g}=\frac{v_1^2-v_2^2}{2g}-h_{dp} \tag{7.30}$$

손실이 없는 경우에 대해 p_2를 p_{2*}로 하면,

$$\frac{p_{2*}-p_1}{\rho g}=\frac{v_1^2-v_2^2}{2g} \tag{7.31}$$

확대관에 대해 **압력회복효율**(pressure recovery efficiency) η는 다음과 같이 표현된다:

$$\eta=\frac{p_2-p_1}{p_{2*}-p_1}=1-\frac{h_{dp}}{\left(v_1^2-v_2^2\right)/2g} \tag{7.32}$$

식 (7.32)을 식 (7.28)에 대입을 하면 식 (7.32)는 다음과 같이 표현된다:

$$\eta=1-\xi\frac{v_1-v_2}{v_1+v_2}=1-\xi\frac{1-A_1/A_2}{1+A_1/A_2} \tag{7.33}$$

축소관(convergent pipe)의 경우

관의 단면이 점차적으로 축소되는 경우 흐름방향으로의 압력은 감소되며, 이에 따라 관내에서의 흐름은 추가적인 난류성분이 없이 자유롭게 진행된다. 따라서 관 마찰이외에 다른 손실은 일반적으로 무시한다.

7.4.3 흐름 방향이 변할 때 발생되는 소손실

만곡

그림 7.18에서처럼 관로에서 부드럽게 굴곡된 부분을 **만곡**(bend)이라 한다. 만곡에서는 관 마찰에 기인한 수두손실과 더불어 흐름방향의 변화에 기인한 수두손실이 발생된다. 총 손실수두 h_b는 다음과 같은 식으로 표현된다:

$$h_b=\zeta_{bt}\frac{v^2}{2g}=\left(\zeta_b+\lambda\frac{l}{d}\right)\frac{v^2}{2g} \tag{7.34}$$

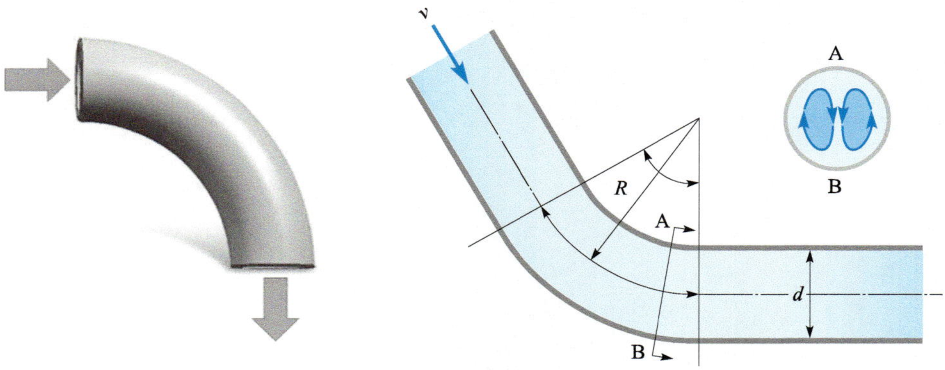

그림 7.18 관의 만곡 부분

여기서 ζ_{bt}는 총손실수두계수 그리고 ζ_b는 만곡에 기인한 손실계수이며, 표 7.3에 만곡각도 θ에 따른 **만곡손실계수** ζ_b의 값이 제시되어 있다.

표 7.3 만곡손실계수 ζ_b(매끄러운 관 벽면 $R_e = 225{,}000$, 거친 벽면 $R_e = 145{,}000$)

관 벽면	θ^o	R/d				
		1	2	3	4	5
매끄러움	15	0.03	0.03	0.03	0.03	0.03
	22.5	0.045	0.045	0.045	0.045	0.045
	45	0.14	0.14	0.08	0.08	0.07
	60	0.19	0.12	0.095	0.085	0.07
	90	0.21	0.135	0.10	0.085	0.105
거칠음	90	0.51	0.51	0.23	0.18	0.20

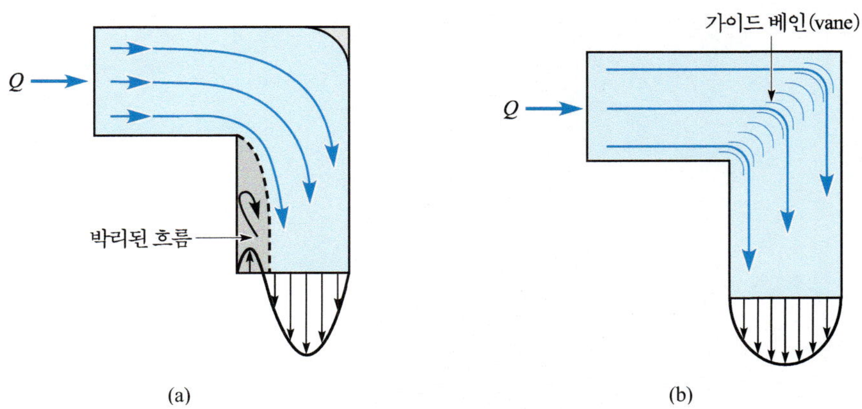

그림 7.19 관내 만곡 구간에 설치된 가이드 베인: (a) 설치 전과 (b) 설치 후 흐름 비교

만곡에서 **이차류**(secondary flow)는 그림 7.18에서처럼 원심력의 작용에 의해 발생되며, 그에 따라 수두손실이 증가한다. 그림 7.19에서처럼 만곡 내에 **가이드 블레이드**(blade) 또는 **베인**(vane)을 설치할 경우 수두손실을 크게 감소시킬 수 있다.

예제 7.8

직각으로 연결된 동일한 직경을 가진 원형 관내에서 유체가 평균유속 $v = 2\,m/s$으로 흐르고 있다. 이때 만곡에 의한 손실수두는 얼마가 되는지 계산하라. 단, 총수두손실계수 $\zeta_{bt} = 0.98$로 가정하라.

[풀이]

관의 만곡에 의해 발생되는 손실수두 $h_l = \zeta_{bt}\dfrac{v^2}{2g} = 0.98 \times \dfrac{(2\,m/s)^2}{2 \times 9.81\,m/s^2} = 0.2\,m$ 이다.

굴절

그림 7.20에서처럼 관이 날카롭게 굽어진 부분을 **굴절**(elbow)이라고 한다. **굴절손실수두** h_{el}는 식 (7.34)와 동일한 형태로 표현된다. 유체흐름은 굴절된 부분에서 벽으로부터 박리가 발생되기 때문에 수두손실은 만곡의 경우보다 크다. 표 7.4는 굴절각도 θ에 따른 굴절손실계수 ζ_{el}가 제시되어 있다.

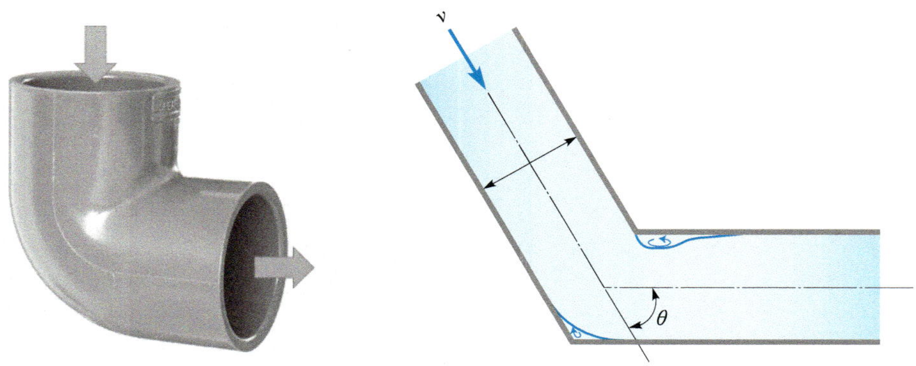

그림 7.20 관의 굴절 부분

표 7.4 굴절손실계수 ζ_{el}

	θ (°)	5.0	10.0	15.0	22.5	30.0	45.0	60.0	90.0
ζ_{el}	매끄러움	0.016	0.034	0.042	0.066	0.130	0.236	0.471	1.129
	거칠음	0.024	0.044	0.062	0.154	0.165	0.320	0.687	1.265

7.4.4 분류관과 합류관

분류관

그림 7.21에서처럼 하나의 관이 두 개의 관으로 분리되는 관을 **분류관**(pipe branch)이라 한다. 유체가 관 ①로부터 관 ③으로 흐를 때 발생하는 수두손실을 h_{br1}이라 하고 관 ①로부터 관 ②로 흐를 때 발생하는 수두손실을 h_{br2}라 하면 이들 각각은 다음과 같이 표현된다:

$$h_{br1} = \zeta_{br1}\frac{v_1^2}{2g} \qquad h_{br2} = \zeta_{br2}\frac{v_1^2}{2gr} \tag{7.35}$$

분류관에 대한 손실계수 ζ_{br1}과 ζ_{br2}는 분기각 θ에 따라 변하기 때문에 관 직경비 d_1/d_2 또는 d_1/d_3 그리고 유량비 Q_1/Q_2 또는 Q_1/Q_3에 대한 다양한 조합을 이용한 실험을 통해 결정된다.

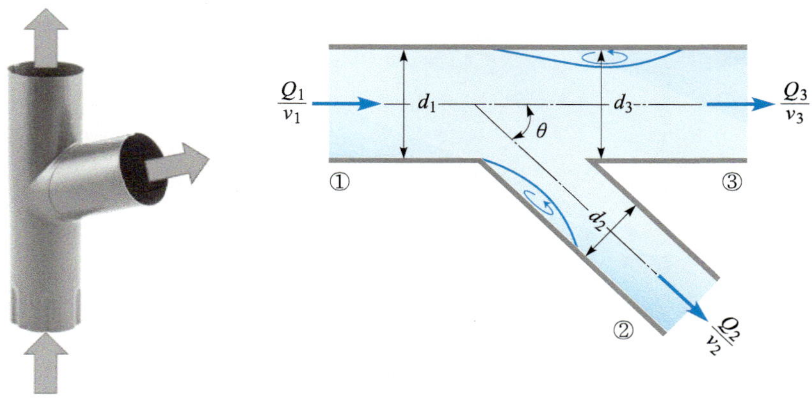

그림 7.21 분류관

합류관

그림 7.22에서처럼 두 개의 관이 하나의 관으로 합쳐지는 관을 **합류관**(pipe junction)이라 한다. 유체가 관 ①로부터 관 ③으로 흐를 때 발생하는 수두손실을 h_{jt1}이라 하고 관 ②로부터 관 ③으로 흐를 때 발생하는 수두손실을 h_{jt2}라 하면 이들 각각은 다음과 같이 표현된다:

$$h_{jt1} = \zeta_{jt1}\frac{v_1^2}{2g} \qquad h_{jt2} = \zeta_{jt2}\frac{v_1^2}{2g} \tag{7.36}$$

분류관의 경우와 마찬가지로 합류관에 대한 손실계수 ζ_{jt1}과 ζ_{jt2}는 분기각 θ에 따라 변하기 때문에 관 직경비 d_1/d_2 또는 d_1/d_3 그리고 유량비 Q_1/Q_2 또는 Q_1/Q_3에 대한 다양한 조합을 이용한 실험을 통해 결정된다.

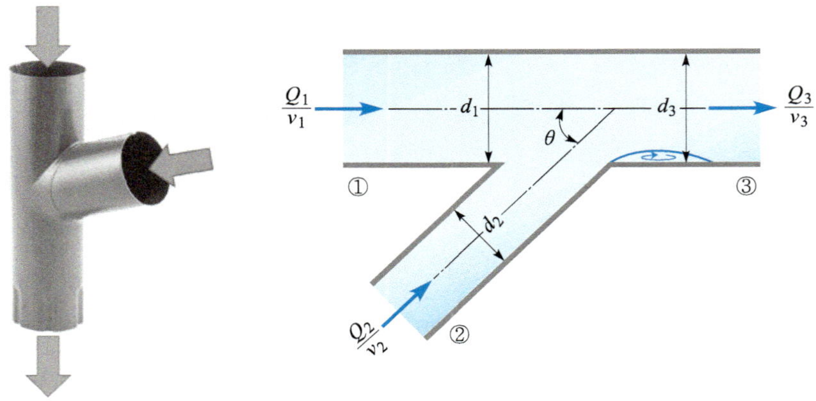

그림 7.22 합류관

7.4.5 밸브와 콕

밸브(valve)에서의 수두손실은 단면적의 변화에 의해 발생되며, 식 (7.18)에 의해 표현된다. 식 (7.18)에서 v는 밸브에 의해 영향을 받지 않은 지점에서의 평균유속을 의미한다.

게이트 벨브

그림 7.23에서와 같은 벨브를 **게이트 밸브**(gate valve)라 한다. 관의 직경을 d라하고 밸브의 개도를 d'이라 하면 게이트 밸브에 의한 손실계수 ζ_{gv}는 d'/d의 비에 따라 변한다. 표 7.5는 1 in(=2.54 cm) 공칭 직경 밸브에 대한 ζ_{gv}의 값을 나타낸 것이다.

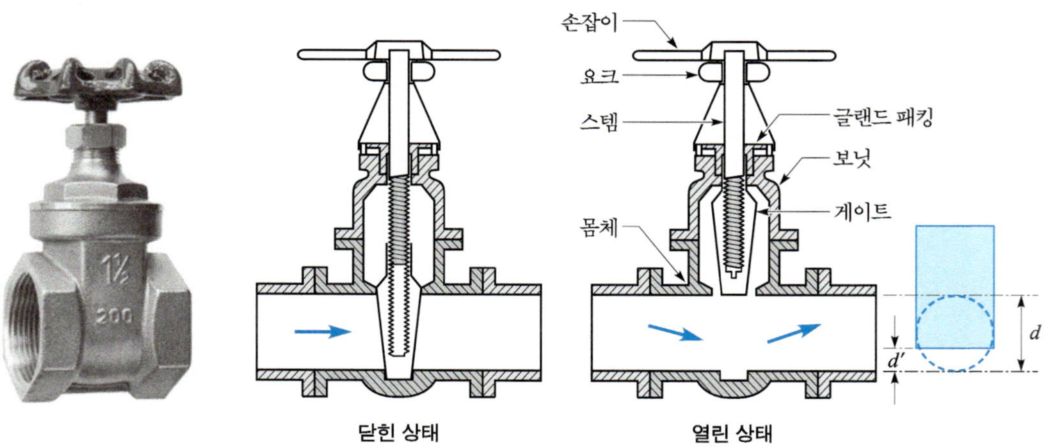

그림 7.23 게이트 밸브

표 7.5 1 $in(=2.54\ cm)$ 공칭 직경의 게이트 밸브에 대한 손실계수 ζ_{gv}

d'/d	1/8	1/4	3/8	1/2	3/4	1
ζ_{gv}	211.0	40.3	10.15	3.54	0.882	0.233

글로브 벨브

그림 7.24는 **글로브 밸브**(globe valve)를 나타낸 것이며, 표 7.6은 1 $in(=2.54\ cm)$ 스크류 글로브 밸브에 대해 l/d의 비에 따른 손실계수 ζ_{glv}의 값을 나타낸 것이다.

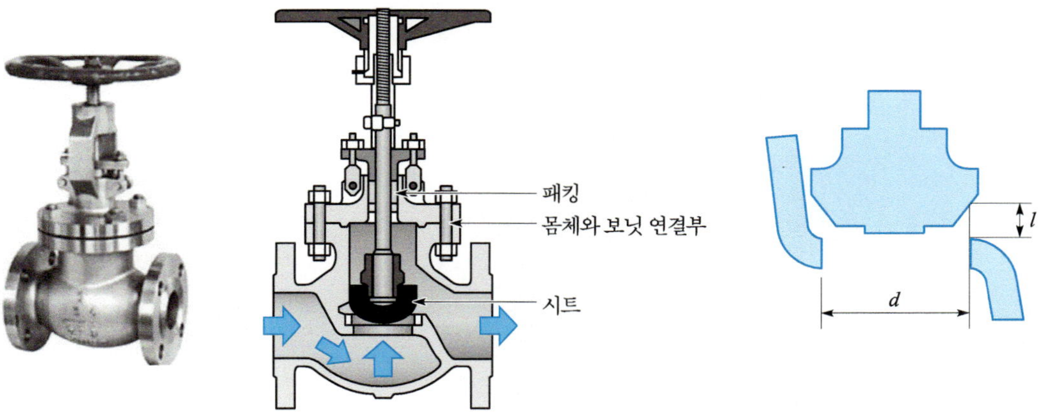

그림 7.24 글로브 밸브

표 7.6 1 $in(=2.54\ cm)$ 스크류 글로브 밸브에 대한 손실계수 ζ_{glv}

l/d	1/4	1/2	3/4	1
ζ_{glv}	16.3	10.3	7.63	6.09

버터플라이 벨브

그림 7.25는 **버터플라이 밸브**(butterfly valve)를 나타낸 것이며, 벨브 평판의 경사각 θ가 증가할 때 밸브 하류부 바로 근처의 단면적은 갑자기 증가되며 이로 인해 손실계수 ζ_{bv}의 값이 증가된다. 표 7.7은 버터플라이 벨브에 대해 경사각 θ에 따른 손실계수 ζ_{bv}를 나타낸 것이다.

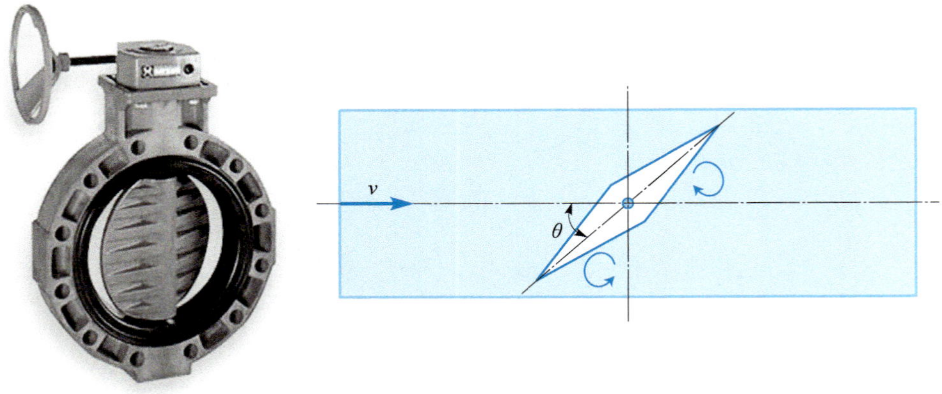

그림 7.25 버터플라이 밸브

표 7.7 원형 버터플라이 밸브에 대한 손실계수 ζ_{bv}

θ (°)	10	20	30	50	70
ζ	0.52	1.54	3.91	32.6	751

콕

그림 7.26은 콕(cock) 밸브를 나타낸 것이다. 각도 θ가 증가할 때 흐름단면적이 커지며, 이에 따라 손실계수 ζ_{cv}의 값이 증가된다. 표 7.8은 각도 θ의 변화에 따라 콕 밸브에 대한 손실계수 ζ_{cv}의 값을 나타낸 것이다.

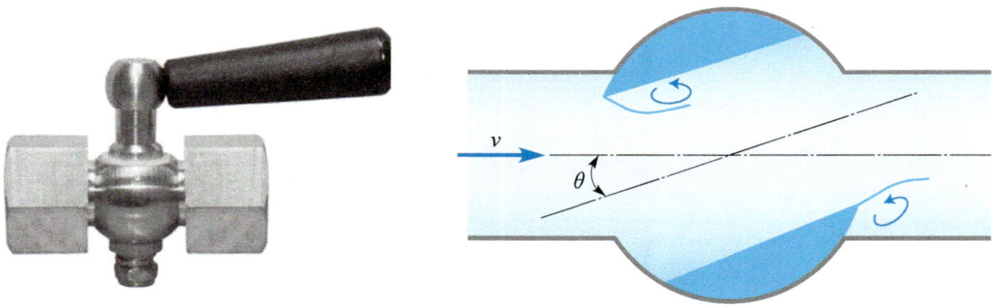

그림 7.26 콕 밸브

표 7.8 콕 밸브에 대한 손실계수 ζ_{cv}

θ (°)	10	30	50	60
ζ	0.29	5.47	52.6	206

그 외에 다양한 밸브

표 7.9는 다양한 밸브에 대한 손실계수 ζ의 값을 나타낸 것이다.

표 7.9 다양한 밸브에 대한 손실계수 ζ

<table>
<tr><th>밸브</th><th>손실계수 ζ</th></tr>
<tr><td>리리프 밸브(relief valve)
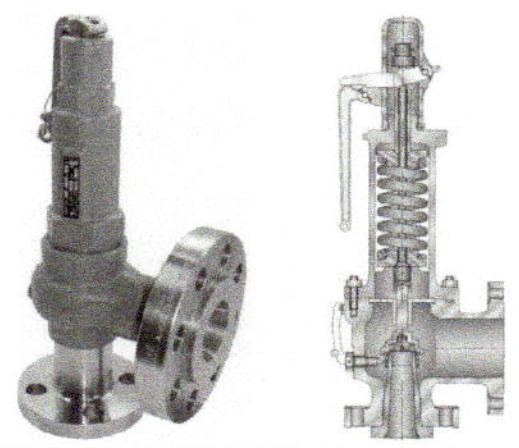</td><td><table><tr><td>h/d</td><td>0.05</td><td>0.1</td><td>0.15</td><td>0.2</td><td>0.25</td><td>0.3</td></tr><tr><td>ζ_{rv}</td><td>3.35</td><td>2.85</td><td>2.4</td><td>2.4</td><td>1.7</td><td>1.35</td></tr></table></td></tr>
<tr><td>디스크 밸브(disc value)
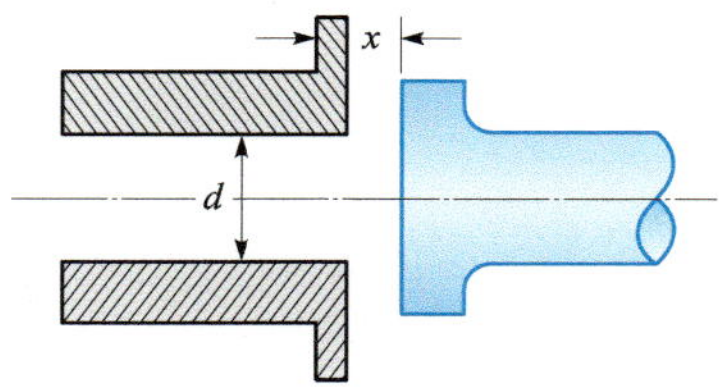</td><td>· 트로틀 면적 $a=\pi dx$
· 밸브 시트 홀의 단면적 $A=\pi d^2/4$
· $x=d/4$일 때 $a=A$
· 손실계수 $\zeta_{dv}=1.3+0.2(A/a)^2$</td></tr>
<tr><td>니들 밸브(needle valve)
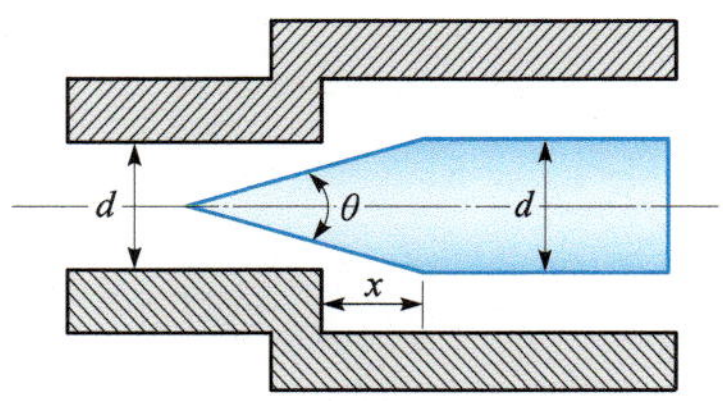</td><td>· $a=\pi\left(dx\tan\theta/2-x^2\tan^2\theta/2\right)$
· $x=0$일 때 $Ax=0$
· $\zeta_{nv}=0.5+0.15(A/a)^2$</td></tr>
<tr><td>볼 밸브(ball valve)
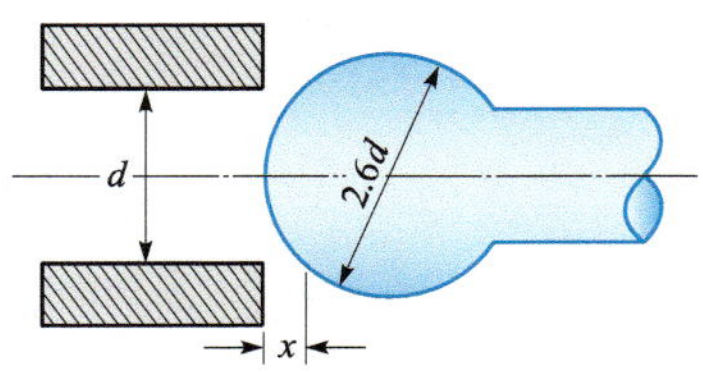</td><td>· $a\simeq 0.75\pi dx$
· $\zeta_{bv}=0.5+0.15(A/a)^2$</td></tr>
<tr><td>스풀 밸브(spool valve)
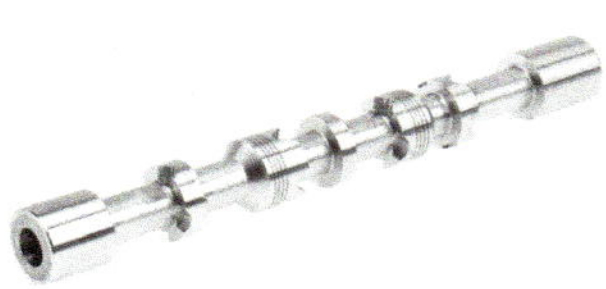</td><td>· 완전히 열린 위치에서 $\zeta_{sv}=3.0\sim 5.5$</td></tr>
</table>

7.4.6 관로에서의 총 손실

유속 v, 내부 직경 d 그리고 길이 l인 관로에 대해 관 입구에서부터 출구까지 총손실수두 h_{lt}는 다음과 같다:

$$h_{lt} = \left(f\frac{l}{d} + \sum\zeta\right)\frac{v^2}{2g} \tag{7.37}$$

식 (7.37)에서 우변의 첫 번째 항은 마찰에 의한 주 손실을 나타낸 것이며, 두 번째 항은 관 입구, 만곡 그리고 밸브와 같은 단면에서의 소손실의 합을 나타낸 것이다. 관로가 서로 다른 직경으로 구성되어 있을 때마다 각각의 관에서의 유속에 대한 적절한 손실계수를 적용할 필요가 있다.

수위차가 h인 두 수조가 관로에 의해 연결되어 있을 때 출구에서의 속도에너지는 일반적으로 고려하지 않으며, 손실수두 h_{lt}는 다음과 같은 식으로 표현될 수 있다:

$$h_{lt} = \left(f\frac{l}{d} + \sum\zeta + 1\right)\frac{v^2}{2g} \tag{7.38}$$

그러나 관로가 $l/d > 2{,}000$으로 길이가 길고 작은 개구의 밸브 등이 포함되어 있지 않을 때 마찰손실 이외에 다른 손실들은 무시한다. 반대로 만약 수위차 h가 알려져 있다면 유속은 식 (7.37) 또는 식 (7.38)로부터 계산될 수 있다.

일반적으로 도시지역의 물 공급을 위한 관로의 길이가 긴 경우 평균유속 $v = 1.0 \sim 1.5\ m/s$가 대표적이며, 반면 관로의 길이가 짧다면 대략적으로 $v = 2.5\ m/s$까지가 대표적이다. 수력발전소의 도수로에 대해서는 평균유속 $v = 2 \sim 5\ m/s$가 일반적인 범위이다.

7.5 펌프

펌프(pump)는 물에 에너지를 공급하기 때문에 더 높은 지점으로 물을 전달할 수 있다(그림 7.27). 펌프를 통해 상승된 수두 H를 **전수두**(total head)라 하며, 두 수위 사이의 높이 차 H_a를 **실제수두**(real head)라 하며 다음과 같이 표현된다:

$$H = \frac{p_{ad} - p_{as}}{\gamma} + \frac{v_{ad}^2 - v_{as}^2}{2g} + H_a + h_{lp} \tag{7.39}$$

여기서 마찰손실수두 h_{lp}는 h_s와 h_d의 합이며, 총손실수두이다. 또한 실제수두 $H_a = H_{ad} + H_{as}$이며, H_{ad}는 펌프로의 흡입에 의해 발생되는 압력수두이며, H_{as}는 펌프로부터 토출에 의해 발생되는 압력수두이다. p_{ad}와 p_{as}는 각각 토출관 단면과 흡입관 단면에서의 압력이며, v_{ad}와 v_{as}는 각각 토출관 단면과 흡입관 단면에서의 유속이다

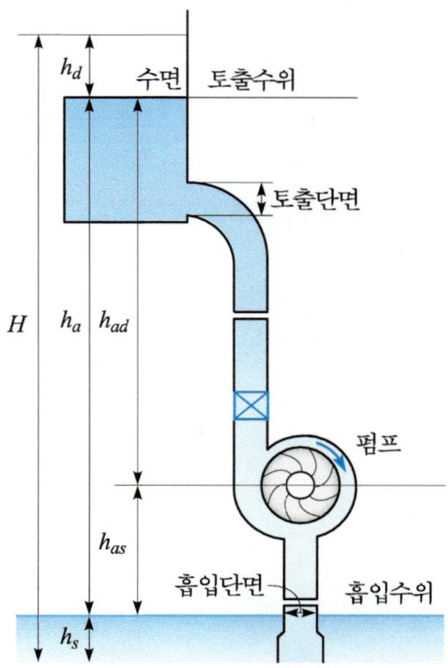

그림 7.27 펌프: H 전수두, H_a 실제수두, H_{as} 흡입수두, H_{sd} 토출수두, h_s 흡입에 의한 손실, h_d 토출에 의한 손실

단위 시간당 펌프를 통과하는 물의 체적을 **펌프 토출량** Q이라 한다. 단위 시간당 펌프가 물에 공급하는 에너지는 단위 무게 당 전수두 H이기 때문에 단위 시간당 물에 공급되는 에너지 L_w는 다음과 같이 표현된다:

$$L_w = \rho g Q H \tag{7.40}$$

식 (7.40)의 단위는 수동력(water power)으로 SI 단위계로 표현하면 $Joule/s = N \cdot m/s$ $Joule/s = N \cdot m/s = Watt$이다.

펌프에 의해 필요한 에너지 L_s를 **축동력**(shaft power)라 하며, 다음과 같이 표현된다:

$$\frac{L_w}{L_s} = \eta \tag{7.41}$$

여기서 η는 **펌프의 효율**이다. 펌프에 공급되는 에너지는 펌프 내의 에너지 손실 때문에 모두 전달되는 것은 아니므로 펌프의 효율 η는 1보다 항상 작다.

예제 7.9

그림 7.27과 같이 50^oC의 물을 양수하는 펌프시스템에서 흡입압력 p_{as}은 대기압이며, 토출압력 $p_{ad} = 50{,}000\,N/m^2$이다. 펌프에 의한 실제수두 $H_a = 30\,m$이며, 총손실수두 $h_{lp} = 5\,m$이다. 흡입관 단면과 토출관 단면에서의 유속이 동일할 경우 전수두 H는 얼마인지를 계산하라. 단, 50^oC 물의 밀도 $\rho = 988.1\,kg/m^3$으로 가정하라.

[풀이]

식 (7.39)를 이용하여 전수두 H를 계산한다. 토출압력 $p_{ad} = 50{,}000\,N/m^2$이며, 흡입압력 $p_{as} = 0\,N/m^2$ 그리고 흡입관 단면과 토출관 단면에서의 유속은 동일하므로 $v_{ad} = v_{as} = 0\,m/s$이다. 따라서 전수두 $H = \dfrac{P_{ad}}{\gamma} + H_a + h_{lp} = \dfrac{50{,}000\,N/m^2}{988.1\,kg/m^3 \times 9{,}81\,m/s^2} + 35\,m + 5\,m = 85.6\,m$ 이다.

예제 7.9

전수두 $H = 25\,m$, 펌프 토출량 $Q = 0.1\,m^3/s$ 그리고 펌프의 효율 $\eta = 80\,\%$인 펌프의 축동력을 구하라. 단, 토출되는 유체는 밀도 $\rho = 1{,}00\,kg/m^3$인 물로 가정하라.

[풀이]

식 (7.40)을 이용하면 수동력 $L_w = \rho g Q H = 1{,}000\,kg/m^3 \times 9.81\,m/s^2 \times 0.1\,m^3/s \times 25\,m$ $= 24{,}525\,N \cdot m/s$이며, 식 (7.41)을 이용하여 축동력 L_s를 계산하면 $L_s = \dfrac{L_w}{\eta} = \dfrac{24{,}525\,N \cdot m/s}{0.8}$ $= 30{,}656\,N \cdot m/s$이다.

그림 7.28과 같이 펌프의 배출량 Q와 전수두 H 사이의 관계를 나타내는 곡선을 **특성곡선**(characteristic curve) 또는 **수두곡선**(head curve)이라 한다. 일반적으로 펌프에 의한 손실수두 h_{lp}는 관에서 평균유속의 자승 그리고 펌프 배출량의 자승에 비례하며, 이를 **저항곡선**(resistance curve)이라 한다. 펌프의 **부하곡선**(load curve)을 얻기 위해서는 반드시 실제수두 H_a를 더해야만 한다. 그림 7.28에서처럼 펌프 배출양은 수두곡선과 부하곡선의 교점에 의해 결정된다.

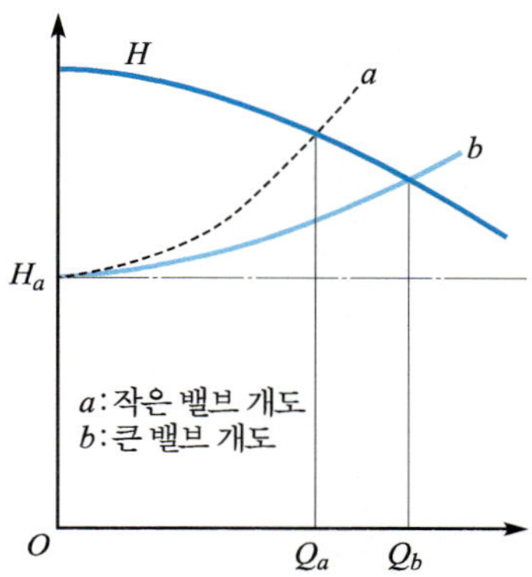

그림 7.28 전수두 H와 펌브의 부하곡선(load curve)

제7장 연습문제

1. 완전히 발달된 유속분포를 가진 원형 관에서의 흐름이 층류일 때 운동에너지가 평균유속에 비해 두 배가 됨을 증명하라.

2. 원형 관에서 유속과 압력손실 사이의 관계는 무엇인지 기술하라.

3. 원형 관에서의 흐름이 층류일 때 관 마찰계수가 다음과 같은 식으로 표현될 수 있음을 증명하라.

$$f = 64/R_e$$

4. 원형 관에서의 흐름이 난류일 때 마찰계수가 $f = 0.3164 R_e^{-1/4}$에 의해 산정될 수 있으며, 압력손실이 평균유속의 1.75승에 비례함을 보여라.

5. 직경 50 mm의 상업용 강관을 사용하여 2,000 m 떨어진 거리에서 0.5 m^3/min의 물을 공급하면 얼마나 많은 손실수두가 발생하는지 계산하라. 또한 직경이 100 mm라면 손실수두는 얼마인가를 계산하라. 물의 온도는 20 ℃로 가정하라.

답 직경이 50 mm일 경우 $h_l = 733m$ 그리고 직경이 100mm인 경우 $h_l = 26.4mm$

6. 그림 7.29와 같이 지름이 100 mm인 도관을 통해 1 m^3/min의 물을 보내는 데 필요한 축마력은 얼마인가? 펌프의 효율 $\eta = 80\ \%$, 수문 밸브의 손실계수 $\zeta_v = 0.175$, 90o와 45° 굴절된 부분에 대한 손실계수 ζ_{el90}과 ζ_{el45}는 각각 1.265와 0.320 그리고 관 마찰계수 $f = 0.026$으로 가정하라.

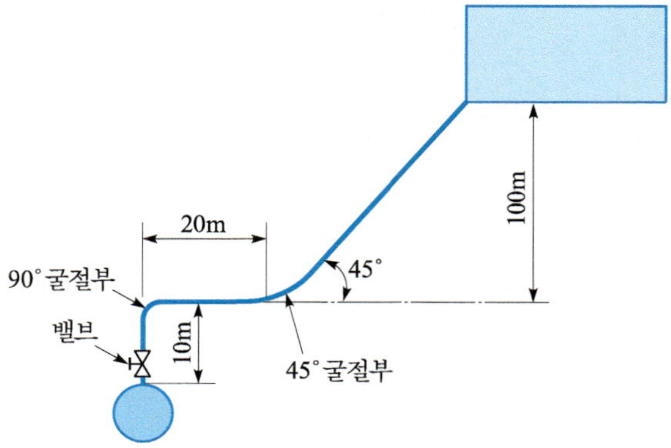

그림 7.29

답 $26.4\ kW$

7. 유량 $Q = 0.6\,m^3/s$의 공기 흐름이 측면 20 cm의 정사각형 덕트를 통해 배출된다. 덕트의 길이가 50 m이면 손실압력은 얼마인가? 대기온도는 20 T, 표준대기압 및 덕트의 벽면은 매끄럽다고 가정하라.

답 손실압력 $\Delta p = 508\,Pa$

8. 물이 직경이 40 mm와 80 mm인 원형 관이 연결된 급격히 확대되는 관을 통해 흐른다. 만약 유량 Q가 0.08 m^3/min라면 이때 급확대에 의한 손실수두를 계산하라.

답 $h_{el} = 3.2\,cm\,H_2O$

9. 직경 40 mm의 원형 관이 10o의 확대관에 의해 직경 80 mm의 원형 관에 연결되어 있을 때 손실수두와 압력회수율을 계산하라.

답 확대관에 의한 손실수두 $h_{dp} = 6.82\,cm$와 압력회수율 $\eta = 0.91$

제8장

개수로 흐름

제8장

개수로 흐름

대기에 노출되어 자유 수면을 가지고 있는 물줄기를 **개수로**(open channel)[46]라 하며, 이러한 개수로에는 하천 및 운하, 하수도 등을 포함한다. 연장 16.5 km의 개수로로 구성된 로마의 상수도 네트워크는 기원전 302년에 완성되었으며, 기원후 305년경에는 총 연장 578 km에 이르는 14개의 개수로가 건설된 것으로 알려져 있다. 그림 8.1은 프랑스 가르 지방에 현재까지 남아있는 로마시대에 축조된 수로교의 일부로 총 연장은 50 km에 이른다.

그림 8.1 프랑스 가르 지방에 축조된 로마시대의 수로

46) 자연하천, 하수 및 우수 관거와 같이 유체 경계면의 일부가 자유수면(free surface)을 가져 대기에 접하는 흐름을 개수로 흐름이라 한다. 반면에 자유수면을 갖지 않기 때문에 대기압이 직접 유체의 경계면에 작용하지 않는 흐름을 관수로 흐름이라 한다. 개수로 흐름은 자유수면을 갖기 때문에 유체에 작용하는 중력과 하상에 작용하는 마찰력이 흐름에 영향을 미치는 지배적인 외력이다. 반면에 관수로 흐름은 흐름 단면에 작용하는 압력차와 관로 내 벽면의 마찰력이 흐름에 영향을 미치는 지배적인 외력이다.

8.1 일정한 단면과 유속을 가진 개수로에서의 흐름(등류)

개수로 내에서 흐르는 물은 대기와 접하는 자유 수면(free water surface)을 가지며 흐름의 원동력은 중력이다. 그림 8.2에서처럼 물이 단면이 일정하고 바닥면의 경사가 θ인 개수로에서 일정한 유속 v로 흐른다고 가정하고 거리 l만큼 떨어진 두 구간 사이에서의 물에 대한 힘의 균형을 살펴보자. 정수압 법칙에 의해 발생되는 두 단면에 작용하는 힘 F_1과 F_2는 두 구간 사이에서의 수심이 균일하기 때문에 동일하다. 그러므로 흐름 방향으로 작용하는 힘은 단지 물의 무게에 의한 힘이다. 흐름은 가속되지 않기 때문에 이 힘은 개수로 바닥면에서 발생하는 마찰력과 같다. 만약 개수로의 단면적이 A, 윤변의 길이를 P 그리고 바닥면에 작용하는 전단응력을 τ_0라 하면, 힘의 균형은 다음과 같다:

$$\rho g A l \sin\theta = \tau_0 P l \tag{8.1}$$

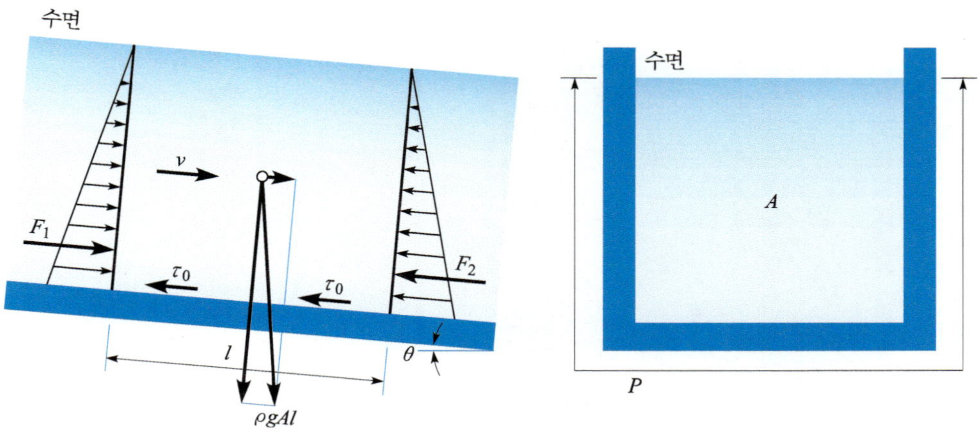

그림 8.2 개수로

만약 θ가 매우 작은 경우 즉, 경사 $I = \tan\theta \simeq \sin\theta$이다. 따라서 식 (8.1)은 다음과 같이 표현된다.

$$\tau_0 = \rho g \frac{A}{P} I = \rho g R I \tag{8.2}$$

여기서 $R = A/P$는 **경심** 또는 **동수반경**(hydraulic mean depth)이다. 다양한 형태의 단면에 대한 기하학적 특성은 표 8.1에 나와 있다.

표 8.1 다양한 형태의 단면에 대한 기하학적 특성

단면형태	면적(A)	윤변(P)	경심(R)
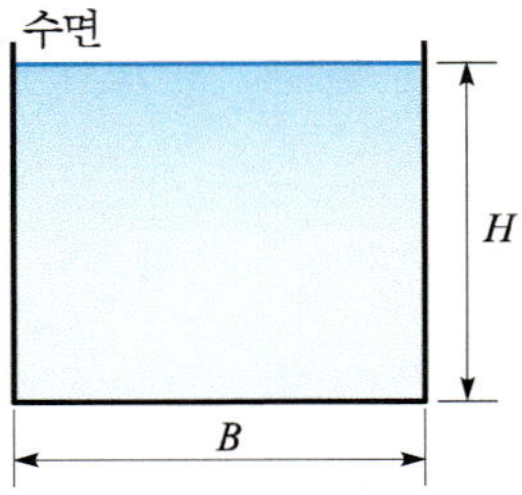	BH	$H+2H$	$\frac{BH}{B+2H}$
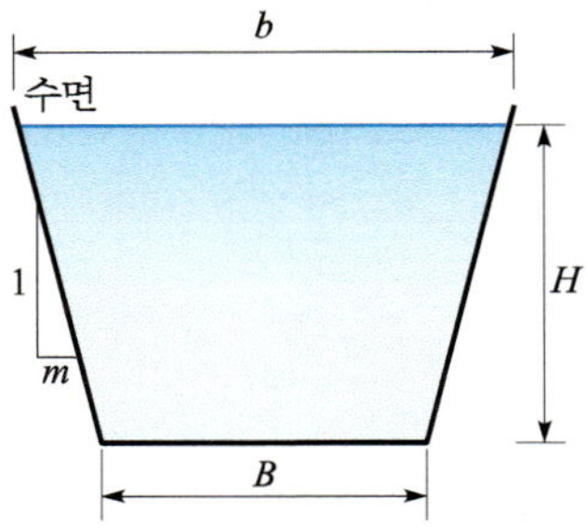	$(B+mH)H$	$B+2H\sqrt{1+m^2}$	$\frac{(B+mH)H}{B+2H\sqrt{1+m^2}}$
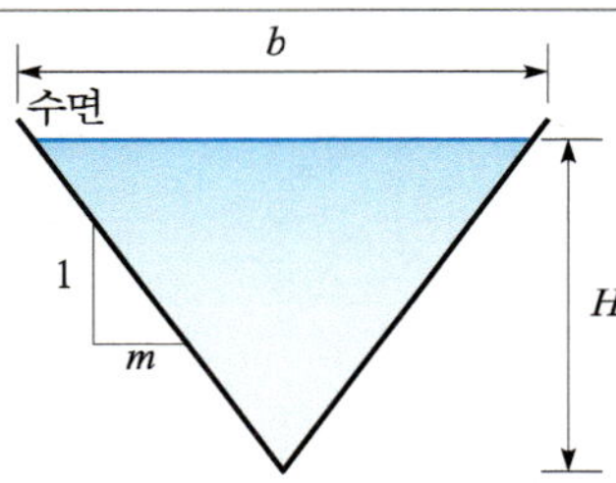	mH^2	$2H\sqrt{1+m^2}$	$\frac{mH}{2\sqrt{1+m^2}}$
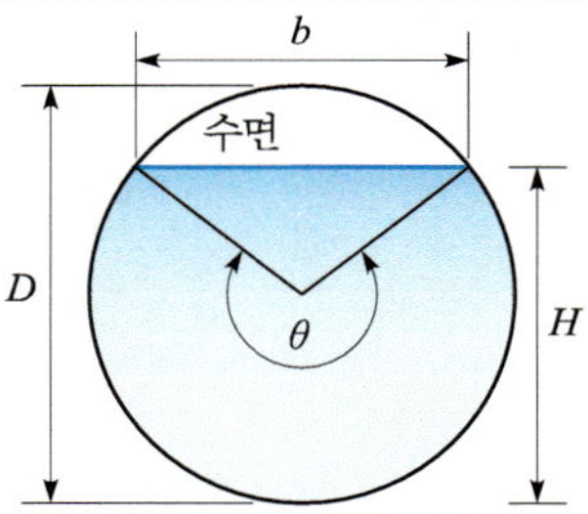	$\frac{1}{8}(\theta-\sin\theta)D^2$	$\frac{1}{2}\theta D$	$\frac{1}{4}\left(1-\frac{\sin\theta}{\theta}\right)D$

마찰계수 f를 포함하고 있는 전단응력 $\tau_0 = f\rho v^2/2$를 식 (8.2)에 대입하여 정리하면 다음과 같다:

$$v = \sqrt{\frac{2g}{f}RI} \tag{8.3}$$

쉐지(Chezy)[47]는 $\sqrt{RI}$에 비례하는 다음과 같은 평균유속공식을 유도하였다:

$$v = c\sqrt{RI} \tag{8.4}$$

식 (8.4)를 **쉐지의 평균유속공식**이라 한다. 또한 c는 유속계수이며, 강귀레-쿠터(Ganguillet-Kutter) 식을 이용하여 계산한다:

$$c = \frac{23 + 1/n + 0.00155/I}{1 + [23 + (0.00155/I)](n/\sqrt{R})} \tag{8.5}$$

그밖에 아래의 식과 같은 **바젠(Bazin)의 공식**을 이용하여 유속계수 c를 계산할 수 있다:

$$c = \frac{87}{1 + \alpha/\sqrt{R}} \tag{8.6}$$

매닝(Manning)[48]은 다음과 같은 평균유속공식을 유도하였다:

$$v = \frac{1}{n}R^{2/3}I^{1/2} \tag{8.7}$$

식 (8.4)의 c, (8.7)의 n 그리고 식 (8.6)의 α는 개수로의 벽면 조건에 따라 달라지는 계수이며, 다양한 벽 표면 상태에 대한 n과 α의 값들이 표 8.2에 나와 있다. 일반적으로 유속은 0.5~3.0 m/s의 범위를 나타낸다. 평균유속과 관련된 식들과 표 8.2에 제시된 계수들의 값들은 SI 단위계에 해당된다(단위: m, sec).

개수로에서의 유량 Q는 다음과 같은 식에 의해 계산된다:

$$Q = Av = Ac\sqrt{RI} = \frac{1}{n}AR^{2/3}I^{1/2} \tag{8.8}$$

단면적이 변화하는 지점에서의 유속은 균일하지 않다. 최대유속은 수면에서부터 수심의 10 ~ 40 % 지점에서 발생되며, 평균유속 v는 수심의 50 ~ 70 %인 지점에서 발생된다.

47) Antoine Chézy (1718~1798): 프랑스 수리기술자이며, 유체 흐름의 속도를 계산하기 위한 기본 공식을 유도하였다. 18세기에 프랑스 국립토목학교를 졸업하였으며, 프랑스 운하 건설과 관련된 연구를 수행하였다. 특히 센느강 유역과 론강 유역을 하나로 통합하여 브로고뉴 운하를 건설하는데 큰 공을 세웠다. 향후 말년에는 국립토목학교 교장으로 임명되었다.

48) Robert Manning (1816~1897): 아일랜드 수리기술자. 그는 프랑스 노르망디에서 태어났으며, 1826년에 아일랜드 워터폴드로 이주하였다. 그 후 자라면서 유체역학이나 공학에 대한 어떤 교육도 받지 못했다. 그는 Du Buat(1786), Eyelwein(1814), Weisbach(1845), St. Venant(1851), Neville(1860), Darcy와 Basin(1865)와 같이 수로에서 유속산정에 가장 잘 알려진 7가지 공식을 비교·평가했으며, 이를 통해 유명한 Manning의 평균유속공식을 유도하였다.

표 8.2 매닝과 강규레-쿠터 식에서의 n값과 바젠 식에서의 α값

벽 표면 상태	n	α
부드럽게 깍은 나무 판, 매끄러운 시멘트 코팅	0.010~0.013	0.06
거친 나무 판, 상대적으로 매끄러운 콘크리트	0.012~0.018	
모르타르 또는 이와 유사한 재료로 코팅된 벽돌, 석회암 벽돌	0.013~0.017	0.46
마감 처리가 안 된 콘크리트	0.015~0.018	
노출된 자갈을 포함하고 있는 콘크리트	0.016~0.020	1.30
거친 벽돌	0.017~0.030	
양면이 석재로 포장되어 있으나 불규칙한 바닥면	0.028~0.035	
일정한 횡단면을 가진 깊은 모래 하상	0.025~0.033	
균일한 횡단면과 야생 풀로 덮여있는 자갈 하상	0.030~0.040	
큰 돌과 야생 풀이 있는 만곡 하상	0.035~0.050	2.0

예제 8.1

밑변 $B=3m$ 그리고 수심 $H=1.8m$인 사다리꼴 단면의 개수로에서의 유량 Q는 얼마인지 계산하라. 단, 매닝의 조도계수 $n=0.02$이며, 개수로의 경사 $S=0.0001$ 그리고 $m=2$이다.

[풀이]

식 (8.8)을 이용하여 유량 Q를 구하기 위해 윤변 P와 단면적 A는 $P=B+2H\sqrt{1+m^2}$ $=3+2\times1.8\times\sqrt{1+2^2}=11.05m$ 그리고 $A=H(B+mH)=1.8m\times(3m+2\times3m)=11.88m^2$ 이다. 경심(또는 동수반경) $R=A/P=11.88m^2/11.05m=1.08m$이다. 따라서 유량 $Q=(1/n)AR^{2/3}S^{1/2}=(1/0.02)\times11.88m^2\times(1.08m)^{2/3}\times0.0001^{1/2}=6.23m^3/s$이다.

예제 8.2

사각형 단면을 가진 개수로의 흐름은 등류이다. 폭 B가 3 m이고 수심 H가 2 m 그리고 마찰계수 f가 0.014일 때 쉐지의 유속계수 C를 계산하라.

[풀이]

식 (8.3)에서 $C=\sqrt{8g/f}=\sqrt{8\times9.81m/s^2/0.014}=74.87$이다.

8.2 개수로의 최적수리단면

수로 내 흐름단면적 A가 일정하고 또한 식 (8.4)의 유속계수 c와 개수로 경사 I도 일정한 경우 윤변 P가 최소가 되도록 적절한 단면 형상을 결정하게 되면 평균유속 v와 유량 Q이 최대가 된다. 이처럼 주어진 단면의 형상과 기울기에 대해 유량이 최대가 되는 단면을 **최적수리단면**(best hydraulic section)이라 한다.

단면이 유체로 완전히 채워져 있다면 모든 기하학적 형상 중 원형이 주어진 단면에 대해 가장 짧은 윤변 길이를 갖으며, 결국 원형 단면의 수로가 많은 양의 유체를 운반할 수 있다.

8.2.1 원형 단면의 개수로

그림 8.3과 같이 원형 단면을 가진 개수로에 대해 수위, 평균유속 v 그리고 유량 Q 사이의 관계를 고려해보자.

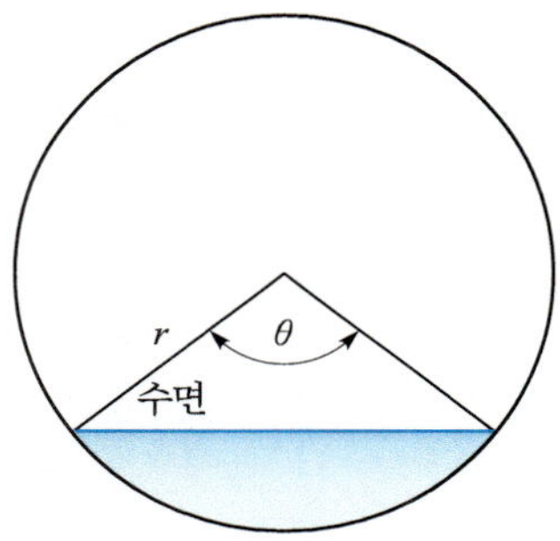

그림 8.3 원형 단면의 개수로

식 (8.7)과 (8.8)로부터

$$v=\frac{1}{n}\left(\frac{A}{P}\right)^{2/3}I^{1/2}$$

$$Q=\frac{1}{n}\frac{A^{5/3}}{P^{2/3}}I^{1/2}$$

$$A=r^2\left(\frac{\theta}{2}\right)-r^2\cos\left(\frac{\theta}{2}\right)\sin\left(\frac{\theta}{2}\right)=\frac{r^2(\theta-\sin\theta)}{2}$$

$$P=r\theta$$

$$R=\frac{r}{2}\left(1-\frac{\sin\theta}{\theta}\right)$$

위의 식을 평균유속 v와 유량 Q에 대해 각각 정리하면 다음과 같다:

$$v=\frac{1}{n}I^{1/2}\left[\frac{r}{2}\left(1-\frac{\sin\theta}{\theta}\right)\right]^{2/3} \tag{8.9}$$

$$Q=\frac{1}{n}I^{1/2}\frac{\theta r^{8/3}}{2^{5/3}}\left(1-\frac{\sin\theta}{\theta}\right)^{5/3} \tag{8.10}$$

개수로 내에서 최대 용량의 유체가 흐를 때의 평균유속과 유량을 각각 v_{full}과 Q_{full}이라 하면 다음과 같은 관계식이 얻어진다:

$$\frac{v}{v_{full}} = \left(1 - \frac{\sin\theta}{\theta}\right)^{2/3} \tag{8.11}$$

$$\frac{Q}{Q_{full}} = \frac{\theta}{2\pi}\left(1 - \frac{\sin\theta}{\theta}\right)^{5/3} \tag{8.12}$$

그림 8.4는 각도 θ, 평균유속 v 그리고 유량 Q 사이의 관계를 나타낸 그래프이다.

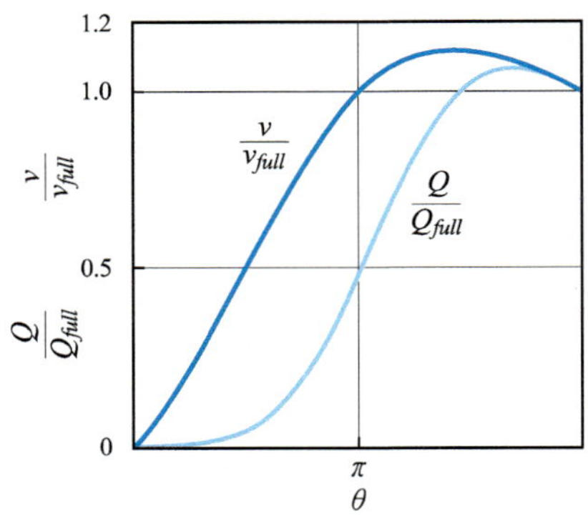

그림 8.4 각도 θ, 평균유속 v 그리고 유량 Q 사이의 관계 그래프

원형 단면의 개수로를 가득차서 흐를 때라 할지라도 유량은 최대가 되지 않는다. 최대유량 Q_{max}가 흐르는 조건을 구하기 위해 식 (8.10)을 θ에 대해 미분하여 0으로 놓으면 $\theta = 5.28\,rad$ 또는 $\theta = 303^o$일 때 최대유량 Q_{max}가 발생하게 된다. 이 조건을 식 (8.12)에 적용하면 다음과 같은 식이 얻어진다:

$$\frac{Q_{max}}{Q_{full}} = 1.076 \tag{8.13}$$

식 (8.13)을 만족시키는 원형 단면을 가진 개수로의 직경 $D = 2r$과 수심 h의 비는 다음과 같다:

$$\frac{h}{D} = 0.938 \tag{8.14}$$

동일한 방법으로 최대유속 v_{max}가 발생하는 조건을 구하기 위해 식 (8.9)를 θ에 대해 미분하여 0으로 놓으면 $\theta = 4.38\,rad$ 또는 $\theta = 257^o$일 때 최대유속 v_{max}가 발생하게 된다. 이 조건을 식 (8.11)에 적용하면 다음과 같은 식이 얻어진다:

$$\frac{v_{max}}{v_{full}} = 1.14 \tag{8.15}$$

식 (8.15)를 만족시키는 원형 단면을 가진 개수로의 직경 $D=2r$과 수심 h의 비는 다음과 같다:

$$\frac{h}{D}=0.81 \tag{8.16}$$

이와 같이 수심비 h/D에 대한 유량비 Q/Q_{full} 및 유속비 v/v_{full}를 나타내는 곡선을 **수리특성곡선**(hydraulic characteristic curve)라 하며 그림 8.5와 같다.

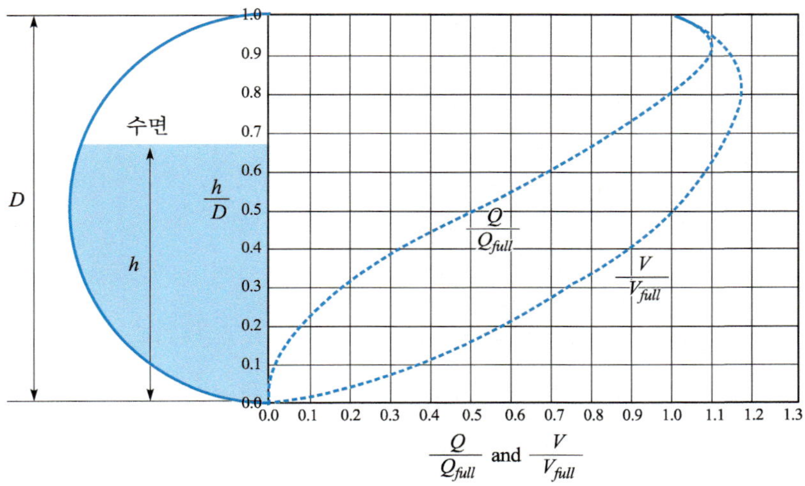

그림 8.5 수리특성곡선

예제 8.3

원형 단면을 가진 콘크리드 관의 직경 $D=1.2m$이고 경사 I가 0.001일 때 최대유량 Q_{max}와 이때 수심 d를 구하라. 단, 관벽의 조도계수 $n=0.014$이다.

[풀이]

식 (8.14)에서 최대유량 Q_{max}가 흐를 때의 수심비 $h/D=0.938$이므로

수심 $h=0.938\times1.2m=1.126m$이다. 최대유량이 흐를 때의 $\theta=5.28rad$이며,

단면적 $A=r^2[(\theta-\sin\theta)/2]=(0.6m)^2\times[(5.28-\sin5.28)/2]=1.102m^2$,

그리고 경심 $R=r/2(1-\sin\theta/\theta)=(0.6m/2)\times(1-\sin5.28/5.28)=0.348m$이다.

따라서 식 (8.8)을 이용하여 유량 Q를 계산하면

$Q=(1/n)AR^{2/3}I^{1/2}=(1/0.014)\times1.102m^2\times(0.348m)^{2/3}\times0.001^{1/2}=1.23m^3/s$이다.

8.2.2 사각형 단면의 개수로

그림 8.6의 경우와 같이 윤변 P가 최소가 되는 사각형 단면에 대해서는 다음과 같은 관계가 성립한다:

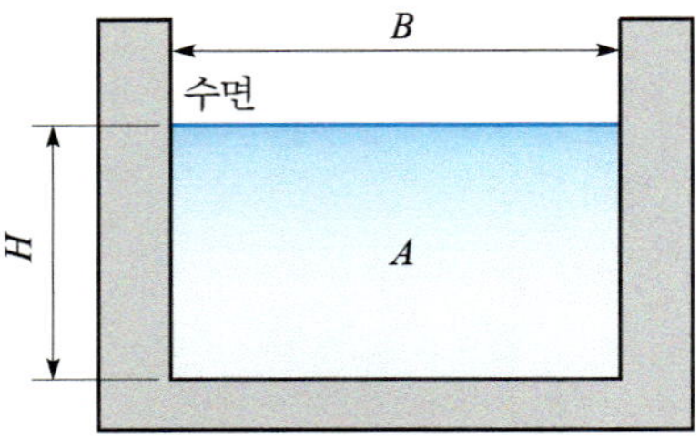

그림 8.6 사각형 단면의 개수로

$$P = B + 2H = \frac{A}{H} + 2H$$

$$\frac{dP}{dH} = -\frac{A}{H^2} + 2 = 0$$

$$A = 2H^2$$

따라서

$$\frac{H}{B} = \frac{1}{2} \tag{8.17}$$

식 (8.17)은 유속계수 c, 단면적 A 그리고 개수로 바닥경사 I가 일정할 때 평균유속 v와 유량 Q를 최대로 하기 위해서는 개수로의 수심이 폭의 절반이 돼야 한다는 것을 의미한다.

8.2.3 사다리꼴 단면의 개수로

그림 8.7의 경우와 같이 사다리꼴 개수로 단면에서 윤변 P가 최소가 되기 위해서는 다음과 같은 관계를 만족할 필요가 있다:

$$P = B + 2\sqrt{m^2H^2 + H^2} = B + 2H\sqrt{m^2 + 1} \tag{8.18}$$

$$B = P - 2H\sqrt{1 + m^2} = \frac{A}{H} - mH \tag{8.19}$$

$$A = \frac{B + (B + 2mH)}{2}H = BH + mH^2 = PH + \left(m - 2\sqrt{1 + m^2}\right)H^2 \tag{8.20}$$

식 (8.20)을 윤변 P와 단면적 A에 대해 정리하면 다음과 같다:

$$P = \frac{A}{H} - mH + 2H\sqrt{1 + m^2} \tag{8.21}$$

단면적 A와 측변 경사 m을 상수로 하고 식 (8.21)을 윤변 P와 수심 H에 대해 미분을 하면 다음과 같다:

$$\frac{dP}{dH} = -AH^{-2} - m + 2\sqrt{1+m^2}$$

$$= -H^{-2}(B+mH)H - m + 2\sqrt{1+m^2}$$

$$= \frac{B+2mH}{H} - 2\sqrt{1+m^2} = 0$$

따라서

$$B + 2mH = 2H\sqrt{1+m^2} \quad \rightarrow \quad B = 2H\left(\sqrt{1+m^2} - m\right) \tag{8.22}$$

식 (8.22)를 식 (8.18)에 대입하여 윤변 P에 대해 정리하면 다음과 같다:

$$P = 2H\left(2\sqrt{1+m^2} - m\right) \tag{8.23}$$

윤변 P가 최소가 되기 위해 측변 경사 m에 대해 식 (8.23)을 미분하면 다음과 같다:

$$\frac{dP}{dm} = -H + \frac{2mH}{\sqrt{1+m^2}} = 0 \tag{8.24}$$

식 (8.24)를 정리하면 측변 경사 m에 대해 다음과 같은 값을 얻게 된다:

$$m = \frac{1}{\sqrt{3}}$$

$$\tan\theta = \frac{H}{mH} = \frac{1}{m} = \sqrt{3} \quad \rightarrow \quad \theta = 60^\circ$$

식 (8.23)에 측변 경사 $m = 1/\sqrt{3}$을 대입하면 윤변 P와 수심 H와의 관계는 다음과 같다:

$$P = 2H\left(2\sqrt{1+m^2} - m\right) = \frac{6}{\sqrt{3}}H \tag{8.25}$$

또한 사다리꼴 단면의 밑변 길이 B와 수심 H와의 관계는 다음과 같다:

$$B = P - 2H\sqrt{1+m^2} = \frac{2}{\sqrt{3}}H \tag{8.26}$$

따라서 사다리꼴 단면의 경우 최적수리단면은 밑변과 측변의 길이가 동일할 때이며, 이때 경사각 $\theta = 60^\circ$이다.

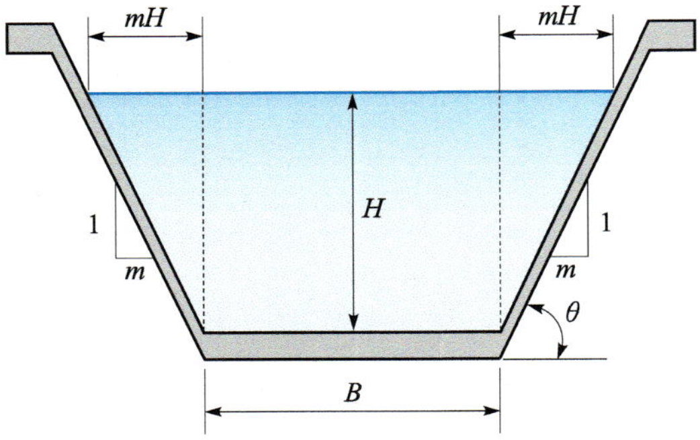

그림 8.7 사다리꼴 단면의 개수로

예제 8.4

그림 8.7과 같은 사다리꼴 단면을 가진 개수로에서 유량 $Q=11.34\ m^3/s$로 물이 흘러간다. 개수로의 측변 경사는 $m=0.0016$이며, 바닥에서의 조도계수 $n=0.025$일 때 최적수리단면을 결정하라.

[풀이]

최적 측변 경사 $m=1/\sqrt{3}$, 사다리꼴 단면의 밑변 $B=2/\sqrt{3}\,H$이며, 단면적 $A=BH+mH^2=\sqrt{3}\,H^2$, 윤변 $P=2\sqrt{3}\,H$, 그리고 경심 $R=A/P=\sqrt{3}\,H^2/(2\sqrt{3}\,H)=1/2H$이다. 식 (8.8)에 대입하면 $Q=1/nAR^2I^{1/2}=1/0.025\times(\sqrt{3}\,H^2)\times(1/2H)^{2/3}\times(0.0016)^{1/2}=11.34m^3/s$이며, 수심 $H=2m$ 그리고 밑변 $B=2/\sqrt{3}\times 2m=2.31\,m$이 된다.

8.3 비에너지

개수로에 관련된 대부분의 문제는 에너지 방정식을 이용하여 풀 수 있다. 그림 8.8과 같이 개수로 내 지점 A에서의 압력을 p이라 하면 지점 A에서 유체의 전수두 H는 다음과 같다:

$$H = \frac{v^2}{2g} + \frac{p}{\rho g} + z + z_0$$

개수로의 수심을 h라 하면

$$h = \frac{p}{\rho g} + z$$

결국 전수두 H는 다음과 같이 표현된다:

$$H = \frac{v^2}{2g} + h + z_0 \tag{8.27}$$

개수로 바닥과 관련된 전수두를 **비에너지**(specific energy) E라 하며, 단위 무게당 에너지로 표현된다. 만약 개수로의 단면적을 A 그리고 유량을 Q라 하면 비에너지 E는 다음과 같다:

$$E = h + \frac{Q^2}{2gA^2} \tag{8.28}$$

개수로에서의 흐름을 분석하는데 있어 매우 중요한 식 (8.28)에는 비에너지 E, 수심 h 그리고 유량 Q와 같이 세 가지 변수가 있으며, 이들 중 한 가지 변수를 일정하게 한 다음 나머지 두 개의 변수 사이의 관계를 결정한다.

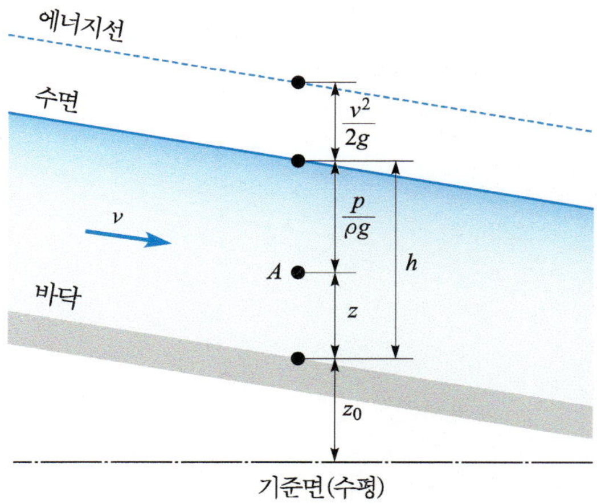

그림 8.8 개수로

8.4 일정 유량(constant discharge)

일정한 유량 Q에 대해 비에너지와 수심 사이의 관계가 그림 8.9에 나와 있다. 최소 에너지의 한계점은 $dE/dh=0$일 때 해당된다. 즉,

$$\frac{dE}{dh}=1-\frac{Q^2}{gA^2}\frac{dA}{dh}=0$$

따라서,

$$\frac{dA}{dh}=\frac{gA^3}{Q^2}$$

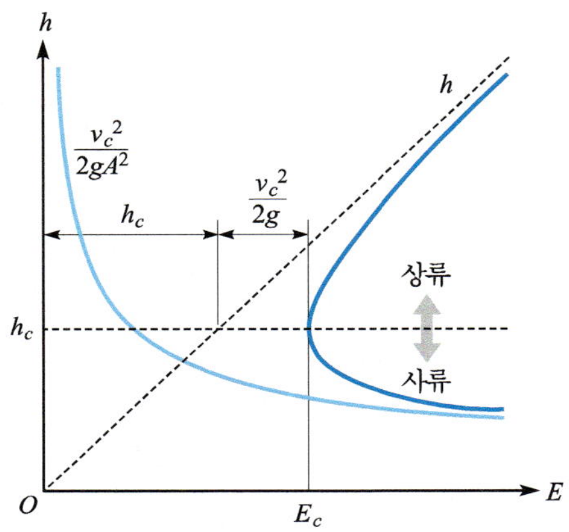

그림 8.9 일정 유량에 대한 비에너지와 수심과의 관계

자유 수면에서의 개수로 폭이 B일 때 $dA=Bdh$이다. 따라서 **한계단면적** A_c와 **한계유속** v_c는 다음과 같이 표현될 수 있다:

$$\begin{cases} A_c=\left(\dfrac{BQ^2}{g}\right)^{1/3} \\ v_c=\dfrac{Q}{A_c}=\left(\dfrac{gA_c}{B}\right)^{1/2} \end{cases} \tag{8.29}$$

사각형 형태의 개수로를 예를 들면 단위 폭당 유량을 q라 하면 $Q=qB$이다. 단면적 $A=hB$일 때 비에너지가 최소가 되는 한계수심 h_c는 식 (8.29)로부터 다음과 같이 유도된다:

$$h_c=\left(\frac{q^2}{g}\right)^{1/3} \tag{8.30}$$

한계수심 h_c에서의 **한계비에너지** E_c는 다음과 같다:

$$E_c = \frac{q^2}{2gh_c^2} + h_c$$

식 (8.30)으로부터

$$q^2 = gh_c^3$$

$$E_c = \frac{h_c}{2} + h_c = 1.5h_c \qquad (8.31)$$

한계비에너지(전수두) E_c는 한계수심 h_c의 1.5배이다. 이에 해당되는 한계유속 v_c는 식 (8.30)으로부터 다음과 같이 유도된다:

$$v_c = \frac{q}{h_c} = \sqrt{gh_c} \qquad (8.32)$$

한계조건에서의 유속은 얕은 깊이를 가진 수로에서 발생하는 파(장파)의 이동속도와 일치한다. 만약 수심 h가 한계수심 h_c보다 깊거나 얕아지는지에 따라 흐름의 특성은 달라진다. 수심 h가 한계수심 h_c보다 깊어지면 유속은 장파의 이동속도보다 작아지며, 이때의 흐름을 **상류**(subcritical flow)라 한다. 만약 수심 h가 한계수심 h_c보다 얕아지면 유속은 장파의 이동속도보다 커지며, 이때의 흐름을 **사류**(supercritical flow)라 한다.

예제 8.5

사각형 단면의 개수로에서 수심 $H = 1.5\,m$ 그리고 단위 폭당 유량 $q = 20.0\,m^3/s/m$일 때 이 흐름은 어떤 흐름인지를 판별하라.

[풀이]

식 (8.30)을 이용하여 한계수심 h_c를 구하면 $h_c = (q^2/g)^{1/3} = (20.0^2\,m^3/s/m/9.81\,m/s^2)^{1/3} = 3.44\,m$이며, $H < h_c$이므로 흐름은 사류이다.

예제 8.6

사각형 수로에서 단위 폭당 유량 q가 0.514 $m^3/s/m$일 때 한계수심 h_c와 한계유속 v_c를 구하라.

[풀이]

식 (8.30)을 이용하여 한계수심 h_c를 구하면 $h_c = (q^2/g)^{1/3} = (0.514^2\,m^3/s/m/9.81\,m/s^2)^{1/3} = 0.3\,m$이며, 식 (8.32)를 이용하여 한계유속 v_c를 구하면 $v_c = \sqrt{gh_c} = \sqrt{9.81\,m/s^2 \times 0.3\,m} = 1.71\,m/s$이다.

8.5 일정 비에너지(constant specific energy)

식 (8.28)로부터 사각형 형태의 개수로에 대해

$$q^2 = 2g(h^2E - h^3)$$

$$\frac{dq}{dh} = \frac{g}{q}(2Eh - 3h^2) = 0 \qquad (8.33)$$

$$E_c = 1.5h_c$$

식 (8.31)과 (8.33)을 비교하면, 비에너지가 최소가 될 때 유량이 일정한 상황과 유량이 최소가 될 때 비에너지가 일정한 상황 둘 다 동일하다는 것을 그림 8.10을 통해 알 수 있다.

8.6 일정 수심(constant water depth)

식 (8.29)로부터 사각형 형태의 개수로에 대해

$$\frac{E}{h} = 1 + \frac{q^2}{2gh^3} \qquad (8.34)$$

$q/\sqrt{gh^3}$ 와 E/h 사이의 관계는 그림 8.11에 나타나 있으며, 수심이 한계조건에 도달할 때 즉 $q^2 = gh^3$ 일 때 비에너지는 1부터 q까지 포물선 형태로 증가하며, $E/h = 1.5$ 된다.

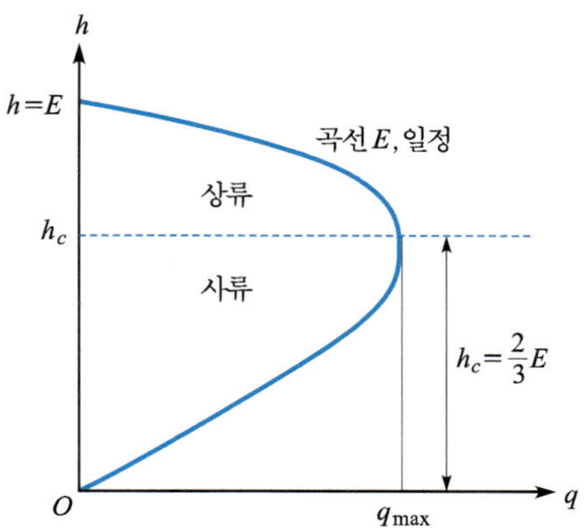

그림 8.10 일정 비에너지에 대한 단위 유량과 수심과의 관계

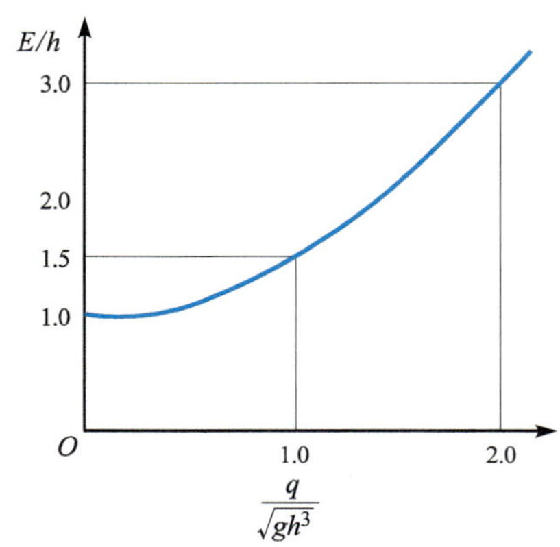

그림 8.11 일정 비에너지에 대한 단위 유량과 수심과의 관계

8.7 도수

개수로에서 한계수심 h_c보다 작은 수심에서 큰 수심으로 변화할 때 갑작스러운 수심의 증가 또는 한계유속보다 큰 유속(사류)에서 느린 유속(상류)으로 변화될 때 갑작스러운 유속의 감소가 발생되며, 이러한 현상을 일반적으로 **도수**(hydraulic jump)라 한다.

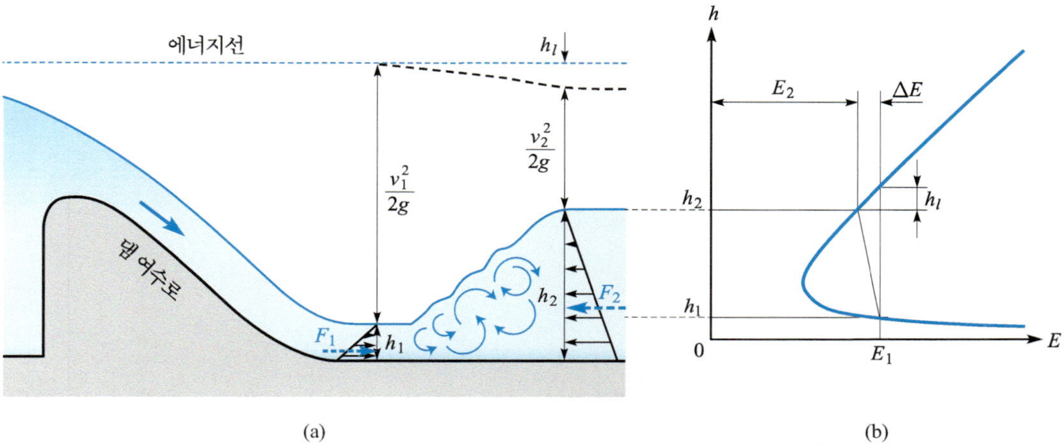

그림 8.12 도수

그림 8.12(a)에서처럼 댐 여수로의 경사가 매우 가파른 경우 흐름은 빨라진다. 또한 댐 여수로 하류에서의 바닥 경사가 완만해지면 흐름은 더 이상 빠른 유속을 유지할 수가 없으며, 이로 인해 갑작스럽게 느린 흐름으로 변화된다. 그림 8.13은 댐 여수로 수문개방으로 인해 많은 양의 물이 여수로를 통해 흐를 때 여수로 하류부에서의 도수현상을 나타낸 것이다.

그림 8.13 댐 여수로에서의 도수 현상

얕은 수심 h를 가진 개수로에서의 장파의 이동속도 즉 파속 a는 $\sqrt{gh}$ 이다. 유속 v와 파속 a의 비를 **플러드**[49] **수**(Froude number, F_r)라 한다:

$$F_r = \frac{v}{a} = \frac{v}{\sqrt{gh}} \tag{8.35}$$

상류에 대한 플러드 수 F_r는 1보다 작으며, 이는 유속은 파속보다 작다는 것을 의미한다. 반대로 사류에 대한 플러드 수 F_r는 1보다 크며, 이는 유속이 파속보다 빠르다는 것을 의미한다. 도수가 발생될 때 에너지는 그림 8.12(b)에서처럼 감쇄된다. 따라서 도수가 발생되는 지점으로부터 멀리 떨어진 개수로 바닥에서의 침식은 방지될 수 있다.

도수에서의 흐름은 정상 등류의 한 예가 되며, 그림 8.12(a)의 댐 여수로를 포함한 개수로에서 수로의 폭은 단위 폭으로 하고 단면 1과 2에 연속방정식, 운동량 방정식 그리고 베르누이 방정식을 적용하면 다음과 같다:

$$\text{연속 방정식} \quad : \; q = v_1 h_1 = v_2 h_2 \tag{8.36}$$

$$\text{운동량 방정식} \; : \; \frac{\rho g h_1^2}{2} - \frac{\rho g h_2^2}{2} = \rho(A_2 v_2)v_2 - \rho(A_2 v_2)v_1 \tag{8.37}$$

$$\text{베르누이 방정식:} \; \frac{v_1^2}{2g} + h_1 = \frac{v_2^2}{2g} + h_2 + h_l \tag{8.38}$$

여기서, h_l은 단면 1과 2 사이에서 도수에 의한 손실수두이다.

각각의 단면을 단위 폭으로 가정하므로 $A_2 = h_2$ 그리고 $A_1 = h_1$이다. 단면 1과 2에 작용하는 힘인 **비력**(specific force)은 각각 다음과 같이 표현된다:

$$F_1 = p_1 A_1 = \frac{\rho g h_1}{2}(h_1 \times 1) = \frac{\rho g h_1^2}{2}$$

$$F_2 = p_2 A_2 = \frac{\rho g h_2}{2}(h_2 \times 1) = \frac{\rho g h_2^2}{2}$$

앞에서 유도된 식 (8.36)의 연속방정식과 식 (8.37)의 운동량 방정식으로부터 단면 2에서

---

49) William Froude (1810~1879): 영국의 수력기술자 및 조선기술자. 60대에 배의 저항에 관한 연구를 시작하였으며, 집 근처에서 보트 시험용 저수조(약 75m 길이)를 만들었다. 그의 죽음 후에, 이 연구는 그의 아들 Robert Edmund Froude (1846-1924)에 의해 계속 되었으며, 관성 및 중력의 조건 하에서 상사성에 대해 사용되는 무차원 수를 유도하였다.

의 유속 v_2를 제거하고 정리하면 도수 이후의 수심 h_2는 다음과 같은 식을 통해 계산된다:

$$h_2 = \frac{h_1}{2}\left(-1 + \sqrt{1 + \frac{8v_1^2}{gh_1}}\right) \tag{8.39}$$

식 (8.39)를 통해 도수가 발생 여부를 판단할 수 있다. 즉,

$\frac{v_1^2}{gh_1} = 1$인 경우 $h_1 = h_2$: 상류부와 하류부 동일 수심

$\frac{v_1^2}{gh_1} > 1$인 경우 $h_2 > h_1$: 도수 발생

$\frac{v_1^2}{gh_1} < 1$인 경우 $h_2 < h_1$: 도수 불능

도수 전 수심 h_1과 도수 후 수심 h_2를 **공액수심**(conjugate depth)라 한다. 베르누이 방정식에서 연속 방정식과 운동량 방정식을 이용하여 v_1과 v_2를 제거하면 도수에 의한 손실수두 h_l을 계산할 수 있으며, 다음과 같은 식으로 표현된다:

$$h_l = \frac{(h_2 - h_1)^3}{4h_1h_2} \tag{8.40}$$

예제 8.7

단위 폭당 유량이 10 m^3/s, 도수 전 수심 $h_1 = 1.25\,m$로 흐르는 물에서 도수가 발생되었다. 도수 후 수심 h_2, 유속 v_2 그리고 손실수두 h_l을 계산하라.

[풀이]

단면 1에서의 유속 $v_1 = \frac{q}{h_1} = \frac{10\,m^3/s/m}{1.5\,m} = 8.0\,m/s$,

도수 후의 수심 $h_2 = \frac{h_1}{2}\left(-1 + \sqrt{1 + \frac{8v_1^2}{gh_1}}\right) = \frac{1.25}{2}\left[-1 + \sqrt{1 + \frac{8 \times (8\,m/s)^2}{9.81\,m/s^2}}\right] = 3.46\,m/s$,

하류부의 유속 $v_2 = \frac{h_1}{h_2}v_1 = \frac{1.25\,m}{3.46\,m} \times 8\,m/s = 2.89\,m/s$

그리고 손실수두 $h_l = \frac{(h_2 - h_1)^3}{4h_1h_2} = \frac{(3.46 - 1.25)^3}{4 \times 3.46 \times 1.25} = 0.625\,m/s$이다.

제8장 연습문제

1. 그림 8.14와 같이 직사각형 단면을 가진 목제로 만들어진 개수로를 이용하여 0.5 m^3/s의 유량을 흘려보내고자 한다. n =0.01인 매닝의 평균유속공식을 이용하여 개수로 바닥의 경사를 구하라.

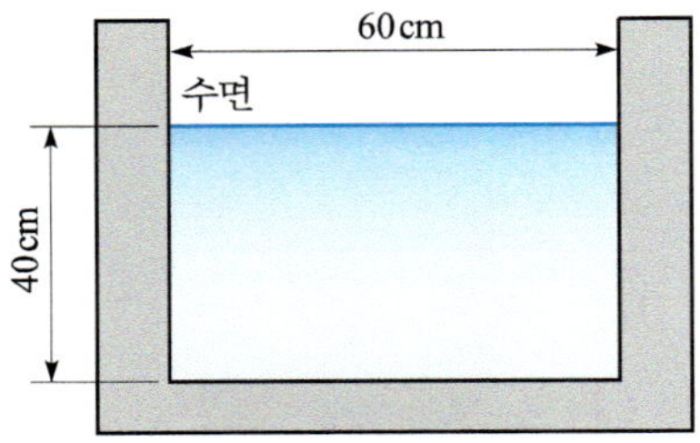

그림 8.14

답 수로 바닥의 경사 $I = 0.00456$

2. 그림 8.15와 같은 단면을 가진 콘크리트로 코팅된 개수로의 경사가 쉐지와 매닝 평균유속공식에 의해 0.002로 계산되었을 때 각각의 공식을 통해 계산된 유량을 비교하라. n =0.016 그리고 마찰계수 $f = 0.014$로 가정하라.

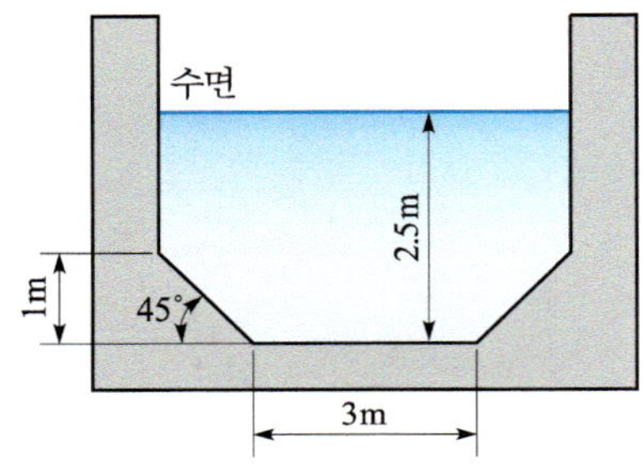

그림 8.15

답 쉐지의 평균유속공식에 의한 유량 $Q = 40.4\ m^3/s$
그리고 매닝의 평균유속공식에 의한 유량 $Q = 40.9\ m^3/s$

3. 바젠 식을 사용하여 매끄러운 시멘트로 코팅된 사각형 단면을 가진 폭 5 m, 바닥경사 1/2000 그리고 수심이 2 m인 개수로에서의 유량을 계산하라.

답 $Q = 19.3\ m^3/s$

4. 물이 그림 8.16의 원형 도관을 따라 흘러간다. 반지름 r이 1.5 m일 때 유속과 유량을 최대로하는 각도 θ와 수심 h를 계산하라.

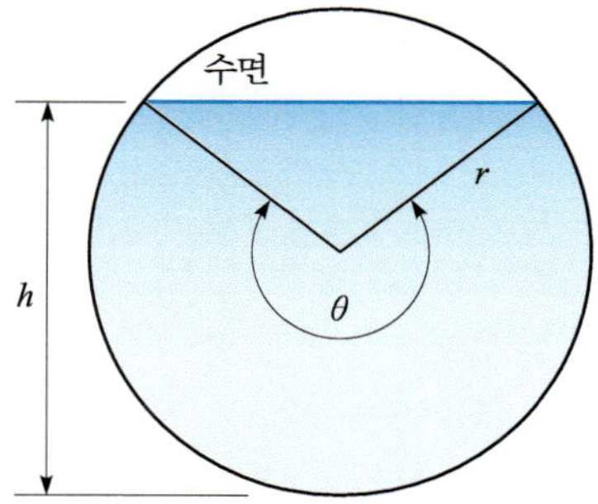

그림 8.16

답 유속이 최대인 경우 각도 $\theta = 257.5^o$와 수심 $h = 2.44\ m$
그리고 유량이 최대인 경우 각도 $\theta = 308^o$와 수심 $h = 2.85\ m$

5. 폭이 3 m 인 직사각형의 개수로에서의 수심이 1.2 m일 때 15 m^3/s의 유량으로 물이 흐른다. 흐름 상태가 사류인지 상류인지를 판별하고 비에너지를 계산하라.

답 상류 그리고 비에너지 $E = 1.52\ m$

6. 폭 4 m의 직사각형 단면을 가진 개수로에서 12 m^3/s의 유량으로 물이 흐르는 경우 한계수심 h_c과 한계유속 v_c을 구하라.

답 한계수심 $h_c = 0.972\ m$ 그리고 한계유속 $v_c = 3.09\ m$

7. 폭이 5 m인 직사각형 단면으로 이루어진 개수로에서 비에너지가 2 m일 때 최대유량은 얼마인지 계산하라.

답 최대유량 $Q_{\max} = 14.4\ m^3/s$

8. 물이 폭 5 m의 직사각형 단면을 가진 수로에서 20 m^3/s으로 흐른다. 이 흐름을 상류조건으로 변화되는데 필요한 하류의 수심을 계산하라.

답 수심 $h = 1.18\ m$

9. 상류부 수심 $h_1 = 30\,cm$ 그리고 유속 $v_1 = 3.0\,m/s$로 흐르는 개수로에서 도수가 발생되었다. 하류부 수심 h_2는 얼마가 되는지 계산하라.

답 하류부수심 $h_2 = 61\ cm$

제9장

물체의 항력과 양력

제9장

물체의 항력과 양력

제7장과 제8장에서는 견고한 벽으로 닫힌 공간 내에서의 **내부흐름**(internal flow)과 관련된 내용에 대해 알아보았다. 본 장에서는 야구공이나 골프공의 비행, 자동차의 움직임 또는 항공기가 공중에서 날아오르는 경우 또는 잠수함이 물 속에서 움직이는 경우 등과 같이 견고한 물체의 벽 바깥 공간에서의 흐름 즉, **외부흐름**(external flow)에 대해 알아보자.

9.1 물체 주위의 흐름

일반적으로, 등유속(uniform velocity) U로 흐르는 유체 내에 있는 물체 주위에서의 흐름은 유체의 점성효과 때문에 크게 변화하는 유속에 의해 물체 주위를 따라 발생되는 얇은 층 즉 경계층을 발달시킨다. 또한 유체의 흐름은 물체 뒷부분에서 분리되며, 작은 소용돌이(eddy)와 함께 후류(wake)를 동반한다. 그림 9.1은 원통형의 물체와 평판 주위에서 발생되는 유체의 흐름을 나타낸 것이다. 물체의 앞부분에서 등속도 U를 가진 a 지점에서 유체의 흐름은 물체에 접근할수록 유속이 0까지 감소함에 따라 물체 표면인 b 지점에서 유체의 흐름은 정지된다. 이러한 b 지점을 **정체점**(stagnation point)이라 한다. 유체의 흐름은 b 지점에서 상부흐름과 하부흐름으로 분리된다. 원통형 물체의 경우 유체의 흐름은 작은 소용돌이와 함께 후류를 발생시키면서 c 지점에서 분리된다.

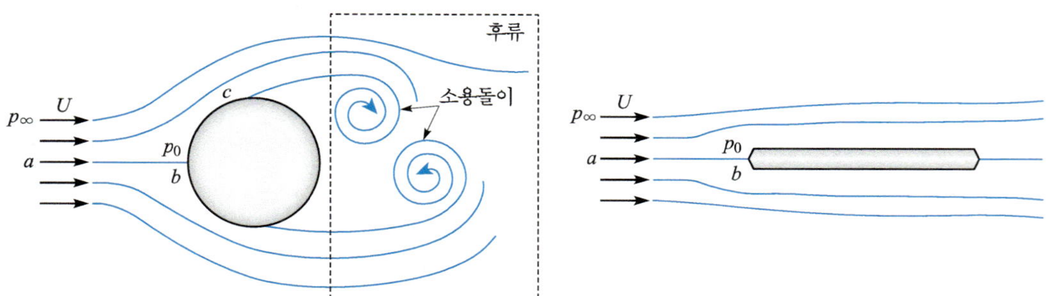

(a) 원통형 물체 (b) 평판

그림 9.1 원통형 물체와 평판 주위의 흐름

물체에 의해 영향을 받지 않는 a 지점에서의 압력을 p_∞, 이때 등유속을 U 그리고 정체점에서의 압력 p_0 사이의 관계는 다음과 같다:

$$p_0 = p_\infty + \frac{\rho U^2}{2} \tag{9.1}$$

9.2 물체에 작용하는 힘

물체가 유체의 흐름 내에 위치해 있을 때 물체 주위를 흐르는 유체로부터 힘을 받는다. 평판이 유체의 흐름 내에 위치해 있을 때는 단지 하류방향에서만 힘을 받는다. 그러나 비행기 날개와 같은 물체는 그림 9.2에서처럼 유체의 흐름 방향에 대해 경사진 힘 F_R의 영향을 받는다. 일반적으로, 물체에 작용하는 힘 F_R은 유체의 등유속 U와 동일한 방향의 성분 F_D와 수직방향의 성분 F_L로 분해될 수 있으며, 전자를 **항력**(drag force) 그리고 후자를 **양력**(left force)이라한다.

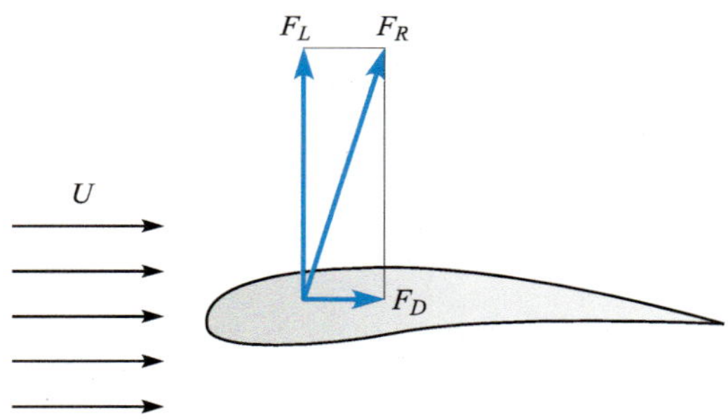

그림 9.2 항력(F_D)과 양력(F_L)

그림 9.3에서와 같이 물체 표면 내 미소면적 dA에 작용하는 압력을 p 그리고 단위면적당 마찰력 즉 전단응력을 τ라 하자. 압력 p에 의해 발생되는 힘 pdA는 dA에 수직방향으로 작용하며, 전단응력에 의해 발생되는 힘 τdA는 dA의 접선방향으로 작용한다. 유체의 등유속 U 방향 성분에 대해 힘 pdA를 물체 표면 전체에 걸쳐 적분한 항력 F_{Dp}를 **형상항력**(form drag) 또는 **압력항력**(pressure drag)이라 한다. 마찬가지로 힘 τdA에 대해서도 적분을 한 항력 F_{Df}를 **마찰항력**(friction drag)이라 한다. 압력항력 F_{Dp}와 마찰항력 F_{Df}는 다음과 같은 식의 형태로 표현할 수 있다:

$$F_{Dp} = \int_A pdA\cos\theta \tag{9.2}$$

$$F_{Df} = \int_A \tau dA\sin\theta \tag{9.3}$$

물체에 작용하는 항력 F_D는 압력항력 F_{Dp}와 마찰항력 F_{Df}의 합이며, 두 항력의 비는 물체의 형상에 따라 달라진다. 표 9.1은 다양한 물체의 형상에 따른 압력항력 F_{Dp}와 마찰항력 F_{Df}의 비를 나타낸 것이다. 그림 9.3에서와 같이 등유속 U로 이동하는 유체 내에 미소면적 dA를 가진 물체 표면에 수직으로 작용하는 힘 pdA와 물체의 표면을 따라 발생되는 힘 τdA를 적분하면 그림 9.2에서처럼 양력 F_L이 유도된다.

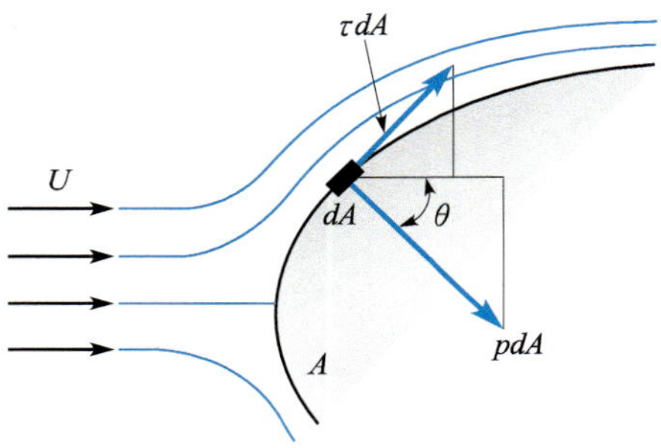

그림 9.3 물체에 작용하는 힘

표 9.1 물체의 다양한 형상에 대한 압력항력 F_{Dp}와 마찰항력 F_{Df}의 비

물체의 형상		압력항력 F_{Dp} (%)	마찰항력 F_{Df} (%)
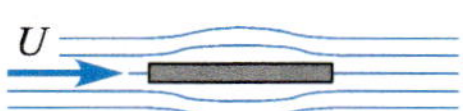	평판(수평)	0	100
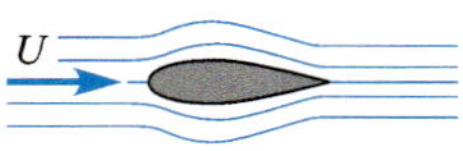	유선형	≈ 10	≈ 90
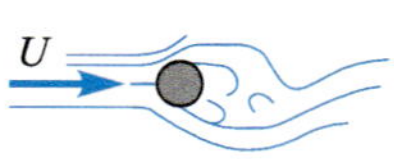	원통형	≈ 90	≈ 10
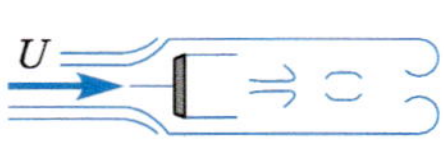	평판(수직)	100	0

9.3 물체의 항력

9.3.1 항력계수(drag coefficient)

등유속 U로 흐르는 유체 내에 위치해 있는 물체의 항력은 식 (9.2)와 (9.3)을 통해 계산된다. 그러나 이러한 이론적인 계산은 유속의 제한된 범위 그리고 단순한 형상을 가진 물체를 제외하고는 일반적으로 매우 복잡하다. 따라서 물체의 형상에 따른 항력계수는 일반적으로 실험에 의해 결정된다. 항력 F_D는 다음과 같이 표현된다:

$$F_D = C_D A \frac{\rho U^2}{2} \tag{9.4}$$

여기서 A는 등유속 U를 가진 유체의 흐름 방향에 수직인 물체의 투영면적 그리고 C_D는 무차원 항력계수이다. 다양한 형상을 가진 물체에 대한 항력계수 C_D의 값이 표 9.2에 나와 있다.

표 9.2 다양한 형상을 가진 물체에 대한 항력계수 C_D

물체	길이비		투영면적 A	항력계수 C_D
원통형(흐름방향) 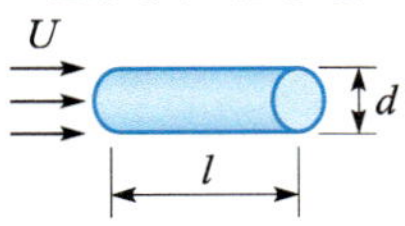	l/d	1	$\frac{\pi}{4}d^2$	0.91
		2		0.85
		4		0.87
		7		0.99
원통형(흐름에 직각방향) 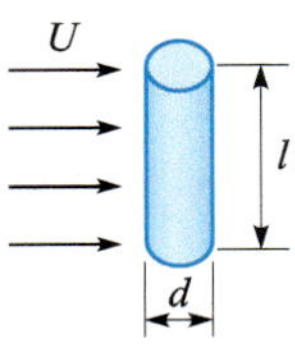	l/d	1	dl	0.63
		2		0.68
		5		0.74
		10		0.82
		40		0.98
		∞		1.20
직사각형 평판 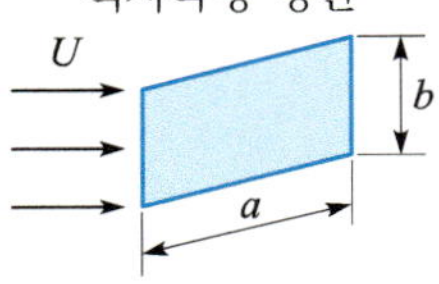	a/b	1	ab	1.12
		2		1.15
		4		1.19
		10		1.29
		18		1.40
		∞		2.01
반구(바닥이 없는) 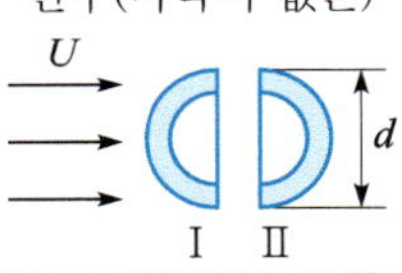	I		$\frac{\pi}{4}d^2$	0.34
	II			1.33

물체	길이비	투영면적 A	항력계수 C_D
깔때기 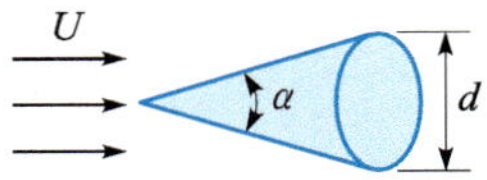	$a=60°$	$\frac{\pi}{4}d^2$	0.51
	$a=30°$		0.34
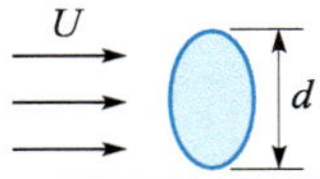		$\frac{\pi}{4}d^2$	1.2
승용차 	전면투영면적 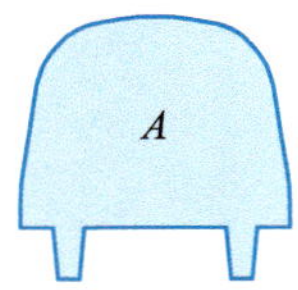		0.28~0.37

예제 9.1

대기 중의 바람이 크기가 $1.8\,m \times 2.4\,m$인 사각형 안내판에 직각으로 불고 있다. 바람의 속도 U는 $22.5\,m/s$이며, 공기의 단위중량 $\gamma = 1.2\,N/m^3$일 때, 안내판에서 발생되는 항력은 얼마가 되는지 계산하라. 단, 항력계수 $C_D = 1.2$로 가정하라.

[풀이]

정지된 안내판에 작용하는 항력 F_D는 식 (9.4)를 이용하여 계산한다.

공기의 밀도 $\rho = \frac{\gamma}{g} = \frac{1.2\,N/m^3}{9.81\,m/s^2} = 0.12\,kg/m^3$이며,

항력 $F_D = C_D A \frac{\rho U^2}{2} = 1.2 \times (1.8\,m \times 2.4\,m) \times \frac{0.12\,kg/m^3 \times (22.5\,m/s)^2}{2} = 157.5\,N$

9.3.2 원통형 물체에 대한 항력

이상유체의 경우

점성효과가 없는 이상유체가 등유속 U로 흐를 때 흐름의 직각방향에 위치한 원통 주위의 흐름이 그림 9.4에 나타나 있다. 원통형 물체 표면 위의 한 점에서의 속도 v_θ는 다음과 같다:

$$v_\theta = 2U\sin\theta \tag{9.5}$$

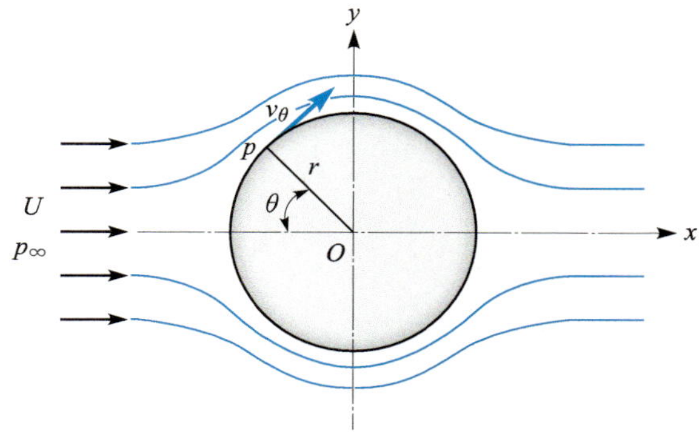

그림 9.4 원통형 물체 주위의 흐름

그림 9.4에서처럼 원통형 물체 앞부분에 분포한 평행한 흐름에 대한 압력을 p_∞ 그리고 원통형 물체 표면 위의 한 점에서의 압력을 p라 하고 베르누이의 원리를 적용하면 다음과 같이 같다:

$$p_\infty + \frac{\rho U^2}{2} = p + \frac{\rho v_\theta^2}{2}$$

$$p - p_\infty = \frac{\rho\left(U^2 - v_\theta^2\right)}{2} = \frac{\rho U^2}{2}\left(1 - 4\sin^2\theta\right)$$

$$\frac{p - p_\infty}{\rho U^2/2} = 1 - 4\sin^2\theta \tag{9.6}$$

식 (9.6)을 통해 계산된 압력 분포가 그림 9.5에 나와 있으며, 흐름에 직각인 중심선에 대해 좌우가 대칭이다. 결국 식 (9.6)의 적분을 통해 얻어지는 압력저항은 0이 되며, 이는 원통형 물체에 작용하는 힘이 전혀 없다는 것을 의미한다. 이러한 현상은 실제 흐름과는 정반대가 되며, 이를 **달랑베르[50]의 역설**(D'Alembert's paradox)라 한다.

50) Jean-Baptiste le Rond d'Alembert (1717-1783): 프랑스 수학자, 역학자, 물리학자, 철학자 그리고 음악이론가. 1739년 7월에 최초로 수학 논문을 발표하였으며, 여기서 당시 표준 수학 교재의 몇몇 오류를 지적하였다. 1740년에 유체 역학에 대한 논문을 발표하였으며, 1741년 미적분학에 관한 저술을 발표하였다, 1742년에 프랑스 과학 아카데미의 회원이 되었으며, 1743년 ≪역학편≫을 저술하여 유명해졌다. 또한 해석역학의 기초를 구축하였으며, 달랑베르의 패러독스를 제시하였다.

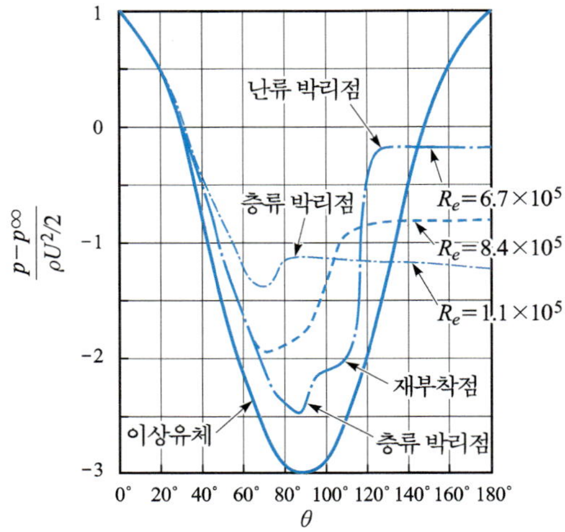

그림 9.5 원통형 물체 주위의 압력분포

점성유체의 경우

레이놀즈 수 $R_e < 1$인 매우 낮은 값에 대해 원통형 물체의 뒷부분에서 발생하는 점성흐름의 경우 유선은 그림 9.4에서와 같이 원통형 물체 앞부분에서처럼 대칭이 된다. 그림 9.6(a)에서처럼 레이놀즈 수 R_e를 2 ~ 30의 범위로 증가시키면 경계층은 위치 a에서 대칭으로 분리되며, 서로 반대 방향으로 회전하는 두 개의 와(wake)가 형성된다. 이러한 와의 뒷부분에서는 원통형 물체에 의해 분리되었던 유선이 다시 나타난다. 레이놀즈 수 R_e의 증가에 따라 와는 길어지며 레이놀즈 수 R_e의 값이 40 ~ 70의 범위에 있을 경우 주기적으로 진동하는 와가 관측되며, 이러한 와를 **트윈 와동**(twin vortex)이라 한다. 레이놀즈 수 R_e의 값이 90을 초과할 경우 그림 9.6(b)에서처럼 원통형 물체 상하 양측면에서 연속적인 와가 발생된다. $10^2 < R_e < 10^5$인 경우 박리는 원통형 물체 정면으로부터 80° 근처에서 발생하며(그림 9.6(c)), 와동의 이러한 배열을 **카르만 와동 열**(Kármán vortex street)이라 한다(그림 9.7). 레이놀즈 수 $R_e = 3.8\times10^5$ 근처에서 경계층은 난류가 되며 박리되는 위치는 130° 부근까지 더 하류로 이동된다(그림 9.6(d)).

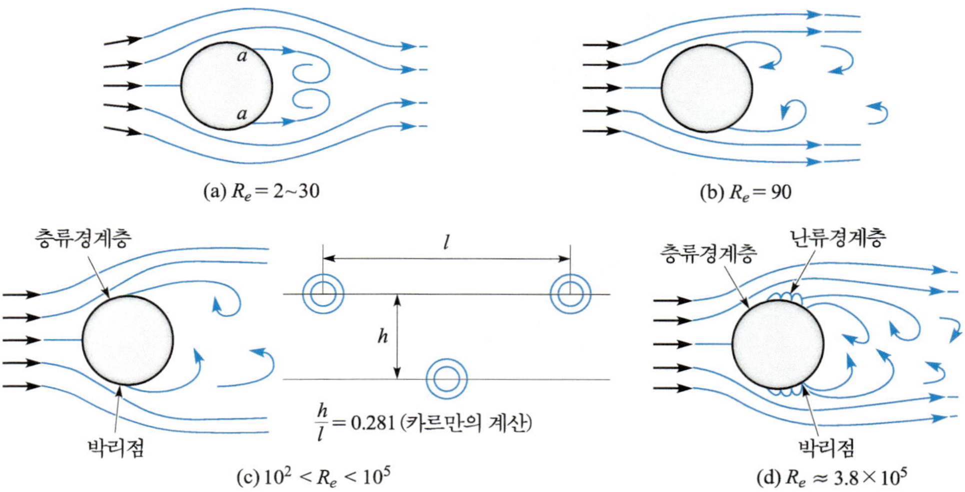

그림 9.6 원통형 물체 주위의 흐름

그림 9.6에서 볼 수 있듯이 점성유체의 경우 원통형 물체 표면을 따라 발생하는 유선은 원통형 물체로부터 분리되며, 원통형 물체 뒷부분에서 와가 발달된다. 이러한 현상은 그림 9.8에 나타나 있다. 확대관의 경우와 마찬가지로 원통형 물체 뒷부분에서 유체의 흐름은 점차적으로 감속되어 속도경사가 거의 0에 도달한다. 이렇게 속도경사가 0이 되는 지점은 와가 발달되면서 흐름의 역전이 발생하는 **박리점**(separation pont)에 해당된다. 박리점은 레이놀즈 수 R_e가 증가함에 따라 그림 9.6(d)에서 볼 수 있듯이 하류방향으로 이동하며, 이는 증가된 레이놀즈 수가 난류경계층을 발생시키기 때문이다. 그러므로 경계층 내 또는 주위에서의 유체입자는 난류의 혼합작용에 의해 서로 섞이게 된다.

그림 9.7 카르만 와동 열

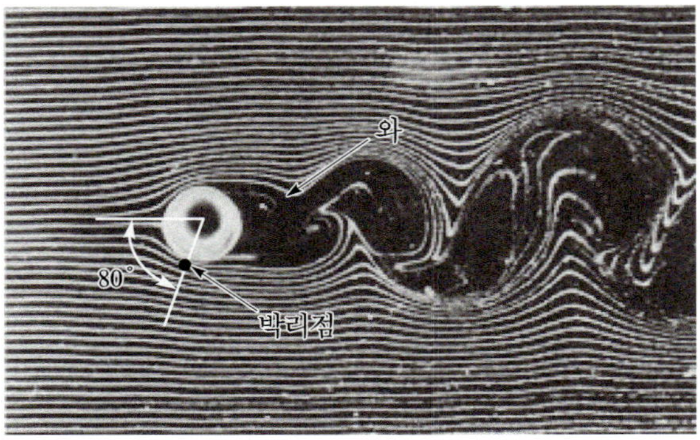

그림 9.8 흐름의 박리와 카르만 와동(레이놀즈 수 $R_e = 195$의 경우)

그림 9.9는 트윈 와동에서 카르만 와동까지의 발달과정을 나타낸 것이다. 경계층이 난류가 되는 레이놀즈 수 $R_e = 3.8 \times 10^5$을 **한계 레이놀즈 수**(critical Reynolds number) R_{ec}라 한다.

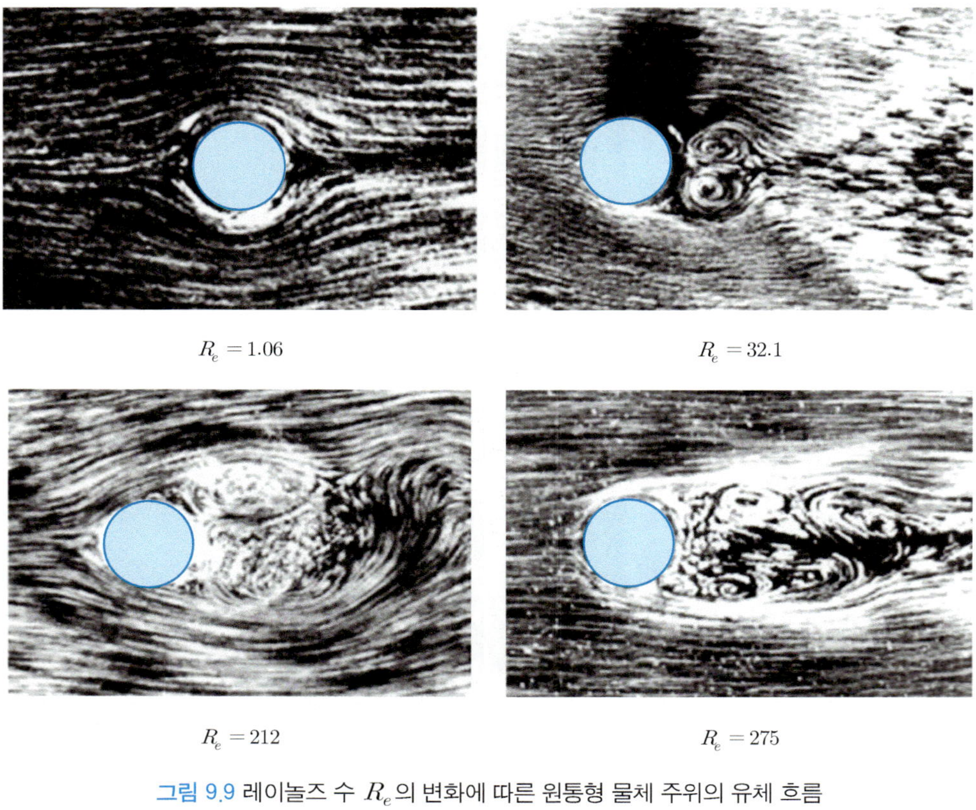

그림 9.9 레이놀즈 수 R_e의 변화에 따른 원통형 물체 주위의 유체 흐름

한계 레이놀즈 수 R_{ec}의 경우 원통형 물체 표면의 압력 분포는 그림 9.5의 곡선과 유사하며, 원통형 물체 뒷부분에서의 압력의 감소는 하류 방향으로의 힘이 생성되도록 작용한다. 그림 9.10은 등유속 U를 가진 유체의 흐름에 수직으로 위치한 직경 d의 원통형 물체에 대한 항력계수 C_D의 변화와 타원형 및 유선형 물체의 경우와 비교한 것이다. 레이놀즈 수 $R_e = 10^3 \sim 2\times10^5$일 때 항력계수 $C_D = 1 \sim 1.2$이 되나 레이놀즈 수 $R_e = 3.8\times10^5$부터는 항력계수 C_D가 0.3까지 갑자기 감소한다. 이러한 현상은 그림 9.6(d)에서처럼 레이놀즈 수 $R_e = 3.8\times10^5$에 도달할 때 박리점의 위치가 갑자기 변화되기 때문에 발생한다.

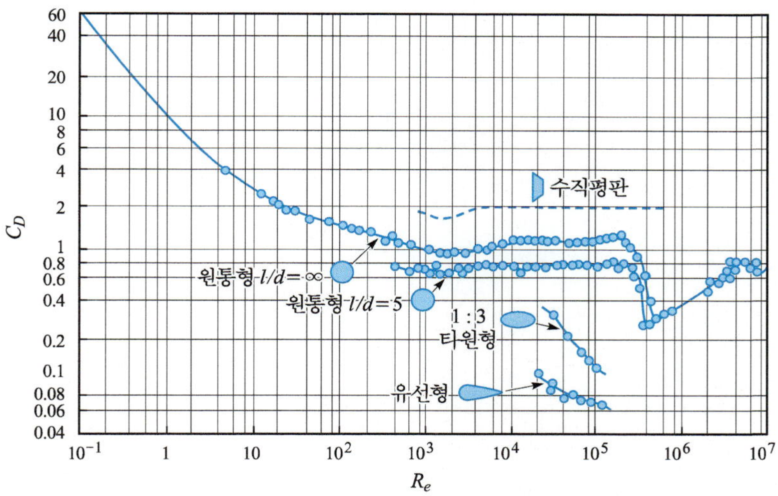

그림 9.10 원통형 물체와 원주형 물체에 대한 항력계수 C_D

테일러(Taylor[51])는 매초마다 물체로부터 분리되는 와동의 수를 계산하였으며, $250 < R_e < 2\times10^5$에 대해 **와동의 발달빈도** f_v를 산정하는 다음과 같은 식을 제안하였다:

$$f_v = 0.198\frac{U}{d}\left(1-\frac{19.7}{R_e}\right) \tag{9.7}$$

51) Sir Geoffrey Ingram Taylor (1886–1975): 영국의 물리학자이자 수학자. 그의 주요 연구 분야는 유체역학과 파동이론이며, 20세기 가장 위대한 과학자 중의 한명으로 선정되기도 하였다. 유체역학 분야에서 그의 업적 중의 하나는 레이놀즈 수가 증가할 때 와동(테일러 와동)이 언제 나타나는지를 예측하기 위한 경험식을 제시하였다.

$f_v d/U$는 **스트루할**(Strouhal[52])**계수** St라 불리우는 무차원 수이며, 주기적으로 변동하는 흐름의 규칙성의 정도를 나타내는 사용된다.

카르만 와동이 발생될 때 물체는 주기적인 힘에 의해 움직이게 되며, 그 결과 때때로 소리를 발생시키면서 진동한다. 이에 대한 예로써 전력선이 바람에 의해 진동할 때 발생되는 소리를 들 수 있다.

일반적으로 유선은 물체의 뒷부분에서 분리되며, 이때 와동을 발생시키고 압력을 감소시키기 때문에 항력이 발생된다. 그러므로 항력을 감소시키기 위해서는 흐름이 분리되지 않도록 물체의 형태를 고려할 필요가 있으며, 이것이 소위 **유선형**(streamline shape)이다.

예제 9.2

지름 1 m, 높이 25 m인 원통형 굴뚝이 대기압 하에서 50 km/h의 풍속을 받고 있다. 풍력에 의해 굴뚝 밑바닥에서 받는 휨모멘트(bending moment)를 계산하라. 단, 공기의 밀도와 점성계수는 각각 $\rho = 1.23 kg/m^3$와 $\mu = 1.78 \times 10^{-5} kg/m \cdot s$이다.

[풀이]

식 (9.4)를 이용하여 항력계수 $C_D = F_D / \left(\frac{1}{2}\rho U^2 A\right)$를 계산하며, 굴뚝 바닥에서의 휨모멘트 $M_0 = F_D \frac{L}{2} = C_D \frac{1}{4}\rho U^2 AL$로 계산한다. 풍속 $U = \frac{50{,}000\, m/s}{3{,}600\, s} = 13.9\, m/s$이며, 레이놀즈 수 $R_e = \frac{\rho U d}{\mu}$ $R_e = \frac{\rho U d}{\mu} = \frac{(1.23\, kg/m^3) \times (13.0\, m/s) \times (1\, m)}{(1.78 \times 10^{-5}\, kg/m \cdot s)} = 8.98 \times 10^5$이다. 그림 9.10에서 레이놀즈 수 8.98×10^5에 대한 항력계수 C_D는 대략 0.35이다. 따라서 휨모멘트 $M = C_D \frac{1}{4}\rho U^2 AL$ $= 0.35 \times \frac{1}{4} \times 1.23\, kg/m^3 \times 13.9\, m/s \times (1\, m \times 25\, m) \times 25\, m = 1.3 \times 10^4 N \cdot m$이다.

52) Vincenc Strouhal (1850–1922): 체코의 실험 물리학자. 그는 실험을 통해 진동하는 흐름 메커니즘을 실험을 통해 구명하였으며, 스트루할 무차원 수를 제안하였다.

9.3.3 구형 물체에 대한 항력

그림 9.11은 구형 물체에 대해 레이놀즈 수 R_e에 따른 항력계수 C_D의 변화를 나타낸 것이다. 레이놀즈 수 R_e가 매우 큰 범위 즉, $R_e = 10^3 \sim 2\times10^5$인 경우 저항은 유속의 자승에 비례하며, 항력계수 C_D는 대략 0.44가 된다. 원통형 물체의 경우와 같이 레이놀즈 수 R_e가 3×10^5에 도달할 때 경계층은 층류 박리로부터 난류 박리로 변화된다. 따라서 항력계수 C_D는 0.1 또는 그 이하로 감소한다. 보다 높은 레이놀즈 수 R_e에 도달할 경우 항력계수 C_D는 0.2에 접근한다.

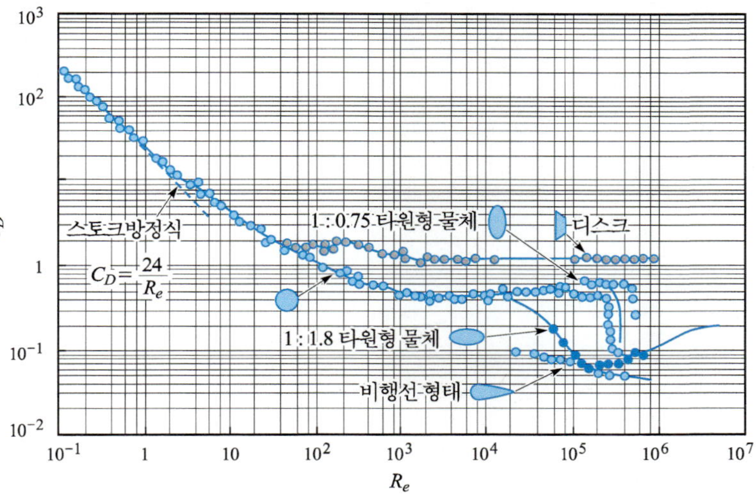

그림 9.11 구형 물체와 다른 3차원 물체에 대한 항력계수

구형 물체 주위의 느린 흐름을 **스톡스 흐름**(Stokes flow)이라 하며, 나비에-스톡스 방정식과 연속방정식으로부터 항력 F_D는 다음과 같이 표현된다:

$$F_D = 3\pi\mu Ud$$

$$C_D = \frac{24}{R_e} \tag{9.8}$$

식 (9.8)은 **스톡스 방정식**으로 알려져 있으며, 레이놀즈 수 $R_e < 1$의 범위 내에서 실험 결과와 잘 일치한다.

9.3.4 평판에 대한 항력

그림 9.12에서 볼 수 있듯이 유속 U의 균일한 유체의 흐름이 길이 l의 평판과 평행할 때 경계층은 점성에 의해 점차적으로 증가되면서 발달된다.

평판 앞부분의 가장자리에서부터 x 지점까지의 거리에 있는 경계층의 두께를 δ로 가정할 때 x 지점에서의 경계층 내 dy 층을 흐르는 유체의 질량 유량 $\rho u dy$를 고려하자. 평판을 지나기 전과 후의 이러한 질량 유량 $\rho u dy$의 운동량의 차이로부터 평판 표면의 마찰에 기인하는 항력 F_D는 다음과 같이 표현된다:

$$F_D = \int_0^{\delta} \rho u(U-u)dy \tag{9.9}$$

평판 표면에서의 마찰응력 τ_0는 $dF_D = \tau_0 dx$이기 때문에 식 (9.9)로부터 다음과 같이 표현된다:

$$\tau_0 = \frac{dF_D}{dx} = \rho \frac{d}{dx} \int_0^{\delta} u(U-u)dy \tag{9.10}$$

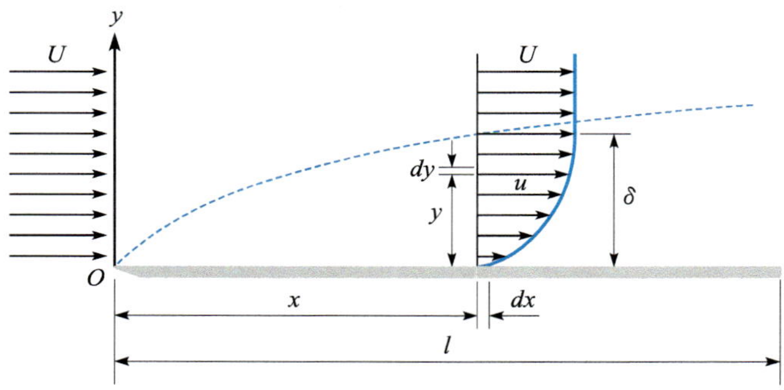

그림 9.12 평판 주위의 흐름

층류경계층

원형 관에서 층류와 같은 유체의 흐름에 대한 포물선 형태의 유속 분포 u는 다음과 같은 식으로 표현된다:

$$\eta = \frac{y}{\delta}, \qquad \frac{u}{U} = 2\eta - \eta^2 \tag{9.11}$$

식 (9.11)을 식 (9.10)에 대입하면

$$\tau_0 = \rho U^2 \frac{d\delta}{dx} \int_0^1 \frac{u}{U}\left(1 - \frac{u}{U}\right) d\eta = 0.133 \rho U^2 \frac{d\delta}{dy} \tag{9.12}$$

식 (9.12)를 달리 표현하면

$$\tau_0 = \mu \left| \frac{du}{dy} \right|_{y=0} = 2\frac{\mu U}{\delta} \tag{9.13}$$

식 (9.12)와 (9.13)으로부터

$$\delta d\delta = 15.04 \frac{\mu}{\rho U} dx$$

위의 식을 부정적분하면

$$\frac{\delta^2}{2} = 15.04 \frac{\nu}{U} x + C$$

$x = 0$와 $\delta = 0$로부터 $C = 0$이다. 따라서

$$\delta = 5.48 \sqrt{\frac{\nu x}{U}} = \frac{5.48}{\sqrt{R_{ex}}} x \tag{9.14}$$

그러나 $R_{ex} = Ux/\nu$이기 때문에 식 (9.13)에 식 (9.14)를 대입하면

$$\tau_0 = 0.365 \sqrt{\frac{\mu \rho U^3}{x}} = 0.730 \frac{\rho U^2}{2} \sqrt{\frac{\nu}{Ux}} \tag{9.15}$$

그림 9.13에서 볼 수 있듯이 경계층의 두께 δ는 $\sqrt{x}$에 비례하여 증가되나 표면마찰응력은 $\sqrt{x}$에 반비례하며 감소한다.

평판 전체의 폭 b에 대한 마찰항력 F_{Df}는 식 (9.15)를 x에 대해 다음과 같은 식으로 표현된다:

$$F_{Df} = \int_0^l \tau_0 dx = 0.73 \sqrt{\mu \rho U^3 l b} \tag{9.16}$$

$$F_{Df} = C_f l \frac{\rho U^2}{2} \tag{9.17}$$

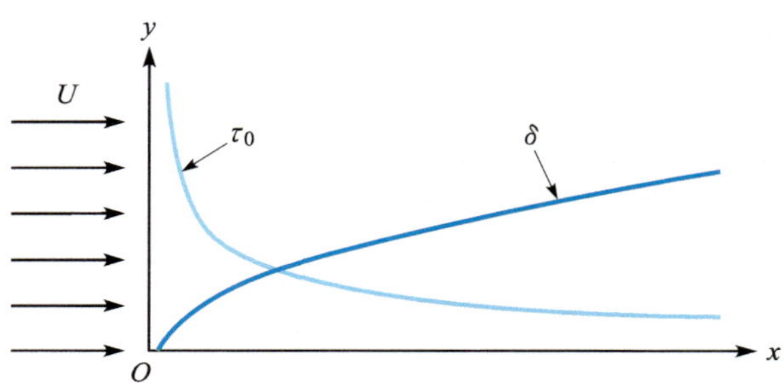

그림 9.13 평판에서의 경계층의 두께 δ와 마찰응력 τ_0의 변화

식 (9.17)에서 C_f는 **마찰항력계수**(frictional drag coefficient)이며, 다음과 같이 표현된다:

$$C_f = \frac{1.46}{\sqrt{R_{el}}} \tag{9.18}$$

여기서 평판에서의 레이놀즈 수 $R_{el} = Ul/\nu$이다. 식 (9.18)은 레이놀즈 수 $R_{ec} < 5 \times 10^5$의 범위 내에서 실험결과와 대략적으로 잘 일치한다.

난류경계층

평판에서의 레이놀즈 수 R_{el}이 클 때 층류경계층의 길이는 짧아지며, 평판 전체에 걸쳐 난류경계층이 발달된다. 유속 u의 분포는 다음과 같은 식을 통해 표현된다:

$$\frac{u}{U} = \left(\frac{y}{\delta}\right)^{1/7} = \eta^{1/7} \tag{9.19}$$

원형 관에서의 난류와 마찬가지로 다음과 같은 식들이 얻어진다:

$$\delta = \frac{0.37x}{R_{ex}^{1/5}} \tag{9.20}$$

$$\tau_0 = 0.029\rho U^2 \left(\frac{\nu}{Ux}\right)^{1/5} \tag{9.21}$$

$$F_{Df} = \frac{0.036\rho U^2 l}{R_{el}^{1/5}} \tag{9.22}$$

$$C_f = 0.072 R_{el}^{-1/5} \tag{9.23}$$

위의 식들은 평판에서의 레이놀즈 수 $5 \times 10^5 < R_{el} < 10^7$ 범위 내에서 실험값들과 잘 일치한다. 실험 자료로부터 평판에서의 마찰항력계수 C_f는 다음과 같이 표현된다:

$$C_f = 0.074 R_{el}^{-1/5} \tag{9.24}$$

식 (9.24)가 식 (9.23)보다 실험값들과 더 잘 일치하는 것으로 알려져 있다. 평판의 앞부분 끝에서는 긴 길이의 층류경계층이 존재하나 어느 정도 시간이 지난 후 난류경계층으로 발전하는 경우, 식 (9.24)는 다음과 같이 수정된다:

$$C_f = \frac{0.074}{R_{el}^{1/5}} - \frac{1700}{R_{el}} \tag{9.25}$$

마찰항력계수 C_f와 평판에 대한 레이놀즈 수 R_{el} 사이의 관계는 그림 9.14에 나와 있다.

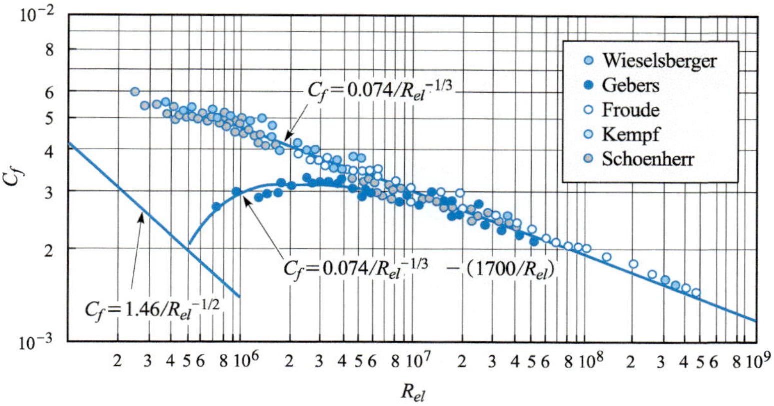

그림 9.14 평판에 대한 마찰항력계수 C_f

예제 9.3

대기압 1 atm 하에서 20 ℃의 공기가 속도 8 m/s로 평판의 상부면에 평행하게 불어오고 있다. 공기의 동점성계수 $\nu = 1.4 \times 10^{-5} m^2/s$일 때 이 평판의 앞부분에서부터 0.15 m와 1.5 m인 지점에서의 경계층 두께는 얼마인지를 계산하라.

[풀이]

첫 번째로 평판의 앞부분에서부터 0.15 m 지점에서의 레이놀즈 수 $R_{ex} = Ux/\nu = (8m/s \times 0.15m)/(1.4 \times 10^{-5} m^2/s) = 8.57 \times 10^4$이며, 한계 레이놀즈 수 $R_c = 5.0 \times 10^5$보다 작으므로 층류이다. 따라서 경계층의 두께는 식 (9.14)를 이용하여 계산하며, $\delta = 5.48x/\sqrt{R_{ex}} = 5.48 \times 0.15m / \sqrt{8.57 \times 10^4} = 2.81 \times 10^{-3} m$이다. 두 번째로 평판의 앞부분에서부터 1.5 m 지점에서의 레이놀즈 수 $R_{ex} = Ux/\nu = (8m/s \times 1.5m)/(1.4 \times 10^{-5} m^2/s) = 8.57 \times 10^5$이며, 한계 레이놀즈 수 $R_{ec} = 5.0 \times 10^5$보다 크므로 난류이다. 따라서 경계층의 두께는 식 (9.20)을 이용하여 계산하며, 경계층의 두께 $\delta = 0.37x/R_{ex}^{1/5} = 0.37 \times 1.5m/(8.57 \times 10^5)^{1/5} = 0.0367m$이다.

예제 9.4

동점성계수 $\nu = 1.4 \times 10^{-6} m^2/s$인 물이 20 m/s의 유속으로 평판 위를 흐르고 있다. 평판 앞부분에서부터 50 cm 떨어진 지점에서의 전단응력을 계산하라.

[풀이]

먼저 레이놀즈 수 $R_{ex} = Ux/\nu = (20m/s \times 0.5m)/(1.4 \times 10^{-6} m^2/s) = 7.14 \times 10^6$이며, 한계 레이

놀즈 수 $R_c = 3.58 \times 10^5$보다 크므로 난류이다. 따라서 식 (9.20)을 이용하여 경계측의 두께를 계산하면 $\delta = 0.37x/R_{ex}^{1/5} = 0.37 \times 0.5\,m/(7.14 \times 10^6)^{1/5} = 0.00081\,m$이며, 전단응력은 식 (9.21)을 이용하여 계산하면 $\tau_0 = 0.029\rho U^2 \left(\frac{\nu}{Ux}\right)^{1/5} = 0.029 \times 1{,}000\,kg/m^3 \times (20\,m)^2 \times \left(\frac{1.4 \times 10^{-6}\,m^2/s}{20\,m/s \times 0.00081\,m}\right)$ $= 499.1\,N/m^2$이다.

9.4 물체의 양력

9.4.1 양력의 발달

그림 9.15에서처럼 등유속 U를 가진 유체의 흐름 내에 위치한 원통형 물체가 각속도 ω로 회전하나 흐름의 박리가 없는 상태를 고려하자. 원통형 물체 표면 바로 근처에서의 유체는 점성효과로 인해 원통형 물체 표면에 밀착하여 흐른다. 이로 인해 유체는 원운동 유속 $u = r_0\omega$로 이동하기 때문에 원통형 물체 표면(각 θ)의 한 점에서의 유속은 등유속 U와 원운동 유속 u에 의해 발생되는 접선유속 v_θ 즉 $2U\sin\theta + r_0\omega$가 된다.

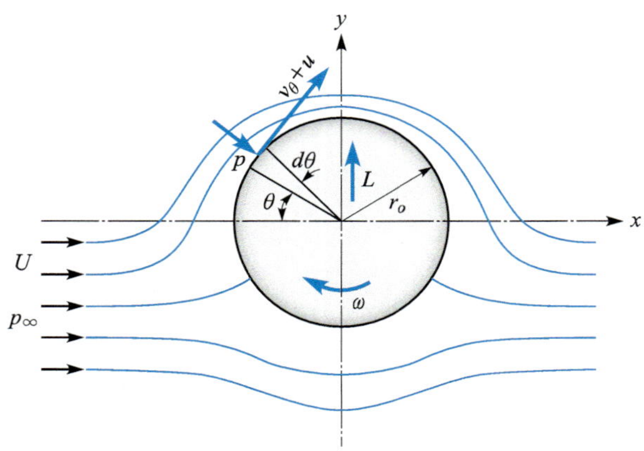

그림 9.15 회전하는 원통형 물체 작용하는 양력

그림 9.15에서처럼 균일한 유속 U을 가진 유체의 흐름에 대한 압력을 p_∞, 원통형 물체 표면의 한 점에서의 압력을 p라 하자. 에너지 손실은 무시할 만큼 작다고 가정하면서 베르누이 방정식을 적용하면 다음과 같다:

$$p_\infty + \frac{\rho}{2}U^2 = p + \frac{\rho}{2}(2U\sin\theta + r_0\omega)^2 \tag{9.26}$$

식 (9.26)을 정리하면 다음과 같다:

$$\frac{p-p_\infty}{\rho U^2/2}=1-\left(\frac{2U\sin\theta+r_0\omega}{U}\right)^2 \tag{9.27}$$

원통형 물체 표면의 단위 폭당 미소 면적 $r_0 d\theta$에 작용하는 압력 $p-p_\infty$에 의한 힘의 y 방향 성분에 대해 적분하면 원통형 물체의 단위 폭당 작용하는 양력 L이 얻어진다:

$$\begin{aligned}
L &= 2\int_{-\pi/2}^{\pi/2} -(p-p_\infty)r_0 d\theta \sin\theta \\
&= -r_0\rho U^2\int_{-\pi/2}^{\pi/2}\left[1-\left(\frac{2U\sin\theta+r_0\omega}{U}\right)^2\right]\sin\theta d\theta \\
&= -r_0\rho U^2\int_{-\pi/2}^{\pi/2}\left[1-\left(\frac{r_0\omega}{U}\right)^2-\frac{4r_0\omega}{U}\sin\theta-4\sin^2\theta\right]\sin\theta d\theta \\
&= 2\pi r_0^2\omega\rho U = 2\pi r_0 u\rho U
\end{aligned} \tag{9.28}$$

등유속 U로 흐르는 유체 내에 있는 원통형 물체가 원운동 속도 u로 회전할 때 원통형 물체 표면 주위의 순환은 다음과 같다:

$$\Gamma = 2\pi r_0 u \tag{9.29}$$

식 (9.28)에 식 (9.29)를 대입하면 다음과 같다:

$$L = \rho U\Gamma \tag{9.30}$$

이러한 양력 L은 야구공, 테니스공 또는 골프공[53]이 회전하는 경우 커브 또는 슬라이스가 되는 원인이 되며, 식 (9.30)을 **쿠타-주코우스키**(Kutta-Joukowski)의 식이라 한다.

일반적으로 등유속 U로 흐르는 유체 내에 있는 물체의 형태(예, 비행기 날개 또는 요트 돛) 때문에 순환이 발생하며, 식 (9.30)은 순환이 발생할 때마다 유체 내에 있는 물체 단면의 단위 폭에 대해 발생되는 양력을 의미한다.

53) 공중으로 떠오른 골프공은 공기의 저항에 부딪치게 되는데 공기가 골프공의 표면을 따라 갈라지면서 골프공 후방에서는 진공상태를 형성하게 된다. 진공상태가 클수록 뒤편으로 끌어당기는 힘이 커지게 되고 반작용으로 인해 앞으로 나가려는 공을 뒤에서 잡아끄는 힘 즉, 항력이 생긴다. 그러나 딤플(골프공 표면의 홈)이 새겨진 골프공은 반작용의 힘을 줄이는 효과를 발휘한다. 골프공의 표면을 따라 흐르던 공기가 딤플 주변에서 작은 와동(vortex)를 일으키며 베어링효과를 내면서 공기저항을 분산시키기 때문이다.

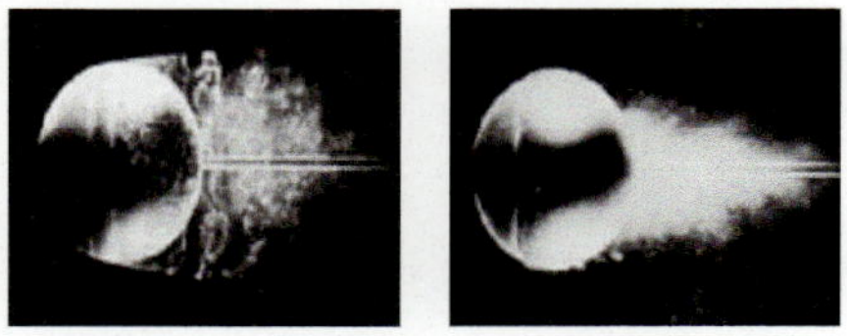

딤플이 없는 경우 / 딤플이 있는 경우

9.4.2 날개

유체의 흐름 내에 있는 물체에 작용하는 힘들 중에서 항력보다 양력이 커지도록 제작된 물체를 날개(wing), **익형**(airfoil) 또는 **블레이드**(blade)라 한다.

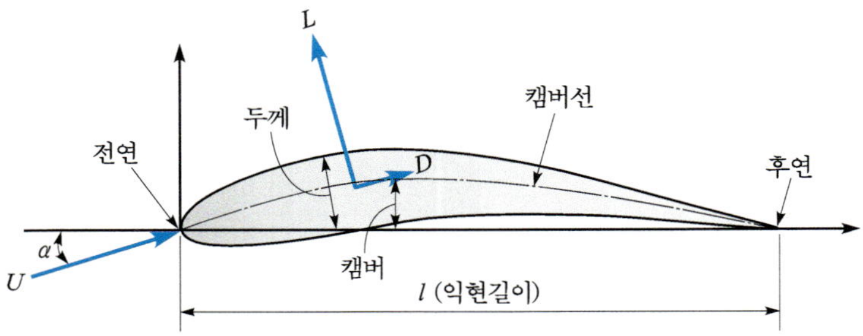

그림 9.16 익형단면

날개 단면의 형태를 **익형단면**(airfoil section)이라 하며, 이에 대한 예가 그림 9.16에 나와 있다. 익현단면에서 **전연**(leading edge)과 **후연**(trailing edge)을 연결하는 선을 **익현선**(chord line)라고하며 그 길이를 **익현길이**(chord length)라고 한다. 익현단면의 위와 아래면의 중간을 연결하는 선을 **캠버선**(camber line)이라 한다. 익현에서부터의 캠버선까지의 높이를 **캠버**(camber)라 하며, 이는 최대값을 의미한다. 캠버 또는 익현에 수직으로 측정된 날개의 거리를 두께라고하며 이에 대한 최대값을 최대두께라 한다. 또한, 익현과 흐름 방향 U 사이의 각도 α를 **양각**(angle of attack)이라 한다. 날개의 폭을 b, 날개의 최대투영면적을 A로 하면 b^2/A를 **종횡비**(aspect ratio)라 한다. 익현길이를 l이라고 가정하면, 직사각형 날개의 경우 $A = bl$이므로, 종횡비는 $b^2/A = b/l$이 된다.

날개에 작용하는 양력 F_L, 항력 F_D 그리고 모멘트 M(날개의 전연 또는 전연으로부터 익현길이 l의 1/4인 지점에서의 모멘트)은 단위 폭에 대해 각각 다음과 같은 식에 의해 표현된다:

$$
\begin{aligned}
F_L &= C_L\, l \frac{\rho U^2}{2} \\
F_D &= C_D\, l \frac{\rho U^2}{2} \\
M &= C_M\, l^2 \frac{\rho U^2}{2}
\end{aligned}
\tag{9.31}
$$

여기서 C_L, C_D 그리고 C_M은 각각 익형단면, 마하 수(Mach number) 그리고 레이놀즈 수에 의해 결정되는 양력계수, 항력계수 그리고 모멘트 계수이다.

예제 9.5

화물기의 윙스팬(wingspan, 한쪽 날개 끝에서 반대쪽 날개 끝까지의 길이)의 폭 b가 $15\,m$, 익현길이 l이 $2\,m$ 그리고 무게가 15,000 N일 때 이륙 속도를 계산하라. 단, 양력계수 $C_L = 0.95$ 그리고 공기의 밀도 $\rho = 1.2\,kg/m^3$으로 가정하라.

[풀이]

화물기의 이륙속도를 계산하기 위해 식 (9.31)의 첫 번째 식을 변형하면

$$U = \sqrt{\frac{2F_b}{C_L \rho l b}} = \sqrt{\frac{2 \times 15{,}000\,N}{0.95 \times 1.21\,kg/m^3 \times 2\,m \times 15\,m}} = 30\,m/s \text{ 이다.}$$

날개의 특성은 양각 α에 대한 양력계수 C_L, 항력계수 C_D 그리고 모멘트 계수 C_M 값에 의해 표시되거나 종축에 C_D와 C_M 그리고 횡축에 C_L을 그래프화함에 의해 표시된다. 이러한 그래프를 **특성곡선**(characteristic curve)이라 하며, 그림 9.17, 9.19 그리고 9.20은 날개의 특성곡선의 예를 나타낸 것이다.

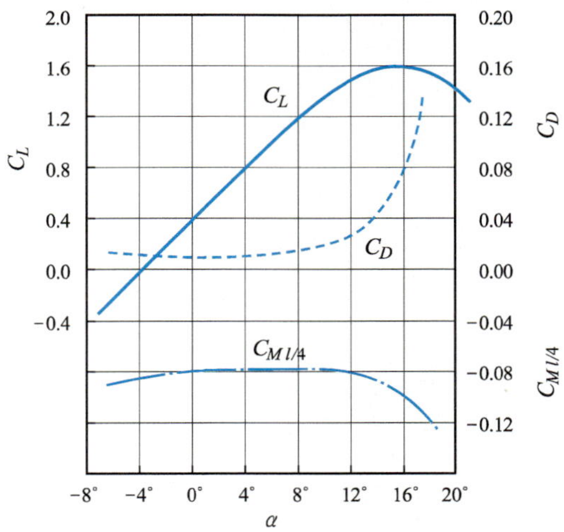

그림 9.17 날개의 특성곡선

양력계수 C_L은 **제로양력각**(zero lift angle)이라 불리는 특정 양각 α에서는 0이 된다. 양각 α가 제로양력각으로부터 증가할 때 양력계수 C_L은 직선으로 증가한다. 그러나 직선으로 증가한 이후에는 점차적으로 느리게 증가하다가 최대값에 도달한 후 빠르게 감소한다.

이러한 경향은 그림 9.18에서 볼 수 있듯이 양각이 상당히 크게 증가하여 유체의 흐름이 날개의 상부면에서 박리되기 때문이다. 이 현상은 확대관 또는 물체 뒷부분의 흐름에서 발생하는 박리와 거의 유사하며 이를 **실속**(stall)이라 한다. 양력계수 C_L이 최대값에 도달하는 각도 α를 **실속각도**(stall angle)라 하며 양력계수 C_L의 최대값을 **최대양력계수**(maximum lift coefficient)라 한다. 그림 9.19는 익형 단면의 변화에 따른 특성곡선을 나타낸 것이다.

그림 9.18 실속된 날개 주위의 흐름

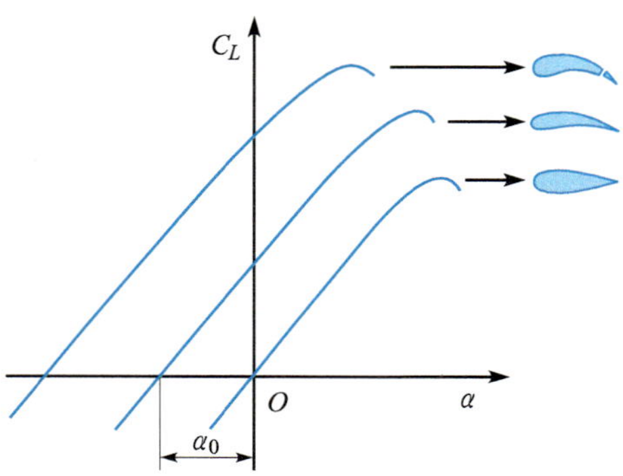

그림 9.19 익형단면에 따른 특성곡선

그림 9.20은 항력계수 C_D과 양력계수 C_L과의 관계를 통한 날개의 특성곡선을 나타낸 것이다. 이러한 특성곡선을 **양항극 다이아그램**(lift-drag polar diagram)이라 하며, **양항비**(lift-drag ratio) C_L/C_D를 최대화하는 양각 α를 쉽게 찾을 수 있다.

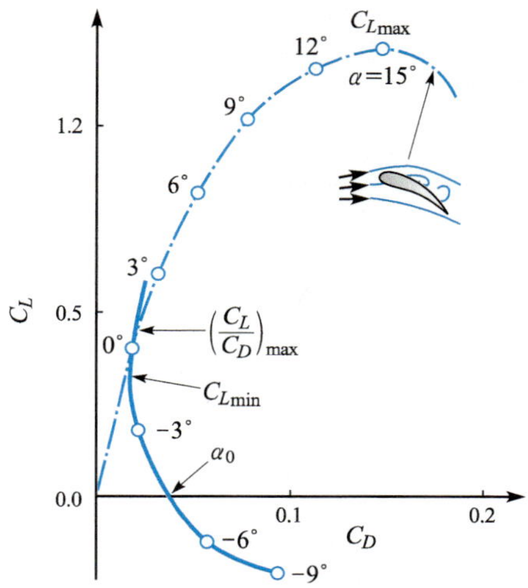

그림 9.20 날개의 양항특성곡선

날개가 양력을 발생시키는 이유는 회전하는 원통형 물체와 마찬가지로 순환이 생성되기 때문이다. 날개 단면의 경우 후연이 예연하기 때문에 순환이 생성된다. 날개는 그림 9.21(a)와 같이 초기에 정상상태(stationary state)에서 움직이기 시작한다. 포텐셜 흐름[54](potential flow) 거동 때문에 날개 뒷부분의 정체점은 A지점에서 발생한다. 결과적으로 흐름은 후연 B 지점 둘레에서 발달한다. 그러나 후연이 예연하기 때문에 흐름은 날개 표면으로 흐르지 못하고 박리되어 그림의 9.21(b)와 같이 와동이 발생된다. 이러한 와동은 주흐름의 역방향으로 이동한다. 날개 윗면에서의 흐름은 그림 9.21(c)와 같이 정체점으로 발달하는 후연방향으로 끌어당겨진다. 하나의 와동이 생성될 때, 흐름은 전반적으로 순수한 비회전 운동이 돼야하므로 동일한 강도의 또 다른 와동이 생성된다. 따라서 날개 단면

54) 유체의 압력이 물체의 전방에서 커졌다가 중앙으로 갈수록 점점 작아지고, 다시 후방으로 갈수록 커져 물체 뒤쪽의 압력이 앞쪽과 같은 크기가 되는 흐름을 의미한다.

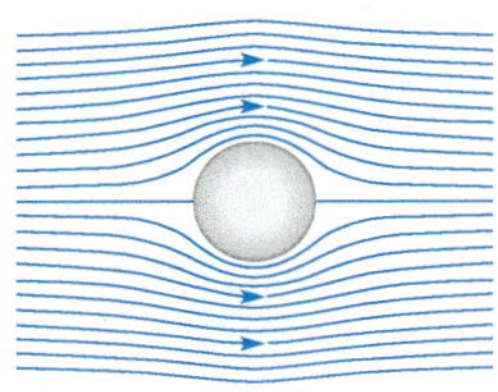

주위에서 역회전하는 동일한 강도의 또 다른 와동이 생성된 것처럼 시동(start-up) 와동에 대항하여 순환이 발생한다. 전자의 와동은 출발점에 머무르기 때문에 **시동와동**(starting vortex)이라 하며 후자의 와동은 날개의 주위에서 발생하기 때문에 **구속와동**(wing-bound vortex)이라 한다. 앞에서 언급한 것처럼 날개의 예연한 후연(sharp trailing edge)에서 흐름이 발생하는 상태를 **Kutta 조건** 또는 **Joukowski의 가설**이라 한다. 그림 9.22는 시동와동에 대한 예를 나타낸 것이다.

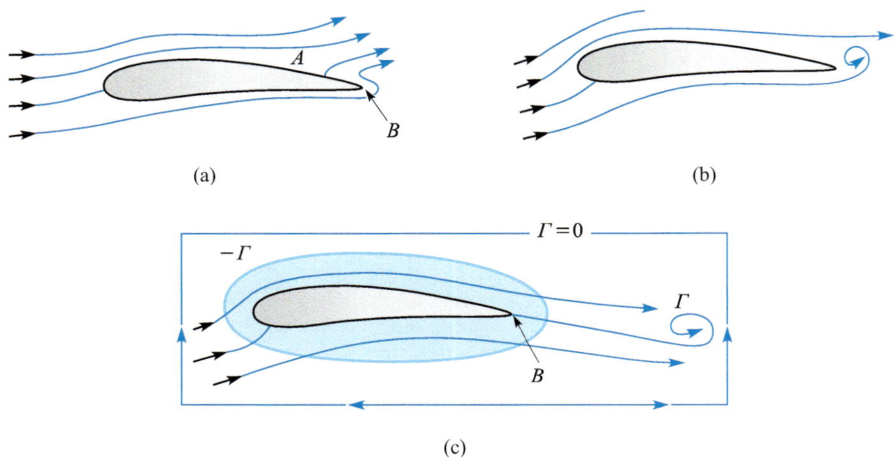

그림 9.21 익형 단면 주위에서의 순환 발달

그림 9.22 시동와동

송풍기, 압축기, 수차, 스팀 터빈 또는 축방향 터빈에 부착된 **블레이드**(blade)는 그림 9.23에서와 같이 일정한 간격으로 평면에 방사형으로 배열되어 있다. 이러한 배열을 **캐스케이드 블레이드**(cascade blade)라 한다. 캐스케이드 블레이드의 역할은 필요한 **선회각**(stagger angle)을 이용하여 작은 손실로 흐름 방향을 변화시키는 것이다.

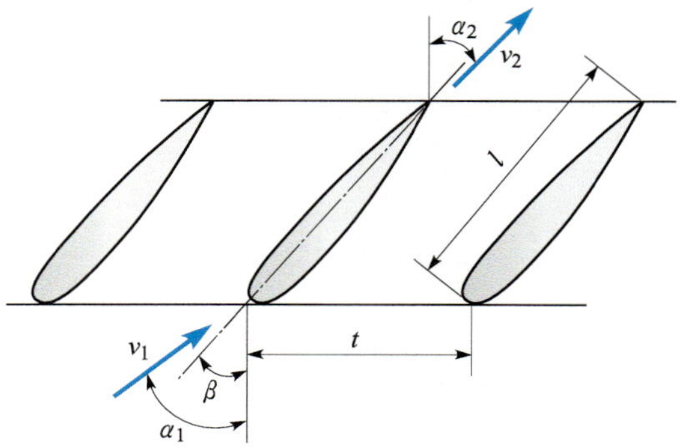

그림 9.23 캐스케이드 블레이드 (cascasde blade): v_1과 v_2는 캐스케이드 블레이드 전방과 후방에서의 유속, α_1는 유입각도(축방향에 대한 유속 v_1의 각도), α_2는 유출각도(축방향에 대한 유속 v_2의 각도), l은 익현길이, t는 블레이드 사이의 간격, l/t는 솔리디티(solidity), 선회각(stagger angle) β 그리고 흐름의 회전각(turning angle of flow) $\theta = \alpha_1 - \alpha_2$

블레이드에 작용하는 양력은 식 (9.31)로부터 $\rho v_m \Gamma$로 표현되며, v_m는 v_1과 v_2의 평균 유속이다. 캐스케이드 블레이드 주위에서 발생하는 순환의 크기는 **고립 블레이드**(solitary blade)와 비교할 때 양력이 작은 주위의 다른 블레이드에 의해 영향을 받는다.

동일한 블레이드 단면에 대해 고립 블레이드와 캐스케이드 블레이드의 양력을 각각 L_0와 L로 하고 이에 대한 비는 다음과 같이 표현된다:

$$k = L/L_0 \tag{9.32}$$

여기서 k는 **간섭계수**(interference coefficient)이며, l/t와 β의 함수이다. 간섭계수 k는 l/t가 0.5 또는 그 이하일 때 대략 1이 된다.

9.5 공동현상

베르누이의 원리에 따르면 유속이 증가함에 따라 압력도 그에 따라 감소한다. 예를 들어, 그림 9.24에서와 같이 균일한 유속 U를 가진 유체의 흐름 내에 있는 날개 윗면의 앞부분에서는 유속은 증가하나 압력은 감소한다.

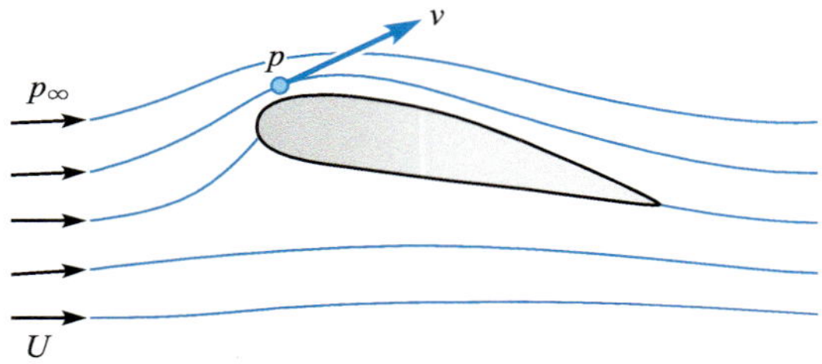

그림 9.24 흐름 내 익형 단면

액체에 담긴 물체의 한 부분에서 유속이 매우 빠르게 증가하여 압력이 액체의 포화증기압(saturation vapor pressure)보다 작게 되면 액체가 순간적으로 비등[55)]되어 기포가 생성된다. 이러한 현상을 **공동현상**(cavitation)이라 한다. 또한, 기체는 압력의 크기에 비례하여 액체에 용해되기 때문에(**헨리의 법칙**[56)], Henry's law), 액체의 압력이 감소함에 따라 포화증기압에 도달하기 전에 용해된 기체가 액체로부터 기포로 분리된다. 이 기포가 압력이 높은 지점에서 낮은 지점으로 이동할 때 갑자기 압착되어 비정상적으로 높은 압력이 발생하며, 이 때 발생된 소음과 진동은 인접한 물체의 표면을 부식시키고 대부분의 경우 직경은 작지만 상대적으로 깊은 구멍을 생성시킨다.

펌프나 수차의 날개, 또는 선박의 프로펠러는 종종 공동현상에 의해 파괴되며, 또한 액체를 운반하는 배관이나 유압장치에서 이러한 현상이 발생하여 고장을 일으킬 수 있다(그림 9.25). 물에 대한 다양한 온도에서의 포화증기압은 표 9.3에 나타나있으며, 1 기압에서 물에 용해될 수 있는 공기의 부피비는 표 9.4에 나와 있다.

---

55) 액체 상태로 존재하는 한 물질이 끓는 점 이상의 온도에서 기화하는 과정을 일컫는다.

56) 1803년 William Henry가 발견한 기체 법칙이다. 법칙의 내용은 「동일한 온도에서 같은 양의 액체에 용해될 수 있는 기체의 양은 기체의 부분압과 정비례 한다」는 것이다. 여기서 기체의 종류는 액체에 소량이 녹는 것(대체로 무극성 기체)이어야 한다. 예를 들어, 메탄, 산소, 이산화탄소등이 이 법칙이 적용되지만, 암모니아와 같이, 물속에 대량으로 녹아서 이온화되거나 산-염기 반응을 하는 기체(즉, 일부 극성 기체 분자)들은 이 법칙이 적용되지 않는다. 헨리의 법칙은 $c = kp$로 표현되며, 여기서 p는 용액 내에 있는 기체의 부분압, c는 용질의 농도 그리고 k는 용액 $1l$에 용해된 기체의 몰수이다.

(a) 선박 프로펠러의 경우

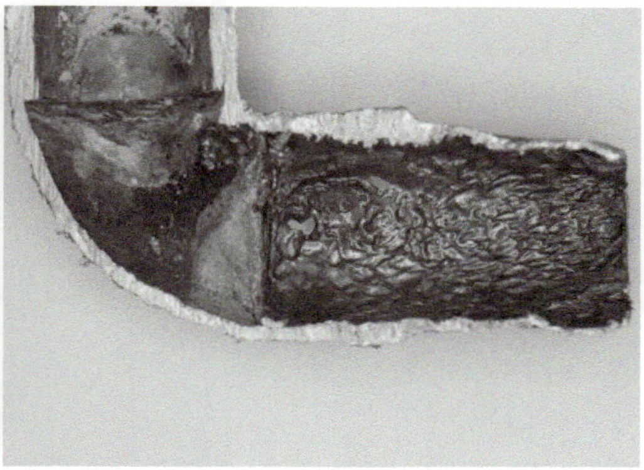
(b) 배관의 경우

그림 9.25 공동현상에 의한 파괴

표 9.3 물에 대한 포화증기압

온도 (℃)	포화증기압 (P_a)	온도 (℃)	포화증기압 (P_a)
0	608	50	12,330
10	1,226	60	19,920
20	2,334	70	31,160
30	4,236	80	47,360

표 9.4 1 기압에서 물에 용해될 수 있는 공기의 부피비

온도 (℃)	0	20	40	60	80	100
공기	0.0288	0.0187	0.0142	0.0122	0.0113	0.0111

흐르는 유체 내에 익형단면이 있을 경우 표면에서의 압력분포가 그림 9.26에 나와 있다. 공동이 커짐에 따라 진동 등이 증가되면서 익형 단면의 상부면의 압력에 대한 특성곡선이 감소한다. 액체의 압력이 낮고 유속이 클 때, 공동은 더욱 커진다. 익현길이의 두 배 이상으로 커지게 되면 소음과 진동이 감소하면서 흐름이 안정화된다. 이러한 현상을 **초공동**(super cavitation)이라고 하며 그림 9.27과 같이 수중익 선박의 날개에 적용된다.

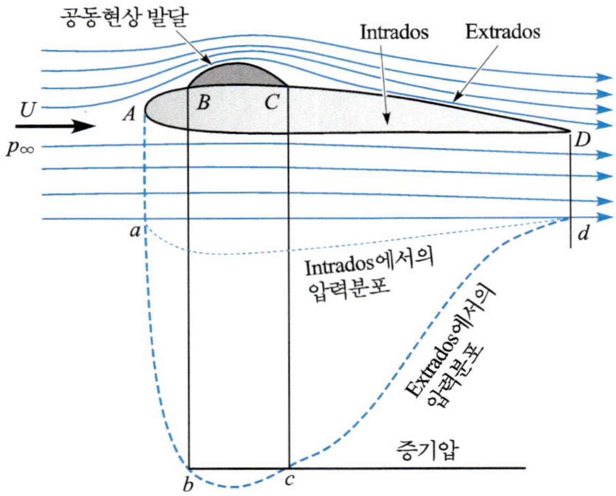

그림 9.26 익형 단면에서의 공동현상 발달

그림 9.27 수중익 선박의 예

날개에 의해 영향을 받지 않는 상류부분의 절대압력을 p_∞, 등유속을 U 그리고 포화증기압을 p_v라 할 때 날개의 표면 또는 근처에 있는 지점에서의 압력이 포화증기압 p_v에 이르면 공동현상이 발생한다. $p_\infty - p_v$와 동압력과의 비는 다음과 같은 식으로 표현된다:

$$k_d = \frac{p_\infty - p_v}{\rho U^2/2} \tag{9.33}$$

여기서 k_d를 **캐비테이션 수**(cavitation number)라 하며, k_d가 작을 때 공동현상이 발생할 가능성이 높다. 표 9.5는 $10^5 < R_e < 10^6$에서 수중익에 대한 항력계수 C_D와 양력계수 C_L 그리고 임계캐비테이션 수 k_d를 나타낸 것이다.

표 9.5 수중익에 대한 항력계수 C_D와 양력계수 C_L 그리고 임계캐비테이션 수 k_d

양각 (°)	항력계수 (C_D)	양력계수(C_L)	임계캐비테이션 수 (k_d)
−2	0.2	0.014	0.5
0	0.4	0.014	0.6
2	0.6	0.015	0.7
4	0.8	0.018	0.8
6	0.95	0.022	1.2
8	1.10	0.030	1.8
10	1.22	0.040	2.5

예제 9.6

익현길이가 40 cm인 2 m 길이의 수중익 선박은 수면 아래 30 cm에서 6°의 양각으로 항해한다. 수중익 선박이 16 m/s의 속도로 항해할 때 발생되는 항력 F_D와 양력 F_L를 계산하고 수중익에 공동현상이 발생될지를 판단하라. 단, 물의 온도는 15 ℃이며, 포화증기압 $p_v = 1{,}600\, N/m^2$으로 가정하라.

[풀이]

식 (9.33)을 이용하여 캐비테이션 수 k_d를 계산한다.

절대압력 $p_\infty = \rho g h + p_{atm} = 1{,}000\, kg/m^3 \times 9.81\, m/s^2 \times 0.3\, m + 100{,}000\, N/m^2 = 102{,}900\, N/m^2$ 이다. 따라서 캐비테이션 수 $k_d = \dfrac{p_\infty - p_v}{\rho U^2/2} = \dfrac{102{,}900\, N/m^2 - 1{,}600\, N/m^2}{1{,}000\, kg/m^3 \times (16\, m/s)^2/2} = 0.79$이다. 계산된 캐비테인션 수 $k_d = 0.79$는 양각 6°일 때의 임계캐비테이션 수 $k_d = 1.2$보다 작으므로 공동현상이 발생된다. 항력 $F_D = C_D A \dfrac{\rho U^2}{2} = 0.022 \times 0.4\, m^2 \times \dfrac{1{,}000\, kg/m^3 \times (16\, m)^2}{2} = 2{,}250\, N$이며, 양력 $F_L = C_L A \dfrac{\rho U^2}{2} = 0.95 \times 0.4\, m^2 \times \dfrac{1{,}000\, kg/m^3 \times (16\, m)^2}{2} = 97{,}300\, N$이다.

제9장 연습문제

1. 물속에서 자유롭게 하강하는 구형 모래 입자의 종단속도[57](terminal velocity)를 구하라.

답 종단속도 $v = \frac{d^2 g}{18\nu}\left(\frac{\rho_s}{\rho_w} - 1\right)$, d: 구형 모래 입자의 직경, ρ_s와 ρ_w: 모래와 물의 밀도

2. 직경 50 cm, 높이 5 m의 전봇대에 대해 속도 40 m/s의 바람이 불고 있다. 전봇대에 작용하는 항력과 최대 휨모멘트를 구하라. 단, 항력계수 C_D는 0.6이며, 공기밀도는 1.205 kg/m^3kg으로 가정하라.

답 항력 $F_D = 1{,}450\,N$, 최대 휨모멘트 $M_{\max} = 3{,}620\,N \cdot m$

3. 20 ℃의 온도와 표준대기압 조건 하에서 직경 12 cm의 부드러운 구형 물체가 바람이 없는 야외에서 30 m/s의 속도로 움직일 때 구의 항력을 구하라.

답 항력 $F_D = 2.7\,N$

4. 표준대기압에서의 공기가 길이 2.5 m의 평판을 따라 4와 120 km/h의 유속으로 흐를 때 각각의 경우에 대해 경계층 두께의 최대값을 계산하라.

답 유속 $4\,km/h$의 경우: $\delta_{\max} = 3.2\,cm$, 유속 $120\,km/h$의 경우: $\delta_{\max} = 4.1\,cm$

57) 물체가 낙하 시작지점으로부터 일정 속도로 가속되다가 더 이상 가속되지 않고 도달된 최대 낙하속도에 해당되며, 물체에 상향으로 작용하는 힘(부력, 항력 등)과 하향하는 물체의 중력과 동일해질 때 종단속도에 도달된다. 일반적으로 밀도가 작은 물체 즉, 무게에 비해 부피가 커서 공기저항이 큰 깃털은 종단속도가 느리고, 부피에 비해 무거운 쇠구슬은 종단속도가 빠르다.

5. 야구 경기에서 투수가 드롭이나 커브를 던지면 볼이 크게 갑자기 아래로 하강하거나 휘어지는 경우가 발생한다. 이에 대한 이유를 설명하라.

6. 비행기가 $45\,m/s$의 속도로 날고 있다. 날개의 면적은 $28\,m^2$이며, 양력계수 $C_L = 0.52$일 때 이 비행기의 무게는 얼마가 되는지를 계산하라. 단, 공기의 단위중량 $\gamma = 1.2\,N/m^3$으로 가정하라.

답 비행기의 무게 $W = 1{,}803\,N$

7. 풍속 $u = 10\,m/\text{sec}$으로 흐르는 공기 내에 반경 $r = 3\,cm$, 길이 $l = 50\,cm$의 원통형 물체가 $n = 1000\,rpm$ 으로 회전하는 경우 발생되는 양력을 계산하라. 단 공기의 밀도 $\rho = 1.205\,kg/m^3$ 이며, 원통형 물체 표면에서 공기가 분리되지 않는다고 가정한다.

답 양력 $F_L = 3.57\,N$

8. 정면의 투영 면적이 $2\,m^2$인 자동차는 20 ℃의 온도와 표준대기압의 차가운 공기 내에서 60 km/h로 주행한다. 이때 자동차에 발생되는 항력을 계산하라. 단, 항력계수 C_D는 0.4로 가정하라.

답 항력 $F_D = 134\,N$

9. 초대형 유조선은 길이 $360\,m$이고 선폭과 흘수는 각각 $70\,m$와 $25\,m$이다. 해수의 온도가 10 ℃인 바다에 $7\,m/s$의 속도로 항해할 때 표면 마찰응력을 극복하는데 요구되는 마찰항력과 추진동력을 계산하라. 단, 해수의 동점성계수 $\nu = 1.4 \times 10^{-6}\,m^2/s$로 가정하라.

답 마찰항력 $F_{Df} = 1.45 \times 10^6\,N$, 추진동력 $P = 9.7 \times 10^6\,W$

10. 높이 $30\,m$ 와 직경 $30\,cm$ 을 가지는 연직 실린더는 TV 수신 안테너를 지지하고 있다. 실린더에 작용하는 항력과 실린더 하단에서의 휨모멘트를 계산하라. 단, 풍속은 $35\,m/s$, 온도는 20 ℃ 그리고 항력계수 $C_D = 0.2$ 로 가정하라.

답 항력 $F_D = 1{,}323\,N$, 휨모멘트 $M = 19{,}800\,N \cdot m$

11. 탁구공이 공기 중에서 $10\,m/s$ 로 우측으로 이동하면서 초당 100회 시계 방향으로 회전하고 있다. 탁구공의 직경은 $3\,cm$ 이다. 탁구공에 작용하는 양력을 계산하고 양력의 방향 (상향 또는 하향)을 판단하라. 단, 공기의 밀도 $\rho = 1.2\,kg/m^3$

답 양력 $F_L = 1.1 \times 10^{-2}\,N$, 하향

제10장

차원해석과 상사법칙

제10장

차원해석과 상사법칙

차원해석은 모든 공학 분야, 특히 많은 변수를 가진 문제를 처리하는 유체역학 그리고 열역학과 같은 공학 분야에 유용하게 이용되고 있다. 차원해석은 물리적 관계를 묘사하는 방정식에 포함되어 있는 각각의 항들이 동일한 차원을 가져야 한다는 조건을 이용한다. 변수들 간의 관계를 나타내는 무차원 양을 구성함으로써 실험결과를 요약하고 이를 통해 함수적 관계를 결정할 수 있다.

상사법칙은 모형(model)과 원형(prototype) 사이의 물리적 상호관계를 설정하기 위해 필요한 법칙이다. 모형을 이용한 실험을 통해 원형의 실제 물리적 특성을 결정하기 위해서는 기하학적 상사성 이외에 모형과 원형 사이의 동적 조건에 대한 상사성(similarity)이 필요하다. 차원해석이 이용될 때 레이놀즈 수 R_e와 프루드 수 F_r와 같은 무차원 양이 모형과 원형 사이에 동일하다면 모형을 통한 실험결과는 원형에 적용이 가능하다.

10.1 차원해석

방정식의 모든 항의 차원이 동일할 때 그 방정식은 차원적으로 정확하다고 할 수 있다. 이러한 경우 어떠한 단위계가 사용된다 하더라도 그 방정식은 물리적인 의미를 갖는다. 그러나 방정식의 모든 항의 차원이 동일하지 않을 경우 차원은 계수에 포함될 수 있으며 이때는 지정된 단위만을 사용할 수 있다. 그러나 이러한 방정식은 물리적인 의미가 없다.

물리적으로 의미 있는 방정식의 좌변과 우변의 항들이 모두 동일한 차원을 갖는다는 푸리에(Fourier)의 차원 동차성의 원리를 이용하여 어떤 물리적인 현상을 함수로써 표현되는 무차원 단위 군을 얻는 방법을 **차원해석**(dimensional analysis)이라 한다.

어떤 물리적인 현상이 너무 복잡하여 이를 설명하는 공식을 유도할 수없는 경우, 차원해석은 공식에 포함되어 있는 변수들을 식별하기 위해 적용될 수 있다. 또한 실험을 통해 얻어진 결과를 보완함으로써 변수들 간의 관계를 수립하여 수치적으로 계산을 수행할 수 있다.

10.2 차원 동차성의 원리

10.2.1 차원 동차성(dimensional homogeneity)

물리량에 대한 관계식에서 우변과 좌변 사이의 차원이 서로 동일해야 한다는 것이며, 푸리에(Fourier[58])가 제안한 개념이다. 유체역학에서 유도되는 모든 식들은 차원 동차성을 만족시켜야 한다. 예를 들어 비압축성 유체의 흐름에 적용되는 베르누이 방정식을 고려하자.

$$\frac{v^2}{2g}+\frac{p}{\gamma}+z=\text{일정} \tag{10.1}$$

첫 번째 항의 $v^2/2g$의 경우 차원은 중력 단위계를 적용할 때 $[L^2T^{-3}]/[LT^{-2}]=[L]$이며, 두 번째 항의 p/γ는 $[FL^{-2}]/[FL^{-3}]=[L]$ 그리고 마지막 세 번째 항 z는 $[L]$로 모든 항들은 동일하게 $[L]$의 차원을 갖는다.

예제 10.1

매닝의 평균유속 공식 $v=\frac{1}{n}R^{2/3}I^{1/2}$에서 조도계수 n에 대한 차원을 결정하라.

[풀이]

매닝의 평균유속 공식 $v=\frac{1}{n}R^{2/3}I^{1/2} \Rightarrow [LT^{-1}]=1/n\left(\frac{[L^2]}{[L]}\right)^{2/3}=\frac{1}{n}=[L^{2/3}]$ 이므로

조도계수 n의 차원은 $n \rightarrow [L^{-1}T][L^{2/3}]=[L^{-1/3}T]$이다.

---

58) Jean-Baptiste Joseph Fourier (1768-1830): 프랑스의 수학자이자 물리학자. 고체 내에서의 열전도에 관한 연구로 열전도 방정식(푸리에 방정식)을 유도하였으며, 이 방정식을 풀기 위해서 푸리에 해석으로 불리는 이론을 전개했다. 푸리에 해석은 복잡한 주기함수를 보다 간단하게 기술하기 위해, 소리나 빛 등 파동의 연구에 넓게 이용되며 현재 조화 해석이라고 하는 수학의 한 분야를 형성하고 있다. 이 외에도 방정식론이나 방정식의 수치 해법을 연구했으며, 차원 해석의 창시자로 여겨지기도 한다. 또 통계국에 근무할 당시의 경험을 토대로 확률론이나 오차론의 연구도 수행했다.

10.2.2 멱적법

비압축성 점성유체가 원형 관내를 흐를 때 단위 길이당 압력강하 $\Delta p/l$를 고려하자. 압력강하 $\Delta p/l$은 실험 결과에 따라 관의 직경 d에 대해서는 비례하나 평균유속 v에 대해서는 반비례한다. 또한 유체의 점성계수 μ와 밀도 ρ에 의해서도 영향을 받는다. 이러한 관계를 함수로 나타내면 다음과 같다:

$$\frac{\Delta p}{l} = f(d, \rho, v, \mu) \tag{10.2}$$

식 (10.2)에서 각각의 물리량들의 차원은 서로 다르며, 차원 동차성의 원리에 의하여 어떤 다른 물리량을 추가하거나 제거할 수가 없다. 따라서 함수 $f(d, u, \rho, \mu)$ 내 각각의 물리량에 대해 다음과 같이 멱수의 곱으로 나타낼 수 있다:

$$\frac{\Delta p}{l} = C d^{\alpha} v^{\beta} \rho^{\gamma} \mu^{\delta} \tag{10.3}$$

식 (10.3)과 같이 멱수의 곱으로 나타내어 차원해석을 하는 방법을 **멱적법**(power-product method)라 한다.

식 (10.3)을 기본 차원[59]으로 질량에 대해 M, 길이에 대해 L 그리고 시간에 대해 T로 표시하면 다음과 같다:

$$\frac{\Delta p}{l} \Rightarrow \left[\frac{ML^{-1}T^{-2}}{L}\right] = \left[\frac{M}{L^2T^2}\right] = C[L]^{\alpha}\left[\frac{L}{T}\right]^{\beta}\left[\frac{M}{L^3}\right]^{\gamma}\left[\frac{M}{LT}\right]^{\delta} \tag{10.4}$$

식 (10.4)를 **차원 방정식**(dimensional equation)이라 한다. 차원 동차성의 원리에 의하여 우변의 차원은 좌변의 차원과 동일해야 한다. 따라서 차원의 지수를 구하기 위해 각각의 기본 차원에 대해 다음과 같이 연립방정식을 구성한다:

$$M^1 = M^{\gamma} M^{\delta} \rightarrow 1 = \gamma + \delta$$

$$L^{-2} = L^{\alpha} L^{\beta} L^{-3\gamma} L^{-\delta} \rightarrow -2 = \alpha + \beta - 3\gamma - \delta$$

$$T^{-2} = T^{-\beta} T^{-\delta} \rightarrow -2 = -\beta - \delta$$

위의 연립방정식을 풀면 각각의 지수에 대해 다음과 결과가 얻어진다:

59) 일반적으로 동역학의 기본 차원은 길이 L, 질량 M 그리고 시간 T와 같이 3개이다. 그러나 적용 분야(예, 열 및 전기 등)에 따라 기본 차원은 늘어날 수 있다.

$$\alpha = -1-\delta$$

$$\beta = 2-\delta$$

$$\gamma = 1-\delta$$

따라서 식 (10.3)은 다음과 같은 식으로 표현될 수 있다:

$$\frac{\Delta p}{l} = Cd^{-1-\delta}v^{2-\delta}\rho^{1-\delta}\mu^{\delta} = C\left(\frac{\rho v^2}{d}\right)\left(\frac{\mu}{\rho u d}\right)^{\delta} \tag{10.5}$$

식 (10.5)는 차원해석에 의해 유도된 방정식이다. 하겐-포와즈이으(Hagen-Poiseuille)의 실험에 의하면 $C = 32$ 그리고 $\delta = 1$이다.

10.3 버킹검의 π 이론

차원해석은 10.2절에서 언급한 멱적법 보다는 버킹검의 π 정리를 사용하는 것이 편리하다. n개의 물리량 s_1, s_2, s_3, ⋯, s_n과 이러한 물리량에 대한 k개의 기본 차원(절대 단위계에서는 L, M, T 또는 중력 단위계에서는 F, L, T)을 고려하자. 차원해석을 위해 필요한 무차원 π 군의 개수는 $m(=n-k)$개 즉, π_1, π_2, π_3, ⋯, π_m개 사이의 관계를 통해 표현될 수 있다. 물리량을 포함하고 있는 함수 f로 표현하면 다음과 같다:

$$f(s_1,\ s_2,\ \cdots,\ s_n) = 0 \tag{10.6}$$

식 (10.6)은 다음과 같이 무차원 π 군을 포함하고 있는 함수 ϕ로 대체될 수 있다:

$$\phi(\pi_1,\ \pi_2,\ \pi_3,\ \cdots,\pi_m) = 0 \tag{10.7}$$

식 (10.7)를 **버킹검의 π 이론**(Buckingham's π theorem)이라 한다. π_1, π_2, π_3, ⋯, π_n을 생성시키기 위해서는 무차원 π 군 자체에 영향을 미치지 않는 k개의 반복 물리량들을 선택한다. 각각의 무차원 π 군은 m개의 핵심 물리량의 개수 이외의 나머지 각각의 물리량들과 함께 멱적곱(power product)이 된다. 각각의 무차원 π 군에서의 물리량들의 지수는 각각의 기본 차원에 대한 지수들의 합이 0이 되는 조건에 의해 선형 대수적 방법을 통해 결정된다.

이러한 방법에 의해 생성된 무차원 물리량은 식 (10.7)에 의해 표현된 함수 관계들 사이에서 결정되며, 실험 결과가 이러한 무차원 물리량들에 의해 표현되는 경우 함수적 관계가 명확하게 이해될 수 있다.

10.4 차원해석의 응용

10.4.1 균일한 흐름 내에 있는 구체의 저항

그림 10.1에서와 같이 균일한 유속 U를 가진 유체의 흐름 내에 위치한 구체에서 발생되는 저항의 경우를 고려하자. 단, 구체에 영향을 미치는 중력 및 부력의 영향은 무시한다.

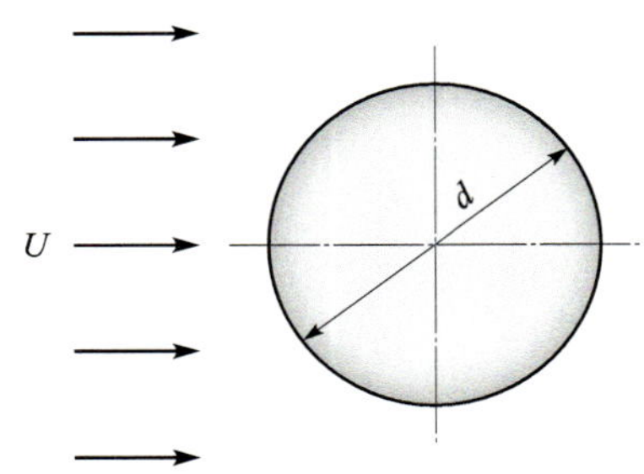

그림 10.1 균일한 유속 U를 가진 유체의 흐름 내에 있는 구체

우선 구체의 항력 F_D에 영향을 미치는 물리량은 구체의 직경 d, 등유속 U, 유체의 밀도 ρ 그리고 유체의 점성 μ가 된다. 물리량의 총 개수 $n=5$, 기본 차원의 개수 $k=3$이므로 필요한 무차원 π 군의 개수 $m=n-k=5-3=2$가 된다. 반복 물리량으로 유체의 밀도 ρ, 등유속 U 그리고 구체의 직경 d와 같이 3개를 선택하면 첫 번째 무차원 π_1은 항력 F_D와 함께 다음과 같이 표현된다:

$$\begin{aligned}\pi_1 &= F_D\rho^\alpha U^\beta d^\gamma = [LMT^{-2}][L^{-3}M]^\alpha[LT^{-1}]^\beta[L]^\gamma \\ &= L^{1-3\alpha+\beta+\gamma}M^{1+\alpha}T^{-2-\beta}\end{aligned} \tag{10.8}$$

식 (10.8)은 기본 차원에 대해 다음과 같이 정리된다:

$$\begin{aligned}L:&\quad 1-3\alpha+\beta+\gamma=0\\ M:&\quad 1+\alpha=0\\ T:&\quad -2-\beta=0\end{aligned}$$

위의 연립방정식을 풀면 다음과 같은 결과를 얻게된다:

$$\alpha=-1,\qquad \beta=-2,\qquad \gamma=-2$$

위의 결과를 식 (10.8)에 대입하면 다음과 같다:

$$\pi_1 = \frac{F_D}{\rho U^2 d^2} \tag{10.9}$$

다음으로 두 번째 무차원 π_2는 3개의 핵심 물리량과 유체의 점성 μ와 함께 다음과 같이 표현된다:

$$\begin{aligned}\pi_2 &= \mu\rho^{\alpha}U^{\beta}d^{\gamma} = [L^{-1}MT^{-1}][L^{-3}M]^{\alpha}[LT^{-1}]^{\beta}[L]^{\gamma} \\ &= L^{1-3\alpha+\beta+\gamma}M^{1+\alpha}T^{-1-\beta}\end{aligned} \tag{10.10}$$

식 (10.10)은 기본 차원에 대해 다음과 같이 정리된다:

$$\begin{aligned}L &: 1-3\alpha+\beta+\gamma=0 \\ M &: 1+\alpha=0 \\ T &: -1-\beta=0\end{aligned}$$

위의 연립방정식을 풀면 다음과 같은 결과를 얻게된다:

$$\alpha=-1, \qquad \beta=-1, \qquad \gamma=-1$$

위의 결과를 식 (10.10)에 대입하면 다음과 같다:

$$\pi_2 = \frac{\mu}{\rho Ud} \tag{10.11}$$

따라서 π 이론으로부터 다음과 같은 함수 관계가 얻어진다:

$$\pi_1 = f(\pi_2) \tag{10.12}$$

$$\frac{F_D}{\rho U^2 d^2} = f\left(\frac{\mu}{\rho Ud}\right) \tag{10.13}$$

식 (10.13)에서 구체 직경의 제곱 d^2은 구체의 투영면적 $A=\pi d^2/4$에 비례하고 $\rho Ud/\mu = Ud/\nu = R_e$로 표현될 수 있기 때문에 다음과 같은 일반식으로 표현된다:

$$F_D = C_D A\frac{\rho U^2}{2} \tag{10.14}$$

여기서 $C_D = f(R_e)$이다. 식 (10.14)는 식 (9.4)와 완전히 동일하다. 항력계수 C_D는 레이놀즈 수 R_e에 따라 변하기 때문에 그림 9.10에서와 같이 실험을 통해 얻어지는 레이놀즈 수 R_e에 대한 관계 그래프를 통해 결정될 수 있다. 이러한 결과는 물뿐만 아니라 공기나 기름과 같은 다른 유체에도 적용할 수 있으며 구체의 크기에 관계없이 사용될 수 있다. 또한, 구체의 경우뿐만 아니라 어떤 형태의 물체에 대한 저항에 대해서도 식 (10.14)의 형태가 일반적으로 적용된다.

예제 10.2

모세관 상승고 h는 관의 직경 d, 액체의 단위중량 γ 그리고 표면장력 σ에 의해 영향을 받는다. 모세관 상승고 h에 대한 방정식을 버킹검의 π 이론과 중력 단위계를 이용하여 유도하라.

[풀이]

1) 문제에서 제시된 모세관 상승고 h와 관련된 물리량들의 함수를 나타내면 $h = f(d, \gamma, \sigma)$ 이다.

2) 함수 내 각각의 물리량에 대해 차원을 나타내면 모세관 상승고 $h \to [L]$, 관의 직경 $d \to [L]$, 액체의 단위중량 $\gamma \to [FL^{-3}]$ 그리고 표면장력 $\sigma \to [FL^{-1}]$ 이다.

3) 무차원 물리량의 수를 결정한다. 사용되는 물리량들의 개수 $n=4$이고, 기본 차원의 개수 $k=2$이므로, 필요한 무차원 π 군의 개수 $m=n-k=4-2=2$가 된다.

4) 반복 물리량을 결정한다. 기본 차원의 개수가 2이므로 반복 물리량도 2개로 결정하며 서로 차원적으로 독립인 관의 직경 d와 액체의 단위중량 γ를 선택한다.

5) 무차원 물리량을 구성한다. 반복 물리량을 관의 직경 d와 액체의 단위중량 γ로 선택하였으므로 이들 물리량의 지수에 나머지 물리량들을 곱해 다음과 같이 무차원 π 군을 구성한다.

$$\pi_1 = h\, d^\alpha \gamma^\beta = [L][L]^\alpha [FL^{-3}]^\beta = F^\beta L^{1+\alpha-3\beta}$$

$$\pi_2 = \sigma\, d^\alpha \gamma^\beta = [FL^{-1}][L]^\alpha [FL^{-3}]^\beta = F^{1+\beta} L^{-1+\alpha-3\beta}$$

먼저 π_1 군은 기본 차원에 대해 다음과 같이 정리된다:

$$\begin{aligned} F&: \quad \beta = 0 \\ L&: \quad 1+\alpha-3\beta = 0 \\ T&: \end{aligned}$$

위의 연립방정식을 풀면 다음과 같은 결과를 얻게된다:

$$\alpha = -1, \qquad \beta = 0$$

π_2 군에 대해 π_1에서와 동일한 방법을 적용하면 기본 차원에 대해 다음과 같이 정리된다:

$$\begin{aligned} F&: \quad 1 + \beta = 0 \\ L&: \quad -1+\alpha-3\beta = 0 \\ T&: \end{aligned}$$

위의 연립방정식을 풀면 다음과 같은 결과를 얻게된다:

$$\alpha = -2, \qquad \beta = -1$$

따라서 앞에서 구한 지수들을 이용하여 π_1과 π_2에 대한 식을 구성하면 다음과 같다:

$$\pi_1 = h d^\alpha \gamma^\beta = h d^{-1} \gamma^0 = \frac{h}{d}$$

$$\pi_2 = \sigma d^\alpha \gamma^\beta = h d^{-2} \gamma^{-1} = \frac{\sigma}{d^2 \gamma}$$

6) 앞에서 유도된 무차원 물리량들의 차원을 확인한다.

$$\frac{h}{d} \to \frac{[L]}{[L]} = 1$$

$$\frac{\sigma}{d^2\gamma} \to \frac{[FL^{-1}]}{[L^2][FL^{-3}]} = 1$$

7) 무차원 물리량들의 함수를 나타낸다.

$$\frac{h}{d} = f\left(\frac{\sigma}{d^2\gamma}\right)$$

10.4.2 관 마찰에 의한 압력강하

관 마찰에 기인한 단위 길이 당 압력강하 $\Delta p/l$에 영향을 미치는 물리량으로서 유속 v, 관경 d, 유체의 밀도 ρ, 유체의 점성 μ 그리고 관 벽의 조도 ϵ이 고려될 수 있다. 이 경우 물리량의 총 개수 $n=6$, 기본 차원의 개수 $k=3$이며, 필요한 무차원 π 군의 개수 $m=6-3=3$이 된다.

반복 물리량으로 유체의 밀도 ρ, 유속 v 그리고 관경 d와 함께 앞 절에서와 같은 방법을 통해 π_1, π_2 그리고 π_3을 표현하면 다음과 같다:

$$\pi_1 = \frac{\Delta p}{l}\rho^\alpha v^\beta d^\gamma = [L^{-3}F][L^{-4}FT^2]^\alpha [LT^{-1}]^\beta [L]^z = \frac{\Delta p}{l}\frac{d}{\rho v^2} \quad (10.15)$$

$$\pi_2 = \mu\rho^\alpha v^\beta d^\gamma = [L^{-2}FT][L^{-4}FT^2]^\alpha [LT^{-1}]^\beta [L]^\gamma = \frac{\mu}{\rho v d} \quad (10.16)$$

$$\pi_3 = \epsilon\rho^\alpha v^\beta d^\gamma = [L][L^{-4}FT^2]^\alpha [LT^{-1}]^\beta [L]^\gamma = \frac{\epsilon}{d} \quad (10.17)$$

따라서 π 이론으로부터 다음과 같은 함수 관계가 얻어진다:

$$\pi_1 = f(\pi_2, \pi_3) \quad (10.18)$$

그리고

$$\frac{\Delta p}{l}\frac{d}{\rho v^2} = f\left(\frac{\mu}{\rho v d}, \frac{\epsilon}{d}\right) \quad (10.19)$$

식 (10.19)를 Δp에 대해 정리하면 다음과 같다:

$$\Delta p = \frac{l}{d}\rho v^2 f\left(\frac{\mu}{\rho v d}, \frac{\epsilon}{d}\right) \quad (10.20)$$

손실수두 h_l는 다음과 같다:

$$h_l = \frac{\Delta p}{\rho g} = f\left(\frac{1}{R_e}, \frac{\epsilon}{d}\right)\frac{l}{d}\frac{v^2}{2g} = f\frac{l}{d}\frac{v^2}{2g} \quad (10.21)$$

여기서 $f = f(R_{e,}\ \epsilon/d)$이다. 식 (10.21)은 식 (7.2)와 완전하게 동일하며, f는 그림 7.4와 7.5에서 볼 수 있듯이 레이놀즈 수 R_e와 ϵ/d와의 관계를 통해 결정될 수 있다.

10.5 상사법칙

수차, 펌프, 선박 또는 항공기 등의 다양한 물리적인 특성이 모형을 이용한 실험을 통해 얻어질 때, 형상뿐만 아니라 유체의 흐름 조건이 유사하지 않다면, 모형에 의한 실험결과는 원형의 특성을 제대로 반영할 수 없다. 유사한 흐름 조건을 위해서는 원형과 모형에 작용하는 힘의 비율은 동일해야한다. 유체의 흐름 내 물체에 작용하는 힘은 중력 F_G, 압력 F_P, 점성력 F_μ, 표면장력 F_T(원형과 모형 둘 다 물과 공기의 경계에 있을 경우), 관성력 F_I 그리고 탄성력 F_E이 있으며, 각각에 대해 다음과 같은 식으로 표현된다:

중력 $F_G = mg = \rho L^3 g$

압력 $F_P = (\Delta p)A = (\Delta p)L^2$

점성력 $F_\mu = \mu\left(\dfrac{du}{dy}\right)A = \mu\left(\dfrac{v}{L}\right)L^2 = \mu v L$

표면장력 $F_T = TL$

관성력 $F_I = m\alpha = \rho L^3 \dfrac{L}{T^2} = \rho L^4 T^{-2} = \rho v^2 L^2$

탄성력 $F_E = KL^2$

위에 열거된 모든 힘의 비율을 동시에 동일하게 고려하는 것은 불가능하기 때문에 고려되는 유체의 흐름과 밀접하게 관련된 힘을 식별하고 이에 대한 유체의 흐름 조건을 유지하는 것으로 충분하다. 이러한 방법으로 모형을 통한 실험 과정에서의 유체의 흐름이 실제 유체의 흐름과 유사한 조건을 제공하는 관계를 **상사법칙**(law of similarity)이라 한다.

예제 10.3

개수로 모형실험을 하기 위해 모형을 원형의 10:1로 축소하여 제작하였다. 모형실험으로부터 유량 $Q_m = 0.5\,m^3/s$로 측정되었을 때 원형에서의 유량은 얼마인지 계산하라.

[풀이]

원형과 모형간의 유량비 $\dfrac{Q_p}{Q_m} = \left(\dfrac{A_p}{A_m}\right)\left(\dfrac{v_p}{v_m}\right) = \left(\dfrac{L_p^2}{L_m^2}\right)\left(\dfrac{L_p/T_p}{L_m/T_m}\right) = \left(\dfrac{L_p}{L_m}\right)^3\left(\dfrac{T_m}{T_p}\right)$이며, 원형과 모형 사이의 시간은 동일하므로 길이에 대한 비만 고려한다. 따라서 $\dfrac{Q_p}{Q_m} = \left(\dfrac{L_p}{L_m}\right)^3 = 10^3 = 1{,}000$이되며, 원형에서의 유량 $Q_p = Q_m \times 1{,}000 = 0.5\,m^3/s \times 1{,}000 = 500\,m^3/s$가 된다.

10.5.1 유체 흐름의 상사성을 결정하기 위한 무차원 수

레이놀즈 수 R_e

비압축성 유체가 만관 형태로 관내를 흐르는 경우, 또한 그림 10.2(a)에서와 같이 비행선이 공중을 날아다는 경우 또는 그림 10.2(b)에서와 같이 잠수함이 물속을 항해하는 경우에는 점성력과 관성력의 비가 중요하게 고려된다:

$$\frac{관성력}{점성력} = \frac{F_I}{F_\mu} = \frac{\rho v^2 L^2}{\mu v L} = \frac{Lv}{\nu} = R_e$$

레이놀즈 수 R_e는 다음과 같이 정의된다:

$$R_e = \frac{Lv}{\nu} \tag{10.22}$$

결과적으로, 원형과 모형의 레이놀즈 수 R_e가 같을 때 유체의 흐름 조건은 유사하다고 할 수 있다. 또한 식 (10.22)과 (4.5)는 동일하다.

(a) (b)

그림 10.2 (a) 비행선과 (b) 잠수함

예제 10.4

자동차의 항력을 측정하기 위해 원형 자동차에 대해 5:1의 축척으로 모형 자동차를 제작하였다. 원형 자동차의 속도를 $80\,km/h$로 할 때 이에 상응하는 풍동실험장치에서 모형 자동차의 속도를 얼마로 해야하는지를 계산하라. 단, 원형 및 모형에서의 레이놀즈 수 R_e가 동일하다고 가정하라.

[풀이]

레이놀즈 수 R_e가 동일하므로 $\frac{R_{ep}}{R_{em}} = \frac{v_p l_p/\nu_p}{v_m l_m/\nu_m} = 1$이다. 동일한 유체를 사용할 경우 동점성계수 ν는 같으므로 모형 자동차의 속도 $v_m = v_p \frac{L_p}{L_m} = 80\,km/h \times \frac{5}{1} = 400\,km/h$이다.

프루드 수 F_r

선박의 항해에 의해 생성되는 파도로 인한 저항을 고려할 때, 중력과 관성력의 비가 중요하게 고려된다:

$$\frac{\text{관성력}}{\text{중력}} = \frac{F_I}{F_G} = \frac{\rho v^2 L^2}{\rho L^3 g} = \frac{v^2}{gL}$$

일반적으로 레이놀즈 수 R_e에 대한 경우와 마찬가지로 v^2을 v로 변경하기 위해 v^2/gL의 제급근이 사용되며, 이를 **프루드 수**(Froude number) F_r이라 한다:

$$F_r = \frac{v}{\sqrt{gL}} \tag{10.23}$$

그림 10.3과 같이 원형 선박의 프루드 수 F_{rp}과 모형 선박의 프루드 F_{rm}을 동일하게 하여 실험을 수행할 경우 단지 파도의 저항만 고려하여 원형 선박의 특성을 파악할 수 있다. 이러한 관계를 **프루드의 상사법칙**(Froude's similarity)이라 한다. 선박에 미치는 전체 저항을 고려하기 위해서는 파도에 의한 저항뿐만 아니라 마찰에 의한 저항을 고려할 필요가 있다.

그림 10.3 항해 중인 실제 선박

그밖에 자유 수면이 있는 하천에서의 물 흐름, 교량의 교대에 작용하는 물의 힘 그리고 수문을 통과하는 물의 흐름과 같은 경우에는 프루드의 법칙이 적용된다.

예제 10.5

선박에 작용하는 항력을 구하기 위해 원형 선박에 대해 10:1의 축척으로 모형 선박을 제작하여 실험을 수행하였다. 실험수조에서의 모형 선박의 속도가 $1.5\,m/s$일 때 측정된 항력이 $0.5\,kg$이었다. 이에 상응하는 원형 선박의 속도는 얼마인지 계산하라.

[풀이]

원형 선박과 모형 선박 사이의 프루드 수 F_r가 같아야 하므로 $F_{rp} = F = v_p/\sqrt{gh_p} = v_m/\sqrt{gh_m}$ 이다. 따라서 원형 선박의 속도 $v_p = v_m\left(\dfrac{L_p}{L_m}\right)^{1/2} = 1.5\,m/s \times \left(\dfrac{10\,m}{1\,m}\right)^{1/2} = 4.73\,m/s$이다.

웨버 수 W_e

그림 10.4와 같이 이동하는 어떤 유체가 다른 물리적 특성을 가진 유체 또는 고체와 접촉하여 경계면을 이룰 때 관성력과 표면장력의 비가 중요하게 고려된다:

$$\frac{\text{관성력}}{\text{표면장력}} = \frac{F_I}{F_T} = \frac{\rho v^2 L^2}{TL} = \frac{\rho v^2 L}{T}$$

위의 $\rho v^2 L/T$의 제곱근을 **웨버 수**(Weber number) W_e로 정의된다:

$$W_e = v\sqrt{\rho L/T} \tag{10.24}$$

웨버 수 W_e가 1 보다 작은 경우에는 모세관 흐름이 되며, 이때 표면장력에 의해 제어된다.

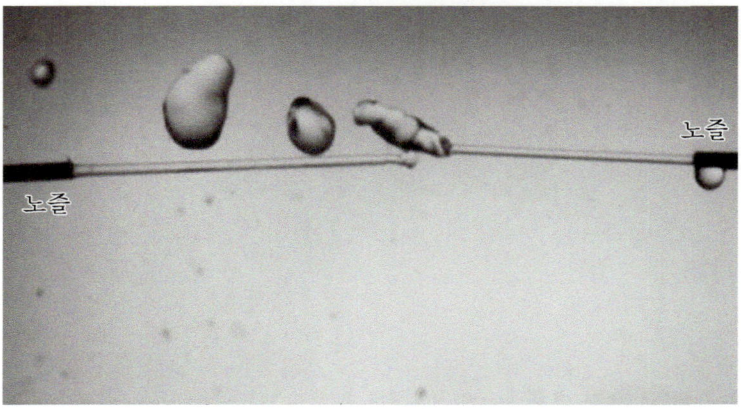

그림 10.4 서로 다른 특성을 가진 유체의 이동

마하 수 M

유체가 높은 속도로 흐르는 경우 또는 그림 10.5와 같이 전투기가 공중에서 매우 높은 속도로 이동하는 경우 유체의 압축성이 지배적이므로 관성력과 탄성력에 대한 비가 중요하게 고려된다:

$$\frac{\text{관성력}}{\text{탄성력}} = \frac{F_I}{F_E} = \frac{\rho v^2 L^2}{KL} = \frac{v^2}{K/\rho} = \frac{v^2}{a^2}$$

이러한 경우에서 v^2/a^2의 제곱근을 **마하 수**(Mach[60] number) M로 정의된다:

$$M = \frac{v}{a} \tag{10.25}$$

그림 10.5 F35 라이트닝 II 초음속 전투기 (마하 수 $M = 1.6$)

$M < 1$, $M = 1$ 그리고 $M > 1$은 각각 **아음속 흐름**(subsonic flow), **음속 흐름**(sonic flow) 그리고 **초음속 흐름**(supersonic flow)이라 한다. 또한 $M = 1$과 $M < 1$ 또는 $M > 1$ 영역이 공존하고 있는 경우에서의 흐름을 **천음속 흐름**(transonic flow)이라 한다.

---

60) Ernst Mach (1838-1916): 오스트리아의 물리학자 및 철학자. 그라츠와 프라하 그리고 비엔나 대학교에서 교수를 역임하였다. 고속 공기 흐름을 연구하면서 마하 수 개념을 도입했으며, 또한 열역학 및 광학 분야에서 상당한 업적을 이루었다.

10.5.2 모형실험

자동차, 기차, 항공기, 선박, 고층 건물 및 교량 주위에서의 유체의 흐름과 같은 **외부흐름**(external flow)으로부터 터널 및 펌프, 수차 등과 같은 다양한 기계 내에서의 유체의 흐름과 같은 **내부흐름**(internal flow)에 이르기까지 모형을 이용한 실험은 유체의 흐름에 대한 물리적 특성을 예측하는데 있어 광범위하게 이용되어 오고 있다. 모형실험의 예로 자동차의 항력 F_D를 1 : 10인 모형(축척 비율 $S=10$)을 이용하여 측정한다고 가정하자. 자동차의 전체 길이 l은 3 m이고 실제 주행 속도 v_p가 60 $km/h(=16.7\,m/s)$라고 할 때 다음과 같은 세 가지 모형실험방법이 고려될 수 있다.

풍동(wind tunnel)에서의 실험

그림 10.6은 자동차 모형을 이용한 풍동실험을 나타낸 것이다. 예를 들어 실제와 동일한 레이놀즈 수 R_e를 생성하기 위해서는 풍동에서의 속도 $v_m=167\,m/s$가 되어야 하나 마하 수 M은 압축성을 포함하여 0.49이다. 비압축성 유체의 최대허용가능 마하 수 M은 0.3이라 가정하면 풍동에서의 속도 $v_m=102\,m/s$이며, $R_{e_m}/R_{ep}=v_m/Sv_p=0.61$이 된다. 이 경우 원형 그리고 모형 자동차 둘 다에 발생하는 유체의 흐름은 난류이기 때문에 레이놀즈 수 R_e에 기인한 항력계수 C_D의 차이는 크지 않다. 원형과 모형 자동차 둘 다 $F_D/(\rho v^2 l^2/2)$에 대한 항력계수 C_D가 동일하다고 가정하면 항력은 다음과 같은 식을 통해 계산될 수 있다:

$$F_{Dp}=F_{Dm}\left(\frac{v_p}{v_m}\frac{l_p}{l_m}\right)^2=F_{Dm}\left(S\frac{v_p}{v_m}\right)^2 \tag{10.26}$$

여기서 아래첨자 p와 m은 각각 원형과 모형을 의미한다.

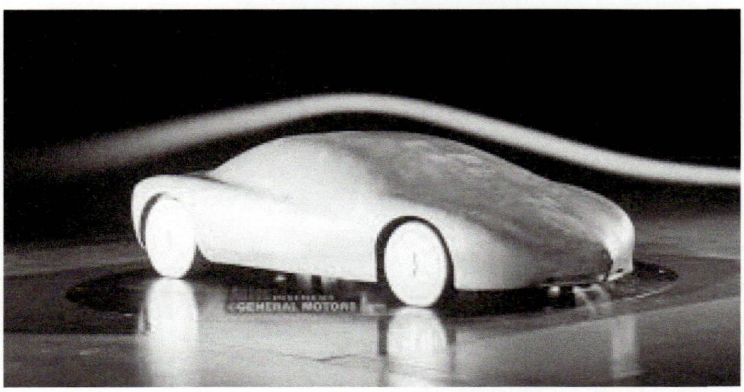

그림 10.6 모형 자동차를 이용한 풍동실험

순환수로 또는 견인수조에서의 실험

자동차 원형과 모형 사이의 동일한 레이놀즈 수 R_e를 위해서는 모형의 속도 $v_m = v_p(Sv_m/v_p) = 11.1\ m/s$가 돼야 한다. 물을 모형의 속도로 흐르게 하거나 모형 자체를 모형의 속도로 잔잔한 물 아래로 움직이면 동적인 유사성에 대한 조건을 실현할 수 있다. 자동차의 항력 F_D는 다음과 같은 식을 통해 계산된다:

$$F_{Dp} = F_{Dm}\frac{\rho_p}{\rho_m}\left(S\frac{v_p}{v_m}\right)^2 = F_{Dm}\frac{\rho_p v_p^2}{\rho_m v_m^2} \tag{10.27}$$

그림 10.7은 순환수로에서 모형 선박을 이용하여 저항에 대한 실험을 나타낸 것이다.

그림 10.7 순환수로 내에서 모형 선박을 이용한 실험

변화하는 밀도를 고려할 수 있는 풍동에서의 실험

유체의 밀도가 증가하면 레이놀즈 수는 공기 유속을 증가시키지 않으면서 평형을 이룰 수 있다. 모형을 통한 실험이 동일한 공기 유속과 온도 조건 하에서 수행된다고 가정하면 풍동 내의 압력을 10 대기압으로 증가시킬 필요가 있다. 항력 F_D는 다음과 같은 식을 통해 계산된다:

$$F_D = F_{D_m} \frac{\rho_p}{\rho_m} S^2 \tag{10.28}$$

그림 10.8 변화하는 밀도를 고려할 수 있는 풍동실험 장치

제10장 연습문제

1. 차원해석을 이용하여 토리첼리의 원리를 유도하라.

답 $v = C\sqrt{gH}$

2. 느린 유속 U의 흐름 내에 놓여있는 직경 d의 구에 대한 항력을 유도하라.

답 $F_D = C\mu Ud$

3. 액체 내의 압력파의 이동 속도 a가 액체의 밀도 ρ와 체적탄성계수 k에 의존한다고 가정할 때, 차원해석에 의해 a에 대한 관계식을 유도하라.

답 $a = C\sqrt{\dfrac{K}{\rho}}$

4. 진공상태에서 물체의 낙하속도에 대한 관계식을 차원해석을 이용하여 유도하라. 낙하속도 v_s는 중력가속도 g와 물체의 낙하거리 h와 관련이 있다고 가정하라.

답 $\dfrac{v_s}{\sqrt{gh}} = C$

5. 점성계수 μ의 액체가 길이 l과 직경 d의 원형 관에서 압력 강하 Δp로 인해 층류 상태로 흐를 때, 유량 Q, d, $\Delta p/l$ 그리고 μ 사이의 관계를 차원해석을 통해 유도하라.

답 $F_D = \rho L^2 v^2 f\left(\dfrac{v}{\sqrt{Lg}}\right)$

6. 등유속 U(유체의 밀도 ρ 그리고 유체의 점성계수 μ의 흐름 내에 있는 평판을 따라 x 지점에서의 경계층의 두께 δ를 차원해석으로 구하라.

답 $\delta = xf\left(\dfrac{Ux}{\nu}\right)$

7. 밀도 ρ 그리고 점성계수 μ의 유체가 압력차 Δp로 인해 직경 d의 오리피스를 통해 흐르고 있다. 유량 Q에 대해 유출계수는 $C = Q/\left[(\pi d^2/4)\sqrt{2\Delta p/\rho}\right]$ 그리고 레이놀즈 수 $R_e = d\sqrt{2\rho\Delta p/\mu}$ 일 때 $C = f(R_e)$ 의 관계를 차원해석을 통해 유도하라.

답 $C = f\left(\dfrac{d\sqrt{2\rho\Delta p}}{\mu}\right) = f(R_e)$

8. 익현 길이 1.2 m 의 항공기는 200 km/h 의 속도로 20 ℃ 그리고 1 bar 의 평온한 공기 중으로 이동한다. 동적인 상사 조건이 레이놀즈 수 R_e에 의해 만족된다고 가정하면 1:3로 축소된 모형 날개를 풍동에 배치할 경우 다음과 같은 상황에 대해 답하라:

(a) 풍동 내의 온도와 압력이 각각 앞의 상태와 동일하다면 풍동 내에서의 정확한 풍속은 얼마가 되는지를 계산하라.

(b) 풍동 내의 공기 온도가 동일한 상태에서 압력이 5 배 증가하면 풍속은 얼마가 되는지를 계산하라.

(c) 모형이 동일한 온도의 물탱크 내에서 있다고 가정할 경우, 모형의 정확한 속도는 얼마가 되는지를 계산하라.

답 (a) $167m/s$, (b) $33.3m/s$, (c) $11.1m/s$

9. 길이 245 m 의 컨테이너 선박이 28 노트(knot)로 항해할 때 프루드 수 F_r을 계산하라. 또한, 1:25로 축소된 선박의 모형이 프루스 수가 동일한 상사 조건 하에서 시험될 때, 물탱크에서 모형의 적절한 견인 속도 v_m 은 얼마가 되는지를 계산하라. 단, 1 노트는 $0.541m/\text{sec}$이다.

답 $v_m = 2.88m/s$

10. 수두 H, 대표 크기 l 그리고 토출량 Q의 펌프에 대해 다음과 같은 상사법칙이 적절하다고 가정한다:

$$\frac{l}{l_m} = \left(\frac{Q}{Q_m}\right)^{1/2} \left(\frac{H}{H_m}\right)^{-1/4}$$

여기서, 아래첨자 m은 모형을 의미한다.

만약 토출량 $Q = 0.1\ m^3/\text{sec}$ 그리고 수두 $H = 40\ m$의 펌프가 $Q_m = 0.02\ m^3/\text{sec}$ 그리고 $H_m = 50\ m$의 모형을 이용하여 시험을 한다고 할 때, 필요한 동적 상사법칙에 필요한 모형은 얼마큼 축소되어야 하는지를 계산하라.

답 $\frac{1}{2.36}$

11. 개수로 모형실험을 하기 위해 모형을 5:1의 축척으로 복제하였다. 실험결과 유량 Q_m이 $0.5\ m^3/s$라면 실제 흐름에서의 유량 Q_p는 얼마인지를 계산하라.

답 $Q_p = 0.5 \times 125 = 62.5\, m^3/s$

12. 선박에 작용하는 항력을 구하기 위해 10:1의 축척으로 모형 선박을 제작하여 실험을 실시하였다. 실험수조에서의 모형 선박의 속도가 $1.5\ m/sz$일 때 측정된 항력 $F_{Dm} = 0.5\, kg$이었다. 이에 상응하는 원형 선박의 속도와 작용하는 압력항력 F_{Dp}는 얼마인가. 점성의 영향은 무시하라.

답 $F_{Dp} = 500\, kg$

제11장

유속과 유량 측정

제11장 유속과 유량 측정

유체 현상을 보다 명확하게 이해하고 정량적으로 분석하기 위해서는 압력, 유속 및 유량과 같은 물리량을 실제 측정할 필요가 있다. 압력 측정에 관해서는 3.1.5절에서 이미 설명하였으므로 본 장에서는 유속 및 유량 측정에 대해 알아본다. 유체는 기체와 액체가 모두 포함되며, 유체의 종류와 상태 또는 유체가 관로나 개수로를 따라 흐르는 경우 다양한 측정 방법이 개발되어 실제 현장에 적용되고 있다.

11.1 유속측정

11.1.1 피토튜브(Pitot tube)

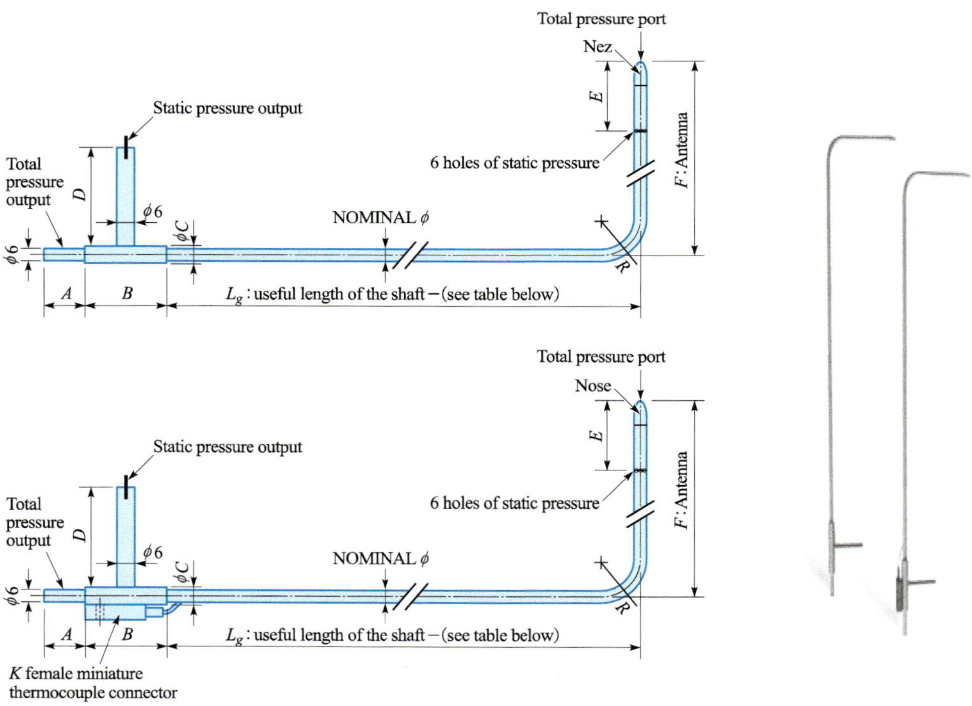

그림 11.1 NPL-type 피토튜브

그림 11.1은 일반적으로 사용되는 **표준피토튜브**(Pitot-static관이라고도 함)의 형태를 나타낸 것이다. 유속은 식 (5.20)에서와 같이 측정되는 두 가지 압력 즉, 전압력 p_1과 정압력 p_2로부터 다음과 같은 식을 통해 산정된다:

$$v = c\sqrt{2(p_1 - p_2)/\rho} \tag{11.1}$$

여기서 c는 **피토튜브계수**(Pitot tube coefficient)이며, 표준피토튜브의 경우 1의 값을 가진다.

또한 피토튜브는 대구경 관내의 유속을 측정하기 위해서도 사용된다. 이 경우 튜브의 횡단면은 링 형태로 균일한 영역으로 분할되며, 영역 중심에서의 유속이 측정된다. 평균유속은 분할된 링 영역에서 측정된 유속 값들을 평균한 것이며, 총유량은 평균유속과 단면적의 곱으로부터 얻어진다. 표준형과는 별도로 다음과 같은 다양한 형태의 피토튜브가 사용된다.

원통형 피토튜브

원통형 피토튜브는 원통 표면에서의 압력 분포를 이용하여 2차원 흐름 방향과 유속을 동시에 측정하는데 사용되며, 그림 11.2는 측정 원리를 나타낸 것이다. 피토튜브의 몸체는 $\Delta h = 0$이 될 때까지 흐름 내에서 회전하며, 이로 인해 중심선 방향이 흐름 방향이 된다. 그림 11.2의 우측 하단 그림에서 흐름 분할각 $\theta = 33^\circ \sim 35^\circ$일 때 정압력이 된다. 그런 다음 원통을 회전시켜 두 개의 홀(hole) 중 하나가 흐름 방향을 향하게 될 때 전압력을 측정한다. 만약 세 번째 측정 홀이 중심선에 제공되면 흐름 방향과 두 가지 압력을 동시에 측정 할 수 있다. 이런 방식으로 흐름 방향과 유속을 측정하는 도구를 **편요계**(yawmeter)라 한다.

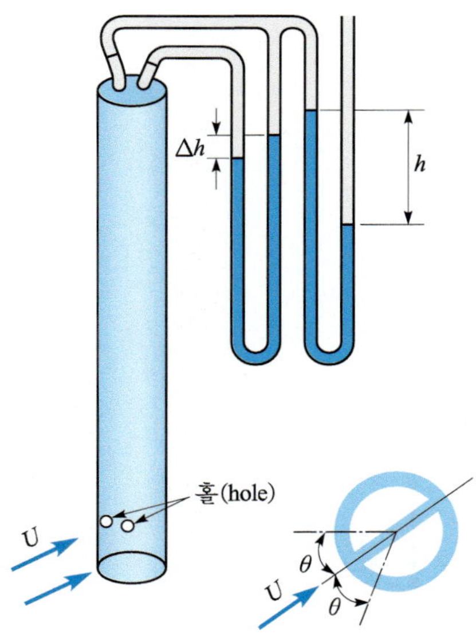

그림 11.2 원통형 피토튜브

Five-hole 구형 피토튜브

Five-hole 구형 피토튜브는 그림 11.3과 같이 구성되며, 주로 3차원 흐름에서의 유속과 흐름 방향을 측정하기 위해 사용된다.

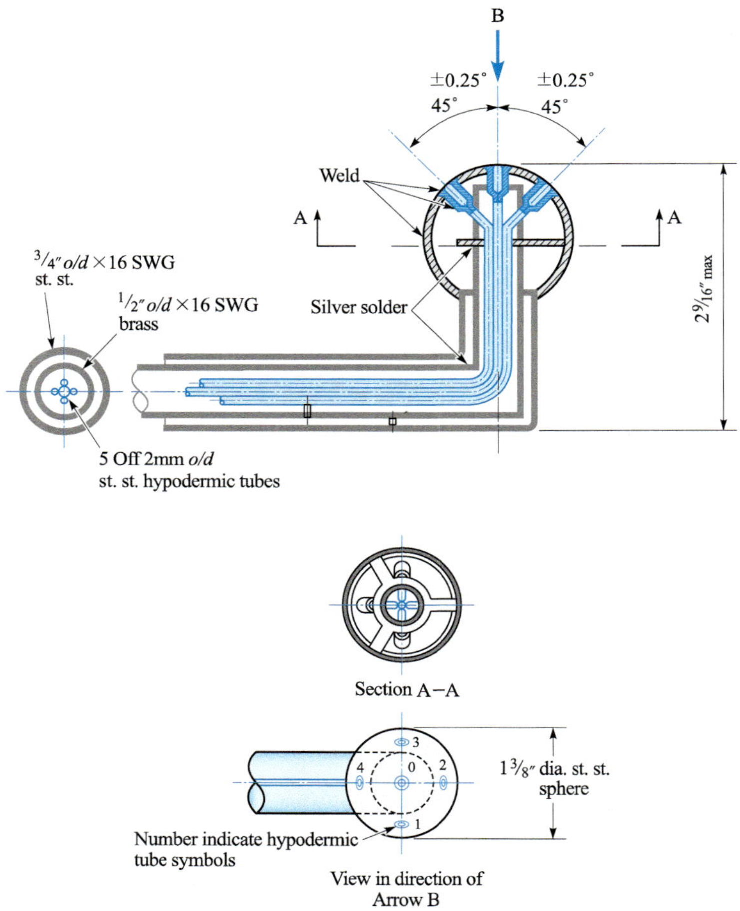

그림 11.3 Five-hole 구형 피토튜브

벽면 근처에서 유속을 측정하기 위한 피토튜브

벽면 근처에서의 유속을 측정하기 위해 그림 11.4(a)와 같이 평평한 미세관과 연결된 **전압력 튜브**(total pressure tube)를 사용하며, 벽면에 더 가까운 지점에서 유속을 측정하기 위해서는 그림 11.4(b)와 같은 **표면피토튜브**(surface Pitot tube)가 사용된다. 튜브를 움직이면서 폭 B를 변경하여 전체 압력 분포를 측정할 수 있으며, 이 경우 정압력은 벽면의 다른 홀에서 측정된다.

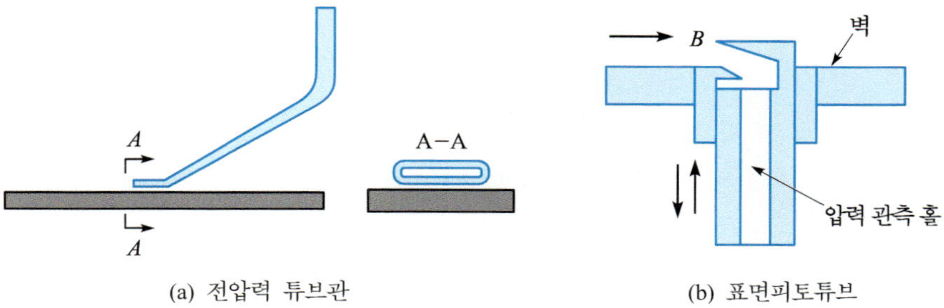

그림 11.4 벽면 근처에서 유속을 측정하기 위한 피토튜브

11.1.2 열선 유속계

가열된 미세 열선이 흐름 내에 있으면 열선의 온도가 유속에 따라 변하여 전기저항이 변한다. 이러한 전기저항 변화를 이용하여 유속을 측정하는 도구를 **열선유속계**(hot-wire anemometer)라 한다.

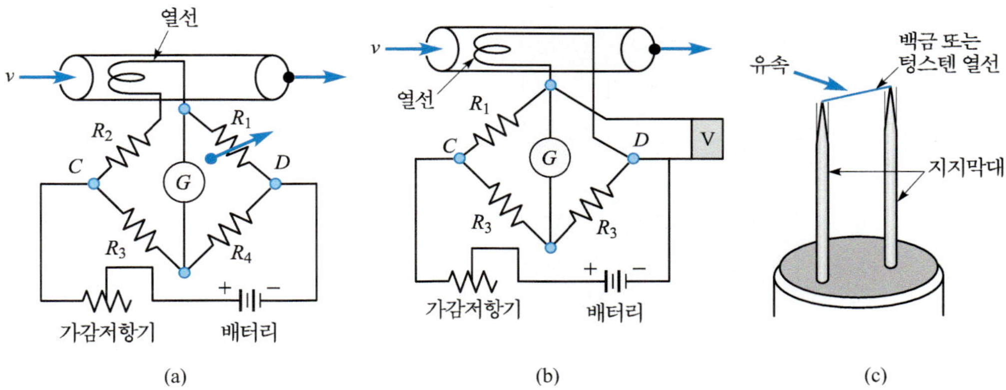

그림 11.5 열선 유속계

(a) 일정 전압형, (b) 일정 온도형 그리고 (c) 탐침(probe, 백금선으로 직경은 5~20 μm 그리고 길이는 1 mm)

열선유속계를 이용하는 방식에는 두 가지가 있으며, 그림 11.5(a)는 첫 번째 방식으로 **일정 전압형 유속계**(constant voltage anemometer, CVA)를 나타낸 것이다. 이러한 방식의 유속계에서 유속은 C와 D 지점 사이의 전압을 일정하게 유지하는 동안 변화되는 고온선의 온도를 **검류계**(galvanometer, G)를 통해 전기저항으로 변환함으로써 측정된다. 그림 11.5(b)는 두 번째 방식으로 **일정 온도형 유속계**(constant temperature anemometer, CTA)를 나타낸 것이다. 유속이 변함에 따라 열선의 온도가 변하며, 이때 전기저항도 변하

게 된다. 이러한 전기저항을 일정하게 유지하기 위해 가변 전기저항 장치를 이용하며, 이를 조정한 후 검류계에서 판독한 값이 0일 때 전압계를 판독함으로써 유속을 측정한다. 일정 온도형 유속계는 열 관성 효과가 최소화되기 때문에 우수한 주파수 응답 특성을 가지며, 현재 사용되는 거의 모든 열선 유속계는 이 방식으로 제작된다.

11.1.3 레이저 도플러 유속계

유체와 함께 이동하는 추적 입자에 레이저광을 쏘게 되면 입자에 부딪친 이후 산란광이 발생되며, 이 산란광은 원래의 입사광(즉, 참조광, reference light)의 주파수와 차이가 발생된다, 이러한 차이는 **도플러 효과**(doppler effect)에 기인하며, 추적 입자의 속도에 비례한다. 광전지 또는 광다이오드를 사용하여 주파수 f_D의 차이를 측정하여 추적 입자의 속도로부터 유속을 구하는 장치를 **레이저 도플러 유속계**(laser doppler anemometer)라 한다. 그림 11.6은 레이저 도플러 유속계를 나타낸 것이며, 다음과 같이 세 가지 유형이 있다.

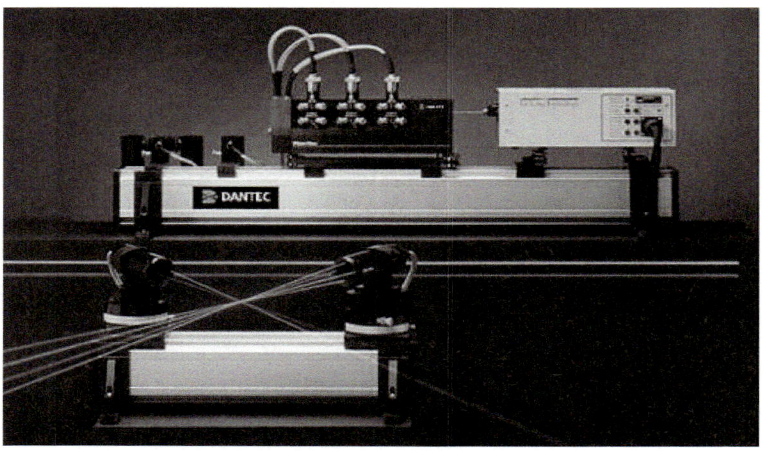

그림 11.6 레이저 도플러 유속계

참조 빔 유형(reference beam type)

추적 입자가 그림 11.7(a)에서와 같이 속도 u로 유체 내에서 이동할 때, 각도 2θ에서 관찰된 산란광과 참조광 사이의 주파수 f_D의 차이를 측정함으로써 유속 u는 다음과 같은 식으로부터 산정할 수 있다:

$$u = \frac{\lambda f_D}{2\sin\theta} \tag{11.2}$$

여기서 λ는 레이저광의 파장이다.

간섭 줄무늬 유형(interference fringe type)

그림 11.7(b)에 나와 있는 바와 같이, 유속은 입자가 간섭 줄무늬를 통과할 때 산란되는 **교번 광**[61](alternating light) 강도를 검출하기 위해 광전증폭관을 사용함으로써 얻어진다. 유속은 식 (11.2)를 사용하여 산정된다.

단일 광 유형(single beam type)

그림 11.7(c)에 나와 있는 바와 같이, 단일 입사광으로부터 두 방향으로 발생하는 산란광의 간섭을 이용함으로써 간섭 형태에 따라 유속을 구할 수 있다.

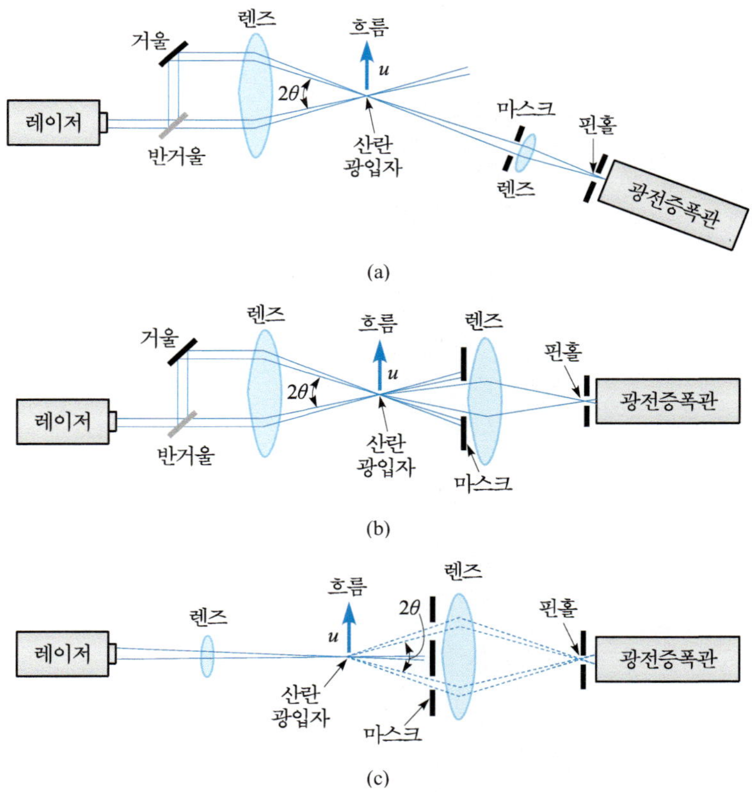

그림 11.7 레이저 도플러 유속계: (a) 참조 빔 유형, (b) 간섭 줄무늬 유형 그리고 (c) 단일 빔 유형

61) 일정주기로 지속되는 두 개 또는 세 개의 광학스펙트럼에서 변동되는 빛

11.2 유량측정

11.2.1 집수용기를 이용한 측정법

이 방법은 용기에서 흐르는 유체를 집수하고 무게 또는 부피를 측정하여 유량(또는 배수량)을 측정하는 것이다. 기체의 경우, 용기 내 기체의 온도와 압력은 표준 조건 하에서의 온도와 압력에 대한 체적 또는 질량으로 변환하여 측정한다.

11.2.2 차압식 유량계(differential pressure type flowmeter)

차압식 유량계를 이용한 유량 측정은 산업분야에서 널리 사용되며, 이러한 차압식 유량계는 오리피스(orifice), 노즐(nozzle) 그리고 벤튜리 튜브(Venturi tube)가 해당되며, 유량은 이러한 장치의 상류와 하류의 압력 차를 측정하여 산정된다.

오리피스 평판(orifice plate)

오리피스 평판의 구조는 그림 11.8(a)와 같으며, 오리피스 판은 그림 11.8(b)와 같이 직선형 관내에 설치된다. 유량은 오리피스 평판 상류부와 하류부 사이의 압력 차를 측정하여 구하며, 식은 다음과 같다:

$$Q = \alpha \frac{\pi d^2}{4} \sqrt{\frac{2\Delta p}{\rho}} \tag{11.3}$$

여기서 α는 **유량계수**(discharge coefficient)이며, Δp는 오리피스 평판 상류부와 하류부 사이의 압력 차이다.

식 (11.3)에 사용된 유량계수 α와 식 (5.29)에 사용된 유량계수 C와의 관계는 다음과 같은 식으로 표현된다:

$$C = \alpha / \zeta \tag{11.4}$$

여기서 $\zeta = (1 - \psi^4)^{-1/2}$는 **접근유속계수**이며, $\psi = d/D$는 **트로틀 직경비**이다.

식 (11.4)를 적용하여 유량을 산정할 경우 동일한 압력강하 Δp 조건이라 할지라도 식 (5.29)에서 산정된 유량 보다 커지는 경향을 나타낸다. 압력 차를 얻기 위해 그림 11.8(c)에서처럼 **코너 태핑**(corner tapping) 또는 **플랜지 태핑**(frange tapping) 등이 사용된다.

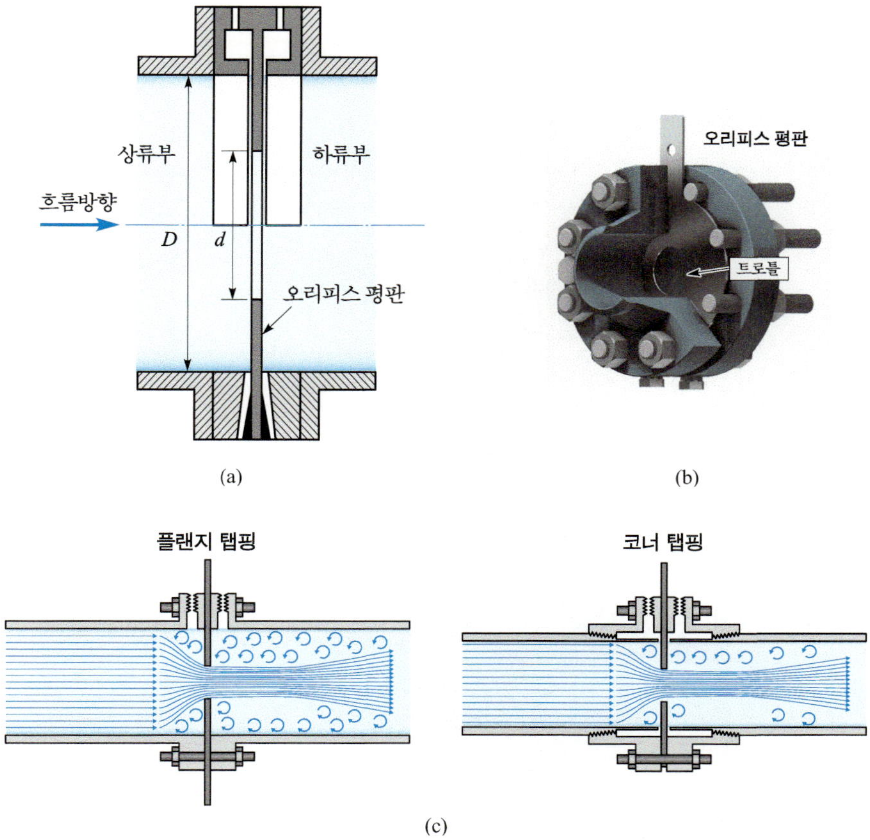

그림 11.8 압력 태핑(코너와 플랜지)과 함께 설치된 오리피스 평판

기체의 경우 **확대계수**(expansion factor)가 적용되며 다음과 같이 표현된다:

$$Q_{v1} = \alpha\epsilon \frac{\pi d^2}{4} \sqrt{\frac{2\Delta p}{\rho_1}} \tag{11.5}$$

$$\dot{m} = \alpha\epsilon \frac{\pi d^2}{4} \sqrt{2\rho_1 \Delta p} \tag{11.6}$$

여기서 Q_{v1}은 **상류부 체적유량**(upstream volume rate)이며, $\dot{m}$은 **질량 유량**(mass flow rate) 그리고 ρ_1은 상류부 기체의 밀도이다.

노즐(nozzle)

그림 11.9(a)는 노즐의 구조를 나타낸 것이며, 11.9(b)는 노즐 주위에서의 흐름 상태를 나타낸 것이다. 유량 측정방법과 계산 공식은 오리피스 평판의 경우와 동일하다. 노즐의 경우 유량 손실은 오리피스 평판보다 작으나 유량계수는 크다.

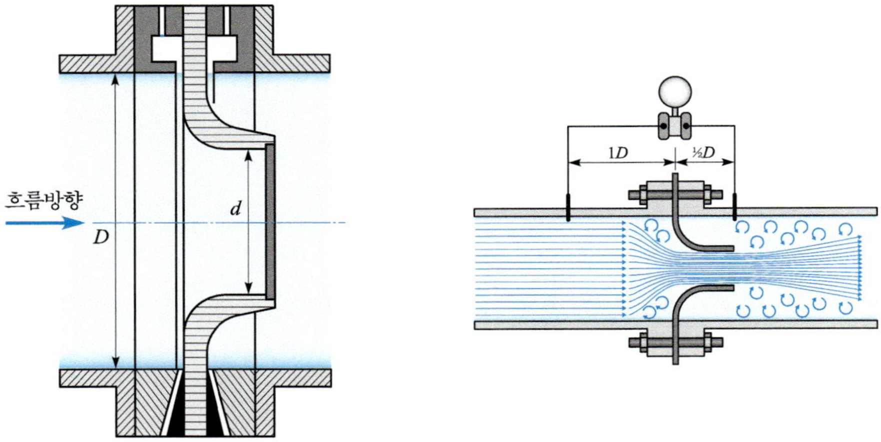

(a) (b)

그림 11.9 노즐

벤튜리 튜브(Venturi tube)

벤튜리 튜브의 원리에 대한 자세한 설명은 5.3.1절에 설명이 되어 있으며, 그림 11.10은 영국 표준 노즐 유형과 콘 유형 벤튜리 튜브를 나타낸 것이다.

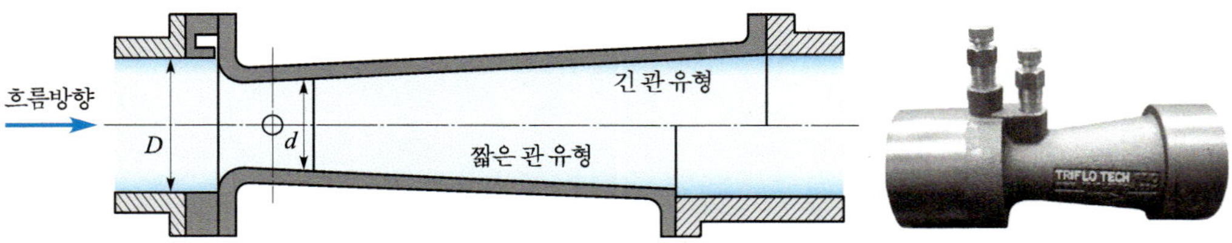

(a)

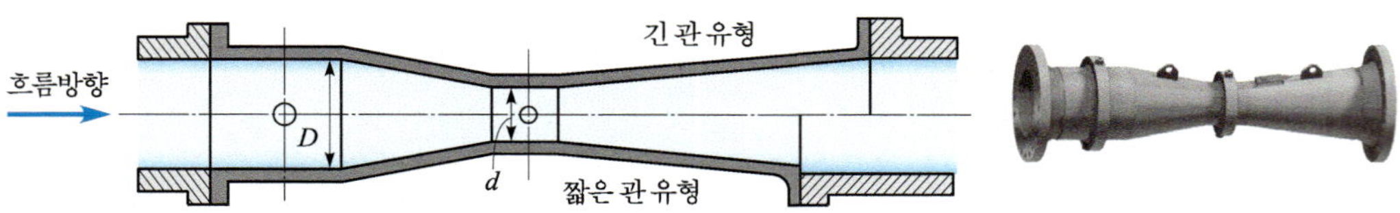

(b)

그림 11.10 벤트리 관: (a) 노즐(nozzle) 유형과 (b) 콘(cone) 유형

유량의 계산은 오리피스 평판의 경우 동일하며, 다음과 같은 식으로 표현된다:

$$Q = \alpha \frac{\pi d^2}{4} \sqrt{\frac{2\Delta p}{\rho}} \tag{11.7}$$

기체의 경우에는 오리피스 평판에 대한 것과 마찬가지로 식 (11.4)와 (11.5)를 사용한다.

11.2.3 면적식 유량계(area flowmeter)

11.2.2절에서 설명된 유량계는 흐름 제한 장치 내 압력 차로부터 유량을 산정한다. 그러나 면적식 유량계는 압력 차를 일정하게 유지되도록 유량을 제한하고 흐름 영역에 의해 유량을 산정하며, 유량을 제한하는 장치는 플로트(float), 피스톤 및 게이트 유형이 사용된다.

플로트 유형 **면적식 유량계**(로터미터, rotameter)는 그림 11.11과 같이 수직 점감 튜브(tapered tube)에 매달려 있는 플로트가 설치되어 있다.

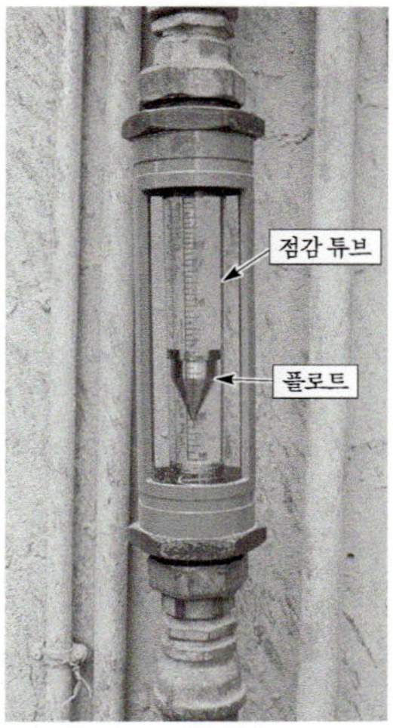

그림 11.11 점감 튜브 유형 면적식 유량계

수직 점감 튜브 내 플로트 상류부와 하류부 사이의 흐름에 의한 압력 차가 발생되며, 압력항력, 마찰항력 및 부력이 결합된 힘과 플로트 무게 사이의 균형을 이루는 위치에 플로트가 놓이게 된다. 이 경우 마찰을 무시하면 유량 Q는 다음과 같은 식으로 표현된다:

$$Q = C_d a_x \sqrt{\frac{2gV(\rho_f - \rho)}{\rho a_0}} \tag{11.8}$$

여기서 ρ는 유체의 밀도, C_d는 유량계수, a_x는 유체가 플로트 외부로 통과하는 고리의 단면적, V는 플로트의 체적, ρ_f은 플로트의 밀도 그리고 a_0는 플로트의 최대 투영단면적이다.

a_x는 플로트 위치에 비례하여 변화하기 때문에, 유량계수 C_d가 일정할 경우 점감 튜브에서의 플로트의 평형 높이는 흐름에 비례한다.

11.2.4 용적식 유량계(positive displacement flowmeter)

용적식 유량계는 계량부의 유입부와 유출부 사이의 유체압력의 차이에 따라 기어(gear)가 회전하면서 기어와 본체 사이의 일정한 용적을 가진 공간에 가득 찬 유체를 유출부로 통과시켜 기어의 회전수를 측정함으로써 유체가 통과되는 양을 측정할 수 있는 유량계이다. 또한 기어의 회전속도를 독치함에 의해 유량의 순간값을 알 수 있으며, 가동부의 형상, 작동원리에 따라 그림 11.12(a)와 같이 **타원(oval)형 기어 유형** 그리고 그림 11.12(b)와 같이 **루트(root)형 기어 유형** 등이 사용되나 타원형 기어 유형이 일반적으로 가장 넓게 사용되고 있다.

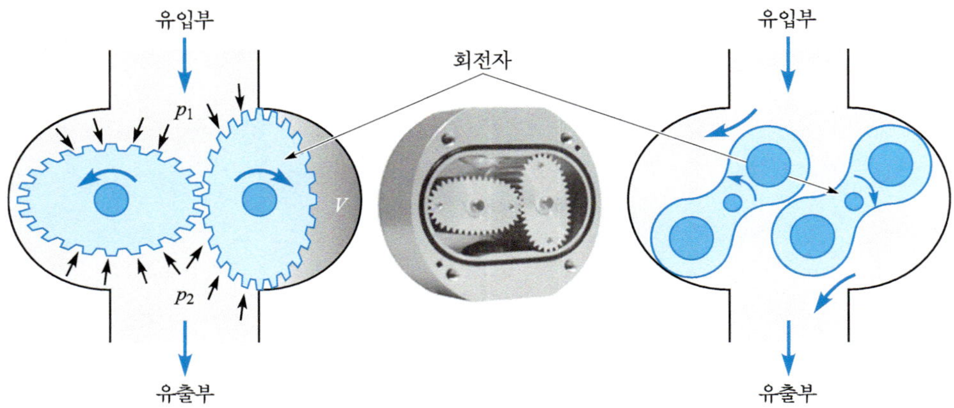

(a) 타원형 기어 유형 (b) 루트형 기어 유형

그림 11.12 용적식 유량계

유입부 유체압력 p_1과 유출부 유체압력 p_2의 차이로 인해 수직으로 설치된 기어(그림 11.12(a))가 화살표 방향으로 회전하며, 체적 $4V$의 유체가 유출된다.

11.2.5 터빈 유량계(turbine flowmeter)

터빈이 유체의 흐름 내에 있을 경우 터빈은 유체의 속도에너지 때문에 회전한다. 유속과 회전수는 거의 비례하기 때문에 유속은 터빈의 회전속도로부터 얻을 수 있는 반면, 회전되는 유체의 부피는 회전수를 세어서 계산할 수 있다.

그림 11.13은 다양한 유체의 유량 측정을 위해 산업적으로 사용되는 터빈 유량계를 나타낸 것이다. 터빈의 임펠러가 자기 코일면을 통과할 때마다 펄스가 유도되고 펄스 주파수는 체적 유량에 비례한다.

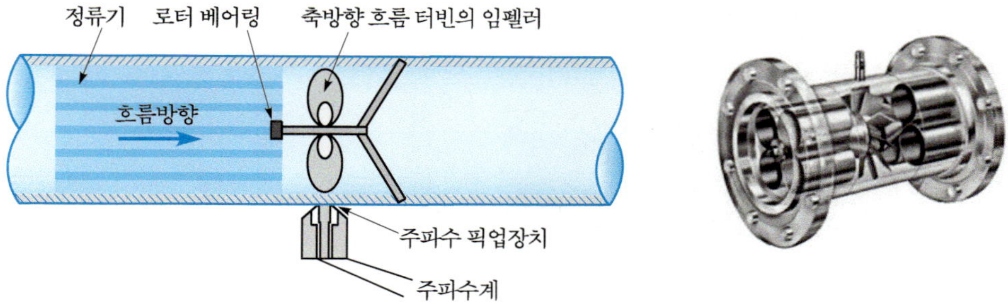

그림 11.13 터빈 유량계

11.2.6 전자기식 유량계(magnetic flowmeter)

그림 11.14에서 볼 수 있듯이, **자속밀도**(magnetic flux density) B가 흐름방향에 수직으로 적용되는 측정튜브의 비전도 부분에 전도성 유체가 흐를 경우 평균유속 v에 비례하며 발생되는 **기전력**(electromotive force) E는 증폭 후에 체적유량 Q의 계산을 허용하는 유체(패러데이의 전자 기적 유도 법칙[62])에 유도된다.

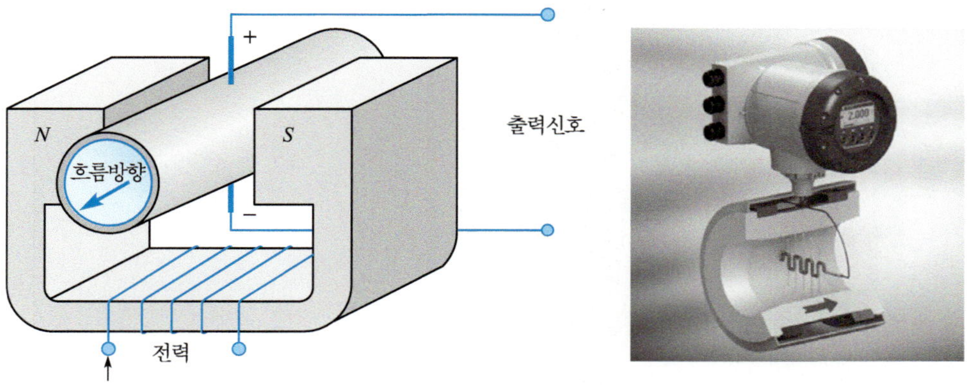

그림 11.14 전자식 유량계

62) 물리학에서 전기장과 자기장의 상호간 유도현상을 설명하는 것이 법칙으로 임의의 폐회로에서 발생하는 유도 기전력의 크기는 폐회로를 통과하는 자기선속(어떤 가상의 곡면에 작용하는 총자기력을 나타내는 물리량이며, 곡면의 넓이와 곡면에 대하여 수직인 자기장 성분의 곱이다.)의 변화율과 같다는 것을 의미한다. 수학식으로는 다음과 같이 표현된다:

$$\epsilon = -\frac{d\Phi_B}{dt}, \ \Phi_B\text{: 자기선속, } \epsilon\text{: 기전력}$$

여기서 우변에 '−'가 붙은 이유는 렌츠의 법칙에 따라 전기회로에서 발생하는 유도 기전력은 폐회로를 통과하는 자속의 변화를 방해하는 방향으로 발생하기 때문이다.

기전력 E는 두 개의 전극을 유체와의 접촉을 위해 튜브에 삽입하고 흐름과 자기장 방향 모두에 수직으로 삽입함에 의해 감지된다. 다시 말하면, 튜브의 직경이 d일 경우

$$E = Bdv \tag{11.9}$$

그리고

$$Q = \frac{\pi d E}{4B} \tag{11.10}$$

전자식 유량계는 압력 손실이 없기 때문에 유체의 점성, 비중, 압력 및 레이놀즈 수에 관계없이 측정할 수 있다.

11.2.7 초음파 유량계(ultrasonic flowmeter)

그림 11.15에서 볼 수 있듯이 **압전결정소자**[63](piezocrystal) A와 B는 관 중심선을 통해 비스듬히 지나가는 선상에 거리 l만큼 떨어져 있다. 송신기로부터 송신된 초음파 펄스가 B에서 t_1 초 이후에 검출기에 의해 수신되었다고 가정한다. 그 이후 A와 B의 기능을 송수신 스위치로 교환하면 B에서 보내진 초음파 펄스가 A에 t_2 초 후에 감지된다. 따라서,

$$t_1 = \frac{1}{a + v\cos\theta}, \qquad t_2 = \frac{1}{a - v\cos\theta}$$

$$\frac{1}{t_1} - \frac{1}{t_2} = \frac{a + v\cos\theta}{l} - \frac{a - v\cos\theta}{l} = \frac{2v\cos\theta}{l}$$

여기서 a는 유체 내에서의 음속이다. 위의 식으로부터,

$$v = \frac{1}{2\cos\theta}\left(\frac{1}{t_1} - \frac{1}{t_2}\right) \tag{11.11}$$

63) 압전결정소자(피에조소자)란 1880년 프랑스의 자크 퀴리(Jacque Curie)와 피에르 퀴리(Pierre Curie) 형제가 처음으로 발견한 것으로, 기계적인 외력이 가해지면 전압이 발생하거나 반대로 전압이 걸리면 기계적인 변형(일그러짐)이 발생하는 소자를 말하며, 피에조전기소자(piezoelectric effect element)라고도 한다. 기계적인 외력을 가하여 일그러짐이 생기면 유전북극을 일으켜 전기가 발생하는 것을 직접효과 또는 1차 압전효과라고 하며, 역으로 전기를 가하면 일그러짐이 생기는 것을 역압전 효과 또는 2차 압전효과라고 한다. 직접효과 또는 1차 압전효과는 주로 외부응력이나 진동을 전기적 신호(또는 에너지)로 변환하여 착화를 하거나 각종 센서를 만드는데 응용되며, 역압전 효과 또는 2차 압전효과는 액추에이터나 모터 등에 사용된다.

초음파 유량계는 전자기 유량계와 동일한 장점을 가지며 비전도성 유체에서 유용성에 관한 추가 이점을 제공한다. 반면에 구조가 매우 복잡하며 이로 인해 가격이 다른 유량계에 비해 높다는 단점을 가지고 있다.

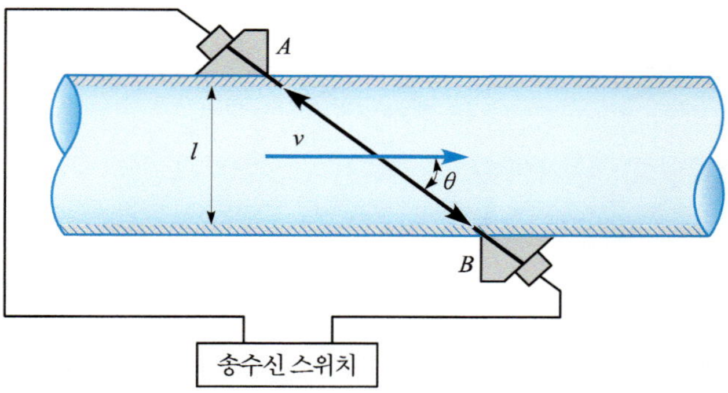

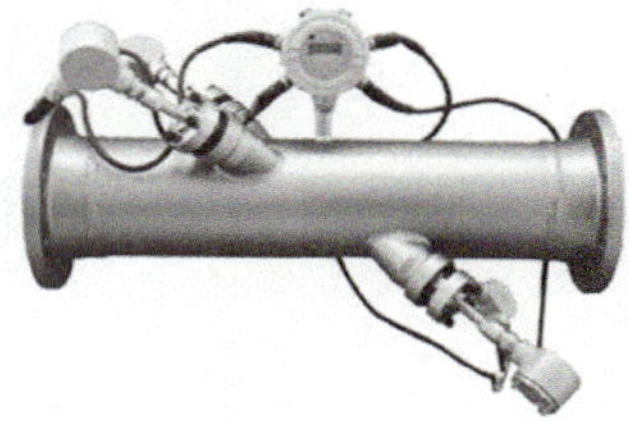

그림 11.15 초음파 유량계

11.2.8 와동 유량계(vortex shedding flowmeter)

직경 d의 원통이 흐름 내에 위치하고 있으며, 발생된 카르만 와동은 원통 뒷부분에서 발달된다. 원통으로부터 와동의 발달빈도 f_v는 식 (9.7)를 통해 산정될 수 있다. 스크루할 수 St는 대략 레이놀즈 수 $R_e = 300 \sim 10{,}000$ 범위 내에서 0.2로 거의 일정하다. 유속 U는 다음과 같은 식에 의해 구해진다:

$$U = f_v d / 0.2 \tag{11.12}$$

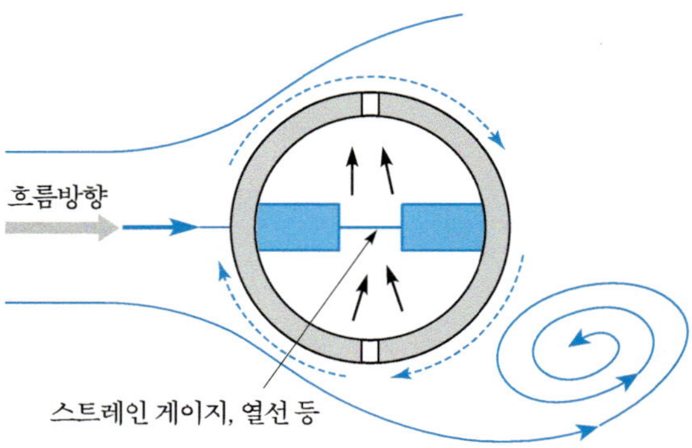

그림 11.16 와동 유량계

그림 11.16과 같이 실제 측정을 위한 구성 중 하나는 와동의 전기적 검출을 위해 원통 주위로 유체의 이동을 유도하여 유량을 측정한다.

11.2.9 유체진동을 이용한 유량계(fluidic flowmeter)

그림 11.17에서 볼 수 있듯이 적절한 피드백 메커니즘을 통해 벽면에 부착된 증폭기는 주제트 흐름(main jet flow)의 체적 유량에 비례하는 주파수로 제트가 자발적으로 진동하는 유체 진동기가 될 수 있으며, 이러한 기구는 유량계로서 사용될 수 있다.

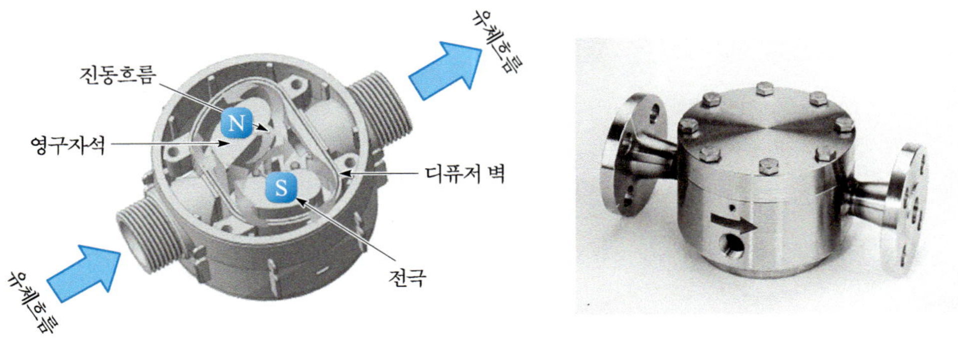

그림 11.17 유체진동을 이용한 유량계

11.2.10 위어(weir)

그림 11.18은 삼각형 위어, 사각형 위어 그리고 전폭 위어와 같이 세 가지 형태의 주요 위어를 나타낸 것이며, 표 11.1은 각각의 위어를 통한 유량산정공식과 적용범위를 요약한 것이다.

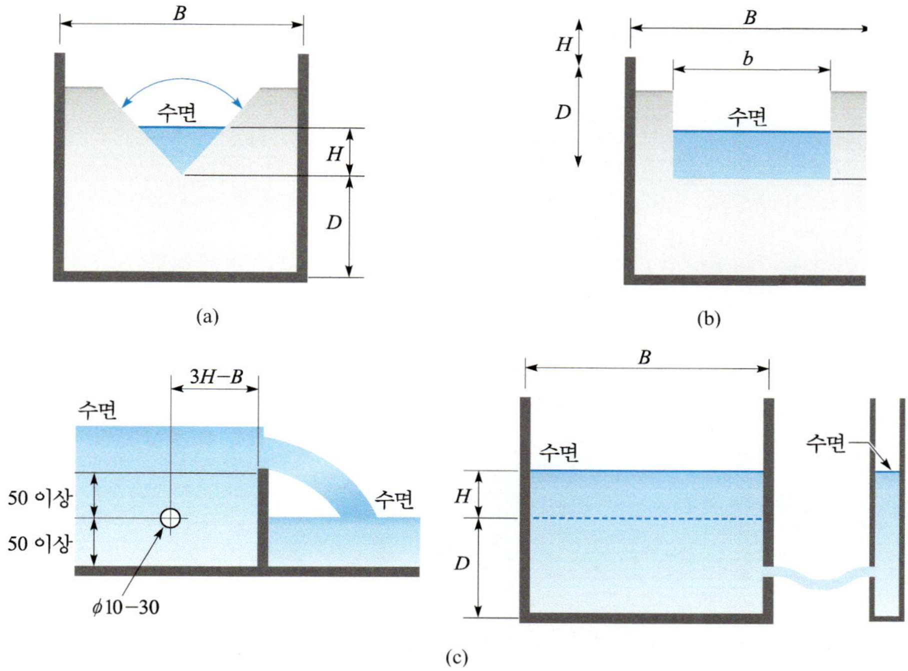

그림 11.18 위어: (a) 삼각형 위어, (b) 직사각형 위어 그리고 (c) 전폭 위어

표 11.1 위어를 이용한 유량 산정식

위어	삼각형 위어	직사각형 위어	전폭 위어
산정식 (m^3/s)	$Q=\dfrac{8}{15}C\sqrt{2g}\,H^{5/2}$ $C=0.5785$ $H=H+0.00085$	$Q=C\dfrac{2}{3}\sqrt{2g}\,H^{3/3}$ $C=\left[0.578+0.037\left(\dfrac{b}{B}\right)^2+\dfrac{0.003615-0.0030\left(\dfrac{b}{B}\right)^2}{H+0.0016}\right]\times\left[1+0.5\left(\dfrac{b}{B}\right)^4\left(\dfrac{H}{H+D}\right)^2\right]$	$Q=C\dfrac{2}{3}C\sqrt{2g}\,bH^{3/2}$ $C=0.596+0.091\dfrac{H}{D}$ $H=H+0.001$
적용 범위	$\dfrac{H}{D}<0.4$ $\dfrac{H}{B}<0.2$ $0.05\,m<H<0.38\,m$ $D>0.45\,m$ $B>1.0\,m$	$\dfrac{b}{B}>0.8$ $\dfrac{H}{D}<1.0$ $0.025\,m<H<0.80\,m$ $D>0.30\,m$	$\dfrac{b}{B}=1.0$ $\dfrac{H}{D}<2.5$ $H>0.03$ $b>0.20$ $D>0.10$

제11장 연습문제

1. 관내에 흐르는 물의 속도를 피토튜브를 이용하여 측정하였으며, 관과 연결된 수은 압력계에서의 수두의 차이는 8 cm 였다. 피토튜브의 유속계수가 1이라고 가정할 때 유속을 구하라. 단, 수온이 20 ℃ 이고 수은의 비중이 13.5라고 가정하라.

답 $v = 4.44\,m/s$

2. 그림 11.19와 같이 3개의 홀을 가진 피토튜브로 공기 흐름을 측정한 결과 A지점에서 수두가 5 cm 낮을 때 B와 C 지점에서 액주계의 높이가 동일함을 알 수 있었다. 이 때 공기의 유속은 얼마인지를 계산하라. 단, 공기의 온도는 20 ℃ 이고 공기의 밀도가 1.205 kg/m^3 으로 가정하라.

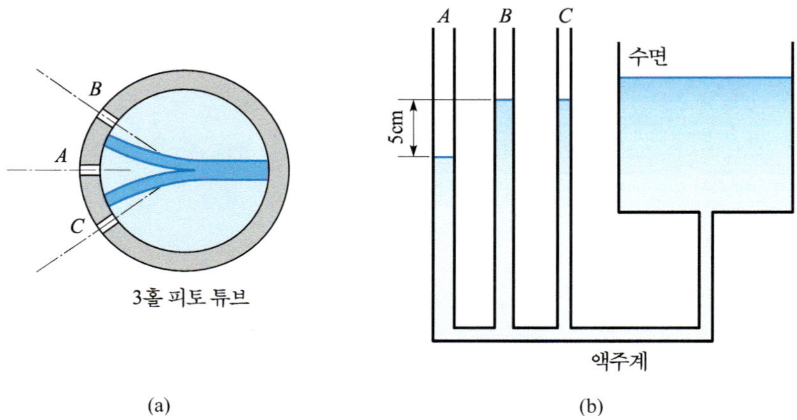

그림 11.19

답 $v = 28.5\,m/s$

3. 직경 100 mm 의 관에 직경 50 cm 의 오리피스를 연결하여 공기 흐름을 측정하였다. 연결된 수은 압력계에서 수두의 차이는 120 mm 였다. 유량계수 $\alpha = 0.62$ 와 가스 팽창 계수 $\epsilon = 0.98$ 로 가정하면서 질량 유량 $\dot{m}$ 을 계산하라. 단, 오리피스 상류부의 압력과 온도는 각각 196 kPa 과 20 ℃ 로 가정한다.

답 질량 유량 $\dot{m} = 0.325\,m/s$

4. 초당 $3.6 \times 10^{-3}\ m^3$의 물이 그림 11.20과 같이 수조의 하부에 연결된 직경 $d = 50\ mm$의 오리피스로부터 배출된다. 오리피스를 통과하는 제트 흐름의 최소 단면 직경 $d = 40\ mm$이다. 이 때 오리피스의 수축계수 C_c, 유속계수 C_v 그리고 유량계수 C를 구하라.

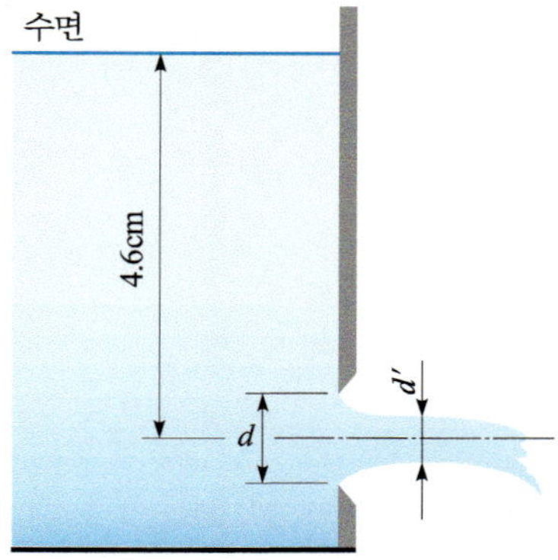

그림 11.20

답 수축계수 $C_c = 0.64$, 유속계수 $C_v = 0.95$, 유량계수 $C = 0.61$

5. 열선 유량계의 원리를 설명하고 유량 측정 시 주의해야 할 점은 무엇인지에 대해 답하라.

6. 레이저 도플러 유량계의 원리와 특징을 설명하라.

7. 와동 유량계를 이용하여 유량을 측정하였다. 원통의 직경이 $2\ cm$, 와동의 발달빈도 f는 $5\ Hz$로 측정되었다. 이때 유속은 얼마인지를 계산하라.

답 $U = 0.5\,cm$

8. 직사각형 위어와 삼각형 위어에 대한 유량 산정식을 유도하라.

9. 직사각형 및 삼각형 위어 모두에 대해 $2\ \%$의 판독 오차를 가정할 때, 산정된 유량의 오차는 얼마인지 계산하라.

답 사각형 위어의 경우 3%, 삼각형 위어의 경우 5%

제12장

포텐셜 흐름

제12장

포텐셜 흐름

공기와 같은 유체흐름은 압축성, 점성 그리고 유체입자의 회전성과 같은 세 가지 효과 중에서 어떤 효과가 중요시 되는지 아니면 무시될 수 있는지에 따라 분류될 수 있다. 압축성 흐름에서는 유체입자의 흐름에서 밀도변화가 현저한 경우에 해당되며, 점성흐름은 유체입자 사이에서 발생하는 점성효과가 지배적인 경우이다.

이러한 세 가지 효과를 모두 무시한 흐름을 이상흐름(ideal flow)이라고 정의할 수 있으며, 유속의 분포를 나타내는 어떤 수학적 함수를 흐름장 내 위치에 따른 변화율로 표현할 수 있다. 이러한 함수를 **속도포텐셜**(velocity potential) ϕ라고 하며, 유속과 압력을 속도포텐셜로 전환하여 표현될 수 있다는 측면에서 **포텐셜 흐름**(potential flow)이라 한다.

포텐셜 흐름은 유체흐름의 양상이 복잡하지 않으며, 유속이 완만한 경우에 많이 적용된다. 예를 들면, 액체저장탱크 내 액체의 슬로싱(sloshing, 출렁임)이나 배 주위 바닷물의 흐름, 지하수 흐름 등은 포텐셜 흐름으로 가정하면서 해석할 수 있다.

2차원 흐름의 경우 유선함수(stream function) ψ는 **코시-리만**(Cauchy-Riemann) **방정식**[64]이 속도포텐셜 ϕ와 유선함수 ψ에 의해 만족되는 관계식과 연속방정식으로부터 정의될 수 있다. 이러한 정의는 **복소변수함수론**(function of complex variable)을 통한 이론적 해석이 적용을 될 수 있음을 의미하며, 이를 통해 속도포텐셜 ϕ와 유선함수 ψ가 유도될 수 있다. 속도포텐셜 ϕ와 유선함수 ψ가 유도된 후 x 및 y 방향으로 유속 u와 v가 각각 얻어지며, 이를 통해 흐름의 특성을 결정할 수 있다.

64) 복소함수 $f(z)=u(z)+iv(z)$가 복소 평면상의 열린 집합 C에서 정의될 때, 이 함수가 미분 가능할 필요충분조건을 다음과 같다:

$$\frac{\partial u}{\partial x}=\frac{\partial v}{\partial y}, \qquad \frac{\partial u}{\partial y}=-\frac{\partial v}{\partial x}$$

12.1 속도포텐셜 ϕ

x와 y 방향에 대한 유속 u와 v 그리고 속도포텐셜 ϕ의 관계는 다음과 같이 표현된다:

$$u = \frac{\partial \phi}{\partial x} \qquad v = \frac{\partial \phi}{\partial y} \tag{12.1}$$ [65]

$\frac{\partial u}{\partial y} = \frac{\partial^2 \phi}{\partial y \partial x} = \frac{\partial^2 \phi}{\partial x \partial y} = \frac{\partial v}{\partial x}$ 로부터 다음과 같은 관계식이 얻어진다:

$$\frac{\partial u}{\partial y} - \frac{\partial v}{\partial x} = 0 \tag{12.2}$$

식 (12.2)는 비회전 흐름에 대한 조건이 된다. 반대로 만약 흐름이 비회전일 때 함수 ϕ는 유속 u와 v와 관련이 있으며, 다음과 같이 표현될 수 있다:

$$d\phi = udx + vdy \tag{12.3}$$

식 (12.1)을 식 (12.3)에 대입하면,

$$d\phi = \frac{\partial \phi}{\partial x}dx + \frac{\partial \phi}{\partial y}dy \tag{12.4}$$

유속 u와 v는 함수 ϕ를 미분함에 의해 얻어지며, 이를 통해 흐름 패턴이 결정된다. 함수 ϕ를 속도포텐셜이라 하며 속도 포텐셜의 유도를 통해 결정되는 흐름을 **포텐셜 흐름** 또는 비회전 흐름이라 한다. 다시 말하면 속도 포텐셜은 함수 ϕ의 공간 경사(즉, $\partial\phi/\partial x$와 $\partial\phi/\partial y$)가 유속벡터와 동일한 함수가 됨을 의미한다. 유선함수의 값이 일정한 점들을 연결한 곡선이 유선이 되는 것과 마찬가지로 속도 포텐셜이 일정한 면을 **등포텐셜면**(equipotential surface)이라 하고 일정한 선을 **등포텐셜선**(equipotential line)이라 한다.

---

65) 일반적으로 x, y 그리고 z 방향으로의 유속 u, v 그리고 w가 $\frac{\partial \phi}{\partial x}$, $\frac{\partial \phi}{\partial y}$ 그리고 $\frac{\partial \phi}{\partial z}$로서 표현될 때 3차원 유속벡터 V는 $grad\,\phi$ 또는 $\nabla\phi$로 다음과 같이 쓸 수 있다:

$$V = grad\ \phi = \nabla\phi = \left[\frac{\partial \phi}{\partial x}, \frac{\partial \phi}{\partial y}, \frac{\partial \phi}{\partial z}\right]$$

식 (12.1)은 $w=0$인 2차원 흐름에 해당된다.

예제 12.1

다음 포텐셜 흐름에 대해 속도포텐셜과 2차원 공간 내 점 (2,0)을 지나는 등포텐셜면의 방정식을 유도하라.

$$\phi = (2xy,\ x^2)$$

[풀이]

식 (12.1)에 의해

$$\frac{\partial \phi}{\partial x} = u = 2xy \ \Rightarrow\ \phi = x^2 y + f(y)$$

$$\frac{\partial \phi}{\partial y} = v = x^2 \quad \Rightarrow\ \phi = x^2 y + g(x)$$

$$\therefore\ \phi = x^2 y$$

점 (2, 0)을 지나는 등포텐셜면은 $x^2 y = 0$이 된다.

식 (12.4)는 2차원 평면의 극좌표계에서 다음과 같이 표현된다:

$$v_r = \frac{\partial \theta}{\partial r} \qquad\qquad v_\theta = \frac{\partial \phi}{r \partial \theta} \tag{12.5}$$

비압축성 유체의 포텐셜 흐름에 대해 연속방정식인 식 (6.5) $\partial u / \partial x + \partial v / \partial y = 0$에 식 (12.1)을 대입하면 다음과 같은 관계식이 얻어진다:

$$\frac{\partial^2 \phi}{\partial x^2} + \frac{\partial^2 \phi}{\partial y^2} = 0 \tag{12.6}$$

라플라스(Laplace) 방정식 형태인 식 (12.6)은 연속방정식과 마찬가지로 속도포텐셜의 질량 보존을 만족시킨다. 라플라스 방정식과 특별한 경계조건을 만족시키는 해로부터 유속 분포가 결정된다. 포텐셜 흐름의 패턴은 연속방정식에 의해서만 결정되며, 운동량 방정식은 압력을 결정하기 위해서만 적용될 수 있다는 점에 주목할 필요가 있다.

예제 12.2

다음과 같은 유속분포식이 속도포텐셜이 질량보존을 만족시키지 않음을 보여라.

$$\phi = 2x^3 - x^2 + 2xy - 6y^2x$$

[풀이]

식 (12.6)에 유속분포식을 적용하면 다음과 같다:

$$\frac{\partial \phi}{\partial x} = 6x^2 - 2x + 2y - 6y^2, \quad \frac{\partial^2 \phi}{\partial x^2} = 12x - 2$$

$$\frac{\partial \phi}{\partial y} = 2x - 12xy, \quad \frac{\partial^2 \phi}{\partial x^2} = -12x$$

$\frac{\partial^2 \phi}{\partial x^2} + \frac{\partial^2 \phi}{\partial y^2} = 12x - 2 - 12x = -2 \neq 0$이므로 포텐셜 흐름이 되지 않는다.

12.2 유선함수 ψ

비압축성 유체에 대해 연속방정식은 식 (6.5)로부터 다음과 같이 표현된다:

$$\frac{\partial u}{\partial x} + \frac{\partial v}{\partial y} = 0 \tag{12.7}$$

식 (12.2)는 식 (12.7)에서 x와 y 방향으로의 유속 u와 v 대신에 $-v$와 u를 대체시킨 것이다. 결과적으로 식 (12.3)에 대응하여 x와 y 방향에 대해 함수 ψ는 다음과 같은 식으로 표현된다:

$$d\psi = -vdx + udy \tag{12.8}$$

식 (12.8)은 일반적으로 다음과 같은 식으로 표현된다:

$$d\psi = \frac{\partial \psi}{\partial x}dx + \frac{\partial \psi}{dy}dy \tag{12.9}$$

식 (12.9)에서 유속 u와 v는 각각 다음과 같이 표현될 수 있다:

$$u = \frac{\partial \psi}{\partial y} \qquad v = -\frac{\partial \psi}{\partial x} \tag{12.10}$$

함수 ψ가 유도된 후 x와 y 방향에 대해 미분을 취하면 유속 u와 v가 얻어지고 이에 따라 보다 세부적인 유체의 흐름 패턴이 결정된다. 이러한 함수 ψ를 **유선함수**(stream function)라 한다.

식 (12.10)은 2차원 평면의 극좌표계에서 다음과 같이 표현된다:

$$v_r = \frac{\partial \psi}{r\partial \theta} \qquad v_\theta = \frac{\partial \psi}{\partial r} \tag{12.11}$$

일반적으로 2차원 흐름의 경우 유선방정식은 식 (4.1)인 $dx/u = dy/v$로부터 다음과 같이 표현된다:

$$-vdx + udy = 0 \tag{12.12}$$

식 (12.10)과 (12.12)로부터 $d\psi = 0$(즉, $\psi = C$)은 유선을 정의한다. 유선과 등포텐셜선의 교차점에서 두 접선의 곱은 식 (12.1)과 (12.9)로부터 다음과 같이 표현된다:

$$\left(\frac{dy}{dx}\right)_\phi \left(\frac{dy}{dx}\right)_\psi = \left(\frac{\partial \psi}{\partial x} / \frac{\partial \psi}{\partial y}\right) \times \left(\frac{\partial \phi}{\partial x} / \frac{\partial \phi}{\partial y}\right) = -1 \tag{12.13}$$

식 (12.13)은 유선이 등포텐셜선에 항상 수직으로 교차한다는 것을 의미한다.

그림 12.1에서와 같이 서로 인접해 있는 두 개의 유선 ψ와 $\psi + d\psi$ 상의 점 A와 B를 고려하자. AB 선을 통과하는 미소유량 dQ는 다음과 같이 표현된다:

$$dQ = udy - vdx = \frac{\partial \psi}{\partial y}dy + \frac{\partial \psi}{dx}dx = d\psi \tag{12.14}$$

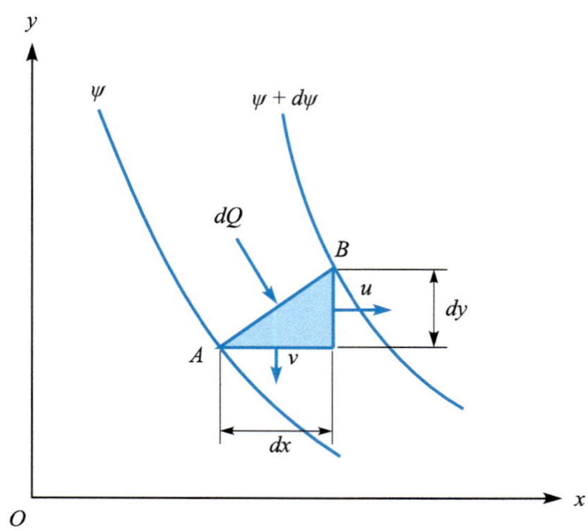

그림 12.1 유량 Q와 유선함수 ψ와의 관계

두 개의 유선 $\psi=\psi_1$과 $\psi=\psi_2$ 사이를 통과하는 유량 Q는 다음과 같은 식으로 표현될 수 있다:

$$Q=\int dQ=\int_{\phi_1}^{\phi_2} d\psi=\psi_2-\psi_1 \tag{12.15}$$

와도 $\zeta=\partial v/\partial x-\partial u/\partial y=0$의 비회전류 조건인 식 (4.8)에 식 (12.10)을 대입하면 식 (12.16)과 같은 라플라스(Laplace) 방정식 형태의 유선함수가 얻어진다:

$$\frac{\partial^2\psi}{\partial x^2}+\frac{\partial^2\psi}{\partial y^2}=0 \tag{12.16}$$

예제 12.3

유선함수 ψ가 다음과 같이 주어질 때 점 (3,1)에서의 x와 y 방향으로의 유속 u와 v 결정하고 비회전류가 됨을 보여라.

$$\psi=3x^2-y^3$$

[풀이]

식 (12.9)를 이용하여 x와 y 방향으로의 유속 u와 v는 다음과 같다:

x 방향으로의 유속 $u=\dfrac{\partial\psi}{\partial y}=-3y^2$

y 방향으로의 유속 $v=-\dfrac{\partial\psi}{\partial x}=-6x$

점 (3,1)에서의 유속은 다음과 같다:

$u=-3$ $\qquad$ $v=-18$

식 (4.7)의 와도 ζ는 다음과 같이 표현된다:

$$\zeta=\frac{\partial v}{\partial x}-\frac{\partial u}{\partial x} \tag{4.7}$$

식 (12.9)의 식을 식 (4.7)에 대입하과 점 (3,1)을 적용하면,

$$\zeta=-\frac{\partial^2\psi}{\partial x^2}-\frac{\partial^2\psi}{\partial y^2}=-6+6y=-6+6\times1=0$$

따라서 비회전류가 된다.

12.3 복소 포텐셜

2차원 비압축성 포텐셜 흐름에 대해 속도포텐셜 ϕ와 유선함수 ψ가 존재하기 때문에 식 (12.1)과 (12.10)으로부터 다음과 같은 식이 얻어진다:

$$\frac{\partial\phi}{\partial x}=\frac{\partial\psi}{\partial y} \qquad \frac{\partial\phi}{\partial y}=-\frac{\partial\psi}{\partial x} \tag{12.17}$$

식 (12.17)은 복소변수함수론(function of complex variables)[66]에 따라 **코시-리만**(Cauchy-Riemann) **방정식**이라 하며, 속도포텐셜 ϕ와 유선함수 ψ 사이의 관계를 표현하기 위해 사용된다. 코시-리만 방정식은 속도포텐셜 ϕ와 유선함수 ψ가 라플라스 방정식을 만족한다는 것과 코시-리만 조건을 만족하는 속도포텐셜 ϕ와 유선함수 ψ의 조합은 2차원 비압축성 포텐셜 흐름에 적용이 가능하다는 것을 의미한다.

복소변수 $z=x+iy$를 가지는 **정칙함수**(regular function)[67] $w(z)$를 고려하고 실수부와 허수부로 분할하면 다음과 같이 표현된다:

$$\begin{cases} w(z)=\phi+i\psi \\ z=x+iy=r(\cos\theta+i\sin\theta)=re^{i\theta} \\ \phi=\phi(x,\ y), \qquad \psi=\psi(x,\ y) \end{cases} \tag{12.18}$$

또한, 속도포텐셜 ϕ와 유선함수 ψ는 정칙함수의 특성으로 인해 식 (12.16)을 만족시킨다. 결과적으로 복소변수 z를 가지는 정칙함수 $w(z)$의 실수부 $\phi(x,\ y)$와 허수부 $\psi(x,\ y)$는 각각 2차원 비압축성 포텐셜 흐름에 대한 속도포텐셜 ϕ와 유선함수 ψ로 고려될 수 있다. 다시 말하면,

---

66) 복소변수함수는 일반적으로 독립변수와 종속변수가 모두 복소수인 함수를 의미한다. 다시 말하면 복소변수함수는 정의역과 치역이 복소평면의 부분집합인 함수이며, 복소함수의 독립변수와 종속변수는 모두 실수부와 허수부로 나눌 수 있다. 즉,

$$z=x+iy, \quad w=f(z)=u(x,\ y)+iv(x,\ y)$$

여기서, $x,\ y\in R$이며, $u(x,\ y)$와 $v(x,\ y)$는 실함수이다.

복소변수함수 $f(z)$는 실수부를 나타내는 함수인 $u=u(x,\ y)$와 허수부를 나타내는 함수인 $v=v(x,\ y)$로 나눌 수 있으며, 이들 두 함수는 모두 x와 y를 독립변수로 갖는 이변수 함수이다.

기본적으로 복소변수함수는 실함수의 정의역을 복소평면으로 확장하여 정의하는 것이 일반적이다. 예를들면, 복소변수함수로서의 지수함수 $f(z)=e^z$는 복소변수 z가 실수일 때, 실함수로서의 지수함수 $f(x)=e^x$와 같은 값을 가진뿐만 아니라 실함수로서의 지수함수가 갖는 중요한 성질인 복소평면에서 만족하도록 정의되었다. (참고문헌: https://ko.wikipedia.org/)

67) 복소평면(z 평면)의 어느 방향으로부터 z에 접근하더라도 미분하는 방향에 관계없이 일정한 값으로 수렴을 해야만 한다. 이와 같이 미분 가능성을 가진 함수 $f(z)$를 복소변수 z의 정칙함수라 하며, 코시-리만 방정식을 만족시킨다.

$\phi(x, y) = constant$의 등포텐셜선과 $\psi(x, y) = constant$의 유선함수로 표현되는 비회전류가 존재한다고 할 수 있다. 일반적으로 정칙함수 $w(z)$를 **복소포텐셜**(complex potential)이라 한다.

2차원 포텐셜 흐름에 대해 정칙함수 $w(z)$의 미분은 식 (12.18)로부터 다음과 같이 유도된다:

$$\begin{aligned} dw(z) &= \frac{\partial w(z)}{\partial x}dx + \frac{\partial w(z)}{\partial y}dy \\ &= \left(\frac{\partial \phi}{\partial x} + i\frac{\partial \psi}{\partial y}\right)dx + \left(\frac{\partial \phi}{\partial y} + i\frac{\partial \psi}{\partial y}\right)dy \\ &= (u - iv)dx + (v + iu)dy = (u - iv)(dx + idy) \\ &= (u - iv)dz \end{aligned} \tag{12.19}$$

따라서 복소변수 z에 대한 정칙함수 $w(z)$의 미분방정식은 다음과 같다:

$$\frac{dw(z)}{dz} = u - iv \tag{12.20}$$

정칙함수 $w(z)$가 그림 12.2에서와 같이 z에 대해 미분될 때마다 실수부는 x 방향으로의 유속 u 그리고 허수부는 y 방향으로의 유속 v를 산출한다. 실제 유속 $u+iv$를 **복소유속**(complex velocity)이라하며, 식 (12.20)에서 $u-iv$를 **공액복소유속**(conjugate complex velocity)이라한다.

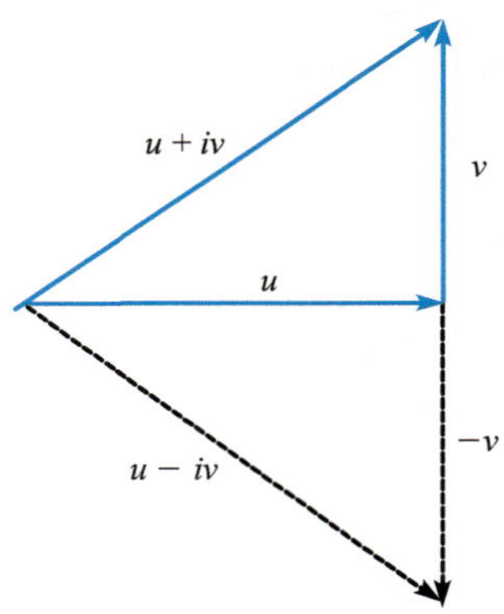

그림 12.2 복소유속과 공액복소유속

12.4 포텐셜 흐름의 응용

12.4.1 평행 흐름 (parallel flow)

그림 12.3과 같이 유속 U의 등류에 대해 식 (12.1)로부터 다음과 같은 식이 유도된다:

$$u = \frac{\partial \phi}{\partial x} = U \qquad v = \frac{\partial \phi}{\partial y} = 0 \tag{12.21}$$

식 (12.4)를 이용하여 속도포텐셜 ϕ를 유도하면 다음과 같다:

$$d\phi = \frac{\partial \phi}{\partial x}dx + \frac{\partial \phi}{\partial y}dy = Udx \tag{12.22}$$

$$\phi = Ux \tag{12.23}$$

식 (12.10)으로부터 다음과 같은 식이 유도된다:

$$u = \frac{\partial \psi}{\partial y} = U \qquad v = -\frac{\partial \psi}{\partial x} = 0 \tag{12.24}$$

식 (12.9)를 이용하여 유선함수 ψ를 유도하면 다음과 같다:

$$d\psi = \frac{\partial \psi}{\partial x}dx + \frac{\partial \psi}{\partial y}dy = Udy \tag{12.25}$$

$$\psi = Uy \tag{12.26}$$

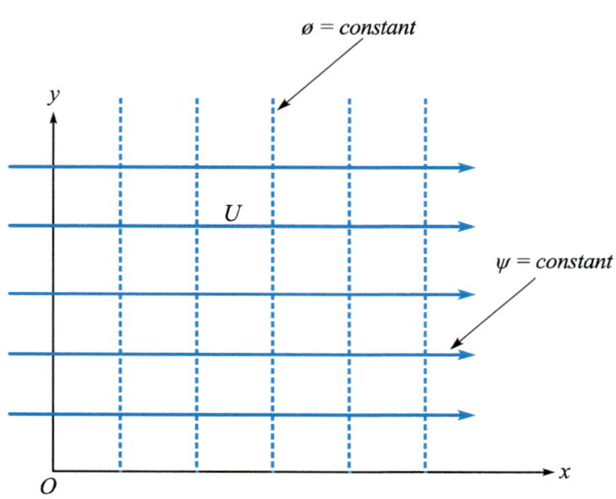

그림 12.3 평행 흐름

따라서 식 (12.18), (12.23) 그리고 (12.26)으로부터 정칙함수 $w(z)$는 다음과 같이 표현된다:

$$w(z) = \phi + i\psi = U(x + iy) = Uz \quad (12.27)$$

x 방향으로 유속 U의 등류 평행 흐름의 복소포텐셜은 $w(z) = Uz$가 된다. 만약 복소 포텐셜이 $w(z) = Uz$로 주어질 경우 공액복소포텐셜은 다음과 같다:

$$\frac{dw}{dz} = U \quad (12.28)$$

식 (12.28)을 통해 x 방향으로의 흐름이 등류가 됨을 명확하게 알 수 있다.

12.4.2 용출/용입 흐름 (source/sink flow)

그림 12.4와 같이 유체가 단위시간당 q의 양으로 원점인 O로부터 흘러나오는 또는 O내로 흘러들어가는 경우를 고려하자. 반경 r을 가진 원에서 방사상 방향으로 흐르는 유속을 v_r이라 할 때 단위 두께당 흘러나오는 양(**용출량**, source flow rate) 또는 흘러들어가는 양(**용입량**, sink flow rate) q는 다음과 같다:

$$q = 2\pi r v_r = constant \quad (12.29)$$

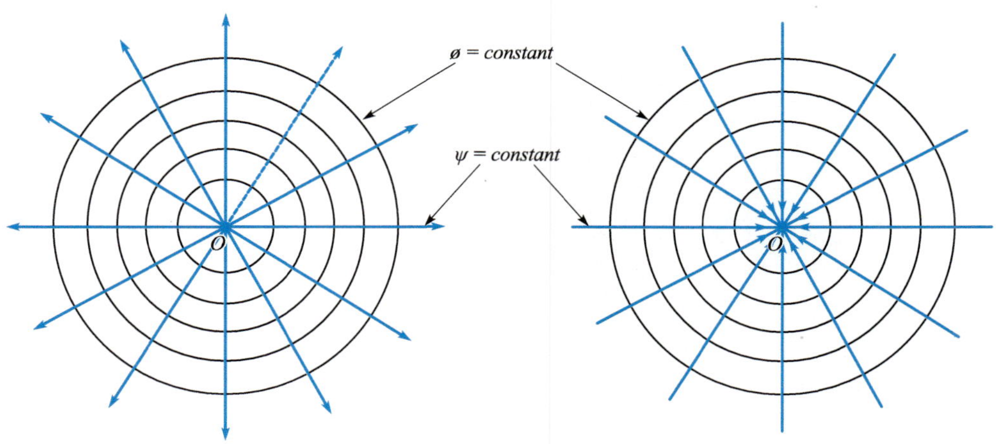

그림 12.4 용출(좌)과 용입(우) 흐름

속도포텐셜과 관련된 식 (12.5)와 (12.10)으로부터 방사상 흐름장에서의 유속 v_r과 v_θ는 다음과 같이 표현된다:

$$v_r = \frac{\partial \phi}{\partial r} = \frac{q}{2\pi r} \tag{12.30}$$

$$v_\theta = \frac{\partial \phi}{r \partial \theta} = 0 \tag{12.31}$$

식 (12.30)을 r에 대해 적분하면 다음과 같이 표현된다:

$$\phi = \frac{q}{2\pi} log\, r \tag{12.32}$$

유선함수와 관련된 식 (12.11)과 (12.29)로부터 방사상 흐름장에서의 유속 v_r과 v_θ는 다음과 같이 표현된다:

$$v_r = \frac{\partial \psi}{r \partial \theta} = \frac{q}{2\pi r} \tag{12.33}$$

$$v_\theta = -\frac{\partial \psi}{\partial r} = 0 \tag{12.34}$$

식 (12.33)을 θ에 대해 적분하면 다음과 같다:

$$\psi = \frac{q}{2\pi} \theta \tag{12.35}$$

결과적으로 복소포텐셜 $w(z)$은 다음과 같은 식으로 표현된다:

$$w(z) = \phi + i\psi = \frac{q}{2\pi}(\log r + i\theta) = \frac{q}{2\pi} log\left(re^{i\theta}\right) = \frac{q}{2\pi} log\, z \tag{12.36}$$

식 (12.32)와 (12.35)로부터 등포텐셜선은 원점을 중심으로 동심원 형태를 나타내는 반면 유선은 원점으로부터 방사형 선들의 집합이 되는 것을 알 수 있다. 또한 유속 v_r은 원점으로부터 거리 r에 반비례한다.

단위 두께당 용출량 q가 0보다 클 때 유체는 원점으로부터 균등하게 주변으로 흘러나가며 이때 원점을 **용출점**(source point)이라 한다. 반대로 단위 두께당 용출량 q가 0보다 작을 때 유체는 주변으로부터 원점으로 균등하게 흘러들어오며, 이때 원점을 **용입점**(sink point)이라 한다. $q/2\pi$를 **용출강도**(source strength) 또는 **용입강도**(sink strength)라고 한다.

예제 12.4

아래의 그림과 같이 쐐기형태의 벽 사이 작은 개구부 내로 흐르고 있다. 이러한 흐름을 대략적으로 묘사하기 위한 속포포텐셜 ϕ는 다음과 같은 식으로 표현될 때 개구부를 통과하는 단위폭당 유량$(m^2/\sec/m)$ q를 결정하라.

$$\phi = -2\ln r$$

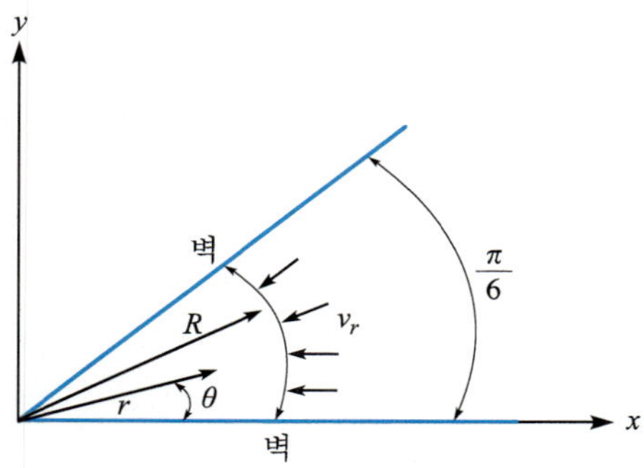

예제 12.4

[풀이]

식 (12.30)과 (12.31)을 이용하여 속도성분을 구하면 다음과 같다:

$$v_r = \frac{\partial\phi}{\partial r} = \frac{2}{r} \qquad v_\theta = \frac{\partial\phi}{r\partial\theta} = 0$$

위의 식을 통한 흐름은 순수한 방사형 흐름이다.

현의 길이 $R\pi/6$을 통과하는 단위폭당 유량 q는 다음과 같다:

$$q = \int_0^{\pi/6} v_r R d\theta = -\int_0^{\pi/6}\left(\frac{2}{R}\right) R d\theta = -\frac{\pi}{3} = -1.05\, m^2/\sec/m$$

12.4.3 자유와동 (free vortex flow)

그림 12.5와 같이 유체가 반경 r 떨어진 지점에서 접선유속 v_θ로 원점 주위를 회전하는 경우를 고려하자. 식 (4.10)68)으로부터 순환 Γ는 다음과 같이 표현된다:

$$\Gamma = \int_{\theta=0}^{2\pi} v_\theta ds = v_\theta r \int_{\theta=0}^{2\pi} d\theta = 2\pi r v_\theta \tag{12.37}$$

속도포텐셜 ϕ은 다음과 같다:

$$v_\theta = \frac{\partial\phi}{r\partial\theta} = \frac{\Gamma}{2\pi r} \qquad v_r = \frac{\partial\phi}{\partial r} = 0 \tag{12.38}$$

68) $\Gamma = \oint v_s' ds = \oint v_s \cos\theta\, ds$

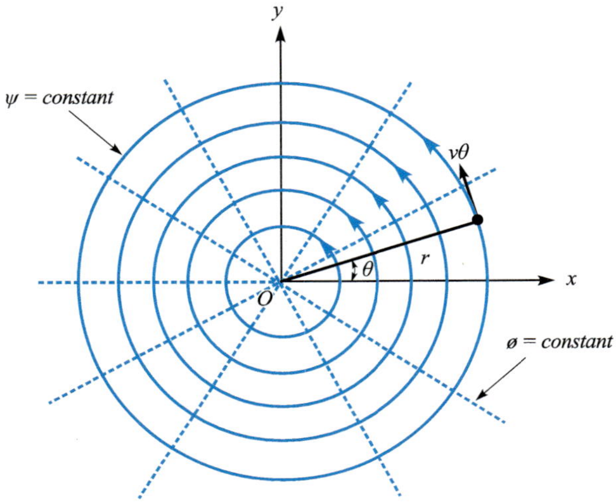

그림 12.5 자유와동

따라서

$$\phi = \frac{\Gamma}{2\pi}\theta \tag{12.39}$$

식 (12.38)로부터 접선유속 v_θ는 원점으로부터 반경 r에 반비례한다는 것을 알 수 있다. 유선함수 ψ는 다음과 같다:

$$v_\theta = -\frac{\partial \psi}{\partial r} = \frac{\Gamma}{2\pi r} \qquad v_r = \frac{\partial \psi}{r\partial \theta} = 0 \tag{12.40}$$

따라서

$$\psi = -\frac{\Gamma}{2\pi} log\, r \tag{12.41}$$

결국 복소포텐셜 $w(z)$은 다음과 같다:

$$w(z) = \phi + i\psi = \frac{\Gamma}{2\pi}(\theta = i\log r) = -\frac{i\Gamma}{2\pi}(\log r + i\theta) = -\frac{i\Gamma}{2\pi} log\, z \tag{12.42}$$

시계방향으로의 순환 Γ에 대한 복소포텐셜 $w(z) = (i\Gamma/2\pi)$이다.

식 (12.17)과 (12.39)으로부터 등포텐셜선은 원점을 통해 지나가는 방사형 직선들의 집합이 되는 유선은 원점을 중심으로 한 동심원의 집합이 되는 것을 알 수 있다. 이러한 흐름은 유선을 나타내는 파선과 등포텐셜선을 나타내는 실선으로 그림 12.4에 나와 있다. 순환 Γ이 반시계 방향일 때는 양의 값을 가지며, 시계 방향일 때는 음의 값을 갖는다.

이러한 흐름은 원점으로부터 거리에 반비례하는 접선유속으로 원점 주위의 동심원을 따라 회전하는 유체들로 구성된다. 이러한 흐름을 **자유와동**(free vortex flow)이라 하며(4.6절 참조), 원점 그 자체를 **와동점**(vortex point)이라 한다. 순환은 그밖에 **와동강도**(strength of vortex)라고도 한다.

예제 12.5

아래의 그림과 같이 어떤 액체가 큰 탱크의 하부에 있는 작은 구멍을 통해 배수된다. 탱크의 구멍으로부터 멀어지는 속도분포가 다음과 같은 속도포텐셜을 갖는 자유와동의 속도분포로 근사화된다고 가정할 때 와동강도와 수표면 형태 사이의 관계식을 유도하라.

$$\phi = \frac{\Gamma}{2\pi}\theta$$

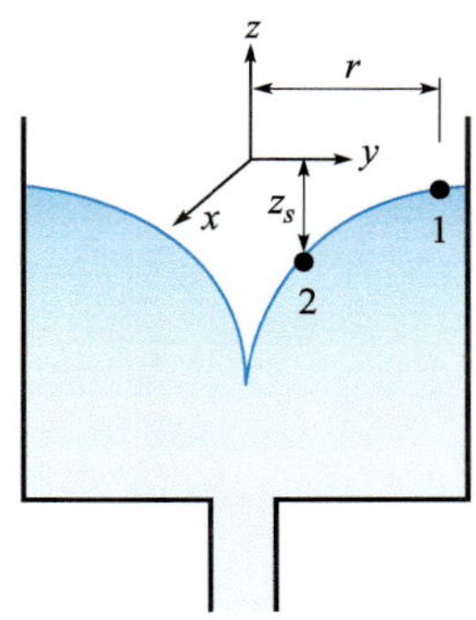

예제 12.5

[풀이]

자유와동은 비회전 흐름이며, 이때 베르누이 방정식을 점 1과 2에 적용하면 다음과 같다:

$$\frac{p_1}{\gamma} + \frac{v_1^2}{2g} + z_1 = \frac{p_2}{\gamma} + \frac{v_2^2}{2g} + z_2$$

점 1과 2는 자유수면에 위치하고 있으므로, $p_1 = p_2 = 0$이 된다. 따라서

$$\frac{v_1^2}{2g} = z_s + \frac{v_2^2}{2g}, \quad z_s = z_2 - z_1 \qquad (1)$$

식 (12.30)과 (12.31)을 이용하여 속도성분을 구하면 다음과 같다:

$$v_r = \frac{\partial\phi}{\partial r} = 0 \qquad v_\theta = \frac{\partial\phi}{r\partial\theta} = \frac{\Gamma}{2\pi r} \qquad (2)$$

점 1은 원점으로 멀리떨어져 있으므로 $v_1 = v_r = 0$이 되며, 식 (1)의 v_2에 식 (2)의 v_θ를 대입하면 다음과 같은 와도강도와 수표면 형태 사이의 관계식이 얻어진다:

$$z_s = -\frac{\Gamma^2}{8\pi^2 r^2 g}$$

12.4.4 흐름의 합성

두 개의 정칙함수 $w_1(z)$과 $w_2(z)$가 존재할 때 이들의 합은 다음과 같은 식으로 표현된다:

$$w(z) = w_1(z) + w_2(z) \tag{12.43}$$

정칙함수 $w_1(z)$과 $w_2(z)$가 두 개의 개별적인 흐름에 대한 복소포텐셜을 나타내는 경우 이런 두 정칙함수의 합은 다른 형태의 복소포텐셜이 생성된다. 또한 두 개의 2차원 비압축성 포텐셜 흐름을 합성하면 다른 형태의 포텐셜 흐름이 생성된다.

용출흐름과 용입흐름의 합성

그림 12.6에서와 같이 점 $A(z=-a)$에서는 용출량 q가 존재하고 점 $B(z=a)$에서는 용입량 $-q$가 존재한다고 가정할 때 이에 대한 각각의 복소포텐셜 w_1과 w_2는 다음과 같다:

$$\text{점 } A\text{에서의 용출: } w_1 = \frac{q}{2\pi} log(z+a) \tag{12.44}$$

$$\text{점 } B\text{에서의 용입: } w_2 = -\frac{q}{2\pi} log(z-a) \tag{12.45}$$

라플라스(Laplace) 방정식의 선형성[69](linearity) 때문에 두 개의 흐름이 합성된 흐름의 복소포텐셜 w은 다음과 같다:

$$w = \frac{q}{2\pi}[\log(z+a) - \log(z-a)] \tag{12.46}$$

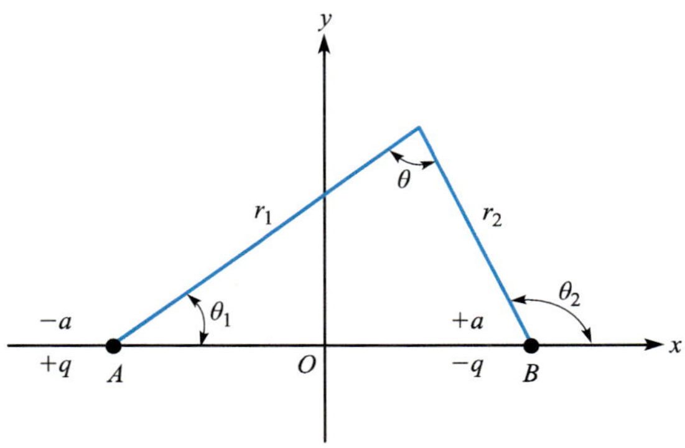

그림 12.6 용출흐름 A과 용입흐름 B의 합성을 위한 변수의 정의

69) f_1과 f_2가 라플라스 변환이 존재하는 함수이고 c_1과 c_2를 임의의 상수라고 할 때 $L(c_1 f_1 + c_2 f_2) = c_1 L(f_1) + c_2 L(f_2)$가 된다. 여기서, L은 라플라스 연산자이다.

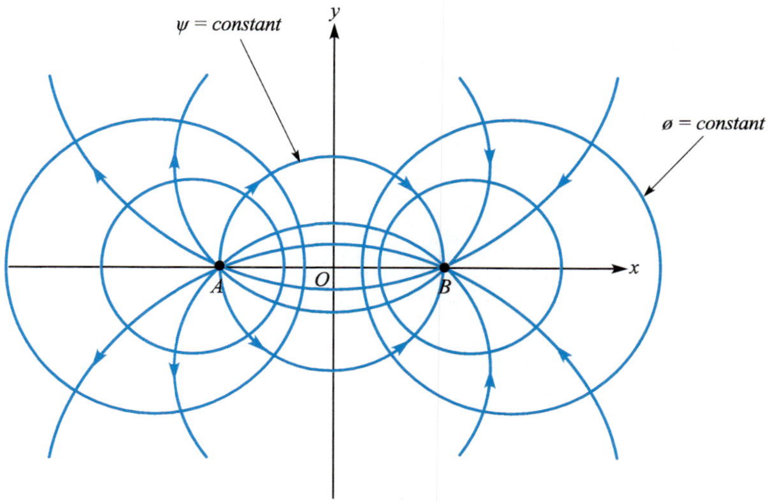

그림 12.7 용출흐름과 용입흐름의 합성으로 생성된 흐름

그림 12.7로부터 $z+a=r_1e^{i\theta_1}$ 그리고 $z-a=r_2e^{i\theta_2}$이므로 식 (12.46)은 다음과 같이 표현된다:

$$w=\frac{q}{2\pi}\left[\log\frac{r_1}{r_2}+i(\theta_1-\theta_2)\right] \tag{12.47}$$

따라서 속도포텐셜 ϕ와 유선함수 ψ는 각각 다음과 같이 표현된다:

$$\phi=\frac{q}{2\pi}log\left(\frac{r_1}{r_2}\right) \tag{12.48}$$

$$\psi=\frac{q}{2\pi}(\theta_1-\theta_2) \tag{12.49}$$

식 (12.48)에서 속도포텐셜 $\phi=constant$라고 가정하면 등포텐셜선은 점 A와 B에 대한 **아폴로니우스**(Appolonius)**의 원**[70](고정점 A와 B로부터 거리비율이 일정한 원들의 집합)들로 구성된다. 식 (12.49)에서 유선함수 $\psi=constant$라고 가정하면 그림 12.7에서처럼

70) 평면 위에 두 개의 고정점 A와 B가 주어졌을 때 A와 B로부터의 거리의 비가 1이 아닌 일정한 값을 가지는 점 P의 자취는 선분 $\overline{AB}$를 그 비로 내 · 외분하는 점인 C와 D를 지름의 양끝으로 하는 원이 된다. 이와 같은 원을 아폴로니우스의 원이라고 한다.
(출처: 사이언스 타임즈, https://www.scienceall.com)

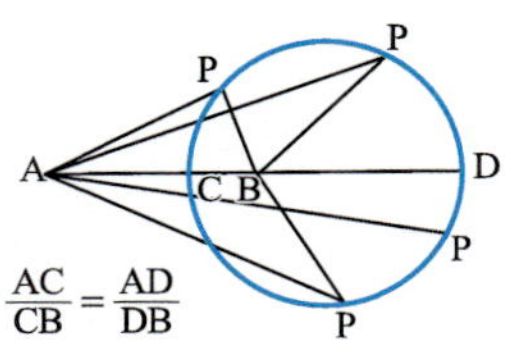

$$\frac{AP}{PB}=\frac{AC}{CB}=\frac{AD}{DB}$$

유선은 현 $\overline{AB}$에 대한 연직각이 일정한 각$(\theta_1 - \theta_2)$을 가지는 또 다른 원들의 집합에서 결정될 수 있다.

그림 12.8에서 $aq = constant$ 조건일 때 a가 0에 접근하는 경우를 고려하자. 이 경우 식 (12.46)으로부터 다음과 같은 식이 유도된다:

$$w = \frac{q}{2\pi} log\left(\frac{1 + a/z}{1 - a/z}\right) = \frac{q}{\pi}\left[\frac{a}{z} + \frac{1}{3}\left(\frac{a}{z}\right)^3 + \frac{1}{5}\left(\frac{a}{z}\right)^5 + \cdots\right] = \frac{aq}{\pi z} = \frac{m}{z} \tag{12.50}$$

식 (12.50)의 의해 묘사되는 용출흐름과 용입흐름이 동시에 발생되는 흐름을 **더블릿**(doublet)이라 하며, $m = aq/\pi$를 **더블릿 강도**(doublet strength)라고 한다. 더블릿 개념은 용출점과 용입점이 사이의 거리가 서로 무한대로 가까운 상태를 유지하면서 동일한 강도를 가진 용출흐름과 용입흐름의 합성이라 할 수 있다.

식 (12.50)으로부터 다음과 같은 식이 유도될 수 있다:

$$w = \frac{m}{x + iy} = m\frac{(x - iy)}{(x + iy)(x - iy)} = m\frac{x - iy}{x^2 + y^2} \tag{12.51}$$

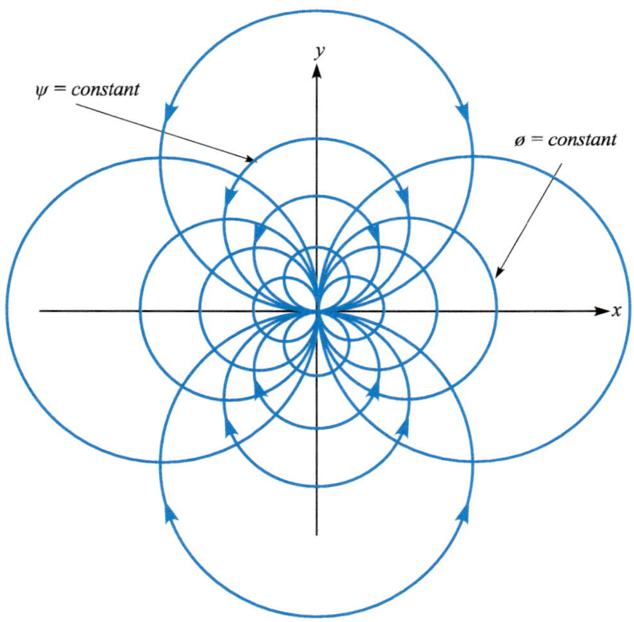

그림 12.8 더블릿 흐름

식 (12.51)로부터 속도포텐셜 ϕ과 유선함수 ψ는 각각 다음과 같이 표현된다:

$$\phi = \frac{mx}{x^2 + y^2} \tag{12.52}$$

$$\psi = \frac{my}{x^2 + y^2} \tag{12.53}$$

식 (12.52)와 (12.53)으로부터 등포텐셜선은 중심이 x축 위에 있고 y축에 접하는 원이 되는 반면 유선은 중심이 y축에 있고 x축에 접하는 원이 된다(그림 12.18).

원통 주위의 흐름

균일한 2차원 평행 흐름에서 원점 O를 중심으로 하는 반경 r의 원을 고려하자. 일반적으로 평행한 흐름 내에 다수의 용출점과 용입점을 배치할 때 다양한 형태를 가지는 물체 주위의 흐름을 해석할 수 있다. 그러나 이러한 경우 그림 12.8에서와 같이 동일한 더블릿을 평행한 흐름에 중첩시킴에 의해 원 주위의 흐름을 해석할 수 있다.

더블릿이 등류 유속 U에 있을 때 식 (12.43)과 (12.50)으로부터 복소포텐셜은 다음과 같이 표현된다:

$$w(z) = Uz + \frac{m}{z} = U\left(z + \frac{m}{U}\frac{1}{z}\right) \tag{12.54}$$

$m/U = r_0^2$로 놓으면 식 (12.54)는 다음과 같이 쓸 수 있다:

$$w(z) = U\left(z + \frac{r_0^2}{z}\right) \tag{12.55}$$

식 (12.55)를 $z = r(\cos\theta + i\sin\theta)$을 이용하여 분해하면 다음과 같다:

$$w(z) = U\left(r + \frac{r_0^2}{r}\right)\cos\theta + i\,U\left(r - \frac{r_0^2}{r}\right)\sin\theta \tag{12.56}$$

$$\phi = U\left(r + \frac{r_0^2}{r}\right)\cos\theta \tag{12.57}$$

$$\psi = U\left(r - \frac{r_0^2}{r}\right)\sin\theta \tag{12.58}$$

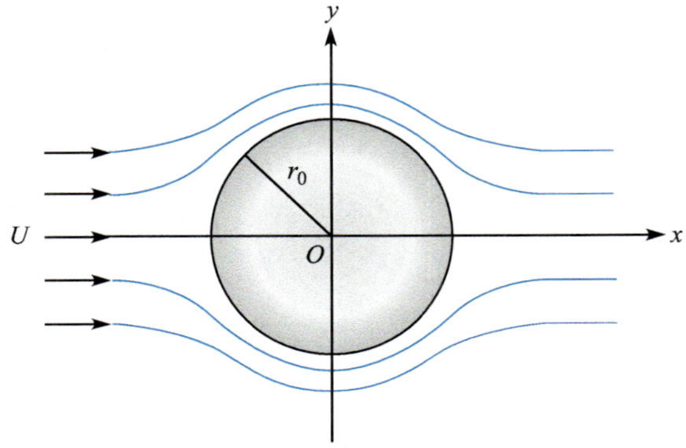

그림 12.9 원통 주위의 흐름

그밖에 $z=\pm r_0$에서 정체점을 가지는 공액복소유속은 다음과 같다:

$$\frac{dw}{dz}=U-\frac{Ur_0^2}{z^2} \tag{12.59}$$

정체점 $\psi=0$을 통과하는 유선은 다음과 같은 식으로 표현된다:

$$\psi=\left(r-\frac{r_0^2}{r}\right)\sin\theta=0 \tag{12.60}$$

이러한 유선은 실수축과 원점을 중심으로 하는 반경 r_0의 원으로 구성되며, 그림 12.9는 원통 주위에 분포되어 있는 유선을 나타낸 것이다.

원통 주위의 접선유속 v_θ는 식 (12.57)로부터 다음과 같이 표현된다:

$$v_\theta=\frac{\partial\phi}{r\partial\theta}=-U\left(1+\frac{r_0^2}{r^2}\right)\sin\theta \tag{12.61}$$

원통 표면에서는 $r=r_0$이기 때문에 식 (12.61)은 다음과 같이 표현될 수 있다:

$$v_\theta=-2U\sin\theta \tag{12.62}$$

각도 θ와 접선유속 v_θ의 방향이 그림 12.10에서와 같을 때 식 (12.62)는 다음과 같이 표현된다:

$$v_\theta=2U\sin\theta \tag{12.63}$$

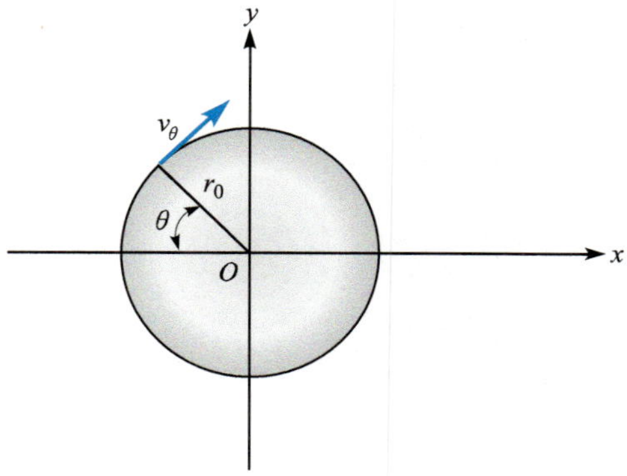

그림 12.10 접선유속 v_θ와 각도 θ의 정의

원통 주위에 시계방향의 순환 Γ가 존재할 때 복소포텐셜은 식 (12.42)와 (12.55)로부터 다음과 같이 표현된다:

$$w(z) = U\left(z + \frac{r_0^2}{z}\right) + \frac{i\Gamma}{2\pi}\log z \tag{12.64}$$

이러한 경우에 대한 흐름은 그림 12.11에 나타나 있으며, 원통 표면에서의 접선유속 v_θ'은 다음과 같다:

$$v_\theta' = 2U\sin\theta + \frac{\Gamma}{2\pi r_0} \tag{12.65}$$

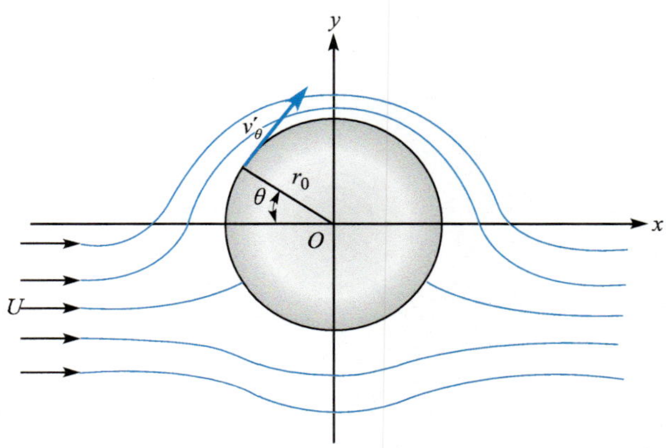

그림 12.11 순환을 가진 원통 주위의 흐름

12.5 등각사상(conformal mapping)

앞 절에서와 같이 비교적 단순한 흐름에 대해서는 복소평면 $z = x + iy$ 내에서 분석이 가능하다. 그러나 복잡한 흐름의 경우 **등각사상**[71](conformal mapping)을 이용하여 z 평면을 다른 평면으로 변환하여 흐름을 해석하는 것이 유용하다. 예를 들면, 어떤 평면에서의 원통 주위의 흐름을 **사상함수**(mapping function)를 이용하여 다른 평면으로 변환함으로써 날개 주위의 흐름, 펌프 또는 터빈 내 블레이드 사이의 흐름 등과 같은 복잡한 흐름을 해석하는 것이 가능하다.

두 개의 복소 변수 $z = x + iy$과 $\zeta = \xi + i\eta$ 사이에 다음과 같은 관계식이 존재한다고 가정하자:

$$\zeta = f(z) \tag{12.66}$$

여기서, ζ는 z의 정칙함수이며, $f(z)$은 사상함수이다.

그림 12.12에서와 같이 z 평면 위에 $x = constant$와 $y = constant$로 구성된 격자망은 ζ 평면 위에 $\xi = constant$와 $\eta = constant$로 구성된 격자망으로 변환될 수 있다. 이는 z 평면 위의 흐름 패턴은 ζ 평면 위의 흐름 패턴과 다르나 서로 관련 있다는 것을 의미한다.

또한 그림 12.13에서와 같이 η 평면에서의 원점 ζ_0는 z 평면에서의 원점 z_0에 대응하며 점 z_1와 z_2에 대응하는 점들은 각각 β_1와 β_2가 된다고 가정하면 다음과 같은 식이 성립된다:

$$z_1 - z_0 = r_1 e^{i\theta_1} \qquad z_2 - z_0 = r_2 e^{i\theta_2} \tag{12.67}$$

$$\zeta_1 - \zeta_0 = R_1 e^{i\beta_1} \qquad \zeta_2 - \zeta_0 = R_2 e^{i\beta_2} \tag{12.68}$$

식 (12.66)으로부터

$$\lim_{z_1 \to z_2}\left(\frac{\zeta_1 - \zeta_0}{z_1 - z_0}\right) = \left(\frac{d\zeta}{dz}\right)_{z = z_0} = \lim_{z_1 \to r_2}\left(\frac{\zeta_2 - \zeta_0}{z_2 - z_0}\right) \tag{12.69}$$

---

71) $w = f(z)$에서 유향곡선들(oriented curves) 사이각의 크기와 방향이 보존되는 사상을 의미하며, 등각성(conformality)이 만족되는 것이다. 예를 들면, z 평면에서의 C_1과 C_2 곡선 그리고 이 두 곡선 사이의 각 α가 w 평면에서도 방향과 크기가 동일하게 유지되는 것을 의미한다(C_1^*과 C_2^* 그리고 α).

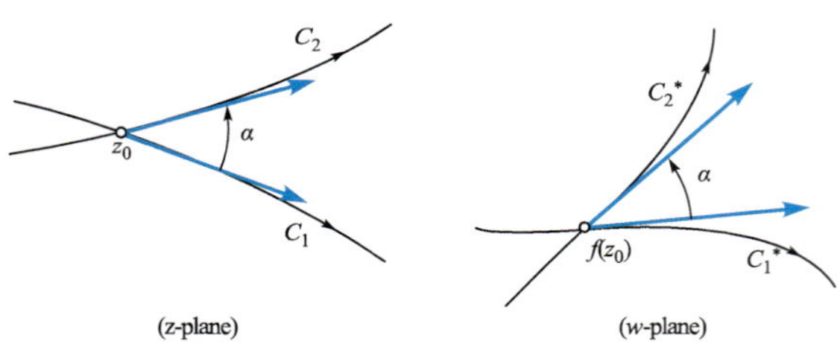

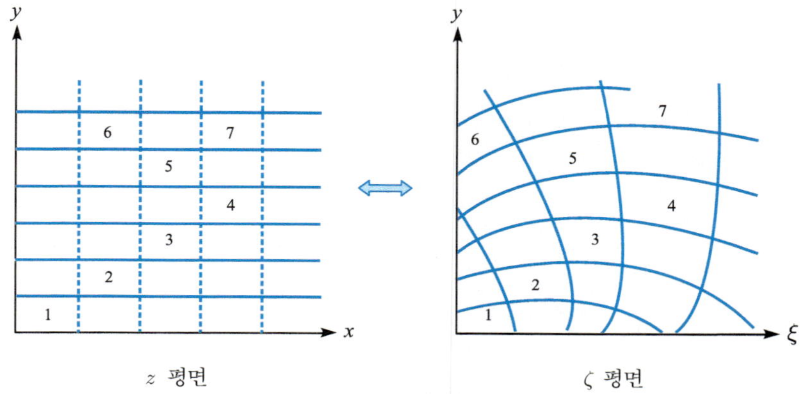

그림 12.12 z 평면과 ζ 평면에 대한 대응 격자망

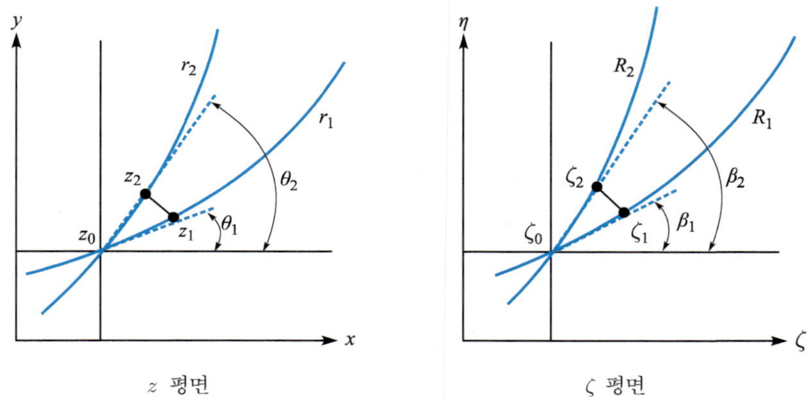

그림 12.13 z 평면과 ζ 평면에 대한 대응 격자망

또는

$$\frac{R_1 e^{i\beta_1}}{r_1 e^{i\theta_1}} = \frac{R_2 e^{i\beta_2}}{r_2 e^{i\theta_2}} \tag{12.70}$$

위의 식들로부터 $r_2/r_1 = R_2/R_1$, $\theta_2 - \theta_1 = \beta_2 - \beta_1$ 그리고 z 평면에서의 삼각형 $\Delta z_0 z_1 z_2$는 ζ 평면에서의 삼각형 $\Delta \zeta_0 \zeta_1 \zeta_2$과 비례한다. 이는 z 평면에서의 전체적인 흐름패턴이 ζ 평면에서의 흐름패턴과 매우 다를 수 있음에도 불구하고 미세한 부분은 서로 유사하며, 등각으로 사상될 수 있음을 보여주는 것이다.

이제 다음과 같은 사상함수를 고려하자:

$$\zeta = z + \frac{a^2}{z} \qquad (a > 0) \tag{12.71}$$

z 평면 위에 반경 a의 원에 대한 함수 $z = ae^{i\theta}$를 식 (12.71)에 대입하면 다음과 같은 식이 얻어진다:

$$\zeta = a\left(e^{i\theta} + \frac{1}{e^{i\theta}}\right) = a\left(e^{i\theta} + e^{-i\theta}\right) = 2a\cos\theta \tag{12.72}$$

θ가 0에서부터 2π까지 변화될 때 ζ의 값은 $2a \to 0 \to -2a \to 0 \to 2a$와 같이 변화된다. 그림 12.14(a)는 z 평면 위의 원통이 ζ 평면 위에서 평판으로 등각사상된 것을 나타낸 것이다. 식 (12.72)의 사상함수를 **쥬코우스키**[72] **변환**(Joukowski's transformation)이라 한다.

식 (12.72)의 쥬코우스키 변환을 이용하여 등각사상에 대한 작업을 수행할 때 z 평면 위의 원통의 위치와 크기가 변화되는 동안 ζ 평면 위에서의 형상은 그림 12.14에서처럼 다양하게 변화된다. 그림 12.14(d)의 비대칭 날개 주위의 흐름은 쥬코우스키 변환을 이용하여 해석될 수 있다. **이심률**[73] z_0와 반경 r_0의 원통이 순환 또는 와도강도 Γ를 가지는 유속 U의 등류 내에 위치하고 있는 경우에 대한 흐름을 고려하자. 이러한 흐름의 복소포텐셜은 식 (12.64)의 z에 대해 $z - z_0$를 대입함에 의해 유도될 수 있다:

$$w(z - z_0) = U\left[(z - z_0) + \frac{r_0^2}{z - z_0}\right] + i\frac{\Gamma}{2\pi}log\,(z - z_0) \tag{12.73}$$

---

72) Nicolai Joukowski (1847–1921): 러시아의 물리학자이자 유체역학 공학자. 항공기 날개의 양력 발생 이론, 프로펠러의 소용돌이 이론, 날개의 유효단면 결정 등에 관한 많은 연구 업적이 있다. 또한 러시아 항공역학 관련 연구 시설의 발전에 큰 공헌을 하였다.

73) 이차곡선인 원뿔 곡선의 특성을 나타내는 값으로 원뿔 곡선이 원에서 얼마나 벗어나는지를 나타낸다. 이심률 e가 1보다 큰지 작은지 또는 같은지에 따라 곡선의 모양이 타원, 쌍곡선, 포물선 중 하나로 결정된다. 이심률이 0이면 원이 되며, 0과 1 사이에 있다면 타원이 되고 1이라면 포물선 1보다 크면 쌍곡선이 된다. 그리고 두 개의 원뿔 곡선의 이심률이 같다면 두 곡선은 닮았다고 한다.

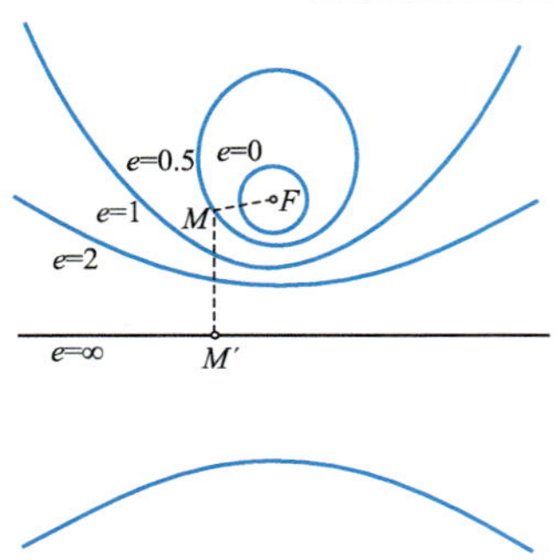

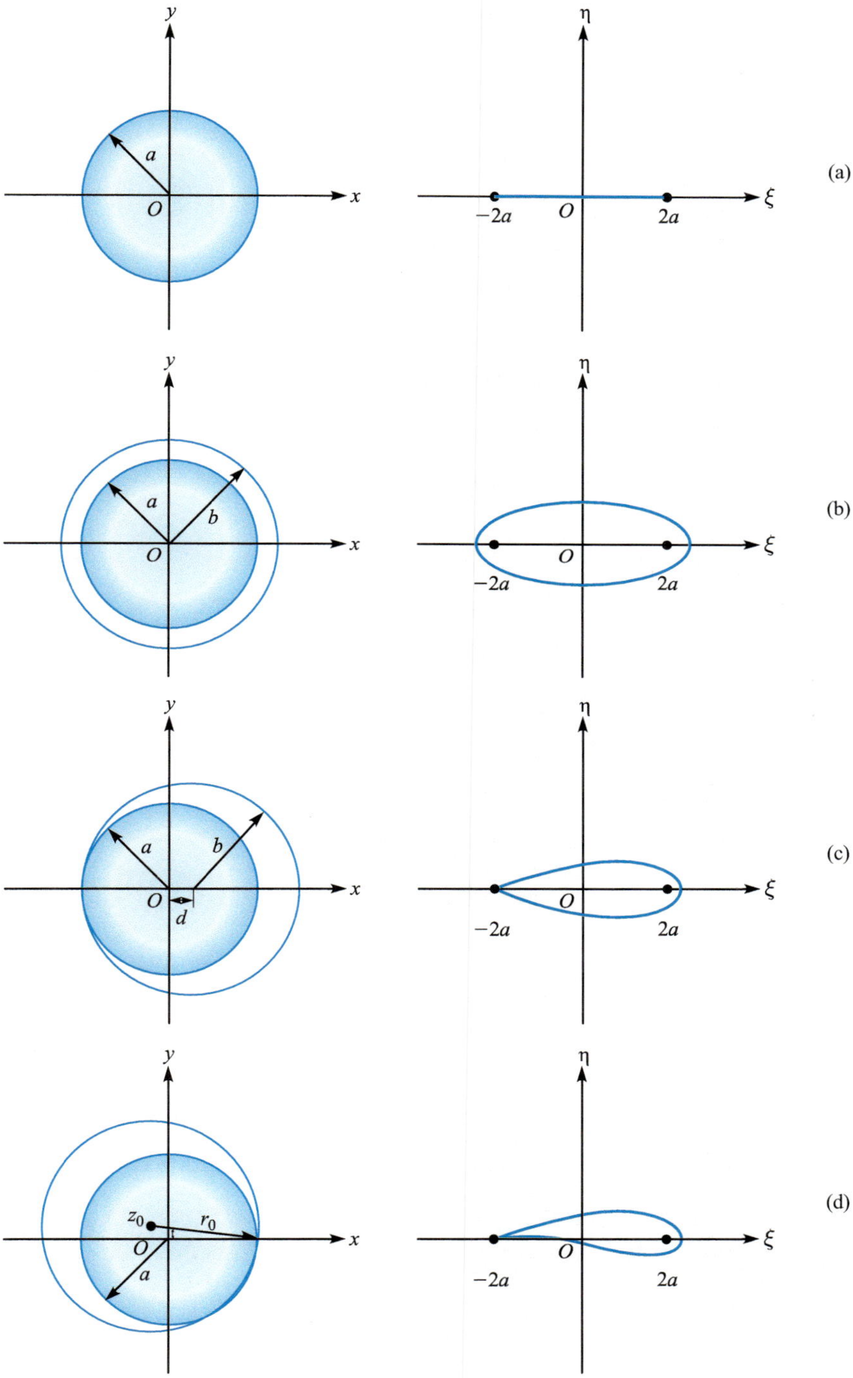

그림 12.14 쥬코우스키 변환을 통한 원통 사상: (a) 평판, (b) 타원, (c) 대칭 날개, (d) 비대칭 날개

$z = z_0 + re^{i\theta}$ 그리고 $w = \phi + i\psi$로부터

$$\phi = U\left(r + \frac{r_0^2}{r}\right)\cos\theta - \frac{\Gamma}{2\pi}\theta \tag{12.74}$$

$$\psi = U\left(r - \frac{r_0^2}{r}\right)\sin\theta - \frac{\Gamma}{2\pi}\log r \tag{12.75}$$

$r = r_0$인 원에서는 유선함수 ψ는 일정하다. 날개의 후연은 정체점이 된다는 **쿠타 조건**(Kutta condition 또는 코안더 효과)에 따라 다음과 같은 식이 얻어진다:

$$\left(\frac{d\phi}{d\theta}\right)_{\substack{\theta=-\beta \\ r=r_0}} = 2Ur_0\sin\beta - \frac{\Gamma}{2\pi} = 0 \tag{12.76}$$

식 (12.76)은 순환 Γ에 대해 다음과 같은 식으로 표현된다:

$$\Gamma = 4\pi Ur_0\sin\beta \tag{12.77}$$

식 (12.77)을 만족시키는 순환 또는 와동강도 Γ의 값을 식 (12.74)와 (12.75)에 대입함에 의해 생성되는 등포텐셜선과 유선이 그림 12.15(a)에 나타나있다. 등포텐셜선과 유선은 ζ 평면 위에서 복소포텐셜을 얻기 위해 식 (12.71)과 (12.73)에서 z를 제거하고 쥬코우스키 변환을 이용하여 ζ 평면 위로 등각사상 시킬 수 있다. 등각사상을 통한 날개 주위의 흐름 패턴이 그림 12.15(b)에 나타나있다. 따라서 원통 주위의 흐름과 같이 비교적 단순한 흐름에 대해 등각사상을 이용하여 복잡한 형상을 가진 물체 주위의 흐름을 해석할 수 있다.

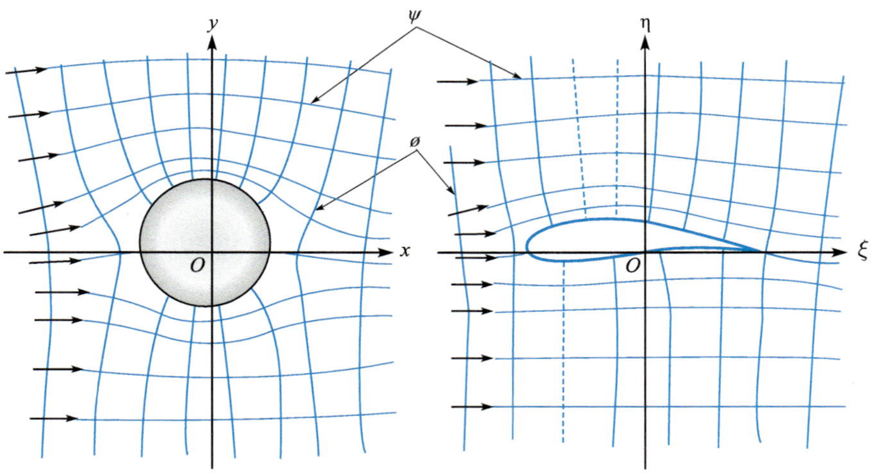

(a) z 평면 (b) ζ 평면

그림 12.15 원통 주위의 흐름을 날개 주위의 흐름으로 등각사상

제12장 연습문제

1. 흐름 내에 위치하고 있는 어떤 점에서 x와 y 방향으로의 유속성분이 각각 u_0와 v_0라 할 때 속도 포텐셜 ϕ와 유선함수 ψ를 유도하라.

답 $\phi = u_0 x + v_0 y, \qquad \psi = u_0 y - v_0 x$

2. 속도포텐셜 $\phi = \Gamma\theta/2\pi$로 표현될 때 어떤 흐름인지를 결정하라.

답 반시계방향으로 회전하는 흐름이며, 원점 주위로 $v_\theta = \dfrac{\Gamma}{2\pi r}$ 그리고 $v_r = 0$인 흐름

3. 원점으로부터 단위시간당 q의 양으로 방사형 흐름이 존재할 때 속도포텐셜 ϕ와 유선함수 ψ를 유도하라.

답 $\phi = \dfrac{q}{2\pi}\log r, \qquad \psi = \dfrac{q}{2\pi}\theta$

4. 복소포텐셜 $w = x^2$으로 표현될 때 흐름 패턴을 결정하라.

답 직사각형 모서리 주위의 흐름

5. 다음과 같은 복소포텐셜에 의해 표현되는 흐름은 무엇인지 결정하라.

$$w(z) = \phi + i\psi = \frac{i\Gamma}{2\pi}\log z$$

답 시계방향으로 회전하는 흐름이며, 원점 주위로 $v_\theta = -\dfrac{\Gamma}{2\pi r}, \qquad v_r = 0$인 흐름

6. x 축에 대해 각도 α만큼 경사져 흐르는 등류에 대한 복소포텐셜을 유도하라.

답 $w(z) = Uze^{-ia}$

참고문헌

- 김경호 역, 유체역학(9판), 한티미디어, 2010.
- 류권규 저, 유체역학 강의교재, 동의대학교, 2018.
- 박운진 외 역, 유체역학(3판), McGRAW-HILL, 2014.
- 박이동 역, 기본유체역학, 두양사, 2006.
- 박종호 외 역, 핵심유체역학, 도서출판 인터비전, 2005.
- 송재우 저, 수리학(3판), 구미서관, 2012.
- 윤순현 외 역, 유체역학(7판), 퍼스트북, 2013.
- 이승목 외 저, 기초유체역학, 신광문화사, 2014.
- 이재수 저, 토목유체역학, 구미서관, 2011.
- 이택식 외 역, 유체역학(7판), 범한서적, 1997.
- 정은성 외 저, 유체역학 강의자료, 한국수자원학회, 2012

- Bar-Meir, G., Basics of Fluid Mechanics, www.potto.org/downloads.php, 2013
- Ben Hamouda, R., Notions de Mechanique des Fluides, Centre de Publication Universitaire, 2008.
- Cengel, Y. and Cimbala, J., Fluid Mechanics: Fundamentals and Applications, 4th Ed., McGRAW-HILL, 2017
- Gabr, M. Lagrangian analysis of the laminar flat plate boundary layer, Physics of Fluids, 28(10), 103604, 2016.
- Japan Society of Mechanical Engineers, Visualized Flow, Pergamon Press, New York, 1988.
- Klotz, L., Lemoult, G., Frontczak, I., Tuckerman, L.S. and Wesfreid, J.E., Couette-Poiseuille flow experiment with zero mean advection velocity: Subcritical transition to turbulence, Physical Review Fluids, 2, pp. 1-19, 2017.
- Mironer, A., Engineering Fluid Mechanics, McGraw-Hill, New York, 1979.
- Munson, B.R., Young, D.F., Okiishi, T.H. and Huebsch, W.W., Fundamentals of Fluid Mechanics, 6th Ed., Wiley, 2009.
- Morrison, F.A., An Introduction to Fluid Mechanics, Cambridge University Press, 2013.
- Nakayama, Y. and Boucher, R.F., Introduction to Fluid Mechanics, Butterworth-Heinemann, Elsvier, New York, 2000.
- Potter, M. and Wigget, D.C., Schaum's Outlines of Fluid Mechanics, McGRAW-HILL, 2008.
- Reichardt, H., Vollständige Darstellung der turbulenten Geschwindigkeitsverteilung in glatten Leitungen, Journal of Applied Mathematics and Mechanics, 31(7), pp. 193-228, 1951.
- White, F.M., Fluid Mechanics, 7th Ed,, McGraw-Hill, New York, 2009.

찾아보기

저자 소개

정우창 홍익대학교 토목공학과 공학사
홍익대학교 대학원 토목공학과 공학석사
Ecole Nationale Supérieure des Mines de Paris (MINES ParisTech) 공학박사

현) 경남대학교 토목공학과 교수

기초유체역학 정가 19,000원

저자 : 정우창

발행인 : 임해진
발행처 : 도서출판 구미서관

인쇄 : 2019년 7월 12일
발행 : 2019년 7월 20일 초 판
2021년 1월 22일 개정판

등록 : 1979년 6월 29일 No.9-6호
주소 : 서울시 마포구 신촌로 2길 5-15 구미빌딩
전화 : 02-333-1101
팩스 : 02-335-2201

ISBN 979-11-6257-074-6 (93530)